速水洋志・吉田勇人・水村俊幸［共著］

はじめに

1級土木施工管理技士・技士補は、土木・建設の実務に携わる方にとって必要不可欠で、とても価値のある重要な国家資格です。

本試験においては、受験資格に必要な実務経験年数が規定されており、また、試験の出題分野は「土木一般」、「専門土木」以外にも「施工管理法」や「法規・法令」など非常に多岐にわたります。企業の現場で大変忙しい皆さんが、実務経験やそこから得られる知識だけで合格基準に達するのは難しく、的を得た、より効率的な学習が求められます。

本書は、2012年に発行しました『これだけマスター　1級土木施工管理技士　学科試験』を技術検定試験制度の改正に伴い全面的に見直し、改題改訂として発行するものです。最近の出題傾向を分析して出題頻度の高いテーマを中心にした解説と、豊富な演習問題（過去問チャレンジ）を盛り込み、効率的に学習ができるよう執筆・制作しました。合格への必須条件は、継続的な学習です。わかりやすく、かつ、コンパクトにまとまっていますので、本書を受験日まで常に傍に携えてページをめくることで、確実に「合格」が近づくはずです。

本書が、皆さんの合格にお役に立てれば、著者としてこの上のない喜びです。

2022年2月

速水　洋志・吉田　勇人・水村　俊幸

目次

II部 選択問題 専門土木

III部 選択問題 建設法規・法令

受験ガイダンス

1.「1級土木施工管理技術検定」の概要

(1) 土木施工管理技術検定とは

国土交通省は、建設工事に従事する技術者の技術の向上を図ることを目的として、建設業法第27条（技術検定）の規定に基づき技術検定を行っています。技術検定には、「**土木施工管理**」など7種目があり、それぞれ「**1級**」と「**2級**」に区分されています。

(2) 土木施工管理技術検定の構成

技術検定は、「**第一次検定**」と「**第二次検定**」に分けて行われます。第一次検定に合格すれば、必要な実務経験年数を経て第二次検定の受検資格が得られます。「1級」の場合、第一次検定の合格者は所要の手続き後「**1級土木施工管理技士補**」、第二次検定の合格者は所要の手続き後「**1級土木施工管理技士**」と称することができます。

2. 受験の手引き

(1) 受験資格

「1級」の受験資格として、「2級」の合格が条件とはなっていません。学歴や資格により、以下のイ～ハのいずれかに該当する場合などに受験資格があります。

イ. 学歴等

学歴	土木施工管理に必要な実務経験年数※1	
	指定学科※2	指定学科以外
大学等	卒業後3年以上	卒業後4年6ヵ月以上
短期大学・高等専門学校等	卒業後5年以上	卒業後7年6ヵ月以上
高等学校等	卒業後10年以上	卒業後11年6ヵ月以上
その他	15年以上	

※1 実務経験年数には**1年以上の指導監督的実務経験年数**が含まれていることが必須
※2 指定学科とは、土木工学、都市工学、衛生工学、交通工学、建築学に関する学科

ロ．2級土木施工管理技術検定合格者

区分	学歴	土木施工管理に必要な実務経験年数※1	
		指定学科※2	指定学科以外
2級合格者	―	合格後5年以上	
2級合格後の実務経験が5年未満	高等学校等	卒業後9年以上	卒業後10年6ヵ月以上
	その他	14年以上	

ハ．専任の主任技術者の経験が1年以上ある者

区分	学歴	土木施工管理に必要な実務経験年数	
		指定学科※2	指定学科以外
2級合格者	―	合格後3年以上	
2級合格後の実務経験が3年未満	短期大学・高等専門学校等	―	卒業後7年以上
	高等学校等	卒業後7年以上	卒業後8年6ヵ月以上
	その他	12年以上	
その他	高等学校等	卒業後8年以上	卒業後9年6ヵ月以上※3
	その他	13年以上	

※3 建設機械施工技師に限る。技師資格を取得していない場合は11年以上が必要

(2) 受験手続き

- **試験日時**：例年7月上旬
- **試験地**：札幌・釧路・青森・仙台・東京・新潟・名古屋・大阪・岡山・広島・高松・福岡・那覇（試験会場の確保等の都合により、やむを得ず近郊の都市で実施する場合があります）
- **申込受付期間**：例年3月中旬～下旬
- **合格発表**：例年8月中旬～下旬

土木施工管理技術検定に関する申込書類提出及び問い合わせ先
一般財団法人　全国建設研修センター　試験業務局土木試験部土木試験課
〒187-8540　東京都小平市喜平町2-1-2　　TEL　042-300-6860

試験に関する情報は今後、変更される可能性がありますので、受験する場合は必ず、国土交通大臣指定試験機関である全国建設研修センター（https://www.jctc.jp/）等の公表する最新情報をご確認ください。

3. 第一次検定の試験形式と合格基準

(1) 試験形式

第一次検定は「問題A」と「問題B」に分かれており、**すべて4肢択一式**（マークシート方式）となっています。**問題A**は出題数に対して一定の問題数だけを選び解答する「**選択問題**」、**問題B**は出題に対してすべて解答する「**必須問題**」で構成されています。試験時間は、問題A（午前の部）が**2時間30分（150分）**、問題B（午後の部）が**2時間（120分）**です。

試験で出題される内容（目安）は以下のとおりです。

● **問題A（選択問題）**

出題分野	出題分類	出題数（問題番号）	解答数
土木一般	土工、コンクリート、基礎工	各5問程度 **計15問** （No.1～No.15）	**12問**
専門土木	構造物一般、河川、砂防、道路・舗装、ダム、トンネル、海岸・港湾、鉄道・地下構造物、鋼橋塗装・推進工、上・下水道	各3～4問程度 **計34問** （No.16～No.49）	**10問**
法　規	労働基準法、労働安全衛生法、建設業法、道路関係法規、河川法、建築基準法、火薬類取締法、騒音規制法及び振動規制法、港湾・海洋関係法規	各1～2問程度 **計12問** （No.50～No.61）	**8問**
合計		**計61問**	**計30問**

● **問題B（必須問題）**

出題分野	出題分類	出題数（問題番号）	解答数
工事共通	測量、契約、設計、建設機械、施工計画、工程管理、安全管理、品質管理、環境保全対策、建設副産物・産業廃棄物	**計20問** （No.1～No.20）	**20問**
施工管理法（応用能力）		**計15問** （No.21～No.35）	**15問**
合計		**計35問**	**計35問**

(2) 合格基準

第一次検定（全体）の得点は60％以上、かつ検定科目「施工管理法（応用能力）」の得点は60％以上が合格基準です。ただし、試験の実施状況などを踏まえ、変更される可能性があります。

4. 本書の構成

出題分類ごとに1章が割り当てられ、章ごとに「過去問チャレンジ（章末問題）」があります。

＊「法規」科目の問題のみ、改変問題またはオリジナル問題が含まれています。

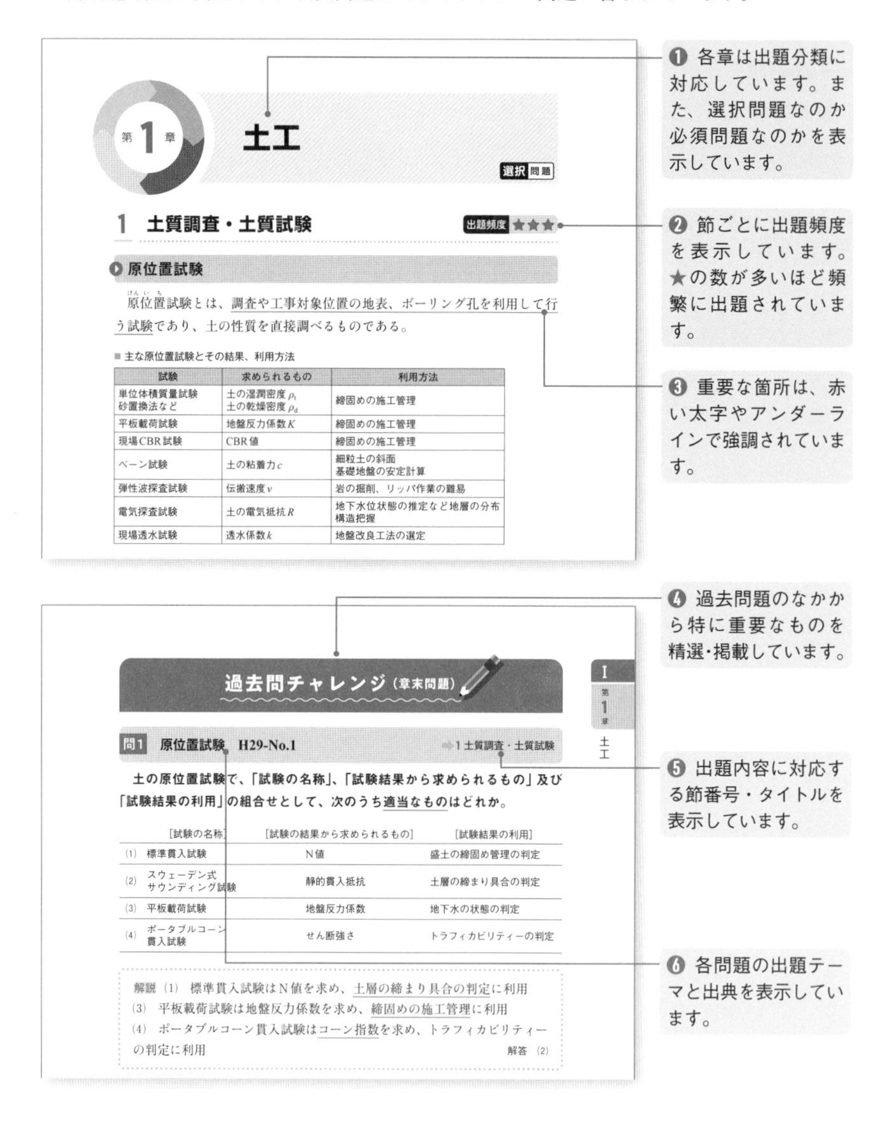

第1章 土工

選択問題

1 土質調査・土質試験

出題頻度 ★★★

原位置試験

原位置試験とは、調査や工事対象位置の地表、ボーリング孔を利用して行う試験であり、土の性質を直接調べるものである。

■ 主な原位置試験とその結果、利用方法

試験	求められるもの	利用方法
単位体積質量試験 砂置換法など	土の湿潤密度 ρ_t 土の乾燥密度 ρ_d	締固めの施工管理
平板載荷試験	地盤反力係数 K	締固めの施工管理
現場CBR試験	CBR値	締固めの施工管理
ベーン試験	土の粘着力 c	細粒土の斜面 基礎地盤の安定計算
弾性波探査試験	伝搬速度 v	岩の掘削、リッパ作業の難易
電気探査試験	土の電気抵抗 R	地下水位状態の推定など地層の分布構造把握
現場透水試験	透水係数 k	地盤改良工法の選定

❶ 各章は出題分類に対応しています。また、選択問題なのか必須問題なのかを表示しています。

❷ 節ごとに出題頻度を表示しています。★の数が多いほど頻繁に出題されています。

❸ 重要な箇所は、赤い太字やアンダーラインで強調されています。

過去問チャレンジ（章末問題）

I 第1章 土工

問1 原位置試験 H29-No.1 → 1 土質調査・土質試験

土の原位置試験で、「試験の名称」、「試験結果から求められるもの」及び「試験結果の利用」の組合せとして、次のうち適当なものはどれか。

	［試験の名称］	［試験の結果から求められるもの］	［試験結果の利用］
(1)	標準貫入試験	N値	盛土の締固め管理の判定
(2)	スウェーデン式サウンディング試験	静的貫入抵抗	土層の締まり具合の判定
(3)	平板載荷試験	地盤反力係数	地下水の状態の判定
(4)	ポータブルコーン貫入試験	せん断強さ	トラフィカビリティーの判定

解説 (1) 標準貫入試験はN値を求め、土層の締まり具合の判定に利用

(3) 平板載荷試験は地盤反力係数を求め、締固めの施工管理に利用

(4) ポータブルコーン貫入試験はコーン指数を求め、トラフィカビリティーの判定に利用

解答 (2)

❹ 過去問題のなかから特に重要なものを精選・掲載しています。

❺ 出題内容に対応する節番号・タイトルを表示しています。

❻ 各問題の出題テーマと出典を表示しています。

選択問題

土木一般

第1章

土工

選択問題

1 土質調査・土質試験

出題頻度 ★★★

原位置試験

原位置試験（げんいち）とは、調査や工事対象位置の地表、ボーリング孔を利用して行う試験であり、土の性質を直接調べるものである。

■ 主な原位置試験とその結果、利用方法

試験	求められるもの	利用方法
単位体積質量試験 砂置換法など	土の湿潤密度 ρ_t 土の乾燥密度 ρ_d	締固めの施工管理
平板載荷試験	地盤反力係数K	締固めの施工管理
現場CBR試験	CBR値	締固めの施工管理
ベーン試験	土の粘着力c	細粒土斜面の安定計算 基礎地盤の安定計算
弾性波探査試験	伝搬速度v	岩の掘削、リッパ作業の難易
電気探査試験	土の電気抵抗R	地下水位状態の推定など地層の分布構造把握
現場透水試験	透水係数k	地盤改良工法の選定

室内試験

室内試験は、原位置試験やサウンディングのみで土の性質を明らかにすることができない場合に、採取した試料を持ち帰り試験室で試験するものをいう。

■ 主な室内試験とその結果、利用方法

試験	得られる値	利用方法
含水比試験	含水比 w	盛土の締固め管理
土粒子の密度試験	間隙比 e、飽和度 S_r	盛土の締固め管理
砂の相対密度試験	間隙比 e_{max}	砂の液状化判定
粒度試験	均等係数 U_c	土の分類
液性限界試験	液性限界 w_L	細粒土の安定
塑性限界試験	塑性限界 w_p	細粒土の安定
一軸圧縮試験	一軸圧縮強さ q_u	細粒土の支持力
三軸圧縮試験	粘着力 C	地盤の支持力
直接せん断試験	内部摩擦角 ϕ	斜面の安定
締固め試験	最適含水比 W_{opt} 最大乾燥密度 ρ_{dmax}	盛土締固め管理
圧密試験	圧密係数	沈下量、圧密時間
室内CBR試験	CBR値	舗装の構造設計
室内透水試験	透水係数 k	透水量の算定

サウンディング試験

サウンディングは、パイプまたはロッドの先端に付けた抵抗体を地中に挿入し、貫入・回転・引抜き等を加えた抵抗から土層（どそう）の分布と強さの相対値を判断する手段である。

■ 主なサウンディング試験とその結果、利用方法

試験の名称	求められるもの	利用方法
標準貫入試験	N値	土層の硬軟・締まり具合の判定
スウェーデン式サウンディング	半回転数 N_{sw}	土層の硬軟・締まり具合の判定
オランダ式二重管コーン貫入試験	コーン指数 q_c	建設機械の走行性（トラフィカビリティー）の判定
ポータブルコーン貫入試験	コーン指数 q_c	建設機械の走行性（トラフィカビリティー）の判定

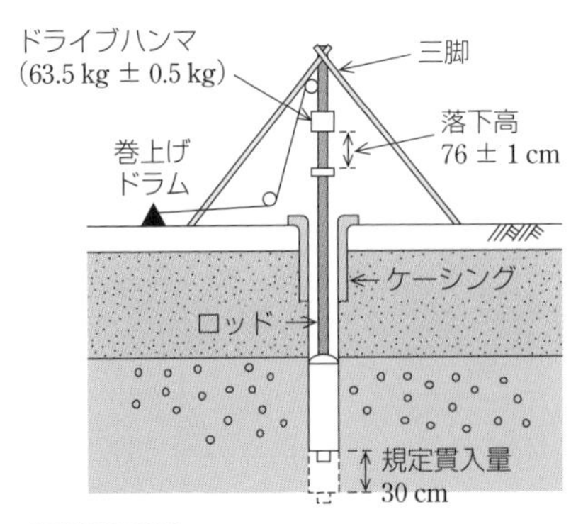

● 標準貫入試験

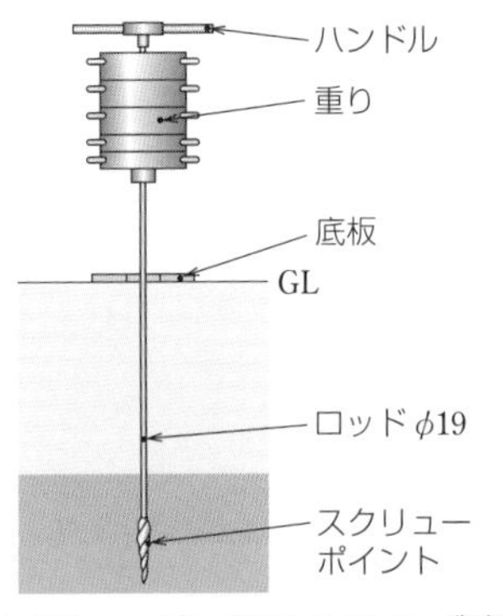

● スウェーデン式サウンディング試験

土の工学的性質

[土粒子の密度] 下図に示すように、土は**粒子（固体）**、**水（液体）**、**空気（気体）**の３相で構成されている。土粒子の密度は、有機質が混入していると小さな値となる。

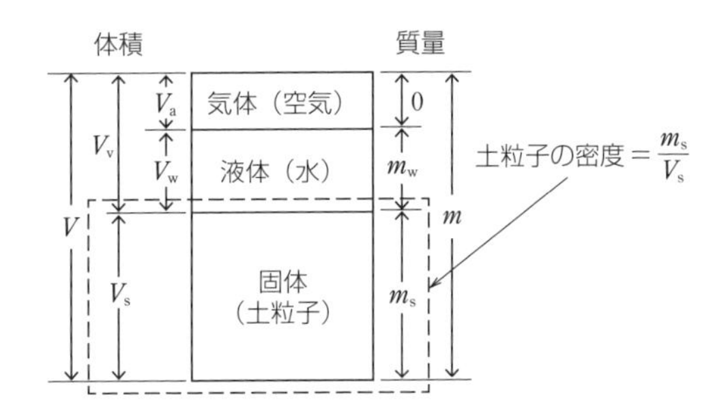

● 土を構成する３相

[自然含水比] 土の間隙（かんげき）に含まれる水の量を**含水量**（がんすい）といい、含水比を用いて表す。

自然状態にある土の含水比を**自然含水比**という。自然含水比は、砂質土では5～30%、粘性土では30～80%程度で、粒径が細かい土ほど大きな含水比を示す。

また、粘性土では、沈下と安定の傾向を推定することができる。

[圧密指数] 土の圧縮性を代表する指数で、盛土の**荷重**と**間隙比**、**圧密指数**または**体積圧縮係数**から粘土層の沈下量を判定することができる。

［N値］ 盛土の基礎地盤を評価する上で有益な指標であり、その値と地質により以下のような判断ができる。

- 砂質土でN値10～15以下の地盤では、地震時に液状化のおそれがある。
- 粘性土でN値4以下の地盤では、沈下のおそれがある。

［土のコンシステンシー］ 土の変形の難易度を表すもので、一般には外力による変形、流動に対する抵抗の度合いである。

［土の塑性指数］ 土の塑性（そせい）指数は液性限界と塑性限界の差である。

なお、**液性限界**とは土が塑性状態から液状に移るときの含水比、**塑性限界**とは土が塑性状態から半固体状に移るときの含水比である。

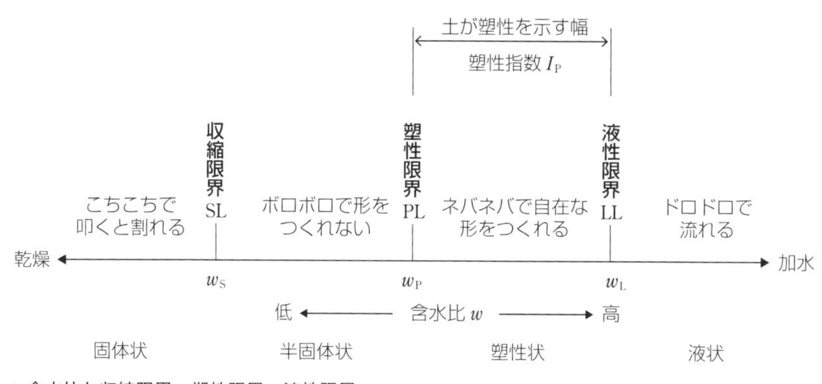

● 含水比と収縮限界・塑性限界・液性限界

2 土工量計算

出題頻度 ★★

土量の変化率と変化量の計算

土を掘削、運搬により移動する場合に、土の状態により体積が変化する。

- 地山（じやま）の土量（地山にある、そのままの状態）…………**掘削土量**
- ほぐした土量（掘削により、ほぐした状態）…………**運搬土量**
- 締め固めた土量（盛土され、締め固められた状態）……**盛土土量**

$$L = \frac{\text{ほぐした土量 (m}^3\text{)}}{\text{地山の土量 (m}^3\text{)}} \quad C = \frac{\text{締め固めた土量 (m}^3\text{)}}{\text{地山の土量 (m}^3\text{)}}$$

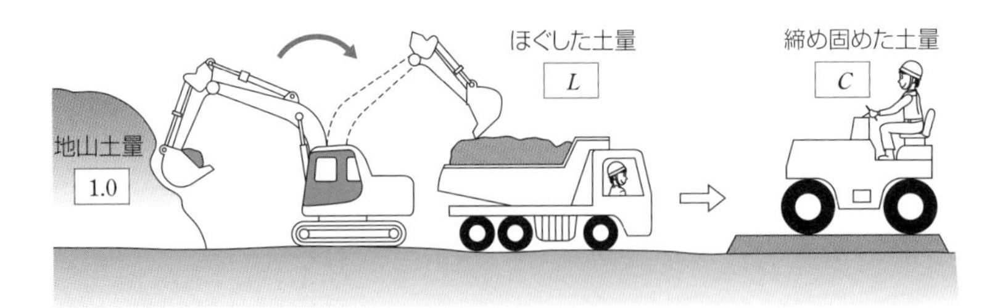

● 掘削土量・運搬土量・盛土土量

ワンポイントアドバイス

常に地山を１とした場合の下表の土量換算係数表を理解しておくこと。

	地山の土量	ほぐした土量	締め固めた土量
地山の土量	1	L	C
ほぐした土量	$1/L$	1	C/L
締め固めた土量	$1/C$	L/C	1

※普通土の場合、一般的にL = 1.10～1.30程度、C = 0.8～0.9程度

土量変化率の利用と注意点

［利用方法］ 土量の変化率Lは「**土の運搬計画**」を立てるときに必要であり、土量の変化率Cは「**土の配分計画**」を立てるときに用いられる。

［注意点］ 土量の変化率には、掘削・運搬中の損失及び基礎地盤の沈下による盛土量の増加は原則として含まれていない。

［岩石の場合］ 岩石の土量の変化率は、測定そのものが難しいので施工実績を参考にして計画し、実状に応じて変化率を変更することが望ましい。

3 土工作業と建設機械

出題頻度 ★☆☆

建設機械の選定

建設機械は、現場条件に合わせて、施工方法に適した機種が選定され施工される。建設機械の適否（てきひ）は、現場条件を十分に考慮して選定しなければならない。

［締固め機械の選定］ 主な建設機械の選定条件を下表に示す。

■ 土質と盛土に適応する建設機械

建設機械の種類	有効な盛土の構成部分	土質区分
ロードローラ	路床	粒度分布のよいもの
タイヤローラ	路体 路床（大型）	細粒分を適度に含んだ粒度のよい土 粒度分布のよいもの
振動ローラ	路床 路体	風化した岩など 粒度分布のよいもの
自走式タンピングローラ	路体	細粒分は多いが鋭敏性の低い土
被けん引式 タンピングローラ	路体	細粒分は多いが鋭敏性の低い土
ブルドーザ	路体	（やむを得ず使用する場合）
振動コンパクタ	法面	砂質土
タンパ	全般	（他の機械が使用できない場合）

［トラフィカビリティーによる選定］ 同一わだちを数回の走行が可能な場合のコーン指数を下表に示す。

■ 建設機械の走行に必要なコーン指数

建設機械の種類	コーン指数 q_c [kN/m^2]	建設機械の接地圧 [kN/m^2]
超湿地ブルドーザ	200以上	15～23
湿地ブルドーザ	300以上	22～43
普通ブルドーザ（15t級程度）	500以上	50～60
普通ブルドーザ（21t級程度）	700以上	60～100
スクレープドーザ	600以上	41～56
被けん引式スクレーパ（小型）	700以上	130～140
自走式スクレーパ（小型）	1000以上	400～450
ダンプトラック	1200以上	350～550

4 盛土の施工

出題頻度 ★★★

盛土の施工全般

［基礎地盤の処理］ 基礎地盤には以下のような処理を施す。

- 基礎地盤に極端な凹凸や段差があり盛土高さが低い場合は、均一な盛土になるように段差の処理を施す。
- 基礎地盤の準備排水は、原地盤を自然排水可能な勾配に整形し、素掘りの溝や暗渠（あんきょ）などにより工事区域外に排水する。

• 盛土基礎地盤に溝を掘って盛土の外への排水を行うことにより、盛土敷の乾燥を図り**トラフィカビリティー**が得られるようにする。

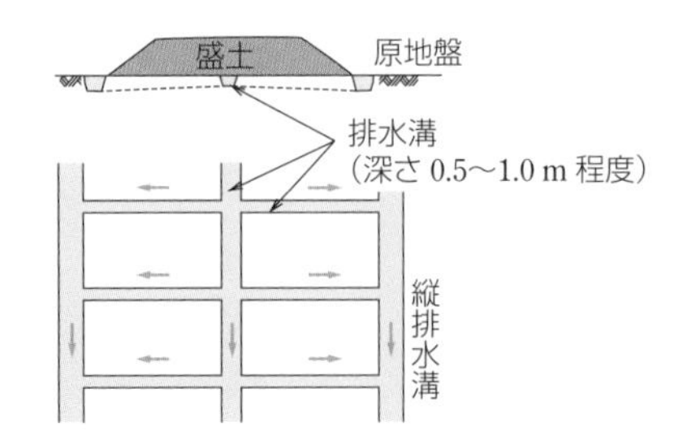

● 基礎地盤の排水処理

［構造物周辺の埋戻し］ 供用開始後に構造物との段差が生じないよう、圧縮性の小さい材料を用いる。また、雨水などの浸透による土圧増加を防ぐために透水性のよい材料を用いることが重要である。

裏込め部は、雨水の流入や湛水（たんすい）が生じやすいので、工事中は雨水の流入を極力防止し、浸透水に対しては**地下排水溝**（こう）を設けて処理することが望ましい。埋戻し部など地下排水が不可能な箇所は、埋戻し施工時にポンプ等で完全に排水しなければならない。

狭小な部分や、構造物周辺でタンパを使用する場合は、裏込め、埋戻しの敷均しは仕上り厚20cm以下とし、締固めは路床（ろしょう）と同程度に行う。

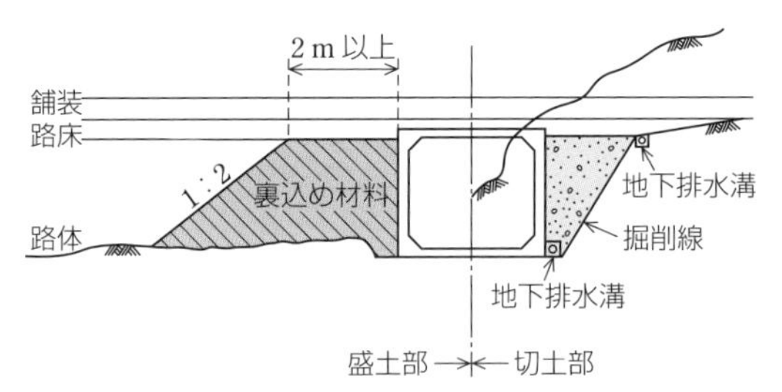

● 構造物周辺の埋戻し

［施工時の排水処理］ 処理は以下のような目的で行われる。

• 施工面から雨水浸入による**盛土体の弱体化防止**
• 法面を流下する表面水による**浸食、洗掘（せんくつ）防止**
• 間隙水圧の増大による**崩壊防止**
• 濁水、**土砂流出防止**

- 施工の円滑化

［盛土材料の条件］ 盛土材料は施工が容易で、盛土の安定を保ち、かつ有害な変形が生じないように、以下のような材料を用いることが原則である。

- 敷均し、締固めが容易で、締固め後のせん断強度が高い。
- 圧縮性が小さい。
- 雨水などの浸食に強い。
- 吸水による膨張性が低い。

これらを満足する材料は「**粒度配合の良い礫（れき）質土、砂質土**」である。

建設発生土の有効利用

環境保全の観点から、現場発生土を有効利用することを原則とし、良好でない材料についても適切な処理を施し、有効利用することが望ましい。

具体的な処理方法や検討事項を以下に示す。

- 安定や沈下などが問題となる材料は、障害が生じにくい法面（のりめん）表層部・緑地などへ使用する。
- 高含水比の材料は、なるべく薄く敷き均した後、十分な放置期間をとり、曝（ばっ）気乾燥を行い使用するか、処理材を混合調整し使用する。
- 安定が懸念される材料は、盛土法面勾配の変更、ジオテキスタイル補強盛土やサンドイッチ工法の適用や排水処理などの対策を講じる、あるいはセメントや石灰による安定処理を行う。
- 支持力や施工性が確保できない材料は、現場内で発生する他の材料と混合したり、セメントや石灰による安定処理を行う。
- 有用な表土は、可能な限り仮置きを行い、土羽土（どはど）として有効利用する。
- 透水性の良い砂質土や礫質土は、排水材料への使用を図る。
- 岩塊や礫質土は、排水処理と安定性向上のため法尻（のりじり）への使用を図る。

情報化施工

盛土工事にICT（情報通信技術）を導入するメリットを以下に示す。

- 測量、設計の合理化と効率化
- 施工の効率化と精度向上、安全性の向上

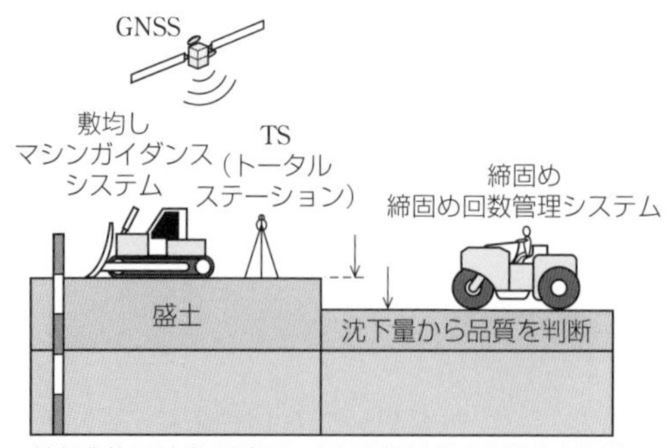

● 情報化施工のイメージ

［マシンガイダンスとマシンコントロール］ **マシンガイダンス技術**は、**TS（トータルステーション）**や**GNSS（全球測位衛星システム）**の計測技術を用いて、施工機械の位置情報・施工情報及び施工状況と三次元設計データとの差分をオペレータに提供する技術である。

マシンコントロール技術は、TSやGNSSにより機械の位置を取得し、施工箇所の設計データと現地盤データとの差分に基づき、ブルドーザの排土板の高さ等を自動制御するものである。

［締固め管理］ 情報化施工による盛土の締固め管理では、施工仕様（まき出し厚、締固め回数など）を決定し、システムが正常に作動することを確認するために試験施工を行う。このため土質が変化した場合や締固め機械を変更した場合、あらためて試験施工を実施し、所定の締固め回数を定めなければならない。

まき出し厚は、試験施工で決定したまき出し厚と締固め回数による施工結果である締固め層厚分布の記録をもって、間接的に管理をする。

まき出し厚の確認方法は、従来の管理方法と同様に写真撮影を行い、まき出し施工のトレーサビリティを確保するため、**GNSS**による締固め回数管理時の走行位置による面的な標高データを記録するものとする。

5 法面工

出題頻度 ★☆☆

法面保護工

法面保護工には、**法面緑化工（植生工）**と**構造物工**がある。工種の数は多いが目的はそれほど多くないので、しっかりと目的から理解しておくことが重要である。

■ 法面保護工の工種と目的

分類	工種		目的
法面緑化工（植生工）	播種工	種子散布工 客土吹付工 植生基材吹付工（厚層基材吹付工） 植生シート工 植生マット工	浸食防止、凍上崩落抑制、植生による早期全面被覆
		植生筋工	盛土で植生を筋状に成立させることによる浸食防止、植物の侵入・定着の促進
		植生土のう工 植生基材注入工	植生基板の設置による植物の早期生育、厚い生育基盤の長期間安定を確保
	植栽工	張芝工	芝の全面張付けによる浸食防止、凍上崩落抑制、早期全面被覆
		筋芝工	盛土で芝の筋状張付けによる浸食防止、植物の侵入・定着の促進
		植栽工	樹木や草花による良好な景観の形成
	苗木設置吹付工		早期全面被覆と樹木などの生育による良好な景観の形成
構造物工	金網張工 繊維ネット張工		生育基盤の保持や流下水による法面表層部のはく落の防止
	柵工 じゃかご工		法面表層部の浸食や湧水による土砂流出の抑制
	プレキャスト枠工		中詰の保持と浸食防止
	モルタル・コンクリート吹付工 石張工 ブロック張工		風化、浸食、表流水の浸透防止
	コンクリート張工 吹付枠工 連続長繊維補強土工（法面保護タイプ） 現場打ちコンクリート枠工		法面表層部の崩落防止、多少の土圧を受けるおそれのある箇所の土留め、岩盤はく落防止
	石積、ブロック積擁壁工 かご工 井桁組擁壁工 コンクリート擁壁工 連続長繊維補強土工（擁壁タイプ）		ある程度の土圧に対抗して崩落を防止
	地山補強土工 グラウンドアンカー工 杭工		すべり土塊の滑動力に対抗して崩落を防止

切土（きりど）部の各種法面保護工を図にすると、下図のようになる。下部からブロック積擁壁（ようへき）工、その上部は吹付法枠工（アンカー鉄筋挿入）、吹付枠内は法面緑化工の中から播種（はしゅ）工を採用している（図はあくまで参考で、現場に合わせて工法は変わる）。

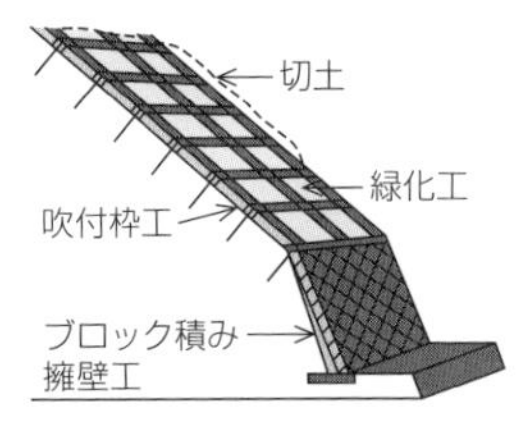

・法面全体の崩壊などを防止し、道路などの用地を確保するために、下部は勾配の急なブロック積みを配置
・上部は法面表層の崩落を防止する吹付け法枠工
・法面の浸食を早期に防止する緑化工

● 切土部の各種法面保護工

［植生工を採用する場合］ 軟岩や粘性土で**1：1.0～1.2**、砂質土で**1：1.5より緩い**法面勾配の場合は、一般に安定勾配とされ植生工のみで対応することが可能である。ただし、湧水や浸食が懸念される場合には、簡易な法枠工や柵工との併用が必要である。

［植生がはく離する場合］ シルト分の多い土質の法面で凍上（とうじょう）や凍結融解作用によって植生がはく離したり滑落するおそれのある場合は、法面勾配をできるだけ緩くしたり、法面排水工を行うことが望ましい。

［湧水などの対策が必要な場合］ 砂質土で浸食されやすい土砂からなる法面の場合は、一般に植生工のみを適用する場合が多い。しかし、湧水や表流水による浸食の防止が必要な場合には、法枠工や柵工などの緑化基礎工と植生工を併用する。

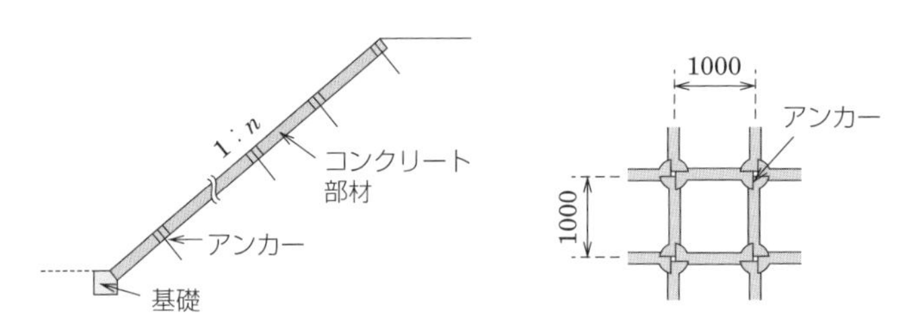

● 切土法面の施工例

6 軟弱地盤対策工法 出題頻度 ★★★

軟弱地盤対策工法と効果

軟弱地盤対策工法は、効果によって下表のように分類することができる。

■ 軟弱地盤対策工法の種類と対策及び効果

原理	代表的な対策工法		効果															
			沈下		安定			変形		液状化								トラフィカビリティー確保
			圧密沈下の促進による供用後の沈下量の低減	全沈下量の低減	圧密による強度増加	すべり抵抗の増加	すべり滑動力の軽減	応力の遮断	応力の軽減	液状化の発生を防止する対策							液状化の発生は許すが施設の被害を軽減する対策	
										砂地盤の性質改良				有効応力の増大	過剰間隙水圧の消滅	せん断変形の抑制		
										密度増大	固結	粒度の改良	飽和度の低下					
圧密・排水	表層排水工法																	○
圧密・排水	サンドマット工法		○															○
圧密・排水	緩速載荷工法				○													
圧密・排水	盛土載荷重工法		○		○													
圧密・排水	バーチカルドレーン工法	サンドドレーン工法	○		○													
圧密・排水	バーチカルドレーン工法	プレファブリケイテッドバーチカルドレーン工法	○		○													
圧密・排水	真空圧密工法		○		○													
圧密・排水	地下水位低下工法		○		○								○	○				
締固め	振動締固め工法	サンドコンパクションパイル工法	○	○	○	○			○	○								
締固め	振動締固め工法	振動棒工法		○*						○								
締固め	振動締固め工法	バイブロフローテーション工法		○*						○								
締固め	振動締固め工法	バイブロタンパー工法		○*						○								
締固め	振動締固め工法	重錘落下締固め工法		○*						○								
締固め	静的締固め工法	静的締固め砂杭工法	○	○	○	○			○	○								
締固め	静的締固め工法	静的圧入締固め工法								○								
固結	表層混合処理工法			○		○		○			○							○
固結	深層混合処理工法	深層混合処理工法（機械攪拌工法）		○		○		○	○		○					○	○	
固結	深層混合処理工法	高圧噴射攪拌工法		○		○		○	○		○					○	○	
固結	石灰パイル工法			○		○				○	○							
固結	薬液注入工法			○		○					○							
固結	凍結工法					○												
掘削置換	掘削置換工法			○		○		○				○						
間隙水圧消散	間隙水圧消散工法														○			
荷重軽減	軽量盛土工法	発泡スチロールブロック工法		○			○		○									
荷重軽減	軽量盛土工法	気泡混合軽量土工法		○			○		○									
荷重軽減	軽量盛土工法	発泡ビーズ混合軽量土工法		○			○		○									
荷重軽減	カルバート工法			○			○		○									
盛土の補強	盛土補強工法					○											○	
構造物による対策	押え盛土工法					○											○	
構造物による対策	地中連続壁工法															○		
構造物による対策	矢板工法					○		○							○**		○	
構造物による対策	杭工法			○		○			○								○	
補強材の敷設	補強材の敷設工法					○												○

*）砂地盤について有効

**）排水機能付きの場合

代表的な対策工法の留意点等

［表層混合処理工法］ 固化材を粉体で地表面に散布する場合は、周辺環境に対する**防塵対策**を実施するとともに、生石灰では発熱を伴うため作業員の安全対策に留意する。また、セメントやセメント系固化材を用いる場合、六価クロムの溶出に留意する必要がある。

［置換工法］ 軟弱土と良質土を入れ替え、盛土の安定確保と沈下量の減少を目的とする工法である。軟弱土を掘削してから良質土を埋め戻す**掘削置換工法**と、盛土自重により軟弱土を押し出す**強制置換工法**に分類される。

［サンドマット工法］ 敷砂を軟弱地盤上に厚さ0.5～1.2m程度のサンドマット（敷砂）を施工する工法である。

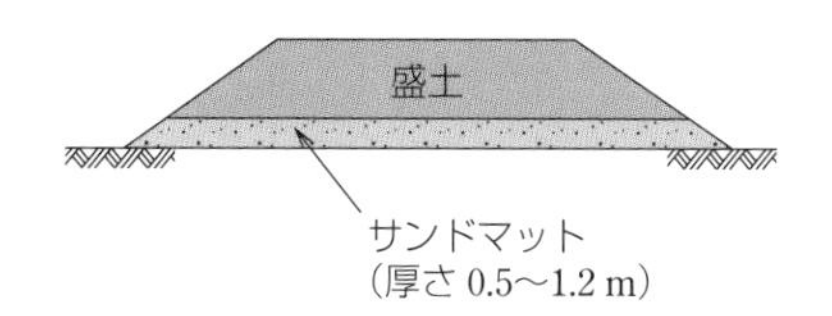

● サンドマット工法

［サンドドレーン工法］ 地盤中に透水性の高い砂柱（サンドドレーン）を鉛直に造成することにより、水平方向の排水距離を短くして粘性土地盤の圧密を促進し、地盤の**強度増加**を図る工法である。

［深層混合処理工法］ 深層混合処理工法は、主としてセメント系の固化材と原位置の軟弱土を攪拌混合することにより、原位置で深層まで強固な**柱体状**、**ブロック状**、**壁状**の安定処理土を形成し、すべり抵抗の増加、変形の抑止、沈下の低減、液状化防止などを図る工法である。

［地下水位低下工法］ 地盤中の地下水位を低下させることにより、地盤がそれまで受けていた浮力に相当する荷重を下層の軟弱層に載荷して、圧密を促進し地盤の強度増加を図る工法である。地下水位低下の方法としては、ウェルポイントやディープウェル等が一般的に用いられる。

過去問チャレンジ（章末問題）

問1　原位置試験　H29-No.1

➡1 土質調査・土質試験

土の原位置試験で、「試験の名称」、「試験結果から求められるもの」及び「試験結果の利用」の組合せとして、次のうち適当なものはどれか。

	[試験の名称]	[試験の結果から求められるもの]	[試験結果の利用]
(1)	標準貫入試験	N値	盛土の締固め管理の判定
(2)	スウェーデン式サウンディング試験	静的貫入抵抗	土層の締まり具合の判定
(3)	平板載荷試験	地盤反力係数	地下水の状態の判定
(4)	ポータブルコーン貫入試験	せん断強さ	トラフィカビリティーの判定

解説 (1)　標準貫入試験はN値を求め、土層の締まり具合の判定に利用
(3)　平板載荷試験は地盤反力係数を求め、締固めの施工管理に利用
(4)　ポータブルコーン貫入試験はコーン指数を求め、トラフィカビリティーの判定に利用

解答　(2)

問2　室内試験　H30-No.1

➡1 土質調査・土質試験

土質試験における「試験の名称」、「試験結果から求められるもの」及び「試験結果の利用」に関する次の組合せのうち、適当なものはどれか。

	[試験の名称]	[試験の結果から求められるもの]	[試験結果の利用]
(1)	土の一軸圧縮試験	一軸圧縮強さ	地盤の沈下量の推定
(2)	突固めによる土の締固め試験	圧縮曲線	盛土の締固め管理基準の決定
(3)	土の圧密試験	圧縮指数	斜面の安定の検討
(4)	土の粒度試験	粒径加積曲線	建設材料としての適性の判定

解説 (1)　土の一軸圧縮試験は一軸圧縮強さを求め、土の支持力、盛土法面の安定、安定処理試験に利用

(2) 突固めによる土の締固め試験は締固め曲線を求め、盛土の締固め管理基準の決定に利用
(3) 土の圧密試験は圧縮指数を求め、沈下量、沈下時間の計算に利用

解答 (4)

問3 土の力学的性質 H27-No.1

➡1 土質調査・土質試験

土質調査・試験結果資料からわかる土の性質などに関する次の記述のうち、適当でないものはどれか。

(1) 土粒子の密度は、2.30～2.75の間にあるものが多く、あまり変動の大きいものはないものの、2.5以下の値をとるものは有機物を含んでいる。
(2) N値は、盛土の基礎地盤を評価する上で有益な指標であるが、砂質土でN値30以上では非常に密な地盤判定に分類される。
(3) 自然含水比は、一般に粗粒なほど小さく細粒になるにつれて大きくなり、粘性土では沈下と安定の傾向を推定することができる。
(4) 圧縮指数は、土の圧縮性を代表する指数で、粘土層の沈下量を圧縮指数と塑性指数から判定することができる。

解説 圧縮指数は、土の圧縮性を代表する指数で、粘土層の沈下量を盛土の荷重と間隙比、圧縮指数または体積圧縮係数から判定することができる。一般に塑性指数は、土の細粒分の分類、路盤材料の品質規格の判定に使用される。

解答 (4)

問4 土量の変化率 H27-No.2

➡2 土工量計算

土工における土量の変化率に関する次の記述のうち、適当なものはどれか。

(1) 土の掘削・運搬中の土量の損失及び基礎地盤の沈下による盛土量の増加は、変化率に含むこととしている。
(2) 土量の変化率Cは、地山の土量と締め固めた土量の体積比を測定して求める。

(3) 土量の変化率Cは、土工の運搬計画にとって重要な指標である。

(4) 土量の変化率Lは、土工の配分計画を立てる上で重要であり、工事費算定の要素でもある。

解説 (1) 土の掘削・運搬中の土量の損失及び基礎地盤の沈下による盛土量の増加は、原則として変化率に含まれないこととしている。
(3) 土量の変化率Cは、土工の配分計画にとって重要な指標であり、工事費算定の要素でもある。
(4) 土量の変化率Lは、土工の運搬計画を立てる上で重要であり、ダンプトラックの規格により運搬土量が算定できる。 解答 (2)

問5 締固め機械の選定 H29-No.3

➡ 3 土工作業と建設機械

道路の盛土に用いる締固め機械に関する次の記述のうち、適当なものはどれか。

(1) 振動ローラは、締固めによっても容易に細粒化しない岩塊などの締固めに有効である。

(2) ブルドーザは、細粒分は多いが鋭敏比の低い土や低含水比の関東ロームなどの締固めに有効である。

(3) タイヤローラは、単粒度の砂や細粒度の欠けた切込砂利などの締固めに有効である。

(4) ロードローラは、細粒分を適度に含み粒度が良く締固めが容易な土や山砂利などの締固めに有効である。

解説 (2) ブルドーザは、締固め効率が悪く施工の確実性も低いため本来は締固め機械ではない。設問の土質区分にはタンピングローラが有効である。
(3) タイヤローラは、細粒分を適度に含んだ粒度の良い締固めが容易な土、まさ、山砂利などの締固めに有効である。設問の土質区分には振動ローラが有効である。
(4) ロードローラは、舗装、路盤用として多く用いられ、土工では路床面などの仕上げに用いることがある。設問の土質区分には大型のタイヤローラが有効である。

解答 (1)

問6 盛土の施工 H30-No.3

➡ 4 盛土の施工

盛土の施工に関する次の記述のうち、適当でないものはどれか。

(1) 盛土の施工に先立って行われる基礎地盤の段差処理で、特に盛土高の低い場合には、凹凸が田のあぜなど小規模なものでも処理が必要である。
(2) 盛土材料の敷均し作業は、盛土の品質に大きな影響を与える要素であり、レベル測量などによる敷均し厚さの管理を行うことが必要である。
(3) 盛土施工時の盛土面には、盛土内に雨水などが浸入し土が軟弱化するのを防ぐため、数パーセントの縦断勾配を付けておくことが必要である。
(4) 盛土の締固めにおいては、盛土端部や隅部などは締固めが不十分になりがちになるので注意する必要がある。

解説 盛土施工時の盛土面には、盛土内に雨水などが浸入し土が軟弱化するのを防ぐため、4～5パーセント程度の横断勾配を付けておくことが必要である。

解答 (3)

問7 建設発生土の再利用 R1-No.4

➡ 4 盛土の施工

建設発生土を盛土材料として利用する場合の留意点に関する次の記述のうち、適当でないものはどれか。

(1) セメント及びセメント系固化材を用いて土質改良を行う場合は、六価クロム溶出試験を実施し、六価クロム溶出量が土壌環境基準以下であることを確認する。
(2) 自然由来の重金属などが基準を超え溶出する発生土は、盛土の底部に用いることにより、調査や対策を行うことなく利用することができる。
(3) ガラ混じり土は、土砂としてではなく全体を産業廃棄物として判断される可能性が高いため、都道府県などの環境部局などに相談して有効利用することが望ましい。

(4) 泥土は、土質改良を行うことにより十分利用が可能であるが、建設汚泥に該当するものを利用する場合は、「廃棄物の処理及び清掃に関する法律」に従った手続きが必要である。

解説 自然由来の重金属などが基準を超え溶出する発生土は、場外に搬出して適切な方法で処理する。

解答 (2)

問8 情報化施工 R1-No.3

➡ 4 盛土の施工

盛土の情報化施工に関する次の記述のうち、適当でないものはどれか。

(1) 情報化施工を実施するためには、個々の技術に適合した3次元データと機器・システムが必要である。

(2) 基本設計データの間違いは出来形管理に致命的な影響を与えるので、基本設計データが設計図書をもとに正しく作成されていることを必ず確認する。

(3) 試験施工と同じ土質、含水比の盛土材料を使用し、試験施工で決定したまき出し厚、締固め回数で施工した盛土も、必ず現場密度試験を実施する。

(4) 盛土のまき出し厚や締固め回数は、使用予定材料の種類ごとに事前に試験施工で表面沈下量、締固め度を確認し、決定する。

解説 試験施工と同じ土質、含水比の盛土材料を使用し、試験施工で決定したまき出し厚、締固め回数で施工した盛土は、現場密度試験を実施しなくてもよい。TS・GNSSを用いた締固め管理技術は、締固め機械の走行軌跡を計測し、締固め回数をリアルタイムにオペレータ画面に表示することで、締固め不足の防止と均一な施工の支援を行うシステムである。TS・GNSSを用いた締固め管理要領に準拠した場合、試験施工で得られた目標の締固め回数を確実の実施・管理できることから、このように規定されている。

解答 (3)

問9　法面保護工　H27-No.4

➡ 5 法面工

切土法面保護工の選定に関する次の記述のうち、適当でないものはどれか。

(1)　砂質土で1：1.5より緩い法面勾配の場合は、一般に安定勾配とされ植生工のみで対応することが可能である。

(2)　シルト分の多い土質の法面で凍上や凍結融解作用によって植生がはく離したり滑落するおそれのある場合は、法面勾配をできるだけ急勾配とする。

(3)　砂質土で浸食されやすい土砂からなる法面の場合は、湧水や表流水による浸食の防止に法枠工や柵工などの緑化基礎工と植生工を併用する。

(4)　湧水が多い法面の場合は、地下排水施設とともに、井桁組擁壁、じゃかご、中詰めにぐり石を用いた法枠などが用いられる。

解説　シルト分の多い土質の法面で凍上や凍結融解作用によって植生がはく離したり滑落するおそれのある場合は、法面勾配をできるだけ緩くしたり、法面排水工を行うことが望ましい。

解答　(2)

問10　軟弱地盤対策工法　R1-No.5

➡ 6 軟弱地盤対策工法

軟弱地盤対策工法に関する次の記述のうち、適当でないものはどれか。

(1)　緩速載荷工法は、構造物あるいは構造物に隣接する盛土などの荷重と同等またはそれ以上の盛土荷重を載荷したのち、盛土を取り除いて地盤の強度増加を図る工法である。

(2)　サンドマット工法は、地盤の表面に一定の厚さの砂を敷設することで、軟弱層の圧密のための上部排水の促進と施工機械のトラフィカビリティーの確保を図る工法である。

(3)　地下水位低下工法は、地盤中の地下水位を低下させ、それまで受けていた浮力に相当する荷重を下層の軟弱地盤に載荷して、圧密を促進するとともに地盤の強度増加を図る工法である。

(4) 荷重軽減工法は、土に比べて軽量な材料で盛土を施工することにより、地盤や構造物にかかる荷重を軽減し、全沈下量の低減、安定確保及び変形対策を図る工法である。

解説 緩速載荷工法は、地盤が破壊しない範囲に盛土速度を制御することで、軟弱地盤の処理を行わず地盤の圧密促進を期待する工法である。構造物に隣接する盛土などの荷重と同等またはそれ以上の盛土荷重を載荷したのち、盛土を取り除いて地盤の強度増加を図る工法は「載荷重工法」である。

解答 (1)

コンクリート

選択問題

1 コンクリートの品質

出題頻度 ★★☆

配合

コンクリートの配合では、**スランプ、水セメント比、単位水量、単位セメント量、空気量、細骨材率、粗骨材の最大寸法**などの品質が規定されている。

スランプ

［設定の基本］ スランプの設定は、**構造条件**（部材の種類や寸法、補強材の配置）、**施工条件**（場内運搬方法、打込み方法、締固め方法）を考慮して設定する。ただし、ワーカビリティーが満足される範囲内で、できるだけ打込みのスランプを小さくすることが基本である。

［設定と施工条件］ 最小スランプは施工条件によって変える必要がある。「コンクリート標準示方書［施工編］」では、各条件での「最小スランプの目安（cm）」が設定されており、施工条件でのスランプの違いがわかる。

例） スラブ部材における打込みの最小スランプの目安

下表から、締固め作業高さが高いほど打込みの最小スランプは大きくする必要があることがわかる。また、打込み箇所の間隔が広いほど最小スランプは大きくする必要がある。

締固め作業高さ	0.5m未満	→	最小スランプ5cm
	3.0m以上	→	最小スランプ12cm（大きくする）
打込み箇所間隔	2～3m	→	最小スランプ10cm
	3～4m	→	最小スランプ12cm（大きくする）

■ スラブ部材における打込みの最小スランプの目安

施工条件		打込みの最小スランプ (cm)
締固め作業高さ	コンクリートの打込み箇所間隔	
0.5m未満	任意の箇所から打込み可能	5
0.5m以上 1.5m以下	任意の箇所から打込み可能	7
3m以下	2～3m	10
	3～4m	12

例) はり部材における打込みの最小スランプの目安

下表から、スラブ部材と同じく締固め作業高さが高いほど打込みの最小スランプは大きくすることのほかに、鉄筋の最小水平あきが小さいほど打込みの最小スランプは大きくする必要があることがわかる。

鉄筋の最小水平あき　150mm以上　→　スランプ5cm
　　　　　　　　　　60mm未満　→　スランプ12cm (大きくする)

■ はり部材における打込みの最小スランプの目安

鉄筋の最小水平あき	締固め作業高さ		
	0.5m未満	0.5m以上1.5m未満	1.5m以上
150mm以上	5	6	8
100mm以上150mm未満	6	8	10
80mm以上100mm未満	8	10	12
60mm以上80mm未満	10	12	14
60mm未満	12	14	16

[設定の注意点] 以下の事項に注意する。

- 荷卸(におろ)しの目標スランプは、打込みの最小スランプに対して、品質のばらつき、時間経過に伴うスランプの低下、ポンプ圧送に伴うスランプの低下を考慮して設定する。
- 打ち込む部材が複数ある場合で、部材ごとに個別にコンクリートを打ち込むことができる場合は、部材ごとに打込みの最小スランプを設定する。
- 複数の部材を連続して打ち込む場合などで、途中でスランプの変更ができない場合は、各部材の打込み最小スランプのうち大きい値を用いることを標準とする。

◘ 水セメント比

水セメント比は「水とセメントとの割合」で、水量をw、セメント量をc

とすると「*w/c*」の百分率（%）で示される。

水セメント比は**65%以下**で、かつ設計図書に記載された参考値に基づき、コンクリートの所要の強度、耐久性及び水密性から必要となる各々の水セメント比のうちで、最も小さい値とする。

単位水量

［設定の基本］ 単位水量が大きくなると、材料分離抵抗性が低下するとともに、乾燥収縮が増加するなどコンクリートの品質が低下するので、作業ができる範囲内でできるだけ小さくなるように、試験によって定める。コンクリートの単位水量の上限は175kg/m^{3}を標準とする。

［設定と施工条件］ 単位水量や単位セメント量を小さくし、経済的なコンクリートにするには、一般に粗骨材の最大寸法を大きくする方が有利である。

粗骨材最大寸法（mm）	単位水量の範囲（kg/cm^3）
20～25	155～175
40	145～165

- AE減水剤を用いたコンクリートで、単位水量が175kg/m^{3}を超える場合には、AE減水剤に代えて**高性能AE減水剤**を用いて、単位水量が175kg/m^{3}以下となる配合とするのが望ましい。
- 無筋コンクリートの場合や場所打ち杭などのように乾燥収縮の影響を考慮しなくてよい場合には、単位水量は175kg/m^{3}を超えて設定してもよい。
- 単位水量に下限値は定められていないが、砕石や砕砂を用いる場合の単位水量は145kg/m^{3}以上を目標とするのがよい。

単位セメント量

単位セメント量が少なすぎるとワーカビリティーが低下するため、単位セメント量を粗骨材最大寸法が20～25mmの場合は**270kg/m^{3}以上**確保する。

空気量

コンクリートの空気量は、粗骨材の最大寸法、その他に応じてコンクリート容積の4～7%を標準とする。寒冷地などで長期的に凍結融解作用を受けるような場合は、所要の強度を得られることを確認した上で6%とするのがよい。

空気量は各種条件によって相当変わるため、コンクリートの施工においては必ず空気量試験を行う。

粗骨材の最大寸法

粗骨材の最大寸法は、部材寸法、鉄筋のあき、鉄筋のかぶり、を考慮して決定する。標準値は下表に示すとおりである。

■ 粗骨材の寸法

鉄筋コンクリートの場合	部材最小寸法の1/5を超えない
無筋コンクリートの場合	部材最小寸法の1/4を超えない
はり、スラブの場合	鉄筋最小水平あきの3/4を超えない
柱、壁の場合	軸方向鉄筋の最小あきの3/4を超えない
粗骨材の最大寸法	かぶりの3/4を超えない 最小断面が500mm程度で40mm 〃　それ以外で20mmか25mm

細骨材率

細骨材率は、所要のワーカビリティーが得られる範囲内で単位水量ができるだけ小さくなるように、試験によって定める。これは、一般に細骨材率が小さいほど単位水量は減少する傾向にあり、それに伴い単位セメント量の低減も図れ、経済的なコンクリートとなるからである。

細骨材率を過度に小さくすると、コンクリートの材料分離の傾向が強まるためワーカビリティーの低下につながりやすいので、適切な細骨材率を設定する。

スランプ試験

スランプの試験方法は、配合や品質規定とは別に「**試験方法**」としてよく出題されるので、しっかり覚えておきたい。コンクリートのスランプとは、まだ固まらないコンクリートの軟らかさの程度（これを**コンシステンシー**という）を表す値で、下図のようにスランプ試験を行って定める。

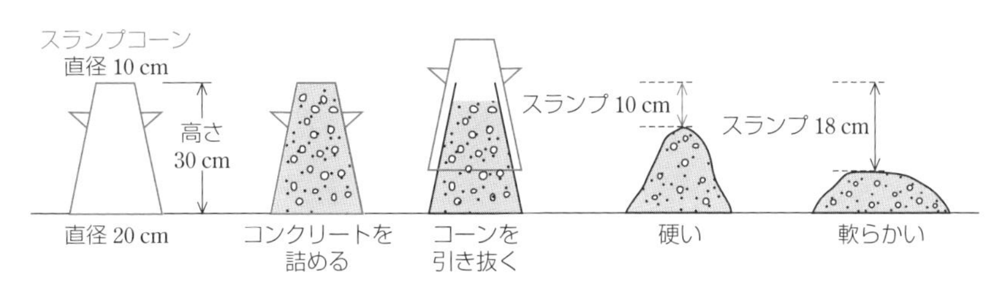

● スランプ試験

スランプ及びスランプフローは、購入者が指定した値に対して、下表の範囲内でなければならない。

スランプ（cm）	2.5	5及び6.5	8～18	21
誤差	±1	±1.5	±2.5	±1.5

スランプフロー（cm）	50	60
誤差	±7.5	±10

※スランプフローはスランプコーンを引き上げた後の水平の広がりのこと

品質を確保するための対応

出題頻度は低いが、コンクリートの品質を確保するための対応について、チェックポイントは以下のとおりである。

- 塩化物イオンの総量は、原則として**0.30kg/m³以下**とする。
- 高炉セメントB種は、打込み初期に**湿潤養生**（しつじゅん）を行う必要がある。
- 寒中コンクリートは**AEコンクリート**とすることを原則とする。
- 水密性を確保する場合、水セメント比を**55%以下**とする。
- 圧縮強度は、1回の試験結果は呼び強度の強度値の**85%以上**とする。

2 コンクリートの材料

出題頻度 ★★★

セメント

セメントには多くの種類があり、JISに規定されている**ポルトランドセメント**、**混合セメント**、**それ以外のセメント**や、ポルトランドセメントをベースとした特殊なセメントがある。

■ ポルトランドセメントの種類と特徴

種類	特徴
普通ポルトランドセメント	最も汎用性の高いセメント
早強ポルトランドセメント	型枠の脱型を早めるため、早く**強度**がほしいときに使用
超早強ポルトランドセメント	早強よりさらに短期間で**強度**を発揮する
中庸熱ポルトランドセメント	普通ポルトランドセメントに比べ、**水和熱**が低い
低熱ポルトランドセメント	中庸熱ポルトランドセメントより**水和熱**が低い
耐硫塩酸ポルトランドセメント	**硫酸塩**に対する抵抗性を高めたセメント

■ 混合セメントの種類と特徴

種類	特徴
高炉セメント A、B、C種	高炉スラグの微粉末を混合したセメントで**長期強度**の増進が大きい
フライアッシュセメント A、B、C種	フライアッシュ（微粉状の石炭灰）を混合したセメントで**ワーカビリティー**が向上
シリカセメント A、B、C種	シリカ質混合材を混合したセメントで**耐薬品性**に優れている

■ それ例外のセメントの種類と特徴

種類	特徴
普通エコセメント	ごみ焼却灰や下水汚泥が主原料。セメント中の塩化物イオン量が0.1%以下と規定され、凝結時間、モルタル圧縮強さともに普通ポルトランドセメントに類似する

［練混ぜ水］ 練混ぜ水は、コンクリートの凝結硬化、強度の発現、体積変化、ワーカビリティー等の品質に悪影響を及ぼさず、鋼材を腐食させないものを用いる。

練混ぜ水でチェックしておく事項は以下の3つである。いずれもコンクリートの品質の確保が難しいことから定められている。

- **上水道**は、JISに適合したものを標準とする。
- **回収水**は、JISに適合したものでなければならない。
- **海水**は、一般に使用してはならない。

骨材

骨材の分類

骨材は、清浄、堅硬、耐久性を持ち、科学的・物理的に安定し、有機不純物、塩化物などを有害量含まないものを用いる。また、耐火性を必要とする場合には、耐火的な粗骨材とする。

コンクリート用骨材は、粒の大きさによって**粗骨材**と**細骨材**に分類される。一般に、コンクリートのワーカビリティーに及ぼす影響は細骨材が大きく、粗骨材は小さい。

［粗骨材］ 5mm網ふるいに質量で85%以上とどまる骨材（概略5mm以上の骨材）のこと。

［細骨材］ 10mm網ふるいを全部通り、5mm網ふるいを質量で85%以上通る骨材（概略5mm未満の骨材）のこと。

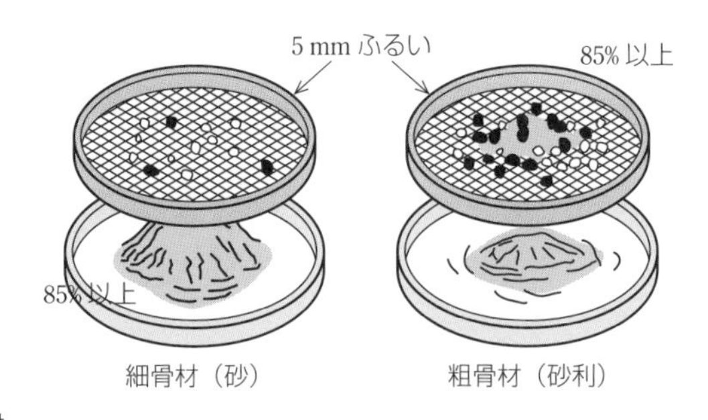

● 細骨材と粗骨材

■ 標準的な骨材の品質

種類	乾燥密度 (g/cm^3)	吸収率 (%)	粘土塊量 (%)	微粉分量 (%)	塩化物 (%)	安定性 (%)
細骨材、砂	2.5以上	3.5以下	1.0以下	3.0以下	0.04以下	10以上
粗骨材、砂利	2.5以上	3.0以下	0.25以下	1.0以下	−	12以下

なお、粗骨材（砂利）には、すりへり減量35％以下もある。

◘ 細骨材の留意事項

［砕砂］ 砕砂の粒形は一般的に角ばっており、石粉（いしこ）を相当に含有している場合が多い。砕砂の粒形の良否は、コンクリートの**単位水量**や**ワーカビリティー**に及ぼす影響が極めて大きいため、できるだけ角ばりの程度が小さく、細長い粒や偏平な粒の少ないものを選定する。

- 細骨材中に含まれる多孔質の粒子は、一般に密度が小さく骨材の吸水率が大きいため、コンクリートの**耐凍害性**を損なう原因となる。
- 砕砂に含まれる**微粒分の石粉**は、コンクリートの単位水量を増加させるが、材料分離を抑制する効果もあるため、砕砂の場合には3～5％の石粉が混入している方が望ましい場合もある。
- 細骨材中に含まれる粘土塊量の試験方法では、微粉分量試験によって微粒分量を分離したものを試料として用いる。

［高炉スラグ細骨材］ 高炉スラグ細骨材は、粒度調整や塩化物含有量の低減などの目的で、細骨材の一部として山砂などの天然細骨材と混合して用いられる場合が多い。

- 実績として、粒度調整や塩化物含有量の低減を目的に山砂などの細骨材の**20～60％**を本材料で置き換える場合が多い。
- フェロニッケルスラグ細骨材、銅スラグ細骨材、電気炉酸化スラグ細骨材についても同様の使用方法が多い。

- コンクリート表面がすりへり作用を受ける場合の、各種スラグ細骨材の微粉分量は5.0%以下とする。

［再生骨材］ コンクリート用の再生骨材は、処理方法や品質により下表のように分類されている。

■ 再生骨材の種類と特徴

種類	使用する場合の特徴
再生骨材H	コンクリート塊に破砕、磨砕、分級などの高度な処理を行って、**通常の骨材とほぼ同等の品質**
再生骨材M	乾燥収縮、凍結融解作用の受けにくい**地下構造物**などへの適用に限定される
再生骨材L	耐凍結融解性の高い耐久性を必要としない**無筋コンクリート**、容易に交換ができる部材、小規模な鉄筋コンクリート、コンクリートブロック等に使用

◘ 粗骨材の留意事項

［砕石］ 砕石は、角ばりや表面の粗さの程度が大きいので、砂利を用いる場合に比べて単位水量を増加させる必要がある。また、特に偏平なものや細長い形状のものは粒子形状の良否を検討する必要がある。

［高炉スラグ粗骨材］ 高温の溶融高炉スラグを徐冷（じょれい）、凝固させ砕いて製造する。製造上、品質のばらつきが大きいので、品質を確認して使用する必要がある。高炉スラグ粗骨材は、乾燥密度、吸水率、単位容積質量に応じてL、Nに区分される。

■ 高炉スラグ粗骨材の種類と特徴

種類	使用する場合の特徴
区分L	乾燥密度が大きく、通常Lを使用する
区分N	設計基準強度が21 N/mm^{2}未満などに使用

［再生粗骨材］ 再生粗骨材はJIS「コンクリート用再生骨材H」に適合した**再生粗骨材H**を使用する。

▶ 混和材料

混和材料は、コンクリートの品質を改善するものである。使用量の多少に応じて**混和材**と**混和剤**に分類される。

■ 混和材の主な効果と種類

主な効果	混和材
ポゾラン活性が利用できる	フライアッシュ、シリカフューム、火山灰、けい酸白土、けい藻土
潜在水硬性が利用できる	高炉スラグ微粉末
硬化過程で膨張を起こさせる	膨張材
オートクレーブ養生で高強度を生じる	けい酸質微粉末
着色させる	着色材
流動性を高め材料分離やブリーディングを減少	石灰石微粉末
その他	高強度用混和材、間隙充填モルタル用混和材、ポリマー、増量剤など

［フライアッシュ］ フライアッシュを適切に用いると、以下のような効果が得られる。

- コンクリートの**ワーカビリティー**を改善し、**単位水量**を減らすことができる。
- 水和熱による**温度上昇**の低減
- 長期材齢における**強度増進**
- **乾燥収縮**の減少
- 水密性や化学的浸食に対する**耐久性**の改善
- **アルカリシリカ反応**の抑制

［膨張材］ 膨張材を適切に用いる膨張コンクリートは、以下のような効果が得られる。

- 乾燥収縮や硬化収縮などに起因するひび割れの発生を低減
- ケミカルプレストレスを導入してひび割れ耐力を向上

［高炉スラグ微粉末］ 高炉スラグ微粉末を適切に用いると、以下のような効果が得られる。

- **水和熱**の発生速度を遅くする。
- **長期強度**の増進
- 水密性を高め、塩化物イオン等の**浸透**を抑制する。
- 硫酸塩や海水に対する**化学抵抗性**の改善
- **アルカリシリカ反応**の抑制

［シリカフューム］ シリカフュームでセメントの一部を置換した場合、以下のような利点がある。

- **材料分離**が生じにくい。
- ブリーディングが小さい。

・**強度増加**が著しい。
・水密性や化学抵抗性が向上する。

■ 混和剤の主な効果と種類

主な効果	混和剤
ワーカビリティー、耐凍害性などを改善	AE剤、AE減水剤
ワーカビリティーを向上させ、単位水量及び単位セメント量を減少させる	減水剤、AE減水剤
大きな減水効果が得られ強度を著しく高める	高性能減水剤、高性能AE減水剤
単位水量を著しく減少させ、良好なスランプ保持性を有し、耐凍害性も改善	高性能AE減水剤
流動性を大幅に改善	流動化剤
粘性を増大させ、水中でも材料分離を生じにくくさせる	水中分離性混和剤
凝結、硬化時間を調整する	硬化促進剤、急結剤、遅延剤
気泡の作用で充填性の改善や質量を調節	気泡剤、発砲剤
増粘、凝集作用で材料分離抵抗性を向上	ポンプ圧送助剤、分離低減剤、増粘剤
流動性を改善させ、適当な膨張性を与えて充填性と強度を改善	プレパックドコンクリート用、間隙充填モルタル用の混和剤
塩化物イオンによる鉄筋の腐食を抑制	鉄筋コンクリート用防錆剤
乾燥収縮ひずみを低減させる	収縮低減剤など
その他	防水材、防凍・耐寒剤、水和熱抑制剤、防じん低減剤など

［AE剤、減水剤など］ 混和剤に用いるものは、減水剤、AE減水剤は「**標準形、遅延形、促進形**」、高性能AE減水剤は「**標準形、遅延形**」、高性能減水剤、流動化剤は「**標準形、遅延形**」、硬化促進剤などに分類されている。

混和剤を適切に用いると、コンクリートのワーカビリティーや圧送性の改善、単位水量の低減、耐凍害性の向上、水密性の改善などの効果が期待できるが、セメント、骨材の品質や配合、施工方法によって効果の発現が異なるので注意が必要である。

［防錆剤（ぼうせいざい）］ 鉄筋コンクリート用防錆剤は、海砂中の塩分に起因する鉄筋の腐食を抑制するもので、以下のように分類される。

・不動態被膜形成形防錆剤
・沈殿被膜形防錆剤
・吸着被膜形防錆剤

3 コンクリートの施工

出題頻度 ★★★

運搬

フレッシュコンクリートの品質は、時間の経過、温度、運搬方法の影響を受けやすいので、現場までの運搬、現場内での運搬、バケット、シュート等を使用する運搬方法における品質の確保は重要で出題頻度も高い。

練り混ぜてから打ち終わるまでの時間

練り混ぜてから打ち終わるまでの時間は、時間経過とともに品質は変化するので早期に終えるものとし、下記を標準とする。

- 外気温が**25℃以下**のときで**2時間以内**
- 外気温が**25℃を超える**ときで**1.5時間以内**

また、打込みを終えるまで設定した「打込みの最小スランプ」を確保できない場合は、「施工方法を検討する」、「高性能AE減水剤などを用い、スランプの経時変化が小さい配合に修正する」、「高い減水率を持つ混和剤に変更し、練り上がりのスランプを大きくする」等の対策を講じる。

現場までの運搬

運搬距離が長い場合や、スランプが大きなコンクリートの場合、アジテータ等の攪拌機能がある**トラックミキサ**や**トラックアジテータ**を用いて運搬する。スランプが5cmの硬練りを10km以下、1時間以内で運搬可能な場合は、材料分離などが生じないことを確認した上で、**ダンプトラック**等で運搬可能である。

現場内での運搬

[コンクリートポンプ：輸送管] 輸送管の径は、圧送性に余裕のあるものを選定する。管径が大きいほど圧送負荷は小さくなるので、管径の大きな輸送管の使用が望ましいが、作業性が低下するので注意が必要である。コンクリートポンプ車、輸送管の径は100A、125Aを使用することが多く、大規模な現場では150Aを使用する。

● トラックミキサ

● コンクリートポンプ車

[コンクリートポンプ：圧送の準備] 圧送開始に先立ち、コンクリートポンプや輸送管内面の潤滑性を確保するために、先送りモルタルを圧送して閉塞を防止する。先送りモルタルはコンクリートの水セメント比以下とし、型枠に打ち込まないよう注意する。

[コンクリートポンプ：圧送の中断] コンクリートは連続して圧送し、迅速に打込み、締固めを行うのが望ましい。長時間の中断が予想される場合は、閉塞を防止するために**インターバル運転**を実施し、配管内のコンクリートを排出しておく。

[シュート] シュートを用いる場合の留意点を以下に示す。

- シュートは**縦シュート**の使用を標準とする。
- **斜めシュート**を用いる場合、シュートの傾きは水平2に対して鉛直1
- シュートの構造、使用方法は**材料分離**が起こりにくいものとする。

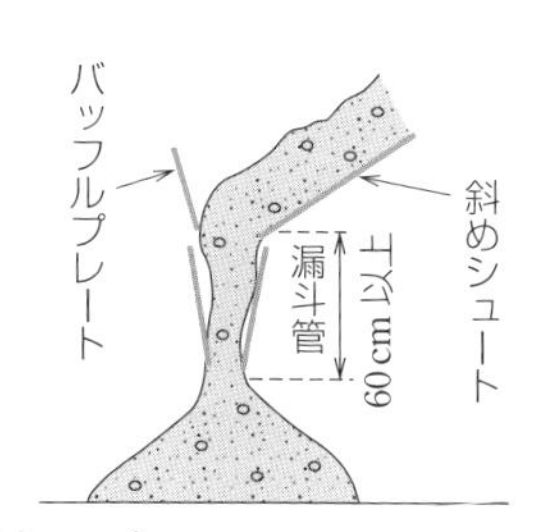

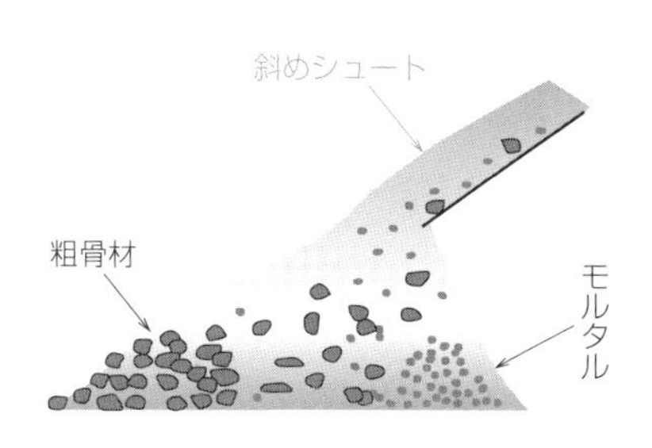

● 斜めシュート

※図のように、シュートを流した力でモルタルがシュート下に集まり、粗骨材が先に集まって**材料分離**が生じる。そこで、右図のように斜めシュートを用いる場合は、吐出口に漏斗管やバッフルプレートを設け、材料分離を抑制する必要がある。

[バケット] バケットによる運搬は材料分離を少なくできるが、ポンプ車に比べ時間を要することが多く、攪拌機能がないことから、打込み速度、品質変化などを考慮した計画が必要である。

打込み・締固め

打込み

［準備］ コンクリートを打ち込む前に以下の準備を行い、品質を確保する必要がある。

- 鉄筋、型枠などの配置が正確で、堅固に固定されていることを確認する。
- 打込みは雨天や強風時を避け、それらの不測の事態を考慮しておく。
- 運搬装置、打込み設備、型枠内を**清掃**する。
- コンクリートと接して吸水のおそれがあるところは、あらかじめ湿らせておく。
- 型枠内にたまった水は打込み前に除いておく。

［打込み］ 以下のような留意事項がある。

- コンクリートの打込みは、鉄筋や型枠が所定の位置から動かないよう注意し、計画した打継目を守り**連続的**に打ち込まなければならない。
- 打込み時に材料分離を抑制するには、目的の位置にコンクリートを下ろして打ち込むことが大切であり、型枠内で横移動させると材料分離を生じる可能性が高くなるので横移動させない。
- 現場で材料分離が生じた場合、打込みを中断し、原因を調べて対策を講じる。練り直して均等質なコンクリートとすることは難しいが、粗骨材はすくい上げてモルタルの中へ埋め込んで締め固める方法もある。

［打込み作業］ 以下のような留意事項がある。

- コンクリート打込みの1層の高さは40～50cmとする。
- 2層以上に分けて打ち込む場合、上層と下層が一体となるように施工し、**コールドジョイント**が発生しないよう、打ち重ね時間などを設定する。許容打重ね時間間隔を下表に示す。

外気温	許容打重ね時間間隔
25℃以下	**2.5時間**
25℃を超える	**2.0時間**

- 型枠が高い場合、シュート、輸送管、バケット、ホッパーの高さは打込み面まで**1.5m以下**を標準とする。
- 打上り面にたまったブリーディング水は、スポンジやひしゃく、小型水中ポンプで取り除く。

- 打上り速度は**30分あたり1.0～1.5m**を標準とする。
- コンクリートを直接地面に打ち込む場合は、「地面とコンクリートの一体性を確保」、「所定の部材厚やかぶりの確保」、「地面との水分移動を抑制」等、コンクリートの品質確保を目的に、あらかじめ均しコンクリートを敷いておく。

◘ 締固め

コンクリートの締固めには**棒状バイブレータ**を用いることが原則とされており、使用時の留意事項について出題される。棒状バイブレータが使用困難な場合で、型枠に近い場所には**型枠バイブレータ**が使用される。いずれも確実に締固めを行い、充填性を高める必要がある。

[棒状バイブレータの使用] 棒状バイブレータを使用する場合の注意点は以下のとおりである。ここからもよく出題されるので、よく理解しておく必要がある。

- コンクリートを打ち重ねる場合、下層のコンクリートへ**10cm程度挿入**しなければならない。
- 下図のように、鉛直で一様な**50cm以下**の間隔で差し込む。

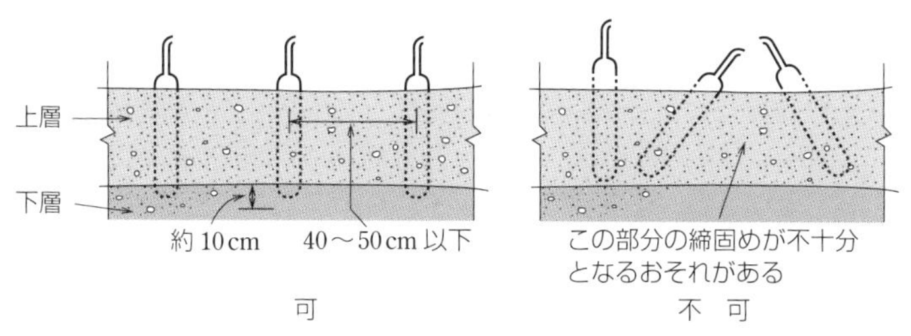

● 棒状バイブレータの差込み

- 締固め時間の目安は**5～15秒**とする。
- 引き抜くときは、ゆっくりと引き抜き、後に**穴を残さない**。
- **横移動**を目的として使用すると、下図のように材料分離の原因になる。

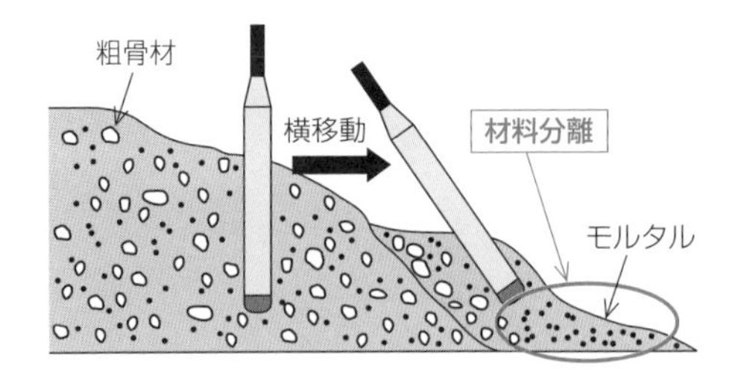

● 材料分離

[再振動時の留意事項] **再振動**とは、コンクリートをいったん締め固めた後に再び振動を加えることをいう。再振動を行う場合、締固めは可能な範囲でできるだけ遅い時期がよい。これを適切な時期に行うと以下のような効果が得られる。

- コンクリート中にできた空隙や余剰水が少なくなる。
- コンクリートと鉄筋との付着強度の増加
- 沈みひび割れの防止

レディーミクストコンクリート

種類

レディーミクストコンクリートの種類は、コンクリートの種類、粗骨材の最大寸法、荷卸しの目標スランプまたは目標スランプフロー、呼び強度の組合せで定められている。

生産者との協議事項

レディーミクストコンクリートの購入にあたっては、所要の品質のコンクリートが得られるように、指定事項について生産者と協議を行う。

[生産者と協議する事項]

- **セメントの種類**
- **骨材の種類**
- **粗骨材の最大寸法**
- **アルカリシリカ反応抑制対策の方法**

[必要に応じて生産者と協議する事項]

- 骨材のアルカリシリカ反応による区分
- 呼び強度が36を超える場合の水の区分

- 混和材料の種類及び使用量
- 標準とする塩化物含有量の上限値と異なる場合はその上限値
- 呼び強度を保証する材齢
- 標準とする空気量と異なる場合はその値
- 軽量コンクリートの場合はコンクリートの単位容積質量
- コンクリートの最高または最低の温度
- 水セメント比の目標値の上限値
- 単位水量の目標値の上限値
- 単位セメント量の目標値の下限値または上限値
- 流動化コンクリートの場合は、流動化する前のレディーミクストコンクリートからのスランプの増大値
- その他必要な事項

その他、品質に関する事項

圧縮強度は**材齢28日**における標準養生供試体の試験値で表し、1回の試験結果は呼び強度の強度値の85%以上とする。また、3回の試験結果の平均値は呼び強度の強度値以上とする。

練混ぜ時にコンクリート中に含まれる塩化物イオンの総量は、原則として0.30 kg/m^{3}以下とする。ただし、塩化物イオン量は承認を受けた場合は0.6 kg/m^{3}以下とすることも認められている。

養生

養生の基本的事項

コンクリートが所要の強度、耐久性、ひび割れ抵抗性、水密性、鋼材を保護する性能、美観などを確保するために、セメントの水和反応を十分進行させる必要がある。そのため、打込み終了後、適当な温度のもとで、十分な湿潤状態を保ち、有害な作用を受けないようにすることが必要で、その作業を**養生**という。

■ 養生の目的・対象・対策・手段

目的	対象	対策	具体的な手段
湿潤状態に保つ	コンクリート全般	給水	湛水、散水、湿布、養生マット等
		水分逸散抑制	せき板存置、シート・フィルム被覆、膜養生剤など
温度を抑制する	暑中コンクリート	昇温抑制	散水、日覆い等
	寒中コンクリート	給熱	保温マット、ジェットヒータ等
		保温	断熱性の高いせき板、断熱材など
	マスコンクリート	冷却	パイプクーリング等
		保温	断熱性の高いせき板、断熱材など
	工場製品	給熱	蒸気、オートクレーブ等
有害な作用に対して保護する	コンクリート全般	防護	防護シート、せき板存置など
	海洋コンクリート	遮断	せき板存置など

湿潤養生

湿潤養生の手順と留意点は、以下のとおりである。

- コンクリート打込み後、セメントの**水和反応**が阻害されないように、表面からの乾燥を防止するためにシート等で日よけや風よけを設ける。
- まだ固まらないうちは、コンクリート表面を荒さないよう、散水や被覆などを行わない。
- 作業ができる程度に硬化した後、湿潤養生を開始する。コンクリート露出面は**給水養生**を基本とし、散水、湛水、十分に水を含んだ湿布や養生マットで給水養生を行う。
- 養生期間は下表に示す日数を標準とする。

日平均気温	普通ポルトランドセメント	混合セメントB種	早強ポルトランドセメント
15℃以上	5日	7日	3日
10℃以上	7日	9日	4日
5℃以上	9日	12日	5日

寒中コンクリートの養生

［養生の方法］ 寒中コンクリートの養生は、保温養生と給熱養生に分類される。**保温養生**は、断熱性の高い材料で、水和熱を利用して保温する。また、**給熱養生**は、保温のみで凍結温度以上を保つことができない場合、外部から熱を供給する

保温養生あるいは給熱養生の終了後に急に寒気にさらすと、コンクリート表面にひび割れが生じるおそれがあるので、適当な方法で保護し表面が徐々

に冷えるようにしなければならない。

［養生期間］ 寒中コンクリートの養生期間の目安を下表に示す。

■ 寒中コンクリートの養生期間

断面		普通の場合		
セメントの種類／構造物の露出状態／養生温度		普通ポルトランドセメント	早強ポルトランドセメント 普通ポルトランドセメント ＋ 促進剤	混合セメントB種
(1) 連続して、あるいは、しばしば水で飽和される部分	5℃	9日	5日	12日
	10℃	7日	4日	9日
(2) 普通の露出状態にあり、(1) に属さない部分	5℃	4日	3日	5日
	10℃	3日	2日	4日

暑中コンクリートの養生

暑中コンクリートには以下のような問題があり、コンクリートの打込み温度をできるだけ低くするため、材料の取扱い、練混ぜ、運搬、打込み及び養生などについて特別の配慮を払わなければならない。

- 運搬中のスランプの低下
- 連行空気量の減少
- コールドジョイントの発生
- 表面の水分の急激な蒸発によるひび割れの発生
- 温度ひび割れの発生

型枠・支保工

型枠の施工

施工にあたっては以下のような留意事項がある。

- 締付け金物は型枠を取り外した後、コンクリート表面に残さない。

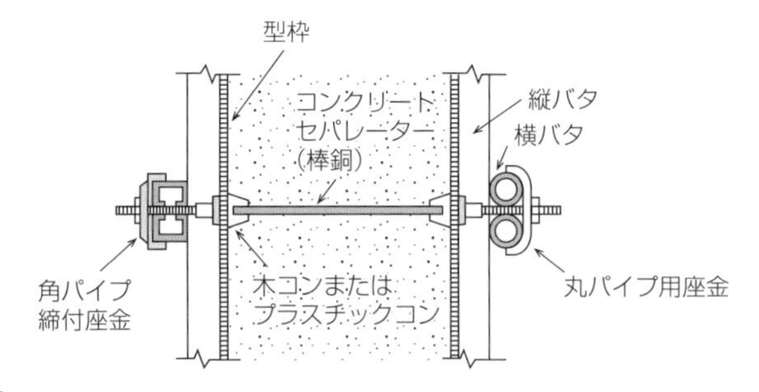

● 締付け金物

- せき板内面には、はく離剤を塗布してコンクリートの付着を防ぎ、取外しを容易にする。
- 打込み前、打込み中に、寸法や**はらみ**等の不具合の有無を確認する。

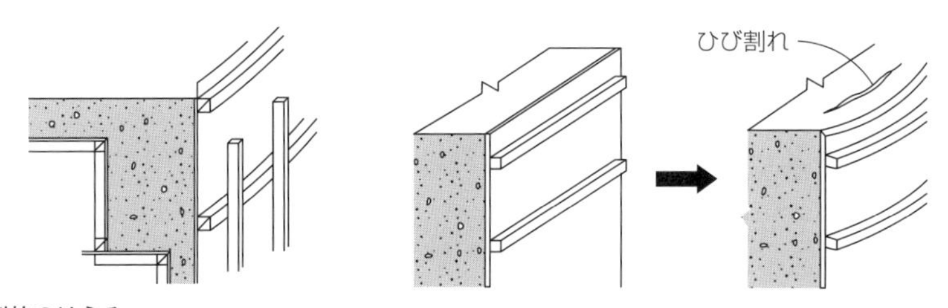

● 型枠のはらみ

◘ 支保工の施工

施工にあたっては、以下のような留意事項がある。

- 支保工が沈下しないよう、基礎地盤は所要の支持力が得られるように整地し、必要に応じて適切な補強を行う。

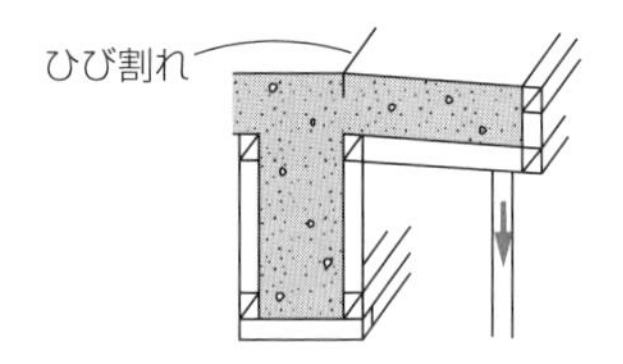

● 支保工の沈下

- 埋戻し土に支持させる場合は、十分に転圧する。
- 支保工の根本が水で洗われる場合は、その処理に注意する。

◘ 型枠支保工の取り外し

取外しにあたっては、以下のような留意事項がある。

- 型枠、支保工の取外しはコンクリートが所要の強度に達してから行う。

部材面の種類	例	圧縮強度（N/mm^2）
厚い部材の鉛直または鉛直に近い面、傾いた上面、小さいアーチの外面	フーチングの側面	3.5
薄い部材の鉛直に近い面、45°より急な傾きの下面、小さいアーチの内面	柱、壁、はりの側面	5.0
橋、建物などのスラブ及びはり、45°より緩い傾きの下面	スラブ、はりの底面 アーチの内面	14.0

- 型枠、支保工を取り外した直後に載荷する場合は、ひび割れ、損傷を受ける場合が多いので、圧縮強度をもとに計算などにより確認する。

型枠・支保工の作用する荷重

［鉛直荷重］ 型枠、支保工の計算で用いるコンクリートの単位重量は23.5 kN/m^3を標準とし、鉄筋コンクリートの場合は鉄筋の重量1.5 kN/m^3を加算する。

［水平荷重］ パイプサポート等を用いる場合は設計鉛直荷重の**5%**、鋼管枠組を使用する場合は設計鉛直荷重の**2.5%**を水平荷重と仮定する。

［コンクリートの側圧］ コンクリートの側圧は、構造物条件、コンクリートの条件及び施工条件、温度との関係によって変化するため、以下の主な要因の影響を考慮して側圧の値を定める。

■ コンクリートの側圧の主な要因

構造物条件	部材の断面寸法、鉄筋量など
コンクリートの条件	使用材料、配合、スランプとその保持時間、凝固時間、コンクリートの温度など
施工条件	打込みの速度、打込みの高さ、締固めの方法、再振動の有無
温度との関係	コンクリート温度が低いと型枠に作用するコンクリートの側圧が大きくなる

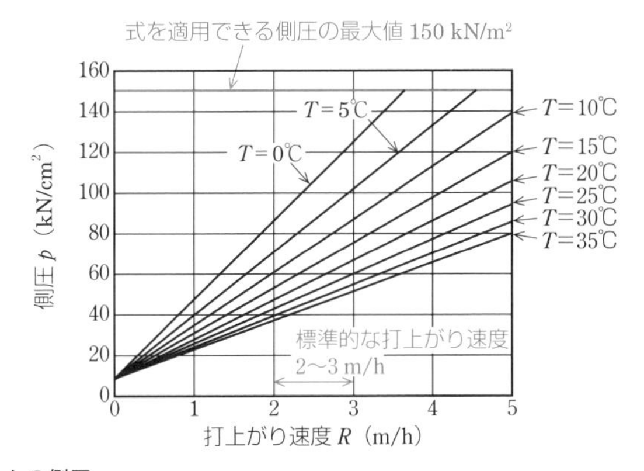

● コンクリートの側圧

コンクリートの各種施工条件などと側圧の関係を整理すると、

- コンクリートの**スランプ**を大きくするほど側圧は大きく作用する。
- コンクリートの**圧縮強度**が大きいほど側圧は大きく作用する。
- コンクリートの**打上り速度**が大きいほど側圧は大きく作用する。
- コンクリートの**温度**が高いほど側圧は小さく作用する。

鉄筋加工・組立て

鉄筋の加工

- 鉄筋は常温で加工する
- 曲げ加工した鉄筋の曲げ戻しは行わない。やむを得ず曲げ戻しを行う場合は、できるだけ大きな半径で行うか、900～1000℃程度で加熱加工する。
- 鉄筋を組み立ててからコンクリートを打ち込む前に生じた浮き錆は、除去する必要があり、長時間経過することが予想される場合には、鉄筋の防錆処理を行うか、シート等で保護を確実に行う。

鉄筋の組立て

- 鉄筋は、組み立てる前に清掃して**浮き錆**などを除去し、鉄筋とコンクリートとの付着を害しないようにする。
- 鉄筋を組み立ててから長時間経過した場合には、再度鉄筋表面を清掃し、**浮き錆**などを取り除く
- 正しい位置に配置するために、鉄筋の交点の要所は**直径0.8mm以上の焼きなまし鉄線**、クリップで緊結する。ただし、かぶり内に残さない。
- 型枠に接するスペーサは、モルタル製、コンクリート製を使用する
- 型枠に接するスペーサは、防錆処理が施された鋼製スペーサを用いてもコンクリート表面に露出させると錆びてしまい防食上の弱点になるので、使用してはならない。
- スペーサの数は、はり、床板などで1m^{2}あたり**4個以上**、壁及び柱で1m^{2}あたり**2～4個**とする。

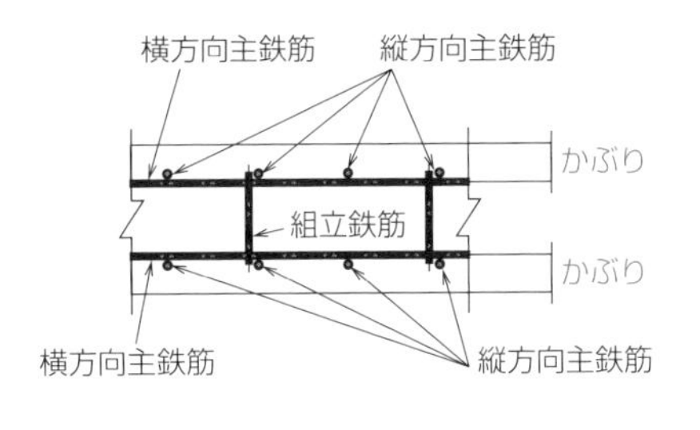

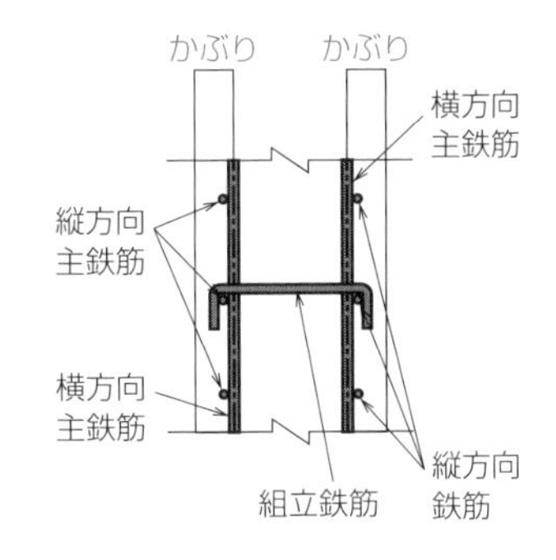

● 鉄筋の配置

鉄筋の継手

- 重ね継手の焼なまし鉄線は、かぶり内に残してはならない。焼きなまし鉄線は直径**0.8mm以上**とし、数か所緊結する。
- 鉄筋の継手の位置は、一断面に集中させないように鉄筋直径の**25倍以上ずらす**ようにする。
- 引張鉄筋の重ね継手の長さは、付着応力度より算出する**重ね継手長以上**、かつ、鉄筋の直径の**20倍以上**重ね合わせる。
- 鉄筋の継手には、重ね継手、ガス圧接継手、溶接継手、機械式継手などがある。

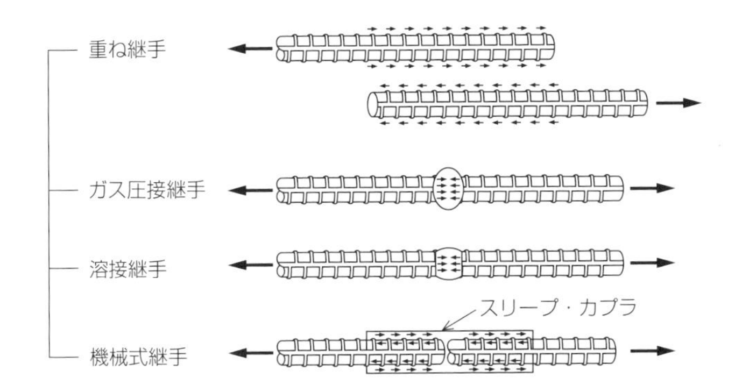

● 鉄筋の継手

4　各種コンクリート

暑中コンクリートの施工

コンクリートを施工する場合、日平均気温が25℃を超えることが予想されるときは、**暑中コンクリート**として施工する。施工は、高温によるコンクリートの品質の低下がないように、材料、配合、練混ぜ、打込み及び養生などについて、適切な処置をとらなければならない。

［材料］

- **減水剤、AE減水剤**及び**流動化剤**は、JIS A 6204に適合する**遅延型**のものを用いることを標準とする。
- **高性能AE減水剤**は、JIS A 6204に適合するものを用いることを標準とする。
- 長時間炎天下にさらされた**骨材**をそのまま用いるとコンクリート温度が40℃以上になるので、直射日光を避ける施設を設けるか粗骨材に散水する。

［配合］　所要の強度及びワーカビリティーが得られる範囲内で単位水量及び単位セメント量が過大にならないように適切な対策を講じなければならない。

［練混ぜ］　練混ぜ水の一部として氷を用いる場合には、練混ぜ中に完全に融けることを事前に確認しておく。

［運搬］　運搬時間をなるべく短くし、アジテータ車を炎天下に長時間待機させない。また、現場内運搬もなるべく早く輸送する。ただし、輸送速度を高めることにより管内圧力が大きくなってポンプ圧送が困難化しないこと等に注意する。

［打込み］　打込み時のコンクリートの温度は35℃以下とする。また、練混ぜ開始から打ち終わるまでの時間は**1.5時間以内**を原則とする。

［養生］　速やかに養生を開始し、コンクリートの表面を乾燥から保護しなければならない。特に気温が高く湿度が低い場合には、打込み直後の急激な乾燥によってひび割れが生じることがあるので、直射日光、風などを防ぐために必要な処置を施さなければならない。

寒中コンクリートの施工

コンクリートを施工する場合、日平均気温が4℃以下になることが予想されるときは、**寒中コンクリート**として施工する。施工は、コンクリートが凍結しないように、また、寒冷下においても所要の品質が得られるように、材料、配合、練混ぜ、運搬、打込み、養生、型枠及び支保工などについて適切な措置をとらなければならない。

[材料] セメントは**早強ポルトランドセメント**及び**普通ポルトランドセメント**を用いることを標準とする。水和熱に起因するひび割れが生じる場合は**混合セメントB種**などを使用する。

[配合] 配合については**AEコンクリート**を原則とする。

[練混ぜ] 高温の水とセメントが接触するとセメントが急結するおそれがあるので、温水と粗骨材、次に細骨材を入れてミキサ内の材料温度が40℃以下になってからセメントを投入する

[運搬及び打込み] 打込み時のコンクリート温度は**5～20℃**の範囲を保つ。また、練混ぜから打ち終わるまでの時間はできるだけ短くして温度低下を防ぐ。

[養生] 打込み初期に凍結しないよう、特に風に注意し十分保護する。

[型枠支保工] 型枠は保温性の良いものを用いることを原則とする。また、支保工の基礎は地盤の凍結・融解により変位を生じないようにする。

マスコンクリートの施工

- 大量のコンクリートを連続して施工する場合など、セメントの水和熱に起因した**温度ひび割れ**が問題となる。この場合、**マスコンクリート**として施工する。
- マスコンクリートの材料として発熱量の少ない**中庸熱ポルトランドセメント**、**低熱ポルトランドセメント**等を用いる。
- コンクリートの品質を確保するために、異なる工場から供給する場合は同一のセメント、同一の混和剤を使用し、可能であれば細骨材、粗骨材も同一の産地が良い。
- コンクリートの運搬距離、運搬方法、打込み方法などを考慮して、製造時の温度を設定（低く）する。
- 打込み時、計画された温度の上限を超えない。
- 適切な養生を行い、温度抑制にはパイプクーリング等を用いる。

過去問チャレンジ（章末問題）

問1　配合（全般）　R2-No.9

➡1 コンクリートの品質

コンクリートの配合に関する次の記述のうち、適当でないものはどれか。

(1) 水セメント比は、コンクリートに要求される強度、耐久性及び水密性などを考慮して、これらから定まる水セメント比のうちで、最も小さい値を設定する。

(2) 空気量が増すとコンクリートの強度は大きくなるが、コンクリートの品質のばらつきも大きくなる傾向にある。

(3) スランプは、運搬、打込み、締固め等の作業に適する範囲内で、できるだけ小さくなるように設定する。

(4) 単位水量が大きくなると、材料分離抵抗性が低下するとともに、乾燥収縮が増加するなどコンクリートの品質が低下する。

解説 コンクリートに空気が混入されることによってセメントペーストの体積が増大するため、ワーカビリティー（作業性）は良好になる。しかし、空気量が増すとコンクリートの強度は小さくなり、コンクリートの品質のばらつきも大きくなる傾向にある。

解答　(2)

point ワンポイントアドバイス

コンクリートの品質を確保するために、必ず空気量試験を行う。

問2　配合（スランプ）　H29-No.8

➡1 コンクリートの品質

コンクリートの配合に関する次の記述のうち、適当なものはどれか。

(1) 締固め作業高さによる打込み最小スランプは、締固め作業高さが2mと0.5mでは、2mの方の値を小さく設定する。

(2) 荷卸しの目標スランプは、打込みの最小スランプに対して、品質のばらつき、時間経過に伴うスランプの低下、ポンプ圧送に伴うスランプの低下を考慮して設定する。
(3) 圧送において管内閉塞を生じることなく円滑な圧送を行うためには、できるだけ単位粉体量を減らす必要がある。
(4) 高性能AE減水剤を用いたコンクリートは、水セメント比及びスランプが同じ通常のAE減水剤を用いたコンクリートに比較して、細骨材率を1～2%小さく設定する。

解説 (1)「2mの方の値を小さく設定」するのではなく、「2mの方の値を大きく設定」する。
(2) スランプ低下を考慮するのは、打込み及び締固めの段階において、適切な充填性が確保される必要があるからである。
(3) できるだけ単位粉体量を「減らす必要」はなく、「一定以上確保する必要」がある。
(4) 細骨材率を「1～2%小さく設定」するのではなく、「1～2%大きく設定」する。

解答 (2)

問3 セメント H27-No.6

⇒2 コンクリートの材料

コンクリート用セメントに関する次の記述のうち、適当でないものはどれか。

(1) 高炉セメントB種は、アルカリシリカ反応や塩化物イオンの浸透の抑制に有効なセメントの1つであるが、打込み初期に湿潤養生を行う必要がある。
(2) 早強ポルトランドセメントは、初期強度を要するプレストレストコンクリート工事などに使用される。
(3) 普通ポルトランドセメントとフライアッシュセメントB種の生産量の合計は、全セメントの90%を占めている。
(4) 普通エコセメントは、塩化物イオン量がセメント質量の0.1%以下で、一般の鉄筋コンクリートに適用が可能である。

解説 普通ポルトランドセメントと高炉セメントB種の生産量の合計は、全セメントの90%以上を占めている。 解答 (3)

point ワンポイントアドバイス

高炉セメントB種で「打込み初期に湿潤養生を行う必要がある」のは、初期強度を高めるためにスラグ混合率及び粉末度などが調整されたことにより温度応力によるひび割れが発生する事例があるからである。

問4 骨材（細骨材） R1-No.6

➡ 2 コンクリートの材料

コンクリート用細骨材に関する次の記述のうち、適当でないものはどれか。

(1) 高炉スラグ細骨材は、粒度調整や塩化物含有量の低減などの目的で、細骨材の一部として山砂などの天然細骨材と混合して用いられる場合が多い。

(2) 細骨材に用いる砕砂は、粒形判定実積率試験により粒形の良否を判定し、角ばりの形状はできるだけ小さく、細長い粒や偏平な粒の少ないものを選定する。

(3) 細骨材中に含まれる粘土塊量の試験方法では、微粉分量試験によって微粒分量を分離したものを試料として用いる。

(4) 再生細骨材Lは、コンクリート塊に破砕、磨砕、分級などの処理を行ったコンクリート用骨材で、JIS A 5308 レディーミクストコンクリートの骨材として用いる。

解説 再生細骨材Lは、JIS A 5308 レディーミクストコンクリートの骨材として用いることができない。 解答 (4)

point ワンポイントアドバイス

再生骨材は、品質によって、再生骨材H（高品質）、再生骨材M（中品質）、再生骨材L（低品質）の3種類に分類される。再生骨材Hは、その品質から普通コンクリートに使用できる。再生骨材Mは、杭、耐圧版、基礎ばり、鋼管充填コンクリート等が主な用途で、再生骨材Lは、高い強度や高い耐久性が要求されないものに使用される。

問5 骨材（全般） H30-No.6

➡2 コンクリートの材料

コンクリート用骨材に関する次の記述のうち、適当でないものはどれか。

(1) アルカリシリカ反応を生じたコンクリートは特徴的なひび割れを生じるため、その対策としてアルカリシリカ反応性試験で区分A「無害」と判定される骨材を使用する。
(2) 細骨材中に含まれる多孔質の粒子は、一般に密度が小さく骨材の吸水率が大きいため、コンクリートの耐凍害性を損なう原因となる。
(3) JISに規定される再生骨材Hは、通常の骨材とほぼ同様の品質を有しているため、レディーミクストコンクリート用骨材として使用することが可能である。
(4) 砕砂に含まれる微粒分の石粉は、コンクリートの単位水量を増加させ、材料分離が顕著となるためできるだけ含まないようにする。

解説 砕砂に含まれる微粒分の石粉は、コンクリートの単位水量を増加させるが、材料分離を抑制する効果もある。このため、砕砂の場合には3～5%の石粉が混入している方が望ましい場合もある。 解答 (4)

問6 混和材量（コンクリートの特徴） R1-No.7

➡2 コンクリートの材料

混和材を用いたコンクリートの特徴に関する次の記述のうち、適当でないものはどれか。

(1) 普通ポルトランドセメントの一部をフライアッシュで置換すると、単位水量を減らすことができ長期強度の増進や乾燥収縮の低減が期待できる。
(2) 普通ポルトランドセメントの一部をシリカフュームで置換すると、水密性や化学抵抗性の向上が期待できる。
(3) 普通ポルトランドセメントの一部を膨張材で置換すると、コンクリートの温度ひび割れ抑制やアルカリシリカ反応の抑制効果が期待できる。
(4) 細骨材の一部を石灰石微粉末で置換すると、材料分離の低減やブリーディングの抑制が期待できる。

解説　普通ポルトランドセメントの一部を膨張材で置換すると、コンクリートの乾燥収縮や硬化収縮に起因するひび割れを抑制できる。　解答 (3)

point ワンポイントアドバイス

石灰石微粉末とは、石灰石を粉砕して表面積がプレーン値で3,000～7,000 cm^2/g 程度としたものである。

問7　混和材料　H29-No.7

➡2 コンクリートの材料

コンクリート用混和材に関する次の記述のうち、適当でないものはどれか。

(1) ポゾラン活性が利用できる混和材には、フライアッシュがある。
(2) 硬化過程において膨張を起こさせる混和材には、膨張材がある。
(3) 潜在水硬性が利用できる混和材には、石灰石微粉末がある。
(4) オートクレーブ養生によって高強度を得る混和材には、けい酸質微粉末がある。

解説　潜在水硬性が利用できる混和材は、高炉スラグ微粉末である。「石灰石微粉末」は、流動性を高めたコンクリートの材料分離やブリーディングを減少させる。　解答 (3)

問8　運搬　H27-No.9

➡3 コンクリートの施工

コンクリートの運搬・打込みに関する次の記述のうち、適当でないものはどれか。

(1) 練り混ぜてから打ち終わるまでの時間は、外気温が25℃以下のときで2時間以内、25℃を超えるときで1.5時間以内を標準とする。
(2) コンクリートを圧送する場合は、これに先立ち、使用するコンクリートの水セメント比以下の先送りモルタルを圧送しなければならない。
(3) スランプが8cmのコンクリートの運搬には、10km以内の現場まではダンプトラックを使用してもよい。

(4) シュートを用いる場合には、縦シュートを用いることを標準とし、シュートの構造及び使用方法は、コンクリートの材料分離が起こりにくいものでなければならない。

解説 スランプが5cm以下のコンクリートの運搬には、10km以内の現場まではダンプトラックを使用してもよい。 解答 (3)

問9 打込み・締固め H25-No.9

➡3 コンクリートの施工

コンクリートの打込み及び締固めに関する次の記述のうち、適当なものはどれか。

(1) 壁厚の大きい部材では、棒状バイブレータ（内部振動機）は締固め効果が悪いので、型枠バイブレータ（型枠振動機）を用いた。

(2) 外気温が25℃以下の施工では、打重ね時間間隔を2.5時間以内と設定した。

(3) 柱とスラブが連続する部位では、打継目が生じないよう、柱とスラブを中断することなく一度にコンクリートを打ち込んだ。

(4) 型枠に作用する側圧を小さくするため、打上り速度を大きくした。

解説 (1) 型枠振動機は、内部振動機の使用が困難な場合や、壁など部材の薄い構造物のコンクリート締固めに用いる。

(3) 柱とスラブが連続する部位では、沈下ひび割れを防止するため、柱のコンクリートの沈下がほぼ終了してからスラブのコンクリートを打ち込む。

(4) 型枠に作用する側圧を小さくするため、打上り速度を小さくする。

解答 (2)

問10　レディーミクスコンクリート　H20-No.8（2級）　⇒3 コンクリートの施工

JIS A 5308に基づき、レディーミクストコンクリートを購入する場合、品質の指定に関する項目として適当でないものは次のうちどれか。

(1)　セメントの種類
(2)　水セメント比の下限値
(3)　骨材の種類
(4)　粗骨材の最大寸法

解説　指定されないのは水セメント比の下限値である。生産者と協議する事項としては、ほかに「アルカリシリカ反応抑制対策の方法」がある。

解答　(2)

問11　養生（一般）　H27-No.11　⇒3 コンクリートの施工

コンクリートの養生に関する次の記述のうち、適当でないものはどれか。

(1)　日平均気温5℃以上10℃未満の場合での通常のコンクリート工事における湿潤養生期間は、普通ポルトランドセメント使用時で9日、混合セメントB種使用時で12日を標準とする。
(2)　部材あるいは構造物の寸法が大きいマスコンクリートは、部材全体の温度降下速度を大きくし、コンクリート温度をできるだけ速やかに外気温に近づける配慮が必要である。
(3)　厳しい気象作用を受けるコンクリートは、初期凍害を防止できる強度が得られるまでコンクリート温度を5℃以上に保ち、さらに2日間は0℃以上に保つことを標準とする。
(4)　特に気温が高く、また、湿度が低い場合には、コンクリート表面が急激に乾燥しひび割れが生じやすいので、散水または覆い等による適切な処置を行い、表面の乾燥を抑えることが大切である。

解説　部材あるいは構造物の寸法が大きいマスコンクリートは、部材全体の温度降下速度を大きくならないようにする。そのため、必要に応じてコンクリート表面を断熱性の高い材料（発砲スチロールや保温性の高いシート等）で覆う保温、保護の処置をとるとよい。　解答　(2)

問12　養生（各種コンクリート）　R1-No.11

➡3 コンクリートの施工

コンクリートの養生に関する次の記述のうち、適当なものはどれか。

(1)　膨張材を用いた収縮補償用コンクリートは、乾燥収縮ひび割れが発生しにくいので、一般的に早強ポルトランドセメントを用いたコンクリートと比べて湿潤養生期間を短縮することができる。

(2)　高流動コンクリートは、ブリーディングが通常のコンクリートに比べて少なく保水性に優れるため、打込み表面をシートや養生マットで覆わなくてもプラスティック収縮ひび割れは防止できる。

(3)　マスコンクリート部材では、型枠脱型時に十分な散水を行い、コンクリート表面の温度をできるだけ早く下げるのがよい。

(4)　寒中コンクリートにおいて設定する養生温度は、部材断面が薄い場合には、初期凍害防止の観点から、標準の養生温度よりも高く設定しておくのがよい。

解説　(1)　膨張材を用いたコンクリートは、湿潤養生期間を短縮することはできない。

(2)　プラスティック収縮ひび割れに対し、湿潤養生は必要である。

(3)　型枠脱型時に必要以上の散水を行わないようにし、コンクリート表面の急冷を防止するためにシート等により保温を継続する方が、温度ひび割れに対しては有効である。　解答　(4)

問13　型枠・支保工　H28-No.11　➡ 3 コンクリートの施工

施工条件が同じ場合に、型枠に作用するフレッシュコンクリートの側圧に関する次の記述のうち、適当なものはどれか。

(1)　コンクリートのスランプを大きくするほど側圧は大きく作用する。
(2)　コンクリートの圧縮強度が大きいほど側圧は小さく作用する。
(3)　コンクリートの打上がり速度が大きいほど側圧は小さく作用する。
(4)　コンクリートの温度が高いほど側圧は大きく作用する。

解説 (2)　コンクリートの圧縮強度が大きいほど側圧は大きく作用する。
(3)　コンクリートの打上がり速度が大きいほど側圧は大きく作用する。
(4)　コンクリートの温度が高いほど側圧は小さく作用する。　解答 (1)

問14　鉄筋の加工・組立て　R2-No.10　➡ 3 コンクリートの施工

鉄筋の加工・組立てに関する次の記述のうち、適当なものはどれか。

(1)　鉄筋を組み立ててからコンクリートを打ち込む前に生じた浮き錆は、除去する必要がある。
(2)　鉄筋を保持するために用いるスペーサの数は必要最小限とし、1 m^2 あたり1個以下を目安に配置するのが一般的である。
(3)　型枠に接するスペーサは、防錆処理が施された鋼製スペーサとする。
(4)　施工継目において一時的に曲げた鉄筋は、所定の位置に曲げ戻す必要が生じた場合、600℃程度で加熱加工する。

解説 (1)　長時間経過することが予想される場合には、鉄筋の防錆処理を行うか、シート等で保護を確実に行う。
(2)　鉄筋を保持するために用いるスペーサの数は、はり、床版などで1 m^2 あたり4個以上、壁及び柱で1 m^2 あたり2～4個程度を等間隔で配置する。
(3)　防錆処理が施された鋼製スペーサを用いても、コンクリート表面に露出させると錆びてしまい、防食上の弱点になるので使用してはならない。

(4) 鉄筋の曲げ戻しは行わないことを原則とするが、一時的に曲げた鉄筋を所定の位置に曲げ戻す必要が生じた場合、900～1,000℃程度で加熱加工する。 解答 (1)

問15 各種コンクリート　H26-No.10

➡4 各種コンクリート

寒中コンクリート及び暑中コンクリートの施工に関する次の記述のうち、適当でないものはどれか。

(1) 寒中コンクリートでは、コンクリート温度が低いと型枠に作用するコンクリートの側圧が大きくなる可能性があるため、打込み速度や打込み高さに注意する。
(2) 寒中コンクリートでは、保温養生あるいは給熱養生終了後に急に寒気にさらすと、コンクリート表面にひび割れが生じるおそれがあるので、適当な方法で保護して表面の急冷を防止する。
(3) 暑中コンクリートでは、運搬中のスランプの低下、連行空気量の減少、コールドジョイントの発生などの危険性があるため、コンクリートの打込み温度をできるだけ低くする。
(4) 暑中コンクリートでは、コンクリート温度をなるべく早く低下させるためにコンクリート表面に送風する。

解説 暑中コンクリートでは、コンクリート温度をなるべく早く低下させるために、散水、覆い等の適切な処置を施す。直射日光や風にされられると急激に乾燥し、ひび割れを生じやすい。 解答 (4)

基礎工

選択 問題

1 基礎工法全般

出題頻度 ★★☆

基礎工法の種類と特徴

構造物の基礎型式は、「直接基礎」、「杭基礎」、「ケーソン基礎」、「地中連続壁基礎」に分類することができる。

［直接基礎（地盤改良も含む）］ 直接基礎は、良質な支持層に支持させなければならない。比較的浅い位置に良質な支持層がある場合に採用され、また、支持層まで良質土による置換えを行って改良地盤を形成し、これを基礎地盤とすることもできる。

［杭基礎（既製杭、場所打ち杭）］ 杭基礎を各条件で分類すると、以下のようになる。機能による分類から材料及び施工法別まで幅広く分類されるが、本試験で出題されるのは赤枠内の範囲である。

- **支持方法**：長期的な基礎の変位を防止するためには、一般に支持杭基礎とする。
- **配置**：単杭とする。支持力が低下する群杭は、一般に採用しない。

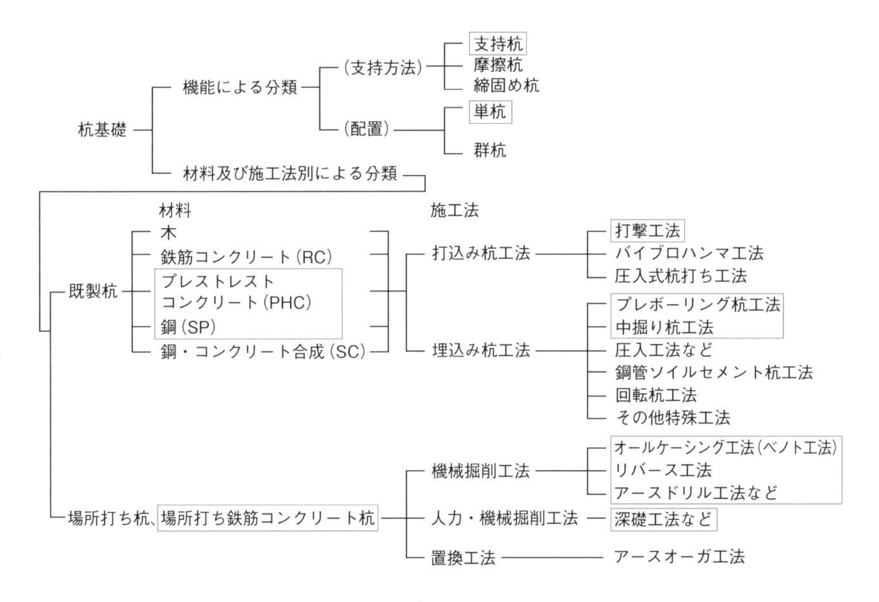

[ケーソン基礎] 一般に中空の構造物を地上で構築し、その内部の土砂を掘削・排土しながら地中に沈下させ、所定の支持地盤に到達させる基礎のことである。近年ほとんど出題されていないので、分類のみ以下に示す。

- **施工法による分類**：オープンケーソン基礎、ニューマチックケーソン基礎
- **材料による分類**：鉄筋コンクリート製、プレキャストコンクリート製、鋼製

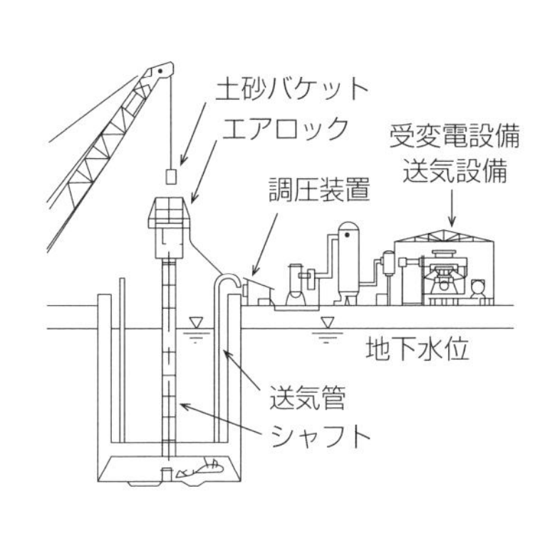

(a) オープンケーソン基礎

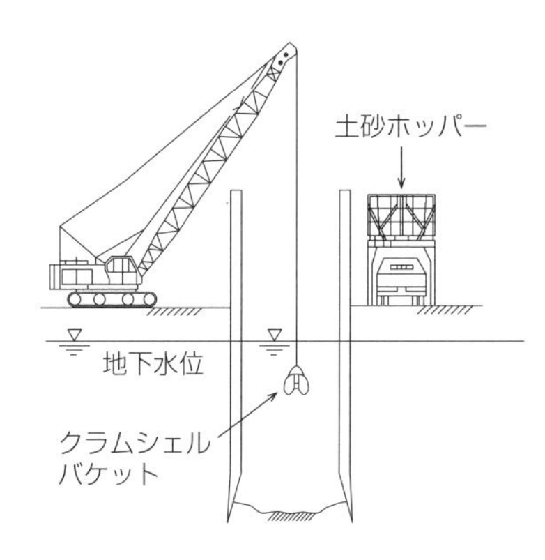

(b) ニューマチックケーソン基礎

● ケーソン基礎

［地中連続壁基礎］ 地中連続壁のエレメント相互間を構造継手により一体化することにより、基礎全体として剛性の高い断面とした基礎工法である。

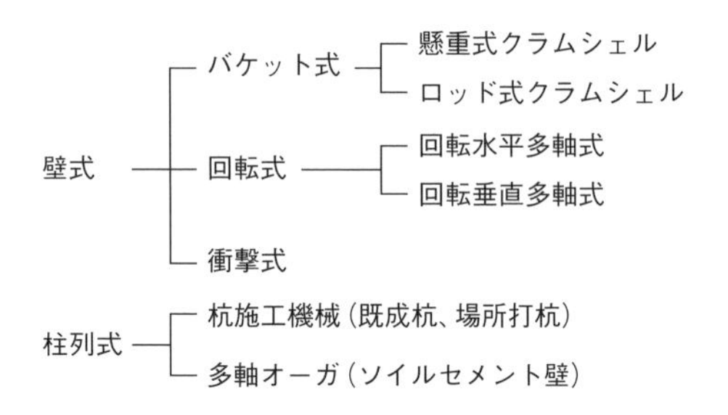

近年ほとんど出題されていないので、特徴のみ以下に示す。

- 地盤との密着に優れ、基礎側面の摩擦抵抗が大きい。
- 任意断面形状の基礎を構築でき、浅い基礎から深い基礎まで施工可能である。
- 低騒音・低振動で、建設公害を防止できる。
- 周辺地盤を乱すことなく施工できるため、近接施工が可能である。

2 既製杭の施工

出題頻度 ★★★

既製杭の施工全般

杭を工法で分類すると、一般に以下のように分類できる。

既製杭の工法でよく出題されるのは、打込み杭工法の**打撃工法**、埋込み杭工法の**中掘り杭工法**及び**プレボーリング杭工法**である。

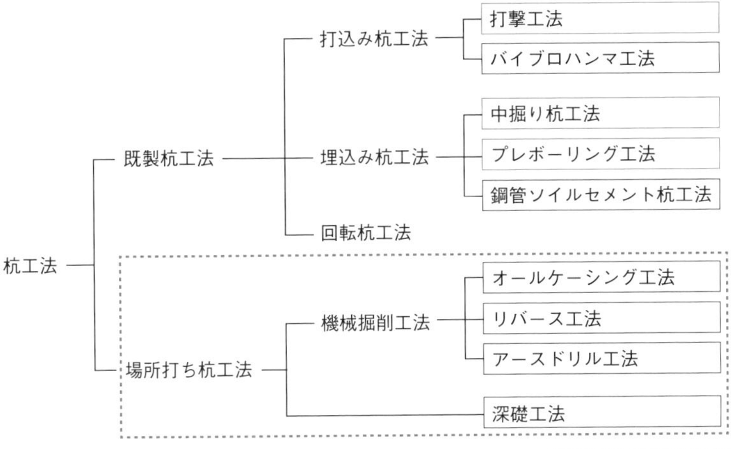

※場所打ち杭工法は次節で解説

杭を材質、形状で分類すると、一般に以下のように分類できる。

既製杭でよく出題されるのは、鋼管の**鋼管杭**、コンクリート杭の**PHC杭**である。

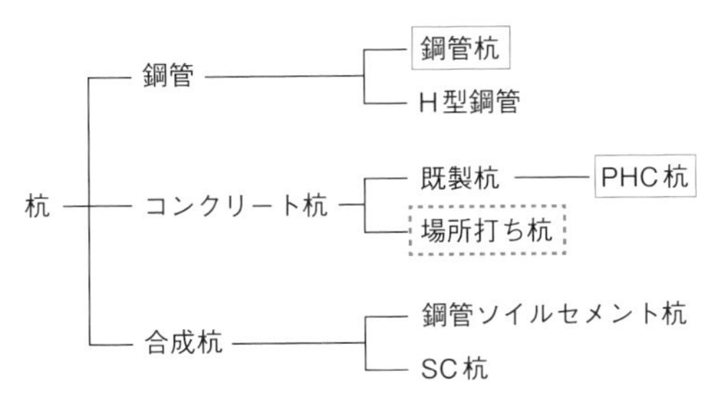

※場所打ち杭はコンクリート杭に分類される

杭の現場溶接

- PHC杭、鋼管杭の現場溶接継手は、既製杭による基礎全体の信頼性に大きな影響を及ぼすので、溶接条件、溶接作業、溶接部の検査など十分な注意が必要である。
- 現場溶接には所定の技量を有した溶接工を選定し、施工性にも配慮した構造とするため、アーク溶接継手を原則とし、一般に半自動溶接法によるものが多い。
- 鋼管杭の現場溶接継手は、原則として板厚の異なる鋼管を接合する箇所に用いてはならない。

- 現場溶接完了後の有害な外部きずは、肉眼により溶接部の割れ、ピットなどの欠陥を全ての溶接部で検査し、内部きずは放射線透過試験または超音波探傷試験を行うのがよい。

打込み杭工法

打込み杭工法は、**油圧ハンマ、ドロップハンマ**等により既製杭の杭頭部を打撃して、杭を所定の深さまで打ち込む工法である。

［長所・短所］ **長所**には以下のようなものがある。

- 既製杭のため杭体の品質は良い。
- 施工速度が速く、施工管理が比較的容易である。
- 小規模工事でも割高にならない。
- 打止め管理式などにより、簡易に支持力の確認が可能である。
- 残土が発生しない。

また、**短所**には以下のようなものがある。

- 他工法に比べて、騒音、振動が大きい。
- コンクリート杭の場合、径が大きくなると重量が大きくなるため、運搬、取扱いには注意が必要である。
- 所定の高さで打止りにならない場合、長さの調整が必要となる。

［打込み順序］ 杭基礎を構成する杭は一般に**群杭**を形成し、地盤の**締固め効果**によって打込み抵抗が増大し貫入不能となったり、既に打ち込んだ杭に有害な変形が生じたりするため、以下のように打込み順序を決めておく必要がある。

- 一方の隅から他方の隅へ打ち込んでいく。
- 中央部から周辺へ向かって打ち込んでいく。
- 既設構造物に近接している場合は、構造物の近くから離れる方向に打ち込む。

［打込み作業］ 全体の打込み精度を高めるために、**試し打ち**（試験杭）を行い、杭心の位置や角度を確認し**本打ち**に移る。

このとき、**軟弱地盤への打込み**には以下の留意事項がある。

- N値が5程度以下の場合、ラム落下高を調整してできるだけ打撃力を小さくして打ち込む。

- 杭先端の抵抗力が小さいため杭体の大きな引張応力が生じるので、クラック発生に注意する。

また、**ヤットコの使用**には以下の留意事項がある。

- ヤットコは所定の打込み深さより50cm以上長いものを使用する。
- 鋼管杭でヤットコを使用したり、地盤状況などから偏打を起こすおそれがある場合には、鋼管杭の板厚を増したりハンマの選択に注意する。

さらに、杭の**打止め管理**は、試験杭で定めた方法に基づき、杭の根入れ深さ、リバウンド量（動的支持力）、貫入量、支持層の状態などより総合的に判断する必要がある。

中掘り杭工法

中掘り杭工法は、先端開放の既成杭の内部にスパイラルオーガ等を通して地盤を掘削しながら杭を沈設し、所定の支持力が得られるよう**先端処理**を行う工法である。

［長所・短所］ **長所**には以下のようなものがある。

- 振動、騒音が小さい。
- 既製杭のため杭体の品質は良い。
- 打込み杭工法に比べて近接構造物に対する影響が小さい。
- 先端処理にセメントミルクを使用する工法は、管理手法が確立した工法に限られるため、施工品質が安定している。
- 場所打ち杭などに比べて排土量が少ない

また、**短所**には以下のようなものがある。

- 打込み杭工法に比較して施工管理が難しい。
- 泥水処理、排土処理が必要である。
- コンクリート杭の場合、径が大きくなると重量が大きくなるため、施工機械選定には注意が必要である。

［施工順序］ 施工は以下のような順序で、下図のように行う。

① 杭内にスパイラルオーガを挿入し建て込む。
② スパイラルオーガを回転させ掘削を開始する。
③ 掘削、排土を行い、杭を沈設する。

④ 支持層に達したら先端処理を行う。
⑤ スパイラルオーガを引き抜く。

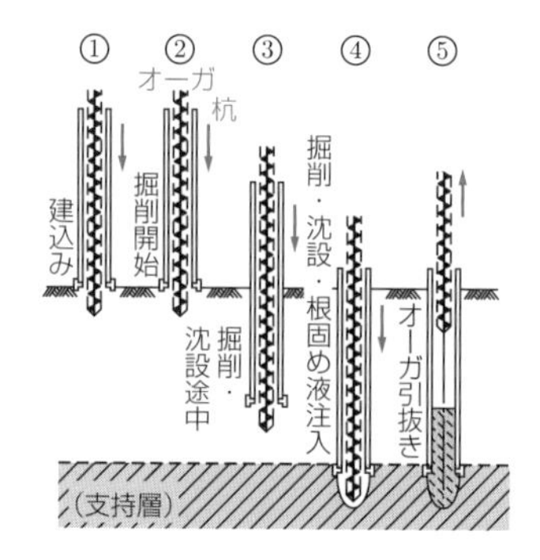

● 中掘り杭工法の順序

[先端処理方法] 中掘り杭工法の先端処理方法は、以下のように分類される。

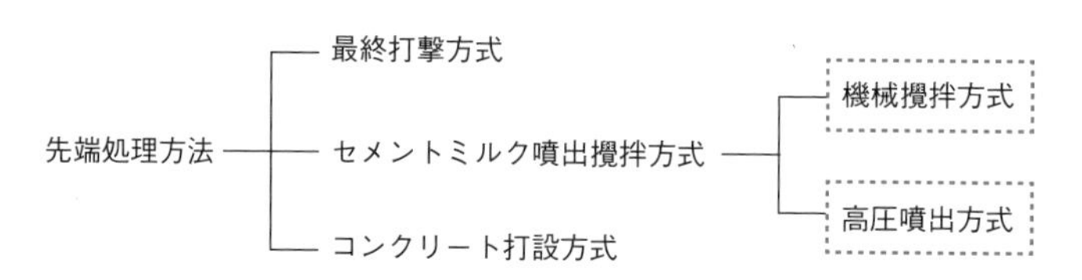

① **最終打撃方式**：留意事項を以下に示す。
- 打止め管理は、打込み杭に準拠する。
- 打込み杭工法と同様に支持層への根入れをドロップハンマ等で行う。
- 試験杭により中掘り長さを決定するのが望ましい。
- 最終打撃工法による中掘りから打込みへの切替えは、時間を空けて杭を安定させてから行うのがよい。

② **セメントミルク噴出攪拌方式**：セメントミルクを低圧（1MPa程度以上）で噴出し機械的に攪拌する**機械攪拌方式**と、セメントミルクを高圧（15MPa程度以上）で噴出し噴流で攪拌する**高圧噴出方式**がある。セメントミルクの水セメント比は60～70％とする。

③ **コンクリート打設方式**：杭の先端処理を行う場合は、コンクリート打設前に杭内面をブラシや高圧水などで清掃・洗浄し、土質などに応じた適切な方法でスライムを処理するとよい。杭の先端処理は、支持層へ杭径分以上貫入させ、杭径の4倍以上杭径内にコンクリートを打設する。

［根固め管理］ セメントミルクの練混ぜ開始時間は、中掘り沈設完了時期に十分練り混ざったものを供給できるように時間を逆算して決める。また、セメントの計量は、袋詰めセメントの場合は袋数による重量とし、バラセメントは計量器による重量から確認する。

［施工時の留意点等］ 施工時は以下の点に留意する。

- 杭の沈設後、スパイラルオーガや掘削用ヘッドを引き上げる場合は、負圧の発生によるボイリングを引き起こさないため徐々に引き上げるのがよい。
- 中間層が比較的硬質で沈設が困難な場合は、一般に杭先端部にフリクションカッターを取り付けるが、その場合でも杭径程度以上の拡大掘りを行ってはならない。先掘りや拡大掘りは周面摩擦力を低減させる。
- セメントミルクの噴出範囲を明確にするためスパイラルオーガあるいはロッドの所定位置にマーキングし、沈設した杭長と根固め深さを確認しておく必要がある。

プレボーリング杭工法

［長所・短所］ **長所**には以下のようなものがある。

- 振動、騒音が小さい。（中掘り杭工法より**不利**）
- 既製杭のため杭体の品質は良い。
- 打込み杭工法に比べて近接構造物に対する影響が小さい。（中掘り杭工法より**不利**）

また、**短所**には以下のようなものがある。

- 打込み杭工法に比較して施工管理が難しい。（中掘り杭工法より**有利**）
- 泥水処理、排土処理が必要である。（中掘り杭工法より**有利**）
- 杭径が大きくなると杭体重量が大きくなるため、施工機械選定には注意が必要である。

［施工順序］ 施工は以下のような順序で行う。

① スパイラルオーガと先端ビットにより掘削液を注入しながら地盤を所定の深度まで掘削する。
② スパイラルオーガが所定の深度に達したら、根固め液に切り替えて支持層の土砂を掘削、撹拌する。

③ スパイラルオーガを正転で引き上げながら杭周固定液を注入する。
④ 掘削した坑内に先端閉塞型のコンクリートパイルを挿入する。自沈したコンクリートパイルは、圧入または軽打により所定深度に定着させる。

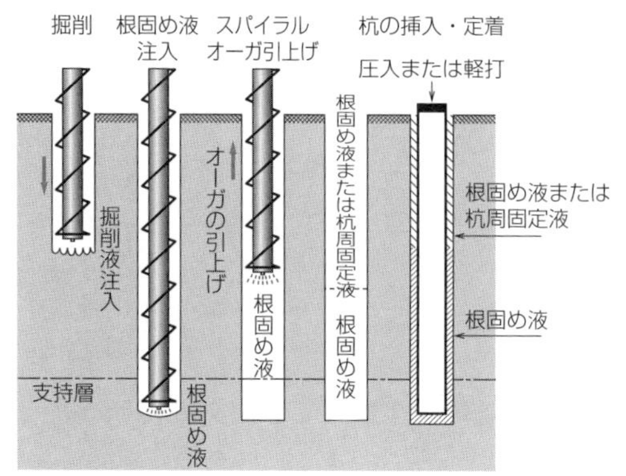

● プレボーリング杭工法の施工順序

［施工時の留意点等］ 施工時は以下の点に留意する。

- 掘削及び沈設設備は、杭打ち機、オーガ駆動装置、ロッド、掘削ビット、回転キャップで構成され、杭径、掘削深さに応じて選定する。
- 根固め液の注入は、拡大根固め球根部の先端より行い、吐出量、総注入量、ロッドの引上げ速度及び反復回数、球根高さについて管理する。反復高さは、地上にてレベル管理する。
- 土質条件によって掘削孔が崩壊するような場合は、ベントナイト等を添加した掘削液を使用する。
- 杭周固定部のソイルセメント強度は、プレボーリング杭の原位置水平載荷試験結果などを踏まえ、杭体と杭周面のソイルセメント柱間の付着力がより確実に得られるように、$\sigma_{28} \geqq 1.5\text{N/mm}^2$とする。

3 場所打ち杭　出題頻度★★★

場所打ち杭工法

代表的な四工法として、オールケーシング工法、リバース工法、アースドリル工法、深礎工法がある。

① オールケーシング工法：杭の全長にわたり鋼製ケーシングチューブを揺動圧入または回転圧入し、地盤の崩壊を防ぐ。ボイリングやパイピングは、孔内水位を地下水位と均衡させることにより防止する。ハンマグラブで掘削排土することにより掘削を行う。掘削完了後、鉄筋かごを建て込み、コンクリートの打込みに伴いケーシングチューブを引き抜く。

② リバース工法：スタンドパイプを建て込み、孔内水位は地下水位より2m以上高く保持し、孔壁に水圧をかけて崩壊を防ぐ。ビットで掘削した土砂を、ドリルパイプを介して泥水とともに吸い上げ排出する。掘削完了後、鉄筋かごを建て込み、コンクリートの打込み後、スタンドパイプを引き抜く。

③ アースドリル工法：表層ケーシングを建て込み、孔内に安定液を注入する。安定液水位を地下水位以上に保ち、孔壁に水圧をかけて崩壊を防ぐ。ドリリングバケットにより掘削排土する。掘削完了後の工程はリバース工法と同様である。

④ 深礎工法：ライナープレート、波形鉄板とリング枠、モルタルライニングによる方法などによって、孔壁の土留め（土止め）をしながら内部の土砂を掘削排土する。掘削完了後、鉄筋かごを建て込み、あるいは孔内で組み立てる。その後、コンクリートを打ち込む。

［長所・短所］ **長所**には以下のようなものがある。

- 振動、騒音が小さい。
- **大径**の杭が施工可能である。
- 長さの調整が比較的容易である。
- 掘削土砂により中間層や支持層の土質を確認することができる。
- 既製杭工法に比べて近接構造物に対する影響が小さい。

また、**短所**には以下のようなものがある。

- 既製杭工法に比較して施工管理が難しい。
- **泥水処理、排土処理**が必要である。
- 小径の杭の施工が不可能である。
- 杭本体の信頼性は既製杭に比べ小さい。

［鉄筋かごの組立て］ 組立用補強材は剛性の大きなものを使用し、鉄筋かご内部に十字か井桁状の補強材を円形保持のため設置する。一般に鉄筋かごの径が大きくなるほど変形しやすくなるので、組立用補強材は剛性の大きいものを使用する。

オールケーシング工法

［概要］ ケーシングチューブを掘削孔全長にわたり揺動（回転）・押込みしながらケーシングチューブ内の土砂をハンマグラブにて掘削・排土し、杭体を築造する工法である。

孔壁崩壊の懸念はほとんどなく、岩盤の掘削、埋設物の除去が容易という**長所**がある反面、ボイリング、ヒービング、鉄筋の共上りを起こしやすいという**短所**がある。

［孔底処理］ 孔内に注入する水は土砂分混入が少ないので、鉄筋かご建込み前にハンマグラブや沈積バケットで土砂やスライムを除去することができる。

［施工順序・注意事項］ 施工順序を下図に、注意事項を以下に示す。

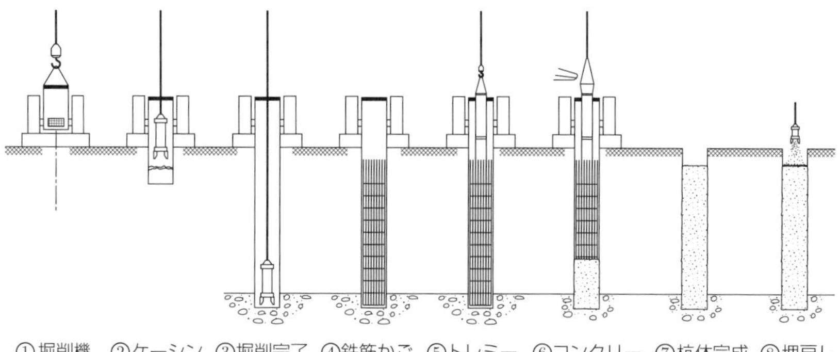

● オールケーシング工法の施工順序

- ケーシングチューブ下端は、孔壁土砂が崩れて打ち込んだコンクリート中に混入することがあるので、コンクリート上面より常に2m以上下げておく。
- コンクリート打込み時のトレミーの下端は、打込み面付近のレイタンス、押し上げられてくるスライム等を巻き込まないよう、コンクリート上面より常に2m以上入れなければならない。
- 軟弱地盤では、コンクリート打込み時において、ケーシングチューブ引抜き後の孔壁に作用する土圧などの外圧とコンクリートの側圧などの内圧のバランスにより杭頭部付近の杭径が細ることがあるので十分に注意する。

- ケーシングチューブを孔内掘削底面よりケーシングチューブ径以上先行圧入させて掘削することにより、ヒービング現象を抑えることができる。

アースドリル工法

［概要］ ドリリングバケットを回転させて地盤を掘削し、バケット内部に収納された土砂を地上に排土した後、杭体を築造する工法である。

機械設備が小さく工事費が安い、施工速度が速い、周辺環境への影響が少ないという**長所**がある反面、廃泥土の処理が必要、泥廃水の処理が必要、スライム処理が必要などの**短所**がある。

［孔底処理］ 掘削完了後に底ざらいバケットで掘りくずを除去し、二次孔底処理は、コンクリート打込み直前にトレミー等を利用したポンプ吸上げ方式で行う。

［施工順序］ 施工順序を下図に示す。アースドリル工法は、孔内に注入する安定液の水位を地下水位以上に保ち、孔壁に水圧をかけることによって孔壁を保護する。

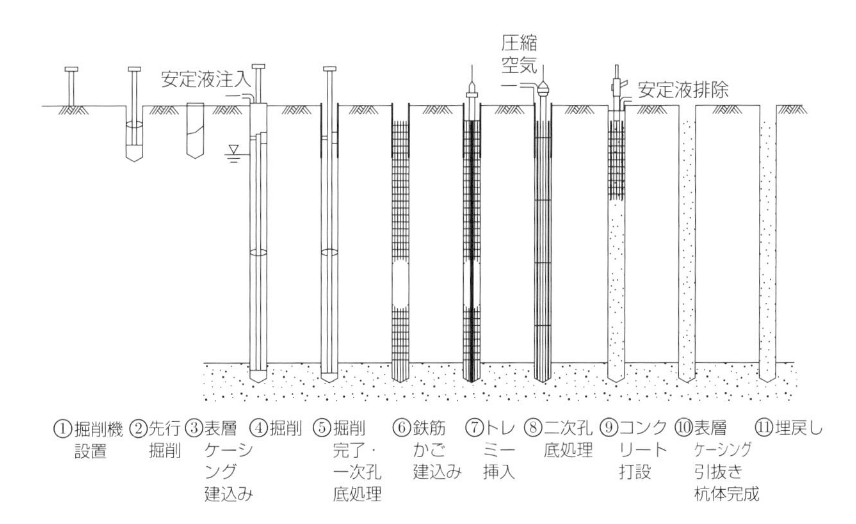

● アースドリル工法の施工順序

リバース工法

［概要］ 泥水を循環させて掘削し杭体を築造する工法で、安定液のように粘性があるものを使用しないため、泥水循環時においては粗粒子の沈降が期待でき、一次孔底処理により泥水中のスライムはほとんど処理できる。

大口径、大深度の施工が可能、自然水で孔壁保護ができる、岩の掘削が可能などの**長所**がある反面、泥廃水の処理が必要、泥水管理に注意が必要などの**短所**がある。

［孔底処理］ 安定液のように粘性のあるものを使用することから、泥水循環時に粗粒子の沈降が期待できないため、二次孔底処理は鉄筋かご建込み後に沈積した物を処理する。

［施工順序］ 施工順序を下図に、注意事項を以下に示す。

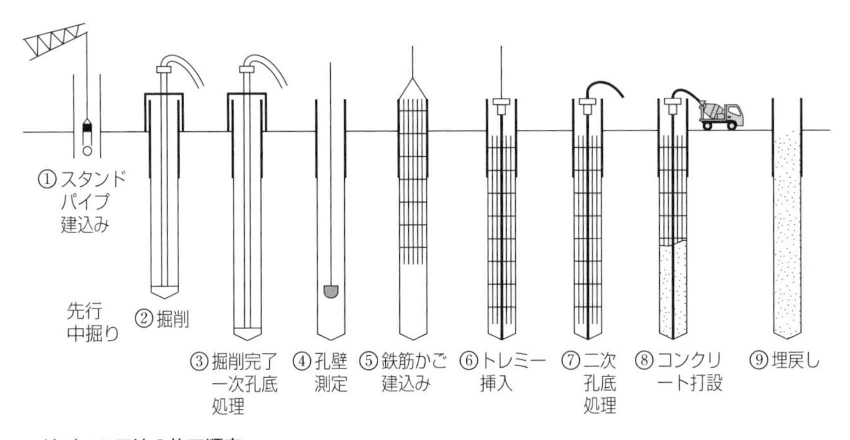

● リバース工法の施工順序

- スタンドパイプを一定の長さに建て込んだ後、スタンドパイプ内の土砂をハンマグラブで除去する。ハンマグラブによる先行掘りを行ってはならない。
- スタンドパイプを安定した不透水層まで建て込んで孔壁を保護・安定させ、コンクリート打込み後、スタンドパイプを引き抜く。

深礎工法

［概要］ 人力、機械で掘削を進めながら鋼製波板などの山留め材を設置する工法である。この工法では、掘削孔全長にわたりライナープレート等によ

る土留めを行いながら掘削し、土留め材はモルタル等を注入後に撤去しない（硬質粘性土、硬岩、明らかに崩壊しないと判断される場合を除き）ことを原則とする。

大口径、大深度の施工が可能、自然水で孔壁保護ができる、周辺環境への影響が少ない等の**長所**がある反面、湧水が多い場合は適さない、地盤が崩れやすいと適さない等の**短所**がある。

［孔底処理］ 底盤の掘りくずを取り除くとともに、支持地盤が水を含むと軟化するおそれのある場合には、孔底処理完了後に孔底をモルタルまたはコンクリートで覆う。

［施工手順］ 施工手順を下図に示す。

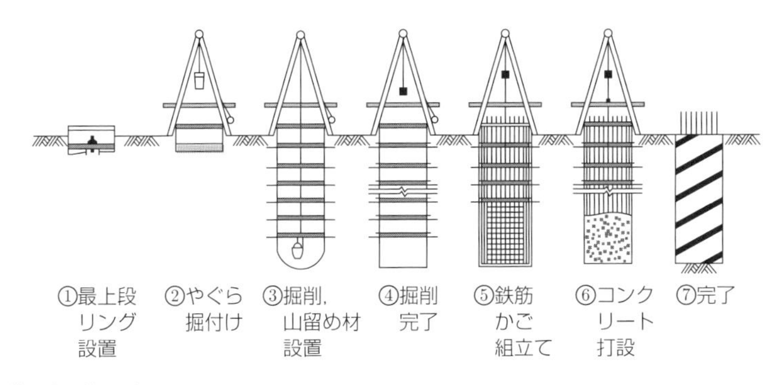

● 深礎工法の施工手順

4 直接基礎

直接基礎の形式

基礎形式を大別すると、「**直接基礎形式**（直接基礎、置換基礎、地盤改良基礎の各形式）」と「**杭基礎形式**」がある。一般に擁壁などの基礎形式としては、支持地盤や背後の盛土（地山）と一体となって挙動する直接基礎が望ましい。

右図が標準的な直接基礎の形式
下図は表層に軟弱な層があり、良質な地盤まで地盤改良などで安定処理する方法と、良質土で置き換える方法である。

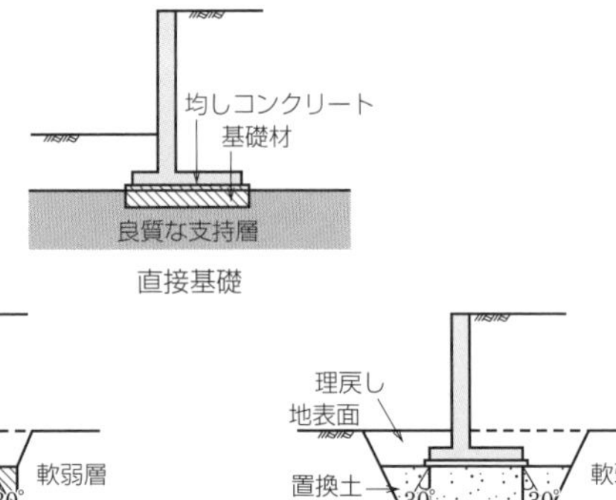

直接基礎

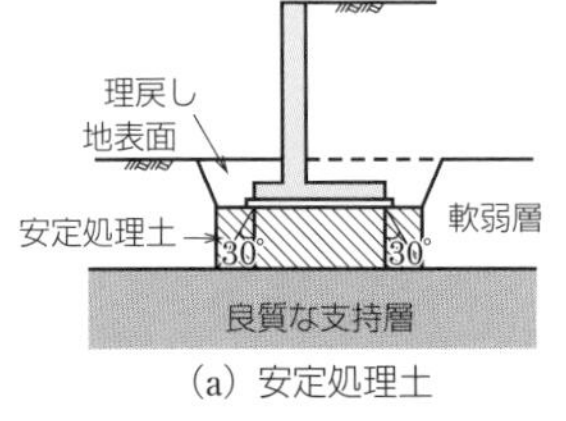

(a) 安定処理土

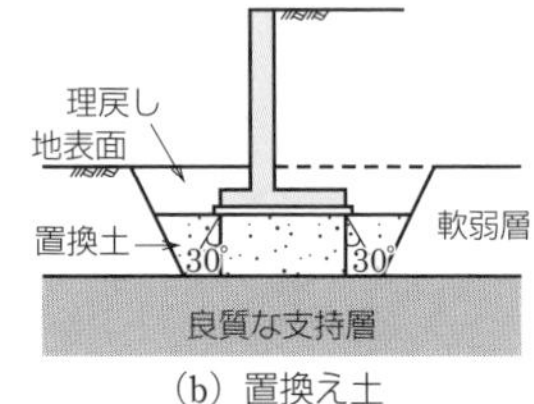

(b) 置換え土

● 良地盤上の直接基礎

施工時の留意事項

［支持層の選定］ 砂質土層はN値が30以上、粘性土層は砂質土層に比べて大きな支持力が期待できず、沈下量の大きい場合が多いため支持層とする際には十分な検討が必要であるが、粘性土層はN値が20程度以上あれば良質な支持層と考えてよい。

■ 支持層の選定

規定機関・出典等	上部構造物 基礎形式等	良質な支持層の目安		備考
		粘性土	砂質土	
日本道路協会・道路橋示方書	橋梁・直接ケーソン等	$N \geqq 20$ ($q_u \geqq 0.4\,\mathrm{N/mm^2}$)	$N \geqq 30$ （砂礫層も概ね同様）	良質な支持層と考えられても、層厚が薄い場合や、その下に軟弱な層や圧密層がある場合はその影響の検討必要
日本道路協会・道路土工-擁壁工指針 道路土工-カルバート工指針	擁壁・カルバート等	$N \geqq 10 \sim 15$ ($q_u \geqq 100 \sim 200\,\mathrm{kN/m^2}$)	$N \geqq 20$	

［基礎底面の処理］ 基礎が滑動する際、せん断面は基礎の床付け面下の浅い箇所に生じることから、施工時に基礎底面の地盤に過度の乱れが生じないように配慮する必要がある。

［埋戻し材料］ 基礎岩盤を切り込んで直接基礎を施工する場合、切り込んだ部分の岩盤の横抵抗を期待するためには、岩盤と同程度のもの、すなわち

貧配合コンクリート等で埋め戻す必要がある。掘削したときに出たずりで埋め戻してはならない。

［基礎地盤が岩盤の場合］ 基礎が岩盤の場合、均しコンクリートと基礎地盤が十分かみ合うように、基礎底面地盤にはある程度の不陸を残し、平滑な面としないように配慮する必要がある。よって、基礎底面地盤の不陸を整正し平滑に仕上げないよう配慮する。

5 土留め（土止め）工

出題頻度 ★★

土留め（土止め）部材の名称

土留め支保工の各部名称を下図に示す。

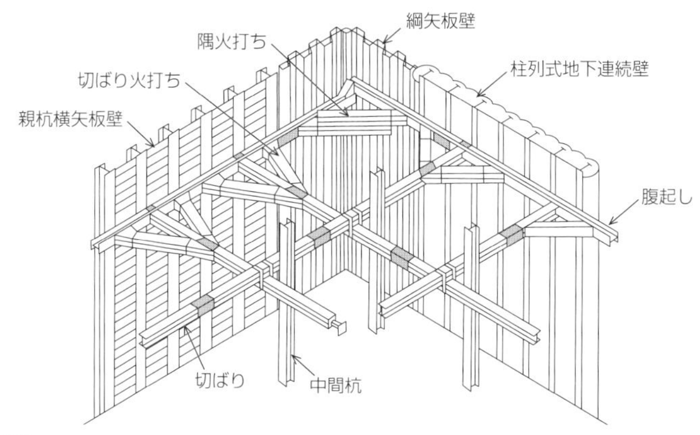

● 土留め支保工

土留め（土止め）支保工、施工時のチェックポイント

- 数段の切ばりがある場合には、掘削に伴って設置済みの切ばりに軸力が増加しボルトに緩みが生じることがあるため、必要に応じ増締めを行う。
- 腹起し材の継手部は、弱点となりやすいため、継手位置は応力的に余裕のある切ばりや火打ちの支点から近い位置に設けるものとする。
- 切ばりは、一般に圧縮部材として設計されているため、圧縮応力以外の応力が作用しないように、腹起しと垂直に、かつ密着して取り付ける。

施工時に発生する現象

土留め工施工時の掘削底面の安定は、以下の現象に注意が必要である。

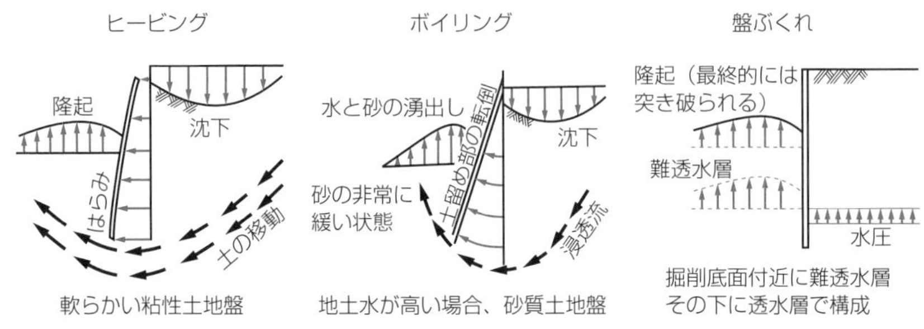

● ヒービング、ボイリング、盤ぶくれ

［ヒービング］ 掘削背面の土塊重量が掘削面下の地盤支持力より大きくなると、地盤内にすべり面が発生し、このために掘削底面に盛り上がりが生じる現象である。

対策には、すべり面に沿うせん断抵抗力を増加させるために、土留め壁の根入れ長を長くして、すべり面の半径を大きくする方法や、地盤改良工法による方法もある。

［ボイリング］ 砂地盤のような透水性の大きい地盤で浸透圧が掘削面側地盤の有効重量を超えると、砂の粒子が湧き立つ状態になる現象である。

対策には、浸透水を遮断するために土留め壁の根入れ長を長くする方法や、背面側の地下水位を下げる方法などがある。

［盤ぶくれ］ 掘削底面より下に存在する上向きの圧力を持った地下水により、掘削底面の不透水性地盤が持ち上げられる現象である。

対策には、揚圧力を低減させるために不透水層まで土留め壁を根入れし、水の供給を止める方法や、抵抗する重量を増加させるために、地盤改良により、不透水層を造成する方法がある。

過去問チャレンジ（章末問題）

問1 基礎工全般 R2-No.12

➡1 基礎工全般

構造物の基礎に関する次の記述のうち、適当でないものはどれか。

(1) 橋梁下部の直接基礎の支持層は、砂層及び砂礫層では十分な強度が、粘性土層では圧密のおそれのない良質な層が、それぞれ必要とされるため、沖積世の新しい表層に支持させるとよい。

(2) 橋梁下部の杭基礎は、支持杭基礎と摩擦杭基礎に区分され、長期的な基礎の変位を防止するためには一般に支持杭基礎とするとよい。

(3) 斜面上や傾斜した支持層などに擁壁の直接基礎を設ける場合は、基礎地盤として不適な地盤を掘削し、コンクリートで置き換えて施工することができる。

(4) 表層は軟弱であるが、比較的浅い位置に良質な支持層がある地盤を擁壁の基礎とする場合は、良質土による置換えを行い、改良地盤を形成してこれを基礎地盤とすることができる。

解説 橋梁下部の直接基礎の支持層は、砂層及び砂礫層では十分な強度が、粘性土層では圧密のおそれのない良質な層が、それぞれ必要とされるため、沖積世の新しい表層は一般に支持層とはなり得ない。 解答 (1)

point ワンポイントアドバイス

一般的な支持層の目安は、粘性土層でN値が20程度以上、砂層でN値が30程度以上あればよいとされている。

問2　既製杭の施工（全般）　H27-No.12

➡ 2 既製杭の施工

既製杭の施工に関する次の記述のうち、適当でないものはどれか。

(1)　杭の打込みの準備作業では、施工機械の据付け地盤の強度を確認し、必要であれば敷鉄板の使用、地盤改良などの処理も検討する。

(2)　杭の打込み順序は、杭群の中央部から周辺に向かって打ち進み、既設構造物に近接して杭を打ち込む場合には、構造物の離れたところから近づく方向に打ち進むのがよい。

(3)　杭の打込みは、ハンマ及び杭の軸は同一線上となるようにし、杭頭の偏打は杭頭の座屈や杭の軸線を傾斜させたり、キャップやクッション等を損傷する原因となりやすい。

(4)　杭の建込みでは、杭の鉛直性は下杭の鉛直性により決まるので、特に下杭の鉛直性を方向から検測する。

解説　打込みによる地盤の締固め効果によって打込み抵抗が増大し、貫入不能や有害な変状が生じることを避けるために、杭の打込み順序は、杭群の中央部から周辺に向かって打ち進み、既設構造物に近接して杭を打ち込む場合には、構造物の近くから離れる方向に打ち進むのがよい。

解答　(2)

問3　既製杭の施工（鋼管杭）　H28-No.13

➡ 2 既製杭の施工

鋼管杭の現場溶接の施工に関する次の記述のうち、適当でないものはどれか。

(1)　現場溶接継手は、既製杭による基礎全体の信頼性に大きな影響を及ぼすので、所定の技量を有した溶接工を選定し、原則として板厚の異なる鋼管を接合する箇所に用いてはならない。

(2)　現場溶接作業の施工にあたっては、変形した継手部を手直し、上杭と下杭の軸線を合わせ、目違い、ルート間隔などのチェック及び修正を行わなければならない。

(3) 現場溶接は、溶接部が天候の影響を受けないように処置を行う場合を除いて、降雨、降雪などの天候の悪い場合は溶接作業をしてはならない。

(4) 現場溶接完了後の有害な外部きずは、肉眼により溶接部の割れ、ピット等の欠陥を一定頻度で検査し、内部きずは放射線透過試験で全ての溶接部の検査を行わなければならない。

解説 現場溶接完了後の有害な外部きずは、肉眼により溶接部の割れ、ピット等の欠陥を全ての溶接部で検査し、内部きずは放射線透過試験または超音波探傷試験を行うのがよい。

解答 (4)

問4 打込み杭工法 H30-No.12

➡ 2 既製杭の施工

打込み杭工法による鋼管杭基礎の施工に関する次の記述のうち、適当でないものはどれか。

(1) 杭の打止め管理は、試験杭で定めた方法に基づき、杭の根入れ深さ、リバウンド量（動的支持力）、貫入量、支持層の状態などより総合的に判断する必要がある。

(2) 打撃工法において杭先端部に取り付ける補強バンドは、杭の打込み性を向上させることを目的とし、周面摩擦力を増加させる働きがある。

(3) 打撃工法においてヤットコを使用したり、地盤状況などから偏打を起こすおそれがある場合には、鋼管杭の板厚を増したりハンマの選択に注意する必要がある。

(4) 鋼管杭の現場溶接継手は、所要の強度及び剛性を有するとともに、施工性にも配慮した構造とするため、アーク溶接継手を原則とし、一般に半自動溶接法によるものが多い。

解説 打撃工法において杭先端部に取り付ける補強バンドには、周面摩擦力を増加させる働きはない。

解答 (2)

問5　中掘り杭工法　R2-No.13

➡ 2 既製杭の施工

中掘り杭工法の施工に関する次の記述のうち、適当なものはどれか。

(1) 杭の沈設後、スパイラルオーガや掘削用ヘッドを引き上げる場合は、負圧の発生によるボイリングを引き起こさないために急速に引き上げるのがよい。

(2) コンクリート打設方式による杭先端処理を行う場合は、コンクリート打設前に杭内面をブラシや高圧水などで清掃・洗浄し、土質などに応じた適切な方法でスライムを処理するとよい。

(3) 最終打撃方式により杭先端処理を行う場合、中掘りから打込みへの切替えは、時間を空けて杭を安定させてから行うのがよい。

(4) 中間層が比較的硬質で沈設が困難な場合は、一般に杭先端部にフリクションカッターを取り付けるとともに、杭径程度以上の拡大掘りを行い、周面摩擦力を低減させるとよい。

解説 (1) スパイラルオーガや掘削用ヘッドを引き上げる場合は、負圧の発生によるボイリングを引き起こさないために徐々に引き上げるのがよい。
(3) 中掘りから打込みへの切替えは、時間を空けず連続的に行うのがよい。
(4) 杭径程度以上の拡大掘りを行ってはならない。　解答 (2)

問6　プレボーリング杭工法　H26-No.12

➡ 2 既製杭の施工

プレボーリング杭工法の施工に関する次の記述のうち、適当でないものはどれか。

(1) 杭周固定部のソイルセメント強度は、プレボーリング杭の原位置水平載荷試験結果などを踏まえ、杭体と杭周面のソイルセメント柱間の付着力がより確実に得られるように、$\sigma_{28} \geqq 1.5\,\mathrm{N/mm^2}$とする。

(2) 根固め液の注入は、拡大根固め球根部の先端より行い、吐出量、総注入量、ロッドの挿入速度及び反復回数、球根高さについて管理する。

(3) 掘削及び沈設設備は、杭打ち機、オーガ駆動装置、ロッド、掘削ビット、回転キャップで構成され、杭径、掘削深さに応じて選定する。
(4) 土質条件によって掘削孔が崩壊するような場合は、ベントナイト等を添加した掘削液を使用する。

解説 根固め液の注入は、拡大根固め球根部の先端より行い、吐出量、総注入量、ロッドの引上げ速度及び反復回数、球根高さについて管理する。反復高さは、地上にてレベル管理する。 解答 (2)

問7 場所打ち杭工法の概要 H30-No.13

➡3 場所打ち杭

場所打ち杭基礎の施工に関する次の記述のうち、適当なものはどれか。

(1) アースドリル工法では、地表部に表層ケーシングを建て込み、孔内に注入する安定液の水位を地下水位以下に保ち、孔壁に水圧をかけることによって孔壁を保護する。
(2) リバース工法では、スタンドパイプを安定した不透水層まで建て込んで孔壁を保護・安定させ、コンクリート打込み後も、スタンドパイプを引き抜いてはならない。
(3) 深礎工法では、掘削孔全長にわたりライナープレート等による土留めを行いながら掘削し、土留め材はモルタル等を注入後に撤去することを原則とする。
(4) オールケーシング工法では、掘削孔全長にわたりケーシングチューブを用いて孔壁を保護するため、孔壁崩壊の懸念はほとんどない。

解説 (1) アースドリル工法では、孔内に注入する安定液の水位を地下水位以上に保ち、孔壁に水圧をかけることによって孔壁を保護する。
(2) リバース工法では、コンクリート打込み後、スタンドパイプを引き抜く。
(3) 深礎工法では、土留め材はモルタル等を注入後に撤去しない（硬質粘性土、硬岩、明らかに崩壊しないと判断される場合を除き）ことを原則とする。
(4) 孔壁崩壊の懸念はほとんどないが、機械の重量が重く、ケーシングチューブの引抜き時の反力が大きいことから、据付け地盤の強度には注意が必要である。

解答 (4)

問8 場所打ち杭工法（孔底処理） H28-No.14

➡ 3 場所打ち杭

場所打ち杭工法における孔底処理に関する次の記述のうち、適当でないものはどれか。

(1) 深礎杭工法では、底盤の掘りくずを取り除くとともに、支持地盤が水を含むと軟化するおそれのある場合には、孔底処理完了後に孔底をモルタルまたはコンクリートで覆う。

(2) リバース工法では、安定液のように粘性のあるものを使用することから、泥水循環時に粗粒子の沈降が期待できないため、二次孔底処理は鉄筋かご建込み前に沈積した物を処理する。

(3) オールケーシング工法では、孔内に注入する水は土砂分混入が少ないので、鉄筋かご建込み前にハンマグラブや沈積バケットで土砂やスライムを除去することができる。

(4) アースドリル工法では、掘削完了後に底ざらいバケットで掘りくずを除去し、二次孔底処理は、コンクリート打込み直前にトレミー等を利用したポンプ吸上げ方式で行う。

解説 リバース工法の二次孔底処理は、鉄筋かご建込み後に処理する。

解答 (2)

問9 オールケーシング工法 H26-No.14

➡ 3 場所打ち杭

オールケーシング工法の施工に関する次の記述のうち、適当でないものはどれか。

(1) ケーシングチューブ下端は、孔壁土砂が崩れて打ち込んだコンクリート中に混入することがあるので、コンクリート上面より常に1m以上下げておく必要がある。

(2) コンクリート打込み時のトレミーの下端は、打込み面付近のレイタンス、押し上げられてくるスライム等を巻き込まないよう、コンクリート上面より常に2m以上入れなければならない。

(3) 軟弱地盤では、コンクリート打込み時において、ケーシングチューブ引抜き後の孔壁に作用する土圧などの外圧とコンクリートの側圧などの内圧のバランスにより杭頭部付近の杭径が細ることがあるので十分に注意する。

(4) ヒービング現象が発生するような軟弱な粘性土地盤では、ケーシングチューブを孔内掘削底面よりケーシングチューブ径以上先行圧入させて掘削することにより、ヒービング現象を抑えることができる。

解説 ケーシングチューブ下端は、孔壁土砂が崩れて打ち込んだコンクリート中に混入することがあるので、コンクリート上面より常に2m以上下げておく必要がある。

解答 (1)

問10 オールケーシング・リバース工法 R2-No.14 ➡3 場所打ち杭

場所打ち杭工法の施工に関する次の記述のうち、適当でないものはどれか。

(1) オールケーシング工法では、コンクリート打込み時に、一般にケーシングチューブの先端をコンクリートの上面から所定の深さ以上に挿入する。

(2) オールケーシング工法では、コンクリート打込み完了後、ケーシングチューブを引き抜く際にコンクリートの天端が下がるので、あらかじめ下がり量を考慮する。

(3) リバース工法では、安定液のように粘性があるものを使用しないため、泥水循環時においては粗粒子の沈降が期待でき、一次孔底処理により泥水中のスライムはほとんど処理できる。

(4) リバース工法では、ハンマグラブによる中掘りをスタンドパイプより先行させ、地盤を緩めたり、崩壊するのを防ぐ。

解説 リバース工法では、スタンドパイプを一定の長さに建て込んだ後、スタンドパイプ内の土砂をハンマグラブで除去する。ハンマグラブによる先行掘りを行ってはならない。

解答 (4)

問11　場所打ち杭（鉄筋かご）　R1-No.14

➡ 3 場所打ち杭

場所打ち杭の鉄筋かごの施工に関する次の記述のうち、適当でないものはどれか。

(1) 鉄筋かごの組立ては、鉄筋かごが変形しないよう、組立用補強材を溶接によって軸方向鉄筋や帯鉄筋に堅固に取り付ける。
(2) 鉄筋かごの組立ては、特殊金物などを用いた工法やなまし鉄線を用いて、鋼材や補強鉄筋を配置して堅固となるように行う。
(3) 鉄筋かごの組立ては、自重で孔底に貫入するのを防ぐため、井桁状に組んだ鉄筋を最下端に配置するのが一般的である。
(4) 鉄筋かごの組立ては、一般に鉄筋かごの径が大きくなるほど変形しやすくなるので、組立用補強材は剛性の大きいものを使用する。

解説　鉄筋かごの組立ての組立用補強材は、剛性の大きなものを使用し、鉄筋かご内部に十字か井桁状の補強材を円形保持のため設置する。解答　(1)

問12　直接基礎の施工　H29-No.14

➡ 4 直接基礎

道路橋下部工における直接基礎の施工に関する次の記述のうち、適当でないものはどれか。

(1) 基礎地盤が岩盤の場合は、構造物の安定性を確保するため、底面地盤の不陸を整正し平滑な面に仕上げる。
(2) 基礎地盤が砂地盤の場合は、ある程度の不陸を残して底面地盤を整地し、その上に割ぐり石や砕石を敷き均す。
(3) 基礎地盤をコンクリートで置き換える場合は、所要の支持力を確保するため、底面地盤を水平に掘削し、浮石は完全に除去する。
(4) 一般に基礎が滑動するときのせん断面は、基礎の床付け面のごく浅い箇所に生じることから、施工時に地盤に過度の乱れが生じないようにする。

解説　基礎地盤が岩盤の場合は、掘削面にある程度の不陸を残し、平滑な面としないよう配慮する。また、浮石などは完全に排除し、岩盤表面を十分洗浄する。

解答　(1)

問13　土留め工の種類　H30-No.15

➡5 土留め工

土留め工の施工に関する次の記述のうち、適当でないものはどれか。

(1)　自立式土留めは、掘削側の地盤の抵抗によって土留め壁を支持する工法で、掘削面内に支保工がないので掘削が容易であり、比較的良質な地盤で浅い掘削に適する。

(2)　切ばり式土留めは、支保工と掘削側の地盤の抵抗によって土留め壁を支持する工法で、現場の状況に応じて支保工の数、配置などの変更が可能である。

(3)　控え杭タイロッド式土留めは、控え杭と土留め壁をタイロッドでつなげ、これと地盤の抵抗により土留め壁を支持する工法で、軟弱で深い地盤の掘削に適する。

(4)　アンカー式土留めは、土留めアンカーと掘削側の地盤の抵抗によって土留め壁を支持する工法で、掘削面内に切ばりがないので掘削が容易であるが、良質な定着地盤が必要である。

解説　控え杭タイロッド式土留めは、良質で浅い地盤の掘削に適している。

解答　(3)

問14　土留め工の施工　H29-No.15

➡5 土留め工

土留め支保工の施工に関する次の記述のうち、適当でないものはどれか。

(1)　数段の切ばりがある場合は、掘削に伴って設置済みの切ばりに軸力が増加しボルトに緩みが生じることがあるため、必要に応じ増締めを行う。

(2) 腹起し材の継手部は、弱点となりやすいため、継手位置は応力的に余裕のある切ばりや火打ちの支点から遠い位置に設けるものとする。
(3) 切ばりを撤去する際は、土留め壁に作用している荷重を鋼材や松丸太などを用いて本体構造物に受け替えるなどして、土留め壁の変形を防止する。
(4) 切ばりは、一般に圧縮部材として設計されているため、圧縮応力以外の応力が作用しないように、腹起しと垂直にかつ密着して取り付ける。

解説 腹起し材の継手部は、切ばりや火打ちの支点から近い位置に設けるものとする。
解答 (2)

問15 土留め工の施工（計測管理） H25-No.15

⇒5 土留め工

土留め支保工の計測管理の結果、土留めの安全に支障が生じることが予測された場合に、採用した対策に関する次の記述のうち、適当でないものはどれか。

(1) 土留め壁の応力度が許容値を超えると予測されたので、切ばり、腹起しの段数を増やした。
(2) 盤ぶくれに対する安定性が不足すると予測されたので、掘削底面下の地盤改良により不透水層の層厚を増加させた。
(3) ボイリングに対する安定性が不足すると予測されたので、背面側の地下水位を低下させた。
(4) ヒービングに対する安定性が不足すると予測されたので、背面地盤に盛土をした。

解説 背面地盤に盛土をすると、掘削背面重量が増加しヒービングの危険性が増すこととなる。
解答 (4)

選択問題

専門土木

構造物一般

選択問題

1 耐候性鋼材

出題頻度 ★☆☆

鋼材の用途

［低炭素鋼］ 展性・延性に富み、溶接など加工性が優れているので、多くの鋼構造物に使用されている。

［高炭素鋼］ 炭素量の増加により展性・延性・靭性(じんせい)が減少するが、引張強さ及び硬度が増加するので、表面硬さの必要なキーやピン、工具などに用いられる。

［耐候性鋼］ 炭素鋼に銅、クロム、ニッケル等を添加し、大気中での耐候性を高めたものである。**無塗装橋梁**などに用いられている。

［ステンレス鋼］ クロム含有率を10.5％以上、炭素含有率を1.2％以下とした特殊用途鋼である。耐食性が必要な構造物などに用いられる。

［鋳鋼品(ちゅうこう)］ 鋼を鋳型に流し込んで、所要の形状にしたものである。形状が複雑な継手などに用いられている。

耐候性鋼材

［性質］ 耐候性鋼材は、適量のCu（銅）、Cr（クロム）、Ni（ニッケル）等の合金元素を含有し、大気中での適度な乾湿の繰り返しにより、表面に保護性錆を形成する鋼材である。下図のように緻密な錆が鋼材表面を保護し、錆の進展が時間の経過とともに次第に抑制される。

耐候性鋼材は、適切な管理をすれば無塗装で使用できるので、メンテナンス費や塗装費を軽減できる。しかし、海水は保護性錆層を破壊する塩素イオンを含んでいるため、海岸部では耐候性鋼を無塗装で使うことはできない。

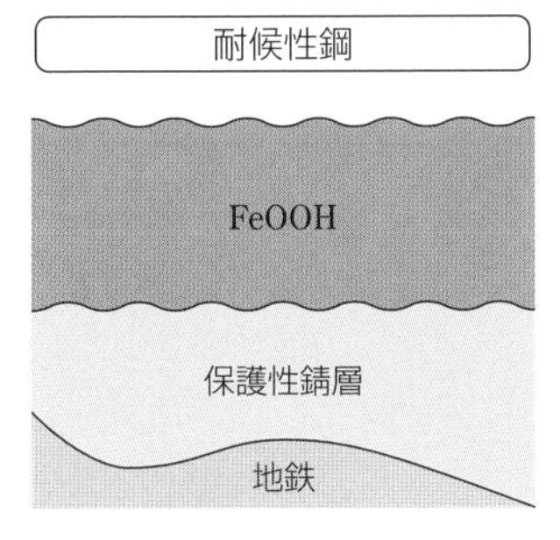

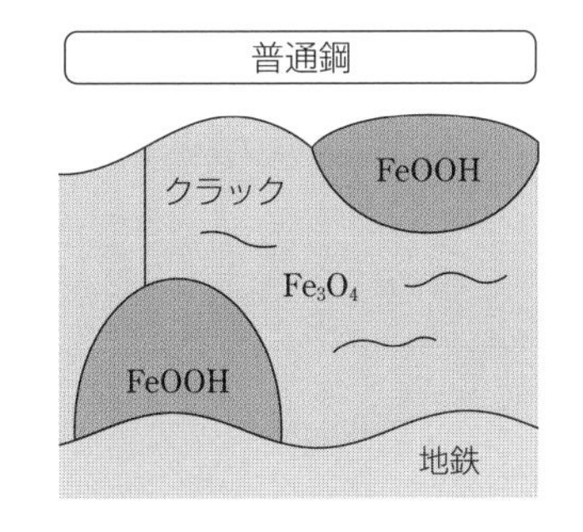

● 耐候性鋼と普通鋼

［使用時の留意事項］ **表面処理**については、以下のような事項に留意する。

- 耐候性鋼材は、その表面に保護性錆が形成されるまでの期間は普通鋼材と同様に錆汁が生じるため、初期の錆の生成抑制や保護性錆の生成促進を目的とした**耐候性鋼用表面処理**を施すこともある。
- 無塗装使用する耐候性鋼材の表面の黒皮は、製作工場で除去するのがよい。橋梁での鋼材表面は、仮組立完了後に**製品ブラスト**（原板ブラストではない）を行い、黒皮を完全に除去するのを原則としている。

また**鋼橋梁施工時**には、以下のような事項に留意する。

- 耐候性鋼材を用いた橋の連結ボルトは、基本的な接合材料である溶接材料は主要構造物と同等以上の耐候性能を有する高力ボルトを使用する。
- 箱桁の内部は通常の塗装橋梁と同様の塗装を施すのがよい。ただし、トラス部材の箱断面や鋼床版の閉断面縦リブのように、完全に密閉された場合は内面塗装しなくてよい。

2 鋼橋の架設

出題頻度 ★★☆

鋼橋の架設方法

架設工法は、橋梁の形式、規模、地形によって異なる。一般的に用いられる代表的な工法を以下に示す。

［ベント工法］ 自走式のレーン車を用いて桁を吊り架設する工法である。支間が長い場合や、桁の地組ができない場合など、ベントを用いて架設する。

曲線桁橋は、架設中の各段階において、ねじれ、傾き及び転倒などのないように重心位置を把握し、ベント等の反力を検討する。

箱形断面の桁は、重量が重く吊りにくいので、吊り状態における安全性を確認するため、吊り金具や補強材は工場製作段階で取り付ける。

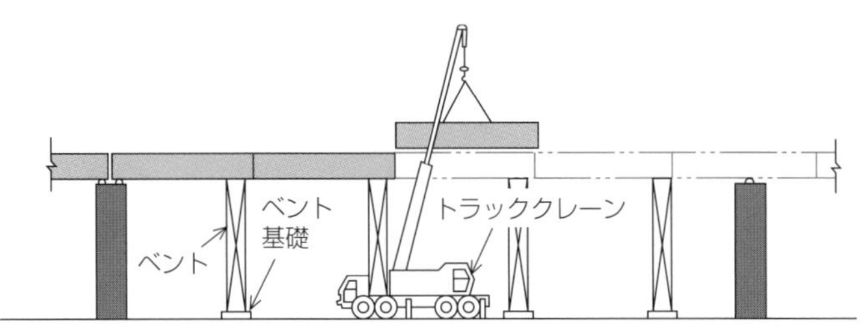

● ベント工法

［ケーブルクレーンによる直吊り工法］ 桁下が流水部や谷で、ベント設置ができない場合などに用いられる工法である。トラック及びトレーラで運搬された部材をケーブルクレーンで吊り込み架設する。仮設備が多くなり、架設工期も他の工法に比べて長くなる。

I形断面の鋼桁橋は、水平曲げ剛度、ねじり剛度が低いため、桁を本のみで仮置きや吊上げをする場合には、横倒れ座屈に注意する。

I形断面部材を仮置きする場合は、転倒ならびに横倒れ座屈に対して十分に配慮し、汚れや腐食に対する養生として地面から20cm以上離すものとする。

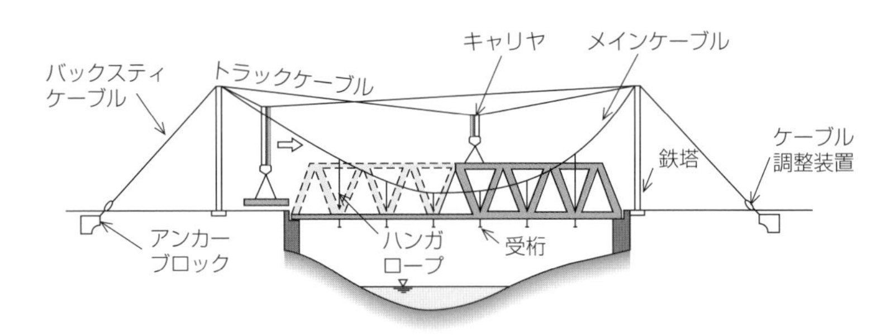

● ケーブルクレーンによる直吊り工法

［送出し工法］ 鉄道や道路、桁下空間が使用できない場合に用いられる工法である。桁の組立ては自走クレーン車、門型クレーン等で行い、送出し設備の設置は現地状況に合ったクレーンを使用して順次送り出す。架設作業が比較的短期間で済む。

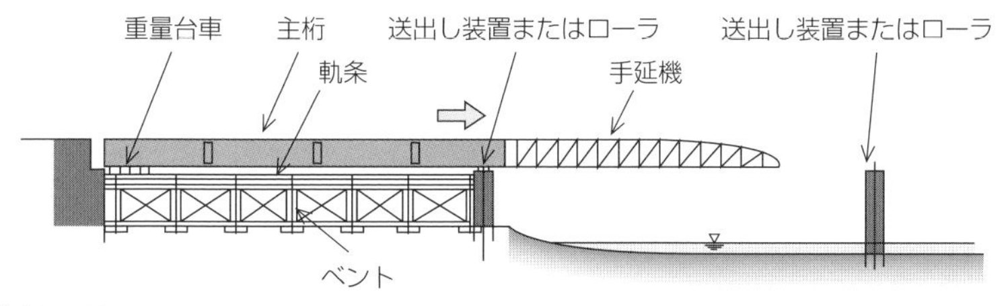

● 送出し工法

［片持式工法］ 河川上や山間部で桁下に自走クレーン車が進入できない場合に用いられる工法である。トラスの上でトラベラクレーンを組み立て、連結材を介して片持式で架設する。

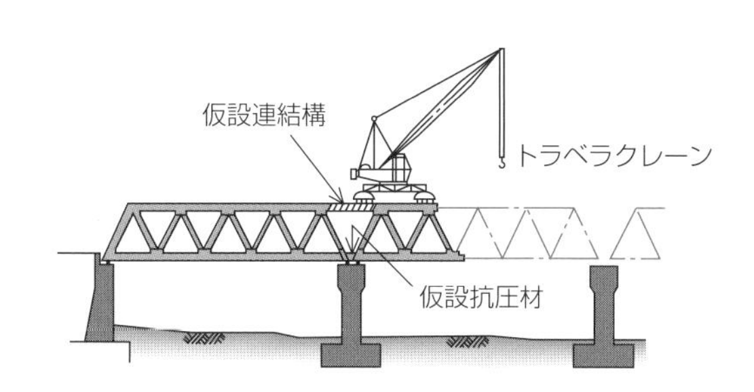

● 片持式工法

3 鋼材の溶接

出題頻度 ★★

鋼材の溶接継手

溶接継手、突合せ溶接継手の種類を下図に示す。

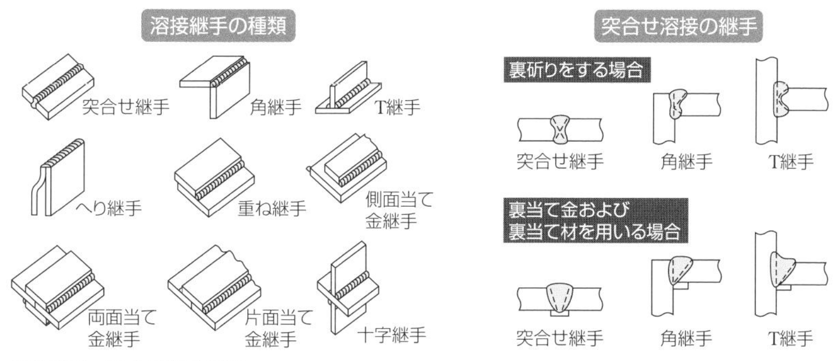

● 溶接継手、突合せ溶接継手

［開先溶接］ 接合する部材間に間隙（グルーブ、開先）をつくり、その部分に溶着金属を盛って溶接する。**突合せ溶接継手、T継手、角継手**などに適用される。

［突合せ溶接］ 溶接部全断面にわたって完全な溶込みと融合を持つ溶接である。

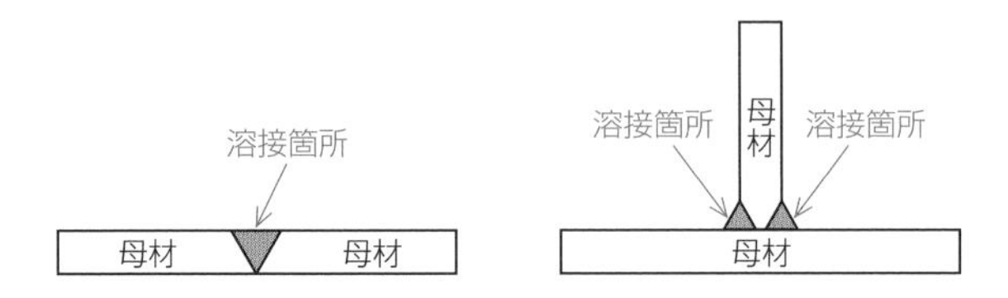

● 突合せ溶接

［すみ肉溶接］ 直交する2つの接合面（すみ肉）に溶着金属を盛って結合する三角形状の溶接である。**T継手、重ね継手、角継手**などに適用される。

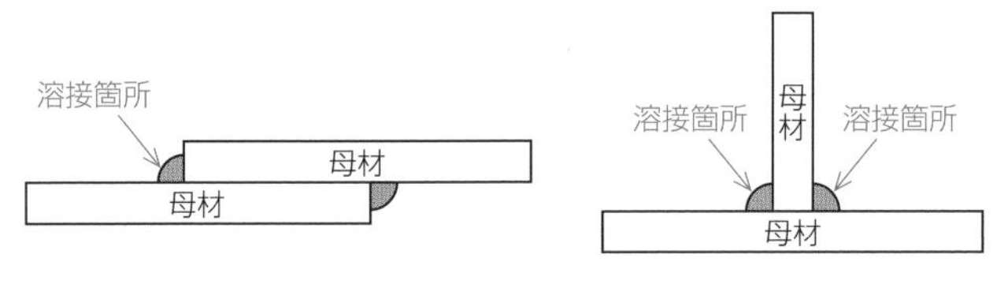

● すみ肉溶接

［応力を伝える溶接継手］ 応力を伝える継手には、**完全溶込み開先溶接、部分溶込み開先溶接、連続すみ肉溶接**を用いる。

溶接部の検査

［割れの検査］ 溶接ビート及びその周辺には、いかなる場合も割れがあってはならない。割れの検査は肉眼で行うことを原則とする。疑わしい場合は磁粉探傷試験か浸透液探傷試験を行う。

［余盛（よもり）高さ］ 仕上げ指定のない開先溶接は、規定値以内の余盛は仕上げなくてよい。余盛高さが規定値を超えている場合は、ビード形状、止端部を滑らかに仕上げる。

［アークスタッドの検査］ アークスタッドの外観検査は全数について行う。不合格になったものは全数ハンマ打撃による曲げ検査を行う。

［表面のピット］ 主要部材の突合せ継手及び断面を構成するT継手、角継手には溶接ビード表面にピットがあってはならない。その他の溶接には、1継手につき3個または継手長さ1mにつき3個までを許容する。

［内部きず検査］ 内部きずには有資格者による**非破壊検査**を用い、放射線透過試験、超音波探傷試験によるものとする。

4 高力ボルト

出題頻度 ★★☆

高力ボルトの接合方法

高力ボルトの接合方法には、摩擦・引張・支圧の3つがある。

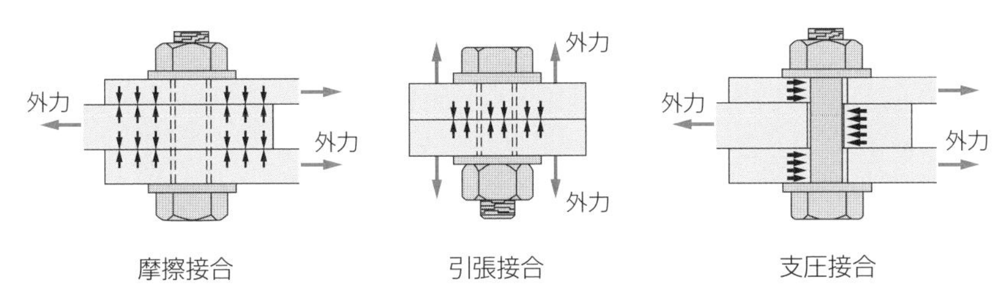

● 高力ボルトの接合方法

- **摩擦接合**：ボルトで締め付けられた継手材間の摩擦力によって応力を伝達させる。
- **引張接合**：継手面に発生させた**接触応力**を介して応力を伝達させる。
- **支圧接合**：ボルトのせん断応力、部材の穴のボルト軸部との**支圧抵抗**によって応力を伝達させる。

［接合面の処理方法］ 摩擦接合における材片の接触面については、すべり係数が**0.4以上**得られるように適切な処理を施す必要がある。なお、**継手の接触面を塗装しない場合**は、接触面の黒皮を除去して粗面とし、**0.4以上**のすべり係数を確保する。材片の締付けにあたっては、接触面の浮き錆、油、泥などを十分に清掃し除去する。また、**接触面を塗装する場合**は、施工時の条件にしたがって**厚膜型無機ジンクリッチペイント**を塗布する。

高力ボルトの締付けと検査

[締付け方向] ボルトの締付けは、連結板中央部のボルトから順次端部のボルトに向かって行い、2度締めによる締付けを原則とする。

● ボルト締付け順序

[検査] 摩擦接合継手におけるボルトの締付け方法は、軸力導入の管理方法によって以下の4つに大別され、締付け方法により検査方法も異なる。

①**トルク法(トルクレンチ法)**：高力六角ボルト・トルシア形高力ボルト

各ボルト群の10%のボルト本数を検査することを標準として、トルクレンチによって締付け検査を行う。検査の合否は、締付けトルク値がキャリブレーション時の設定トルク値の±10%の範囲内のとき合格とする。

② **耐力点法**：高力六角ボルト

全数についてマーキングによる外観検査を行い、各ボルト群においてボルトとナットのマーキングのズレによる回転角を5本抜き取りで計測し、その平均値に対して一群のボルト全数が±30°の範囲にあること確認する。

③ **回転法(ナット回転法)**：高力六角ボルト

全数についてマーキングによる外観検査を行う。ボルト長が径の5倍以下の場合は1/3回転(120°)±30°の範囲内であることを確認し、5倍を超える場合は施工条件に一致した予備試験によって目標回転角を決定する。

④**トルシア形高力ボルト**

全数についてピンテールの切断を確認し、マーキングによる外観検査を行うものとしている。

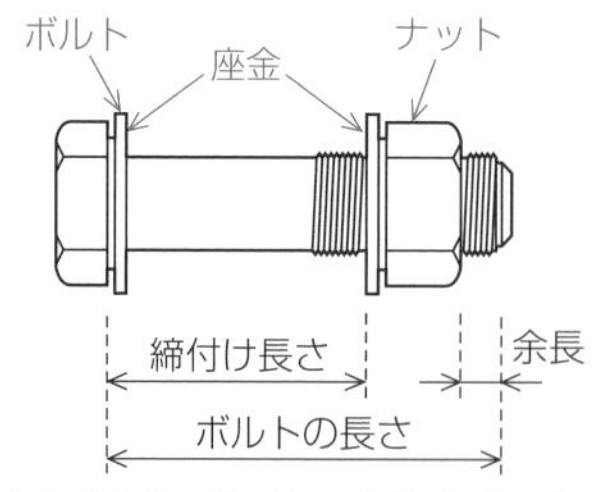

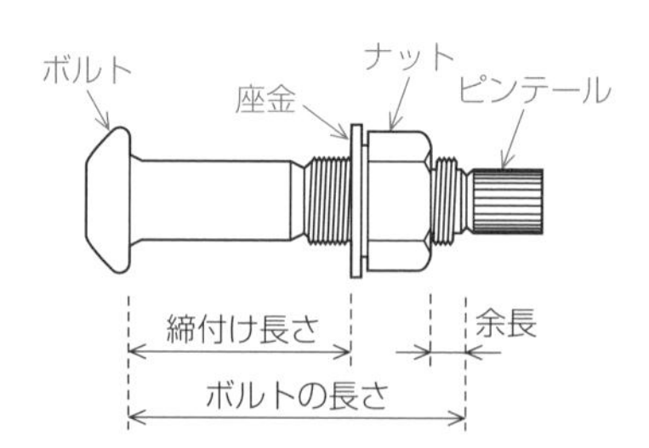

● 高力六角ボルト、トルシア形高力ボルト

5 コンクリート構造物

出題頻度 ★★★

コンクリート構造物の劣化機構

劣化機構の特徴

鉄筋・無筋コンクリートの場合、劣化要因ごとに構造物に見られるひび割れ形状やその他変状に特徴がある。ひび割れの特徴及びその他の変状との一般的な関係を下表に示す。

■ 鉄筋コンクリートのひび割れ形状などの変状と劣化要因の関係

要因 変状ほか	摩耗・風化	中性化	塩害	ASR	凍害	化学的腐食	疲労	乾燥収縮	外力
亀甲状				○	○	○		○	
細かい不規則なひび割れ					○	○		○	
鉄筋に関係しない軸方向ひび割れ				○					
軸力に対して直角のひび割れ(注1)							○	○	○
軸力に対して斜めのひび割れ(注1)							○	○	○
鉄筋に沿ったひび割れ		○	○					(注2)	
スケーリング					○	○			
コンクリート表層の軟化						○			

(注1) 軸力に対して直角及び斜めひび割れは、水路壁では水平ひび割れとして現れる。
(注2) かぶりの薄い部材では、乾燥収縮の場合でも鉄筋に沿ってひび割れが発生する。

■ ひび割れ以外の変状と劣化要因の関係

要因 変状ほか	摩耗・風化	中性化	塩害	ASR	凍害	化学的腐食	疲労	乾燥収縮	外力
はく離	○	○	○	○	○	○	△	△	
はく落・角落ち	○	○	○	○	○	○	△	△	
鋼材腐食		○	○	△		○	△		
鋼材破断		△	△	△		○	○	○	
錆汁		○	○	△		○	△		
鋼材露出		○	○			○			
漏 水							△	○	△
材料品質低下	△		△	○	○	○		○	
変位・変形		△	△				△	△	○

○：可能性大　△：可能性有

劣化要因に対する対策方法

劣化要因に対する対策を下表に示す。

■ 劣化要因に対する対策

劣化要因	対策方針	対策	対策を行う上で考慮すべき事項
摩耗・風化	・摩耗したコンクリートの除去 ・補修後の水分の浸入抑制	・断面修復 ・表面保護	・断面修復材の材質 ・表面保護工の材料と厚さ ・劣化コンクリートの除去の程度
中性化	・中性化したコンクリートの除去 ・補修後のCO_2、水分の抑制	・断面修復 ・表面保護 ・再アルカリ化	・中性化部の除去の程度 ・鉄筋の防錆処理 ・断面修復材の材質 ・表面保護工の材質と厚さ ・コンクリートのアルカリ性のレベル
塩害	・浸入した塩化物イオンの除去 ・補修後の塩化物イオン、水分、酸素の浸入抑制	・断面修復 ・表面保護 ・脱塩	・浸入部除去の程度 ・鉄筋の防錆処理 ・断面修復材の材質 ・表面保護工の材質と厚さ ・塩化物イオン量の除去の程度
	・鉄筋の電位制御	・電気防食	・陽極材の品質 ・分極量
ASR	・水分の供給抑制 ・内部水分の散逸促進 ・アルカリ供給抑制	・ひび割れ注入 ・表面保護	・ひび割れ注入材の材質と施工法 ・表面保護工の材質と厚さ
凍害	・劣化したコンクリートの除去 ・補修後の水分抑制 ・コンクリートの凍結融解抵抗性の向上	・断面修復 ・ひび割れ注入 ・表面保護	・断面修復材の凍結融解抵抗性 ・ひび割れ注入材の材質と施工法 ・表面保護工の材質と厚さ
化学的腐食	・劣化したコンクリートの除去	・断面修復 ・表面保護	・断面修復工の材質 ・表面保護工の材質と厚さ ・劣化コンクリートの除去程度
疲労	・軽微な場合はひび割れ発展の抑制 ・大規模な場合は耐荷力の増加	・表面保護 ・パネル接着 ・打換え	・表面保護工の材質と厚さ ・パネル材の材質 ・コンクリートの強度
乾燥収縮	・ひび割れ発展の抑制 ・直射日光の遮断 ・目地の収縮性の強化	・ひび割れ注入 ・表面保護 ・目地補修	・ひび割れ注入材の材質と施工法 ・表面保護工の材質と厚さ ・適正な目地材の選定
外力	・軽微な場合はひび割れ発展の抑制 ・大規模な場合は耐荷力の増加	・アンカー補強 ・パネル接着 ・部材の増厚	・アンカー材の強度 ・パネル材の材質 ・コンクリートの厚さ

アルカリシリカ反応の抑制について

［アルカリシリカ反応性による区分］ アルカリシリカ反応性によって、AまたはBに区分される。なお、レディーミクストコンクリートは、アルカリシリカ反応性試験で区分A「無害」と判定される骨材を使用する。

- **区分A**：アルカリシリカ反応性試験の結果、無害と判定されたもの
- **区分B**：アルカリシリカ反応性試験の結果、無害と判定されないもの（または、この試験を行っていないもの）

［アルカリ骨材反応の抑制対策］ 構造物に使用するコンクリートは、アルカリ骨材反応を抑制するため、次の3つの対策の中のいずれか1つについて確認をとらなければならない。

① コンクリート中の**アルカリ総量の抑制**

② 抑制効果のある**混合セメント**等の使用

③ 安全と認められる**骨材**の使用

土木構造物では①、②を優先し、②についてはJISに規定される高炉セメントに適合する高炉セメントB種、C種、あるいはJISに規定されるフライアッシュセメントに適合するフライアッシュセメントB種、C種を用いる。

［アルカリシリカ反応に対する耐久性］ アルカリシリカ反応に対する耐久性には、以下の3つの抑制対策がある。

① アルカリ量が明示されたポルトランドセメントを使用し、混和剤のアルカリ分を含めてコンクリート1m^{3}に含まれるアルカリ総量がNa_2O（酸化ナトリウム）換算で**3.0kg以下**にする。

② アルカリ骨材反応抑制効果をもつ**混合セメント**を使用する。

③ アルカリシリカ反応性試験で**区分A「無害」**と判定される骨材を使用する。

［塩化物イオンの総量］ 荷卸し時にコンクリート中に含まれる塩化物イオンの総量は、コンクリート1m^{3}あたり**0.30kg以下**にする。ただし、購入者の承認を得た場合には、0.6kg/m^{3}以下とすることができる。JISに適合するレディーミクストコンクリート（あらかじめ練り混ぜた、既に練混ぜを完了したコンクリート）は適用範囲に“荷卸し地点”までと規定してあり、荷卸し地点でのレディーミクストコンクリートの採取方法を規定し、その地点での品質判定基準である。

コンクリート構造物の補修補強

コンクリートの補修工法

コンクリートの補修工法は以下のように分類できる。

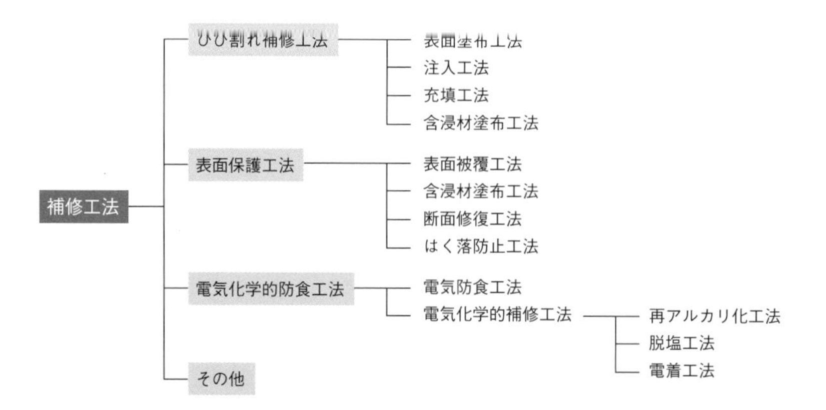

補修工法	概要
表面塗布工法	0.2mm以下の微細なひび割れ部の表面に、浸透性の防水剤などを塗る補修方法
注入工法	ひび割れ内部に樹脂系またはセメント系の補修材料を圧力注入する方法。 高圧注入と低圧注入がある。
充填工法	ひび割れ表面をU字型またはV字型にカットし、そこに補修材料を充填する方法。0.5mm以上の比較的大きなひび割れに適する。
表面被覆工法	コンクリート表面に塗装材料などで保護層を設け、コンクリートの耐久性の向上を図る方法。塗装や取付けパネル、埋設型枠などの方法がある。
断面修復工法	劣化によってはく落した箇所や、かぶりコンクリートをはつり（斫り）落とした箇所を、もとの形状に修復する方法
はく落防止工法	トンネルや高架橋などからコンクリート片がはく落することを防ぐために、繊維シートやパネルなどを接着する工法
電気防食工法	構造物の表面に電極（陽極）を設置し、内部の鉄筋を陰極として電流を流すことで腐食電流を消滅させ、鉄筋の腐食を防ぐ方法。電源装置を設置する外部電源方式と、亜鉛などの金属と鉄筋との電位差を利用して防食電流を流す流電陽極方式がある。 腐食電流とは、腐食が生じた鉄筋と健全部との間に電位差が生じることによって流れる電流のこと。腐食部をアノード（陽極）、健全部をカソード（陰極）と呼ぶ。
再アルカリ化工法	中性化したコンクリートにアルカリ性溶液を浸透させて、コンクリートのアルカリ性を回復させる方法。構造物の表面にアルカリ性の水溶液層と陽極を設け、鉄筋を陰極として直流電流を流すと、溶液が鉄筋に向かって浸透していく。
脱塩工法	コンクリートに電流を流すことで塩分をコンクリート内部から除去する方法。構造物の表面に電解質溶液の層と陽極を設け、鉄筋を陰極として直流電流を流すと、塩素イオンが陽極側に移動し、電解質溶液中に取り込まれる。
電着工法	海中の構造物に電流を流すことで、ひび割れをふさぎ、表層部のコンクリートを緻密にする方法。海水中のカルシウムやマグネシウムを主成分とする電着物が構造物表面に付着する。

コンクリートの補強工法

コンクリートの補強工法は以下のように分類できる。

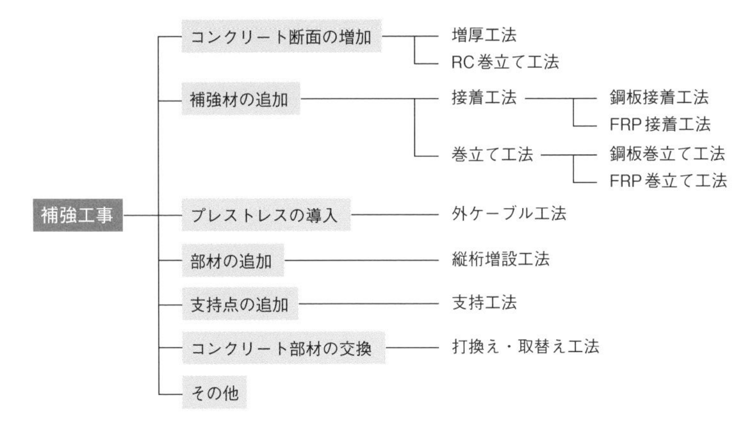

補修工法	概要
鋼板接着工法 鋼板巻立て工法	既設コンクリート構造物の表面に、補強用鋼板を接着剤で接着するか、接着や充填材を介して巻き立てることによって補強する方法
FRP接着工法 FRP巻立て工法	炭素繊維やアラミド繊維などの連続繊維シートに接着用樹脂を含浸させて、既設コンクリート構造物の表面に接着するか、巻き立てることによって補強する方法
外ケーブル工法	既設コンクリート橋の外部にケーブル（PC鋼材）を配置し、このケーブルを緊張して補強する方法

参考までに、施工時に発生するひび割れの例を下図に示す。

水和熱①
（セメントの水和反応によって生じた構造物内部と外周の温度差によって生じるひび割れ）

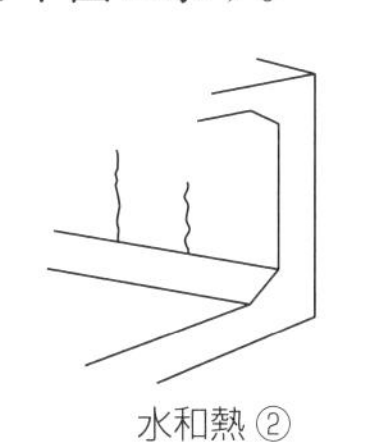

水和熱②
（先に打設された構造体が、新たに打設されたコンクリートの温度変形を拘束するために生じるひび割れ）

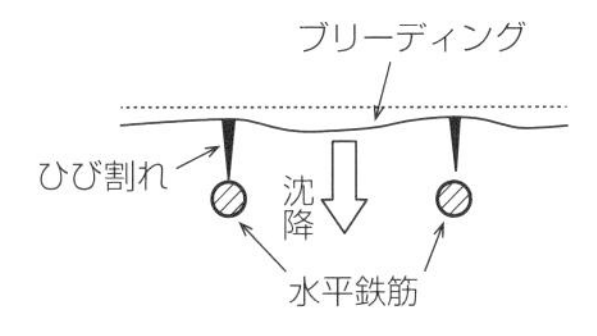

沈みひび割れ
（コンクリートの沈みと凝固が同時進行する過程で、その沈み変位を水平鉄筋やある程度硬化したコンクリート等が拘束することによって生ずる）

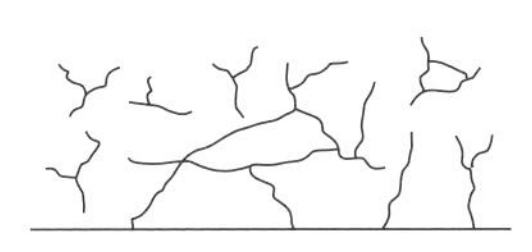

材料や練混ぜの不備に起因する収縮ひび割れ
（打設までに時間がかかりすぎた場合やセメントや骨材の品質に問題がある場合等に発生する全面網目状のひび割れ）

● 施工時に発生するひび割れの例

過去問チャレンジ（章末問題）

問1　耐候性鋼材の性質　H26-No.17

⇒1 耐候性鋼材

耐候性鋼材に関する次の記述のうち、適当でないものはどれか。

(1) 耐候性鋼材は、鋼材に適量の合金元素を添加することで、鋼材表面に緻密な錆層を形成させ、これが鋼材表面を保護することで以降の錆の進展が抑制される。

(2) 耐候性鋼材は、その表面に保護性錆が形成されるまでの期間は錆汁が生じるため、初期の錆の生成抑制や保護性錆の生成促進を目的とした表面処理を施すこともある。

(3) 耐候性鋼材を用いた橋の連結ボルトは、主要構造物と同等以上の耐候性能を有する高力ボルトを使用する。

(4) 無塗装橋梁の鋼材表面は、仮組立完了後に原板ブラストを行い、黒皮を完全に除去するのを原則としている。

解説　橋梁の鋼材表面は、仮組立完了後に製品ブラストを行い、黒皮を完全に除去するのを原則としている。　解答　(4)

問2　耐候性鋼材の使用　H30-No.16

⇒1 耐候性鋼材

鋼道路橋に用いる耐候性鋼材に関する次の記述のうち、適当でないものはどれか。

(1) 耐候性鋼材の箱桁や鋼製橋脚などの内面は、閉鎖された空間であり結露が生じやすく、耐候性鋼材の適用可能な環境とならない場合には、普通鋼材と同様に内面用塗装仕様を適用する。

(2) 耐候性鋼用表面処理剤は、塩分過多な地域でも耐候性鋼材を使用できるように防食機能を向上させるために使用する。

(3) 耐候性鋼材は、普通鋼材に適量の合金元素を添加することにより、鋼材表面に緻密な錆層を形成させ、これが鋼材表面を保護することで鋼材の腐食による板厚減少を抑制する。

(4) 耐候性鋼橋に用いる高力ボルトは、主要構造部材と同等以上の耐候性能を有する耐候性高力ボルトを使用する。

解説 耐候性鋼用表面処理材の基本機能は、保護性錆形成を助け架設当初の錆むらの発生や錆汁の流出を防ぐものである。塩分過多な地域でも耐候性鋼材を使用できるよう防食機能を向上させるために使用するものではない。

解答 (2)

問3 鋼橋の架設（架設作業） H29-No.16

➡ 2 鋼橋の架設

鋼道路橋の架設作業に関する次の記述のうち、適当なものはどれか。

(1) 部材の組立てに使用する仮締めボルトとドリフトピンは、架設応力に十分耐えるだけの本数を用いるものとし、片持ち式架設の場合の本数の合計はその箇所の連結ボルト数の10%を原則とする。

(2) I形断面部材を仮置きする場合は、転倒ならびに横倒れ座屈に対して十分に配慮し、汚れや腐食に対する養生として地面から5cm以上離すものとする。

(3) 部材を横方向に移動する場合には、その両端における作業誤差が生じやすいため、移動量及び移動速度を施工段階ごとに確認しながら行うものとする。

(4) 部材を縦方向に移動する場合には、送出し作業に伴う送出し部材及び架設機材の支持状態は変化しないので、架設計算の応力度照査は不要である。

解説 (1) 10%ではなく1/3を標準とする。

(2) 地面から5cm以上ではなく、20cm以上離す。

(4) 支持状態は変化するので、架設計算の応力度照査が必要である。

解答 (3)

問4　鋼橋の架設（留意事項）　R1-No.16

➡ 2 鋼橋の架設

鋼道路橋の架設上の留意事項に関する次の記述のうち、適当でないものはどれか。

(1) 曲線桁橋は、架設中の各段階において、ねじれ、傾き及び転倒などのないように重心位置を把握し、ベント等の反力を検討する。
(2) I形断面の鋼桁橋は、水平曲げ剛度、ねじり剛度が低いため、桁を1本のみで仮置きや吊り上げをする場合には、横倒れ座屈に注意する。
(3) 箱形断面の桁は、重量が重く吊りにくいので、吊り状態における安全性を確認するため、吊り金具や補強材は一般に現場で取り付ける。
(4) 斜橋は、たわみや主桁の傾き等は架設中の各段階について算定し、架設中の桁のそりの管理を行う。

解説 箱形断面の桁における吊り金具や補強材は、工場製作段階で取り付ける。

解答 (3)

問5　鋼材の溶接継手　H22-No.20

➡ 3 鋼材の溶接

鋼橋の溶接継手の施工に関する次の記述のうち、適当でないものはどれか。

(1) 完全溶込み開先溶接で溶接線が応力方向に直角でない場合の有効長は、応力に直角な方向に投影した長さとする。
(2) 完全溶込み開先溶接で部材の厚さが異なる場合の理論のど厚は、両部材厚さの平均値とする。
(3) すみ肉溶接の理論のど厚は、継手のルートを頂点とする二等辺三角形の底辺のルートからの距離とする。
(4) すみ肉溶接の有効長は、まわし溶接を行った場合のまわし溶接の長さは含まないものとする。

解説 完全溶込み開先溶接（グルーブ溶接）で部材の厚さが異なる場合の理論のど厚（有効厚）は、溶接継手で有効に応力を伝達する最小断面厚とする。

解答　(2)

問6　溶接施工の留意事項　R1-No.17

➡ 3 鋼材の溶接

鋼道路橋における溶接施工上の留意事項に関する次の記述のうち、適当でないものはどれか。

(1)　組立溶接は、本溶接と同様の管理が必要ない仮付け溶接のため、組立溶接終了後ただちに本溶接を施工しなければならない。

(2)　開先溶接及び主桁のフランジと腹板のすみ肉溶接は、原則としてエンドタブを取り付け、溶接の始端及び終端が溶接する部材上に入らないようにしなければならない。

(3)　溶接を行う部分は、溶接に有害な黒皮、錆、塗料、油などは除去した上で、溶接線近傍は十分に乾燥させなければならない。

(4)　開先形状は、完全溶込み開先溶接からすみ肉溶接に変化するなど溶接線内で開先形状が変化する場合、遷移区間を設けなければならない。

解説　組立溶接は、本溶接と同様に管理した施工が必要である。

解答　(1)

問7　溶接部の検査　H26-No.16

➡ 3 鋼材の溶接

鋼橋における溶接部の検査に関する次の記述のうち、適当でないものはどれか。

(1)　溶接割れの検査は、肉眼で行うのを原則とし、疑わしい場合には磁粉探傷試験または浸透探傷試験を用いるのがよい。

(2)　外観検査で、不合格となったスタッドジベルは全数ハンマー打撃による曲げ検査を行い、外観検査で合格したものは曲げ検査を行わなくてもよい。

(3)　非破壊試験のうち、磁粉探傷試験または浸透探傷試験を行う者は、それぞれの試験の種類に対応した資格を有していなければならない。

(4) 設計図書において特に仕上げの指定のない開先溶接の余盛は、ビート幅と余盛高さが規定範囲内であれば仕上げなくてもよい。

> 解説 外観検査で合格したスタッドジベルの中から1%について抜き取り曲げ検査を行う。
>
> 解答 (2)

問8 高力ボルトの締付け R1-No.18

➡4 高力ボルト

鋼道路橋における高力ボルトの締付け作業に関する次の記述のうち、適当なものはどれか。

(1) 曲げモーメントを主として受ける部材のフランジ部と腹板部とで、溶接と高力ボルト摩擦接合をそれぞれ用いるような場合には、高力ボルトの締付け完了後に溶接する。

(2) トルシア形高力ボルトの締付けは、予備締めには電動インパクトレンチを使用してもよいが、本締めには専用締付け機を使用する。

(3) 高力ボルトの締付けは、継手の外側のボルトから順次中央のボルトに向かって行い、2度締めを行うものとする。

(4) 高力ボルトの締付けをトルク法によって行う場合には、軸力の導入は、ボルト頭を回して行うのを原則とし、やむを得ずナットを回す場合にはトルク計数値の変化を確認する。

> 解説 (1) 溶接の完了後に高力ボルトの締付けを行う方がよい。
>
> (2) 本締めには、所定のトルク値に対応した専用締付け機を使用する。
>
> (3) 締付けは、継手の中央のボルトから順次外側のボルトに向かって行う。
>
> (4) 軸力の導入は、ナットを回して行うのを原則とする。
>
> 解答 (2)

問9　高力ボルトの検査　R2-No.18

➡4 高力ボルト

鋼道路橋における高力ボルトの締付け作業に関する次の記述のうち、適当なものはどれか。

(1)　トルク法によって締め付けたトルシア形高力ボルトは、各ボルト群の半分のボルト本数を標準として、ピンテールの切断の確認とマーキングによる外観検査を行う。

(2)　ボルト軸力の導入は、ナットを回して行うのを原則とするが、やむを得ずボルトの頭部を回して締め付ける場合は、トルク係数値の変化を確認する。

(3)　回転法によって締め付けた高力ボルトは、全数についてマーキングによる外観検査を行い、回転角が過大なものについては、一度緩めてから締め直し所定の範囲内であることを確認する。

(4)　摩擦接合において接合される材片の接触面を塗装しない場合は、所定のすべり係数が得られるよう黒皮をそのまま残して粗面とする。

解説 (1)　各ボルト群の全数について外観検査を行う。
(2)　トルク係数値は、ナットを回した場合について定められている。
(3)　回転角が過大なものについては、所定回転角まで増締めを実施する
(4)　所定のすべり係数が得られるよう黒皮を除去して粗面にする。

解答　(2)

問10　コンクリート構造物の劣化機構　H30-No.19

➡5 コンクリート構造物

コンクリート構造物の劣化とその特徴に関する次の記述のうち、適当でないものはどれか。

(1)　凍害による劣化のうち、スケーリングは、ペースト部分の品質が劣る場合や適切な空気泡が連行されていない場合に発生するものである。

(2)　塩害による劣化は、コンクリート中の塩化物イオンの存在により鋼材の腐食が進行し、腐食生成物の体積膨張によりコンクリートのひび割れやは

く離・はく落や鋼材の断面減少が起こる。

(3) 中性化による劣化は、大気中の二酸化炭素がコンクリート内に侵入しコンクリートの空隙中の水分のpHを上昇させ鋼材の腐食により、ひび割れの発生、かぶりのはく落が起こる。

(4) アルカリシリカ反応による劣化のうち、膨張に伴うひび割れは、コンクリートにひび割れが顕在化するには早くても数年かかるので、竣工検査の段階で目視によって劣化を確認することはできない。

解説 中性化による劣化は、コンクリートの空隙中の水分のpHを低下させる。

解答 (3)

問11 コンクリート構造物の補修 R2-No.20 ➡5 コンクリート構造物

損傷を生じた鉄筋コンクリート構造物の補修に関する次の記述のうち、適当でないものはどれか。

(1) 有機系表面被覆工法による補修には塗装工法とシート工法があり、塗装工法はコンクリート表面を十分吸水させた状態で塗布する。

(2) 無機系表面被覆工法による補修を行う場合には、コンクリート表面の局所的なぜい弱部は除去し、また空隙はパテにより充填し、段差や不陸もパテにより解消する。

(3) 断面修復による補修を行う場合は、補修範囲の端部にはカッターを入れる等によりフェザーエッジを回避する。

(4) 外部電源方式の電気防食工法は、防食電流の供給システムの性能とその耐久性などを把握し、適切なシステム全体の維持管理を行う必要がある。

解説 塗装工法はコンクリート表面を乾燥させた状態で塗布する。

解答 (1)

問12　コンクリート構造物の補強　H28-No.20

➡5 コンクリート構造物

コンクリート構造物の補修補強に関する次の記述のうち、適当でないものはどれか。

(1)　床版上面増厚工法は、床版コンクリート上面を切削(せっさく)、研掃(けんそう)後、鋼繊維補強コンクリートを用い既設床版コンクリートと一体化させるように打ち込む。

(2)　床版上面増厚工法の下地処理には、次の工程のセメント系補強材の付着力を確保するため、付着面積が多くなるよう凹凸に処置する。

(3)　床版下面増厚工法は、事前に橋面防水工により床版下面への漏水を防ぐようにし、ポリマーセメントモルタルや鋼繊維補強超速硬モルタルが増厚材料として用いられる。

(4)　床版下面増厚工法の既設コンクリートの表面処理には、ポリマーモルタル接着用モルタルを吹付け既設コンクリートに含浸させてコンクリート表面の活性化を図る。

解説　床版上面増厚工法の下地処理は、凹凸に処置するものではない。

解答　(2)

河川

選択問題

1 河川堤防

出題頻度 ★★★

河川堤防の名称

河川堤防の各部の名称を下図に示す。

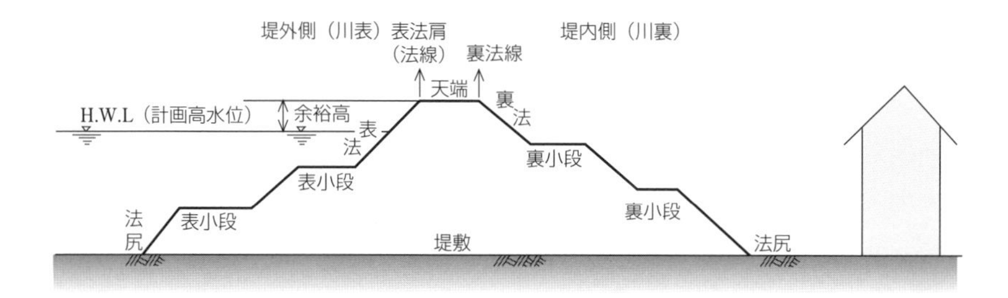

堤外（川表）：堤防を境にして、川が流れている方
堤内（川裏）：堤防を境にして、堤防により守られている住居や農地がある方
天端：堤防の一番高い部分
小段（表裏）：堤防が高くなると法長（斜面の上下方向の長さ）が長くなるので、法面の安定性を保つために設ける水平な部分
法面（表裏）：堤防の斜面部

● 河川堤防

河川堤防の施工

堤防の余盛

堤防の盛土は、堤防完成後の築堤（ちくてい）地盤の圧密沈下と堤体自体の収縮を考慮して、計画堤防高に余盛を加えた施工断面で施工する。

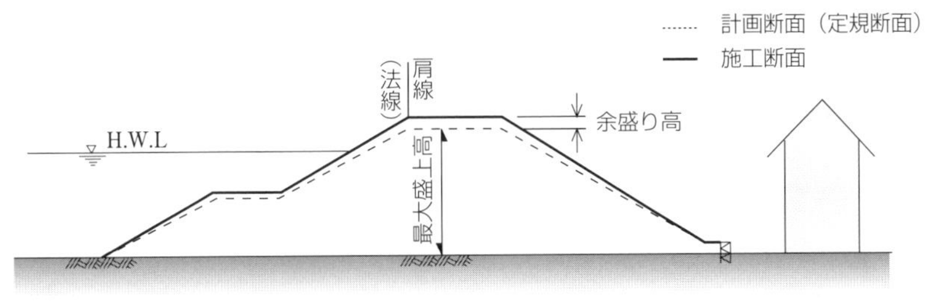

● 堤防の余盛

堤防の拡張工事

堤防の拡築工事などで堤防に腹付けを行う場合は、新旧法面をなじませるために、転圧厚の倍数で50～60cm程度の高さの段切りを行うことが多い。

段切り面には、施工中の排水を考慮して2～5%の外向きの勾配をつける。

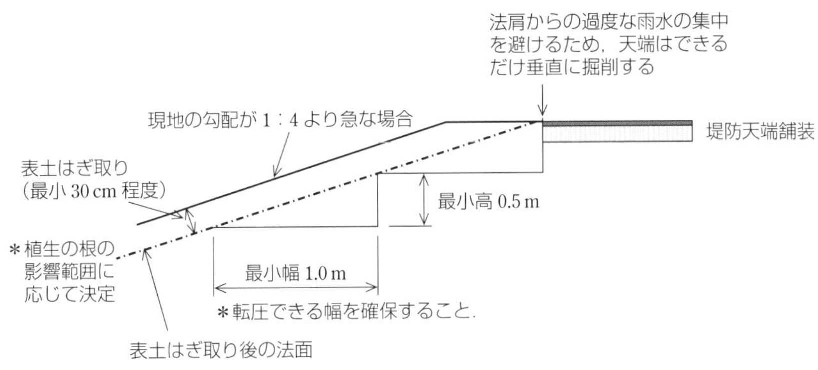

● 堤防の拡張

法面の整形、締固め

法面の整形をブルドーザで行うときは、法勾配が2割以上の緩勾配で法長が3m以上必要である。また、施工上、天端、小段、及び法尻にブルドーザの全長5m程度以上の幅は必要である。

法面表層部が盛土全体の締固めに比べて不十分であると、豪雨などで法面崩壊を招くことが多い。この種の崩壊を防ぐため、法面は可能な限り機械を使用して十分締め固めなければならない。

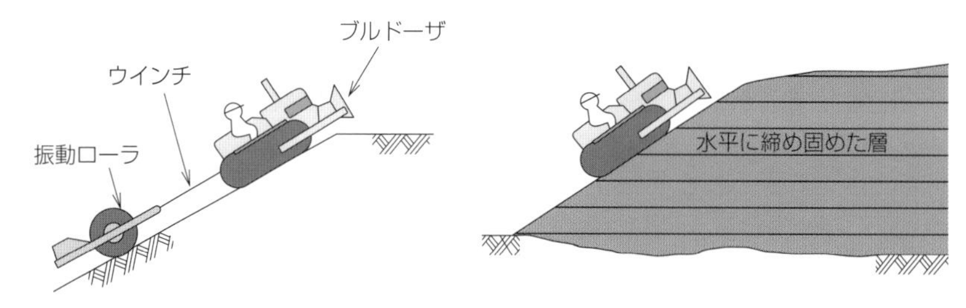

● ブルドーザによる法面の整形

施工中の法面浸食対策

施工中は、降雨による法面浸食に注意しなければならない。降雨時、法面の一部に水が集中して流下すると法面浸食の主原因にもなるため、適当な間隔で仮排水溝を設けて降雨を流下させる。

排水対策として一般に多く採用されている工法としては、下図のように、降水の集中を防ぐために堤体横断方向に3～5％程度の勾配を設けながら施工する方法である。

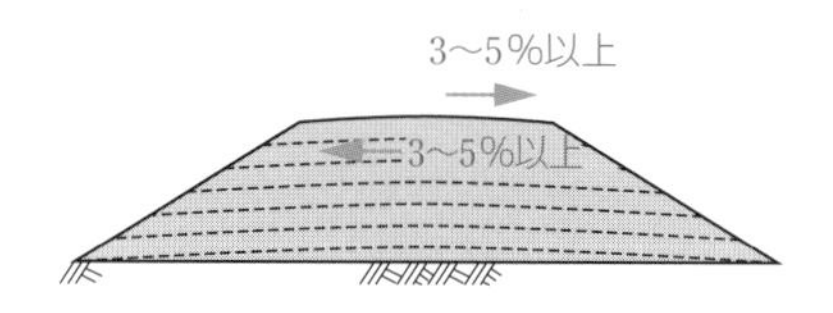

● 施工中の排水対策

盛土の締固め

［締固め管理］ 締固め管理は、乾燥密度で規定する方法が最も一般的である。また、築堤を礫で盛土する場合の締固め管理は、**工法規定方式**が有効である。

［土の密度試験方法］ 堤防の締固め管理は、作業が簡便で土の密度測定結果が現場地点で直ちに判定できる**RI計器**を用いた**密度試験方法**を用いることが多い。

［ブルドーザによる締固め］ ブルドーザによる締固めの場合、盛土の品質が粗にならないように十分に注意して施工する。また、盛土材料によっては敷均し厚さを少なくして締固め効果の向上を図る等の配慮が必要である。堤防法線に平行に行うことが望ましく、締固め幅が重複して施工されるように常

に留意する必要がある。

［タイヤローラによる締固め］ タイヤローラによる締固めの場合、タイヤの接地圧は載荷重及び空気圧により変化させることができる。一般に砕石などの締固めには接地圧を高くして、粘性土の締固めには接地圧を低くして使用する。

［振動ローラによる締固め］ 振動ローラは、一般に粘性に乏しい砂礫や砂質土の締固めに効果があるとされているが、岩塊や岩片が混入した土、粒子が揃っている砂などでは、ローラがスリップすることにより走行不能に陥りやすいので留意する必要がある。

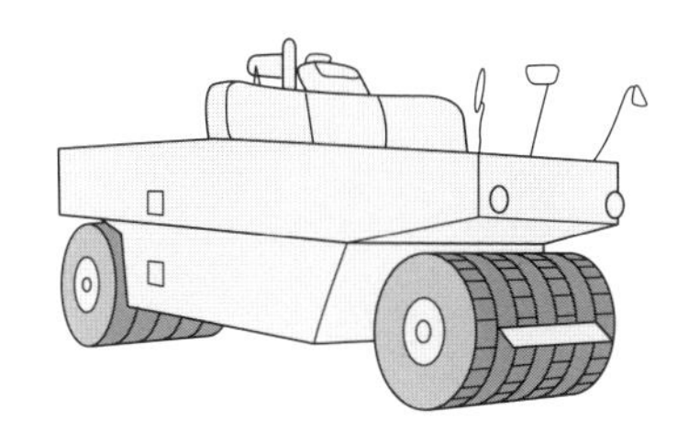
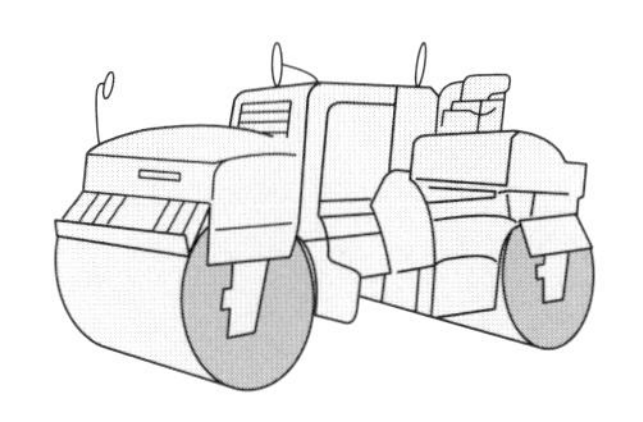

● タイヤローラと振動ローラ

［振動コンパクタ及びタンパによる締固め］ 振動コンパクタ及びタンパは、他の機械では施工が困難な箇所、例えば構造物の周辺、盛土の法肩や法面及び小規模の締固め等に使用される。

［軟弱地盤対策］ 堤防施工時の軟弱地盤対策は、12ページ「軟弱地盤対策工法」参照。

河川堤防に用いる材料

一般に、河川堤防に用いる堤体材料は、以下に示すような条件を満たしているものが望ましい。

- 高い密度を得られる**粒度分布**で、かつ、せん断強度が大で、すべりに対する安定性があること
- できるだけ**不透水性**であること（河川水の浸透による浸潤面が裏法尻まで達しない程度の透水性が望ましい）
- 堤体の安定に支障を及ぼすような圧縮変形や膨張性がないものであること
- 施工性がよく、特に締固めが容易であること

- 浸水、乾燥などの**環境変化**に対して、法すべりや亀裂などが生じにくく、安定していること
- **有害な成分**を含まないこと

2 河川護岸

河川護岸の種類

河川護岸は、堤防及び河岸を洪水時の浸食に対して保護することを主たる目的として設置され、その構造は、**法覆工**（のりふく）、**基礎工**、**根固め工**からなる。

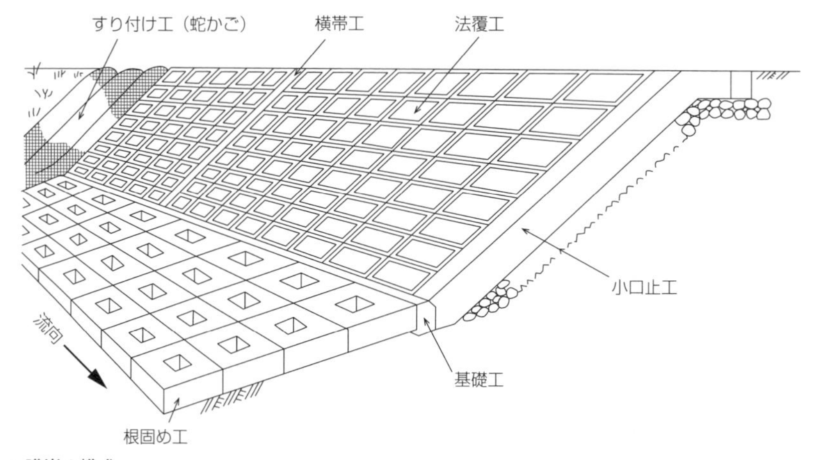

● 護岸の構成

［**用語**］ 各種の構造物や工法について以下に示す。

- **法覆工**：流水、流木などに対して安全となるよう、堤防及び河岸法面を保護するための構造物
- **基礎工**：法覆工の法尻部に設置し、法覆工を支持するための構造物
- **根固め工**：流水による急激な河床洗掘を緩和し、基礎工の沈下や法面からの土砂の吸出し等を防止するため、低水護岸及び堤防護岸の基礎工前面に設置される構造物
- **天端保護工**：低水護岸の上端部と背後地とのすり付けをよくし、かつ低水護岸が流水により裏側から破壊しないよう保護する構造物

- **縦帯工**：護岸の法肩部に設置し、法肩部の施工を容易にするとともに護岸の法肩部の損壊を防ぐ構造物
- **横帯工**：法覆工の延長方向の一定区間ごとに設け、護岸の変位・損壊が他に波及しないように絶縁する構造物（法勾配が1：1より急な場合は隔壁工と呼ぶ）
- **小口止め工**：法覆工の上下流端に施工して、護岸を保護する構造物
- **すり付け工**：護岸の上下流に施工して、河岸または他の施設とのすり付けを良くするための護岸
- **裏込材**：護岸に残留水圧が作用しないように法覆工の裏側に設置される材料。原則として、積み護岸や擁壁護岸には設置する。
- **覆土工**：河川環境保全機能を期待し、護岸を発生土砂などの覆土材で覆う工法。施工時に植生するか、植生が石面に自然に繁茂することを期待するのが一般的である。

［ブロック積の法覆工］　一般的によく用いられているコンクリートブロックの場合、下図のように法面に裏込材、コンクリートブロックを積む構造となっている。

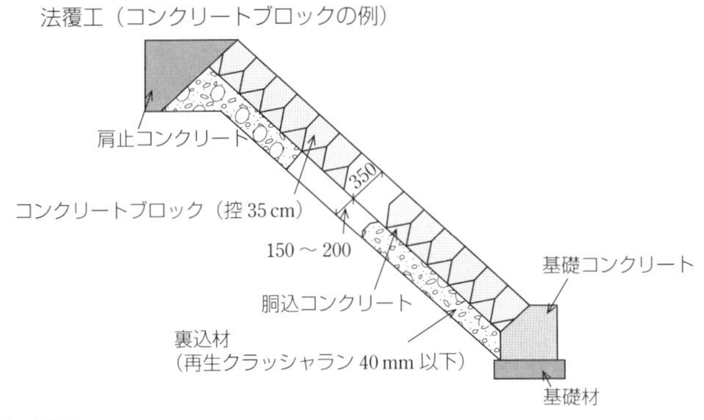

● ブロック積の法覆工

［多自然型護岸］

- かごマット護岸は、屈とう性、空隙があるため、生物に対して優しい**多自然型護岸**である。また、覆土をすることによって植生の復元も期待できる。
- かごマット表面の覆土は、現場発生土を利用して植生が繁茂する厚さを確保し、敷き均した後、法面保護のため張芝工などの処理を行う。

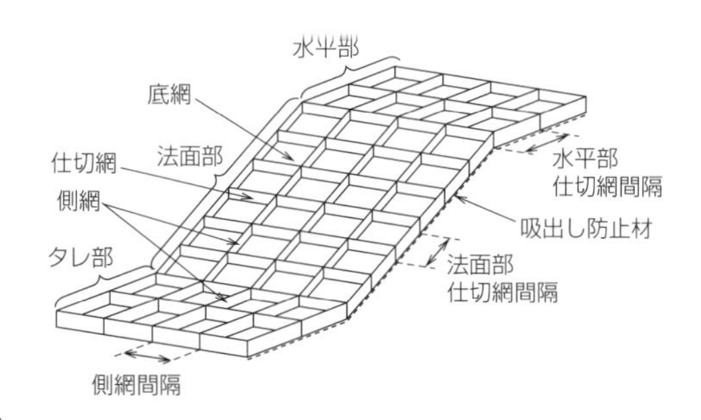

● かごマット護岸

- 練石張工法では、目地は深目地として多孔質な空間をつくることにより植物繁茂の効果が期待できる。
- 空石張工法では、安定性を検証の上、石相互のかみ合せを十分に行う。胴込め材として砕石などを詰め、掃流力に耐えられる粒径とする。

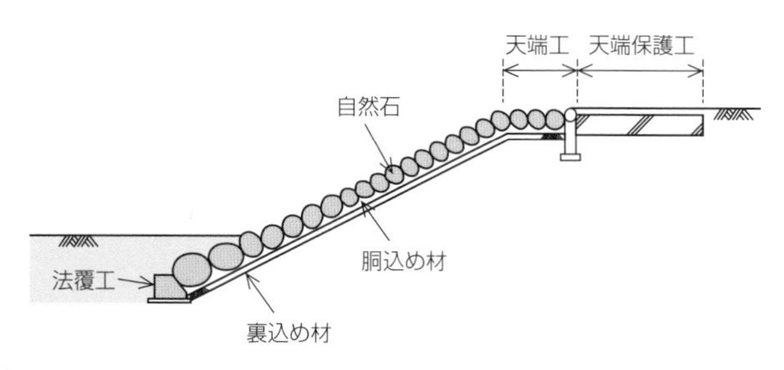

● 練石張工法

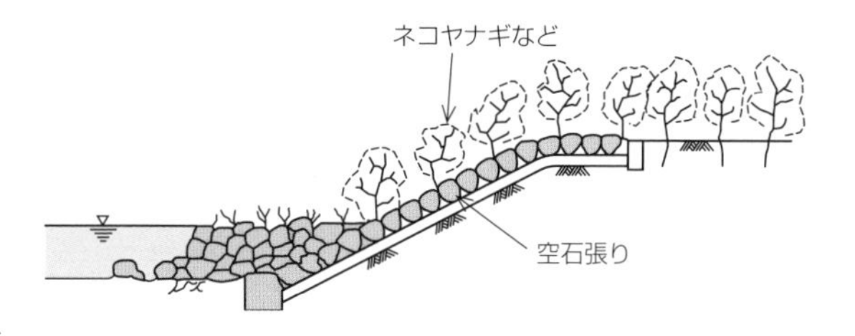

● 空石張工法

河川護岸の基礎

基礎工天端高は、洪水時に洗掘が生じても護岸基礎の浮き上がりが生じないように、過去の実績などを利用して最深河床高を評価して設置する。

［根固め工の目的］ 根固め工は、護岸基礎前面の局所的な洗掘防止を目的

として設置するものであり、基本的には根固め工の設置により根入れを小さくしてよいというものではない。また、河床が固定化されてしまうため、以下の場合にのみ設置するものとする。

- 護岸の必要な根入れを確保した上で、部分的に河床洗掘のおそれがある場合（河床洗掘が上下流に拡がっていくおそれがある場合）
- 河床幅が小さく必要な根入れを確保すると両岸の法先が引っ付いてしまうような場合
- 施工上、護岸の必要な根入れを確保することが困難な場合

［代表的な根固め工の例］ 下図に示す。

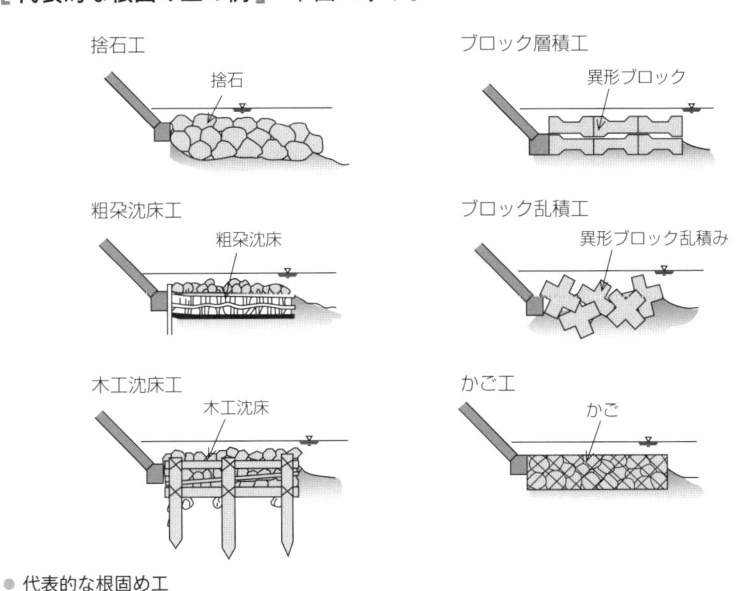

● 代表的な根固め工

河川護岸の施工

［法覆工の施工］ 法覆工は堤防及び河岸を保護する構造物であり、護岸構造の主要な部分である。表面はなるべく粗く仕上げ、水流の抵抗を大きくすることにより流速を弱め洗掘の程度を軽減する。

法覆工は堤体の変形にある程度追従できる構造が望ましい。また、局部的な破壊が直ちに全体に影響を及ぼさないように、堤防の縦断方向に10～20m間隔で構造目地を設ける。

［根固め工の施工］ 根固め工は、流速を減じるとともに急激な洗掘を緩和する目的で設けることから、河床変化に追随できる根固めブロック、沈床、捨石工など屈とう性のある構造とする。護岸基礎と構造上絶縁するようにし、接続部に間隙が生じる場合は間詰めを施す必要がある。

根固めブロックには、異形コンクリートブロックが多く用いられており、ブロックの積み方は**層積**と**乱積**の2種類がある。根固めブロックを連結する場合は、据付け完了後、連結用ナットが抜けないようにボルトのネジ山を潰しておく。

［すり付け工の施工］ すり付け工は、護岸上下流で侵食が発生した際に、浸食の影響を吸収して護岸が上下流から破壊されることを防止するものである。また、すり付け工は粗度が大きく、流速が緩和されることから、下流河岸の侵食を発生しにくくする機能もある。

すり付け工の構造は、上記のような目的から屈とう性があり、ある程度粗度の大きな工種を用いるのがよい。

［水抜きの設置］ 掘込み河道など残留水圧が大きくなるような場所では、必要に応じて水抜きを設置する。

築堤河道の場合

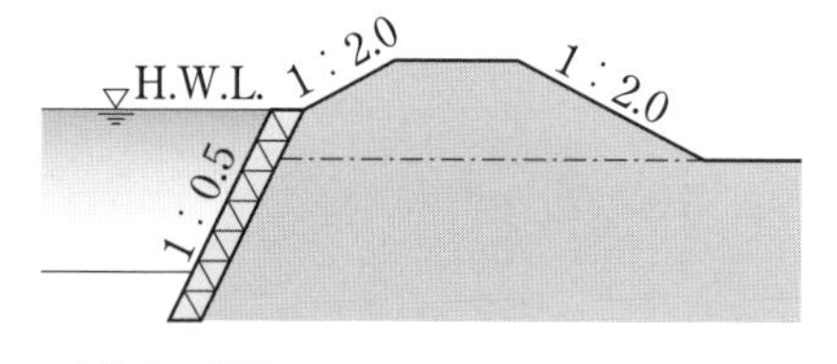

掘込み河道の場合

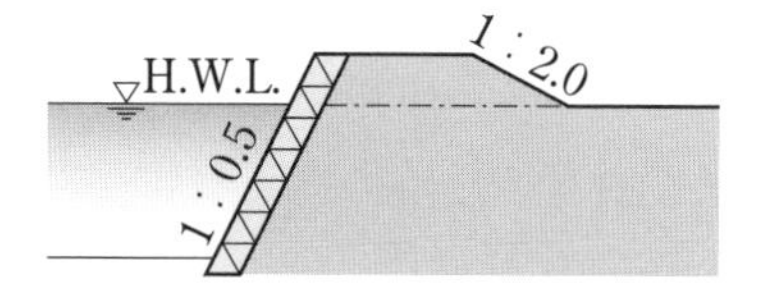

● 水抜きの設置

3 柔構造樋門（ひもん）

出題頻度 ★☆☆

柔構造基礎とは

柔支持とは、従来の剛構造基礎のような杭基礎とは異なり、基礎を良質な支持層に着底させないで比較的大きな基礎の沈下を許容する支持方式である。樋管（ひかん）で用いられる柔支持基礎は、基礎の沈下を構造物が機能する適切な範囲まで許容しつつ安定させるものである。

従来の剛構造基礎

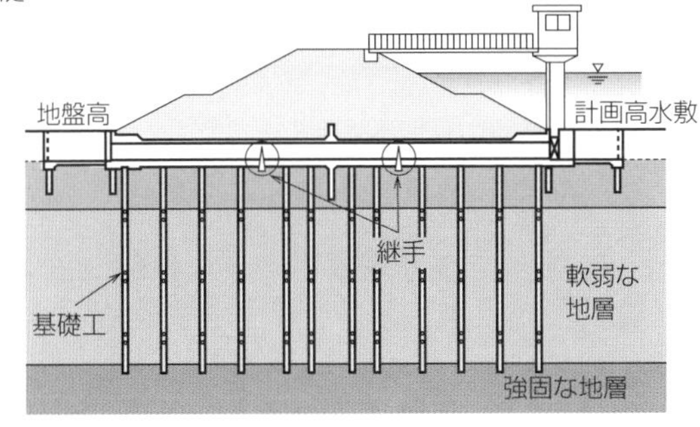

柔構造基礎

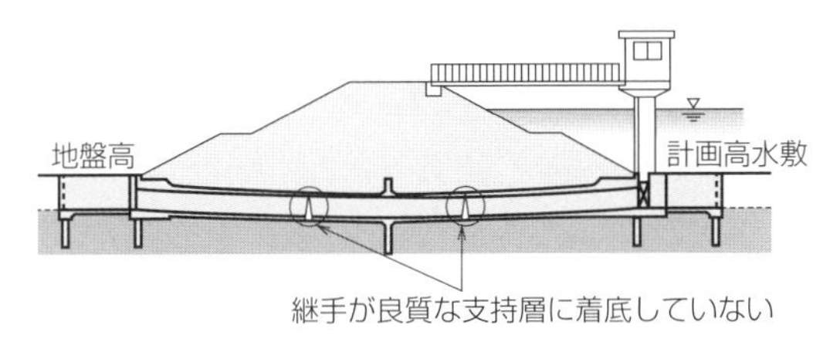

● 剛構造基礎と柔構造基礎

柔構造基礎の施工

［キャンバー盛土の施工］ 柔構造樋門は、樋門本体の**不同沈下対策**として地盤の沈下に伴う樋門の沈下を少なくするため、残留沈下に対応する適切な高さのキャンバー盛土を行い、あらかじめ函体（かんたい）を**上げ越し**して設置する場合がある。

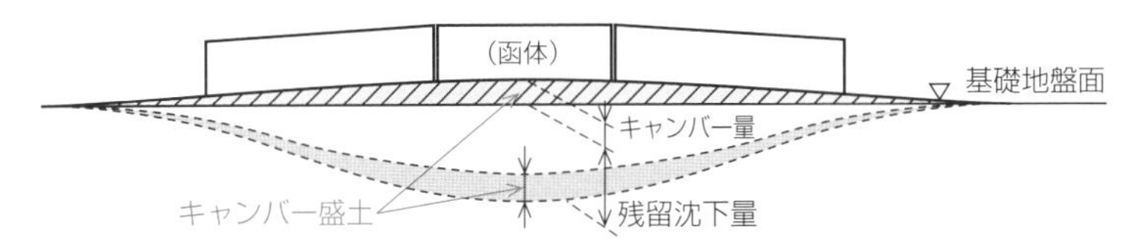

● キャンバー盛土

［残留沈下の抑制］ 柔構造樋門における基礎地盤の残留沈下量は、樋門の構造特性を損なわず、周辺堤防に悪影響を及ぼさない値まで抑制する。許容残留沈下量を超過する場合は、地盤改良を併用し、残留沈下量を許容残留沈

下量以下に抑制する。

［函体の継手］ キャンバー量及び残留沈下量を考慮した函体の変位量に対応できる水密性と必要な可とう性を確保する。継手には、**可とう性継手**、**カラー継手**、**弾性継手**などの種類がある。

■ 継手の特性

継手形式	変形特性	設計モデル
可とう性継手	継手の開口、折れ角、目違いをほとんど拘束しないため断面力の伝達は少ない。	フリー
カラー継手	継手の目違いを拘束するが、開口、折れ角をほとんど拘束しない。このため、せん断力のみを伝達する。	ヒンジ（函軸方向はフリー）
弾性継手	継手バネの大きさとスパン間の変位差に応じた断面力の伝達がある。	函軸方向バネ、せん断バネ、曲げバネ

堤防開削工事

堤防を開削して工事を行う場合、仮締切りは既設堤防と同等以上の治水の安全度を有する構造でなければならない。

仮締切りの高さは、非出水期においては設計対象水位相当流量に余裕高を加えた高さ以上とし、背後地の状況、出水時の応急対策などを考慮して決定するものとする。

なお、既設堤防高が仮締切りより低くなる場合は既設堤防高とすることができる。また、出水期においては既設堤防高以上とする。

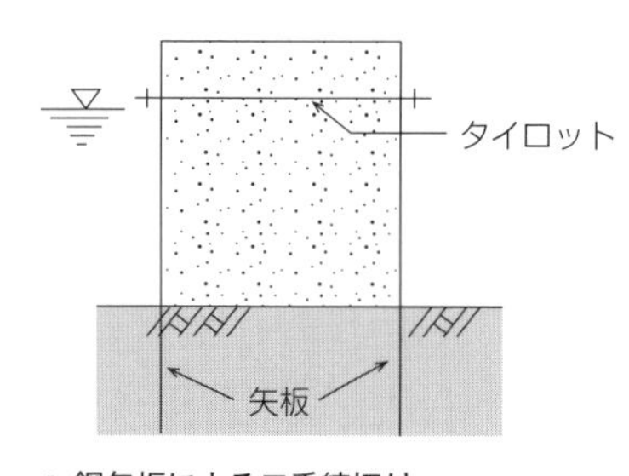

● 鋼矢板による二重締切り

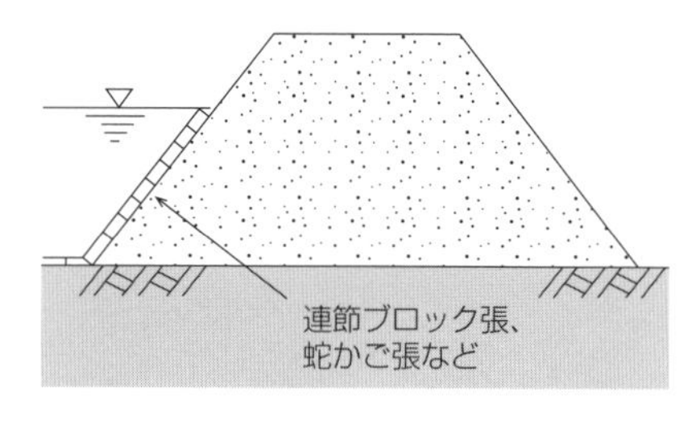

● 土堤による仮締切り

過去問チャレンジ（章末問題）

問1　河川堤防の施工　R2-No.21

➡1 河川堤防

河川堤防の施工に関する次の記述のうち、適当なものはどれか。

(1)　築堤盛土の締固めは、堤防横断方向に行うことが望ましく、締固めに際しては締固め幅が重複するように常に留意して施工する。

(2)　築堤盛土の施工中は、法面の一部に雨水が集中して流下すると法面侵食の主要因となるため、堤防横断方向に3～5％程度の勾配を設けながら施工する。

(3)　築堤盛土の敷均しをブルドーザで施工する際は、高まきとならないように注意し、一般的には1層あたりの締固め後の仕上り厚さが50cm以下となるように敷均しを行う。

(4)　築堤盛土の施工において、高含水比粘性土を敷き均す際は、接地圧の大きいブルドーザによる盛土箇所までの二次運搬を行う。

解説　(1)　築堤盛土の締固めは、堤防法線方向に行うことが望ましい。
(3)　一般的には、1層あたりの締固め後の仕上り厚さが30cm以下となるように敷均しを行う。
(4)　接地圧の小さいブルドーザによる盛土箇所までの二次運搬を行う。

解答　(2)

問2　河川堤防の施工　H29-No.21

➡1 河川堤防

河川堤防の盛土の施工に関する次の記述のうち、適当でないものはどれか。

(1)　基礎地盤に極端な段差がある場合は、段差付近の締固めが不十分になるので、盛土に先がけてできるだけ平坦にかき均し、均一な盛土の仕上りとなるようにする。

(2) 盛土に用いる土としては、敷均し締固めが容易で締固めた後の強さが大きく、圧縮性が少なく、河川水や雨水などの侵食に対して強いとともに、吸水による膨潤性の低いことが望ましい。
(3) 高含水比粘性土を敷き均すときは、運搬機械によるわだち掘れやこね返しによる強度低下をきたすので、別途の運搬路を設けたり、接地圧の大きいブルドーザによる盛土箇所までの二次運搬を行う。
(4) 盛土の施工では、降雨による法面侵食の防止のため適当な間隔で仮排水溝を設けて降雨を流下させたり、降水の集中を防ぐため堤体横断方向に排水勾配を設ける。

解説 高含水比粘性土を敷き均すときは、接地圧の小さいブルドーザを用いる。

解答 (3)

問3 河川堤防の施工 H26-No.21

➡1 河川堤防

河川堤防の施工に関する次の記述のうち、適当でないものはどれか。

(1) 基礎地盤が軟弱な場合には、必要に応じて盛土を数次に区分けし、圧密による地盤の強度増加を図りながら盛り立てる等の対策を講じることが必要である。
(2) 堤体内に水を持ちやすい土の構造の場合は、ドレーンを川表側の法尻に設置しドレーンの排水機能により液状化層を減少させる効果がある。
(3) 基礎地盤表層部の土が乾燥している場合は、堤体盛土に先立って適度な散水を行い、地盤と堤体盛土の密着をよくすることが必要である。
(4) 基礎地盤に極端な凹凸や段差がある場合は、盛土に先がけて平坦にかき均しをしておくことが必要である。

解説 堤体内に水を持ちやすい土の構造の場合は、ドレーンを川裏側（堤内側、川の水が流れていない側）の法尻に設置する。

解答 (2)

問4　河川堤防の軟弱地盤対策　H28-No.21

➡1 河川堤防

河川堤防における軟弱地盤対策工に関する次の記述のうち、適当でないものはどれか。

(1) 押え盛土工法は、盛土の側方に押え盛土をしてすべりに抵抗するモーメントを増加させて盛土のすべり崩壊を防止する工法である。

(2) 段階載荷工法は、一次盛土後、圧密による地盤の強度が増加してから、また盛り立てて盛土の安定を図る工法である。

(3) 盛土補強工法は、地盤中に締め固めた砂杭を造り、軟弱層を締め固めるとともに砂杭の支持力によって地盤の安定を増加して沈下を抑制する工法である。

(4) 掘削置換工法は、軟弱層の一部または全部を除去し、良質材で置き換えてせん断抵抗を増加させて沈下も抑制する工法である。

解説　盛土補強工法は、盛土中に鋼製ネットやジオテキスタイル等の補強材を敷設して盛土と一体化させてすべり破壊などを抑制する工法である。なお、記述(3)はサンドコンパクションパイル工法に関するものである。

解答　(3)

問5　河川護岸　H30-No.22

➡2 河川護岸

河川護岸に関する次の記述のうち、適当でないものはどれか。

(1) 法覆工に連節ブロック等の透過構造を採用する場合は、裏込め材の設置は不要となるが、背面土砂の吸出しを防ぐため、吸出し防止材の敷設が代わりに必要となる。

(2) 河川護岸には、一般に水抜きは設けないが、掘込河道などで残留水圧が大きくなる場合には必要に応じて水抜きを設けるものとする。

(3) 石張りまたは石積みの護岸工には、布積みと谷積みがあるが、一般に布積みが用いられることが多い。

(4) 横帯工は、法覆工の延長方向の一定区間ごとに設け、護岸の変位や破損が他に波及しないよう絶縁するために施工する。

解説　石張りまたは石積みの護岸工には、一般に強度の強い谷積みが用いられることが多い。　解答　(3)

問6　河川堤防の施工（法覆工）　H29-No.22　➡2 河川護岸

河川護岸の法覆工に関する次の記述のうち、適当でないものはどれか。

(1)　かごマット工では、底面に接する地盤で土砂の吸出し現象が発生するため、これを防止する目的で吸出し防止材を施工する。
(2)　石張り工における張り石は、その重量を2つの石に等分布させるように張り上げ、布積みでなく谷積みを原則とする。
(3)　石積み工は、個々の石の隙間（胴込め）にコンクリートを充填した練石積みと、単に砂利を詰めた空石積みがあり、河川環境面からは空石積みが優れている。
(4)　コンクリートブロック張り工では、平板ブロックと控えのある間知ブロックが多く使われており、間知ブロックは流速があまり大きくないところに使用される。

解説　間知ブロックは流速が速い急流部に使用される。また、平板ブロックは流速の遅い緩勾配（法面が1：2.0程度）に使用される。　解答　(4)

問7　河川堤防の施工（多自然型護岸）　R2-No.23　➡2 河川護岸

多自然川づくりにおける護岸に関する次の記述のうち、適当でないものはどれか。

(1)　石系護岸の材料を現地採取で行う場合は、採取箇所の河床に点在する径の大きい材料を選択的に採取すると、河床の土砂が移動しやすくなり、河床低下の原因となるので注意が必要である。
(2)　石系護岸は、石と石のかみ合せが重要であり、空積みの石積みや石張りでは、石のかみ合せ方に不備があると構造的に安定しないので注意が必要である。

(3) かご系護岸は、屈とう性があり、かつ空隙がある構造のため生物に対して優しいが、かごの上に現場発生土を覆土しても植生の復元が期待できないので注意が必要である。

(4) コンクリート系護岸は、通常、彩度は問題にならないことが多いが、明度は高いため周辺環境との明度差が大きくならないよう注意が必要である。

解説 かご系護岸は、屈とう性があり、かつ空隙がある構造のため、かごの上に現場発生土を覆土することで植生の復元が期待できる。　解答 (3)

問8 河川堤防の施工（根固め工） R1-No.22

⇒2 河川護岸

河川護岸前面に設置する根固め工に関する次の記述のうち、適当なものはどれか。

(1) 根固め工は、流体力に耐える重量であり、護岸基礎前面の河床の洗掘を生じさせない敷設量とし、耐久性が大きく、河床変化に追随できる屈とう性構造とする。

(2) 根固め工の敷設天端高は、平均河床高と同じ高さとすることを基本とし、根固め工と法覆工との間に間隙を生じる場合には、適当な間詰工を施すものとする。

(3) 根固め工のブロック重量は、平均流速及び流石などに抵抗できる重さを有する必要があることから、現場付近の河床にある転石類の平均重量以上とする。

(4) 根固め工に用いる異形コンクリートブロックの乱積みは、河床整正を行って積み上げるので、水深が深くなると層積みと比較して施工は困難になる。

解説 (2) 根固め工の敷設天端高は、基礎工天端高と同じ高さとする。

(3) 根固め工のブロック重量は、最大流速及び流石などに抵抗できる重さを有する必要があることから、現場付近の河床にある転石類の最大重量以上とする。

(4) 河床整正を行って積み上げるのが層積みで、乱積みと比較して施工は困難になる。　解答 (1)

問9　柔構造樋門の施工　R1-No.23

➡3 柔構造樋門

河川の柔構造樋門の施工に関する次の記述のうち、適当でないものはどれか。

⑴　キャンバー盛土の施工は、キャンバー盛土下端付近まで掘削し、新たに適切な盛土材を用いて盛土することが望ましい。
⑵　樋門本体の不同沈下対策としての可とう性継手は、樋門の構造形式や地盤の残留沈下を考慮し、できるだけ土圧の大きい堤体中央部に設ける。
⑶　堤防開削による床付け面は、荷重の除去に伴って緩むことが多く、乱さないで施工するとともに転圧によって締め固めることが望ましい。
⑷　基礎地盤の沈下により函体底版下に空洞が発生した場合は、その対策としてグラウトが有効であることから、底版にグラウトホールを設置する。

解説　樋門本体の不同沈下対策としての可とう性継手は、できるだけ土圧の大きい堤体中央部を避けて設置する。　解答　⑵

問10　構造物の施工　H29-No.23

➡3 柔構造樋門

堤防の開削を伴う構造物の施工に関する次の記述のうち、適当でないものはどれか。

⑴　強度が十分発揮された構造物の埋戻しを行う場合は、構造物に偏土圧を加えないように注意し、構造物の両側から均等に締固め作業を行う。
⑵　安定している既設堤防を開削して樋門・樋管を施工する場合は、既設堤防の開削は極力小さくすることが望ましい。
⑶　軟弱な基礎地盤で堤防の拡築工事に伴って新規に構造物を施工する場合は、盛土による拡築部分の不同沈下が生じることは少ない。
⑷　堤防拡築に伴って既設構造物に継足しを行う場合は、既設構造物とその周辺の堤体を十分調査し、変状があれば補修や空洞充填などを行う。

解説 軟弱な基礎地盤で堤防の拡築工事に伴って新規に構造物を施工する場合は、盛土による拡築部分の不同沈下が生じることが多い。

解答 (3)

問11 仮締切り工の施工 H30-No.23

➡ 3 柔構造樋門

堤防を開削する場合の仮締切り工の施工に関する次の記述のうち、適当でないものはどれか。

(1) 堤防の開削は、仮締切り工が完成する以前に開始してはならず、また、仮締切り工の撤去は、堤防の復旧が完了、またはゲートなど代替機能の構造物ができた後に行う。

(2) 鋼矢板の二重仮締切り内の掘削は、鋼矢板の変形、中埋め土の流出、ボイリング・ヒービングの兆候の有無を監視しながら行う必要がある。

(3) 仮締切り工は、開削する堤防と同等の機能が要求されるものであり、天端高さ、堤体の強度の確保はもとより、法面や河床の洗掘対策を行うことが必要である。

(4) 鋼矢板の二重仮締切り工に用いる中埋め土は、壁体の剛性を増す目的と鋼矢板に作用する土圧をできるだけ低減するために、粘性土とする。

解説 鋼矢板の二重仮締切り工に用いる中埋め土は、良質な砂質土とする。

解答 (4)

砂防

選択問題

1 砂防えん堤

出題頻度 ★★★

砂防えん堤の構造

砂防えん堤の目的

砂防えん堤は、本えん堤、水叩き（側壁）、副えん堤からなっており、その機能には、山脚固定、縦侵食防止、河床堆積物（たいせき）流出防止、土石流の抑制または抑止、流出土砂の抑制及び調節などが考えられる。

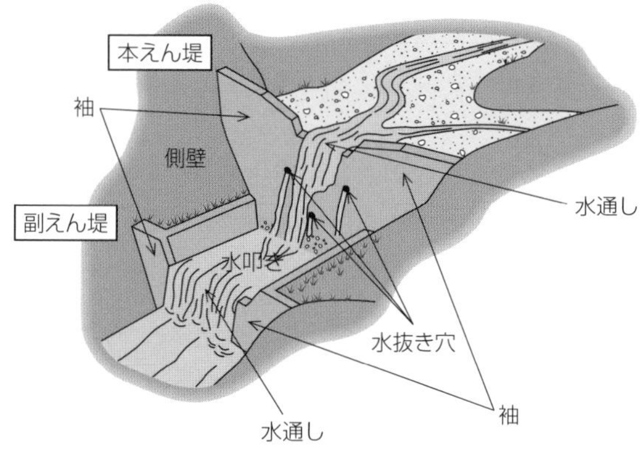

● 砂防えん堤の構成

砂防えん堤の分類

砂防えん堤の形式には**透過型**と**不透過型**がある。種類は、使用する材料によって、**コンクリート砂防えん堤**と鋼製砂防えん堤に分けられる。特に、鋼製えん堤はさまざまな構造のものが開発されており、採用にあたっては最新情報を収集する必要がある。上図の砂防えん堤は「**不透過型コンクリート砂防えん堤**」であり、これが本試験で最も多く出題される標準的なタイプである。

透過型コンクリート砂防えん堤（コンクリートスリット砂防えん堤）は、原則として土石流・流木対策には用いないこととする。

不透過型砂防えん堤にはコンクリート重力式のほか、搬出土砂の減少や資源循環型社会への寄与などを目的とした現地発生材を活用するタイプのえん堤がある。採用にあたっては、計画地周辺で採取できる現地発生土砂などの把握を行い、現地発生材活用の可能性を検討する必要がある。

■ 砂防えん堤の構造（不透過型コンクリート砂防えん堤）

砂防えん堤の構造を下図に示す。

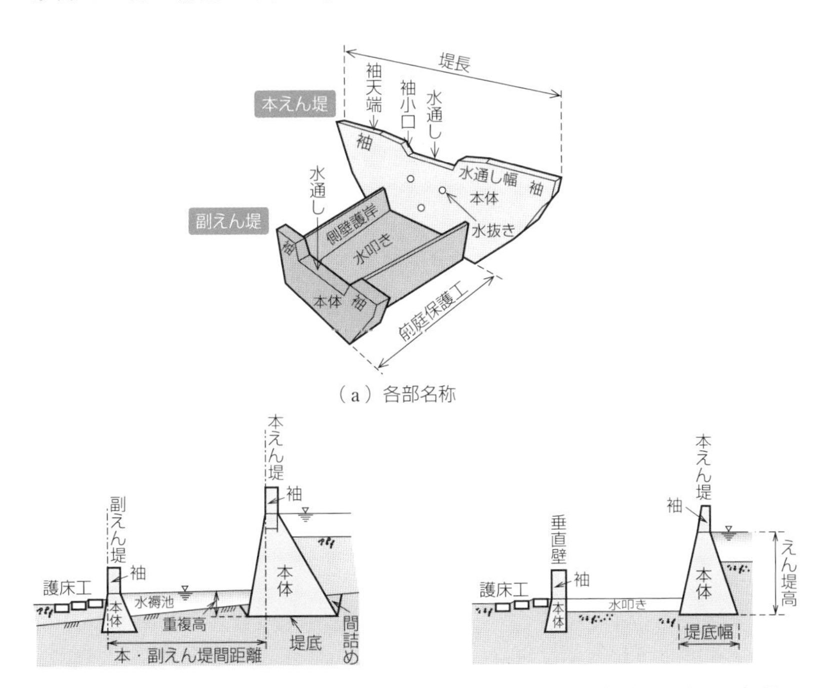

本えん堤：下流側法勾配は1：0.2を標準とし、天端幅は2.0m以上とする。
水通し：水通しの位置は原則として現河床の中央に設置する。
前庭保護工：前庭保護工は、副えん堤及び水褥（すいじょく）地による減勢工、水叩き、側壁護岸からなる。
副えん堤：水褥地の減勢工として用いる。副えん堤を設けない場合は、水叩き下流端に垂直壁を設ける。
水叩き：えん堤下流の河床の洗掘を防止し、えん堤基礎の安定、両岸の崩壊を防止する。
側壁工：水通しから落下する流水で発生のおそれがある側方浸食を防止する。

● 砂防えん堤の構成

砂防えん堤の施工

［重力式コンクリートえん堤の施工順序］ 水叩き及び副えん堤を持つ砂防えん堤の施工は、一般に次のような順序となる。

「本えん堤下部Ⓑ」→「副えん堤（垂直壁）Ⓓ」→「側壁護岸Ⓒ」
→「水叩きⒺ」→「本えん堤上部Ⓐ」

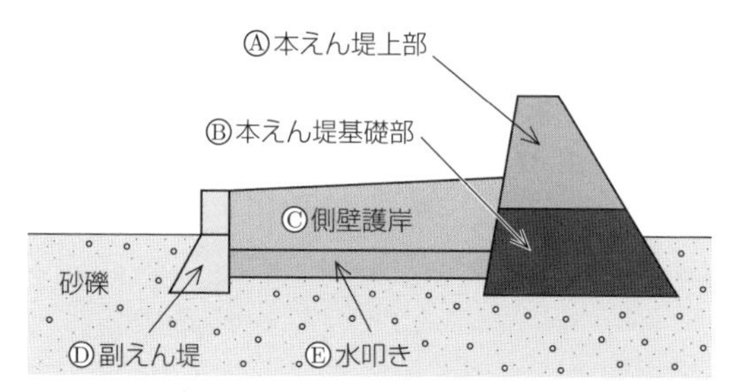

● 重力式コンクリートえん堤

［水叩きコンクリートの施工］ 水叩きコンクリートは、原則として鉛直打継目とする。洪水時に落下水などの衝撃によって分離し、破壊の原因となる水平打継目をつくらないようにする。

［コンクリートの打込み］ コンクリートの打込みの1リフトの高さは、コンクリートの硬化熱やひび割れ、水平打継目処理などを考慮して0.75～2.0m程度を標準とする。着岩部や長期材齢のコンクリートに打ち継ぐ場合、リフト高は1/2程度が望ましい。

［作業の中断］ ブロック内のコンクリート作業が天候の激変などで中断する場合は、継手型枠を設ける等の処置をし、傾斜した打継目をつくらないようにする。

砂防えん堤の基礎

［砂防えん堤の基礎］ 砂防えん堤の基礎地盤は、安全性などから原則として岩盤とする。やむを得ず砂礫基礎とする場合は、可能な限り堤高を15m未満に抑えるとともに均一な地層を選定する。堤高が15m以上の場合は、硬岩基礎の場合であっても副えん堤を設置して、前庭部を保護するのが一般的であ

る。砂礫基礎の場合は、水叩きと副えん堤を併設し保護する場合がある。

[基礎の根入れ] えん堤基礎の根入れ深さは、岩盤の場合は1m以上、砂礫の場合は2m以上とする。

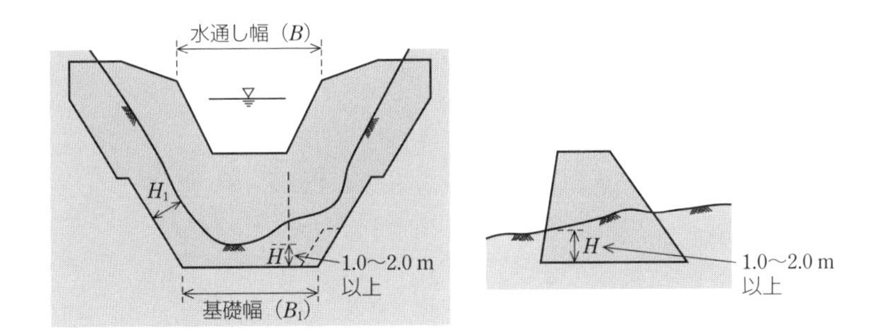

● 基礎及び袖部の根入れ（H）

[コンクリートプラグ工法] 岩盤基礎の一部に弱層、風化層、断層などの軟弱部をはさむ場合は、軟弱部を取り除きコンクリートで置き換えることにより補強するのが一般的である。

2 砂防施設

出題頻度 ★★★

渓流保全工

渓流保全工の目的

渓流保全工は、一般に床固め工と護岸工を併用（流路工）して計画するもので、主な目的は「**流路の縦断規正**」と「**流路の平面規正**」である。

- **流路の縦断規正**：縦断勾配の緩和による縦横侵食の防止、天井川の解消
- **流路の平面規正**：扇状地の乱流防止、流水断面の確保、特殊な地質の地域における崩壊防止

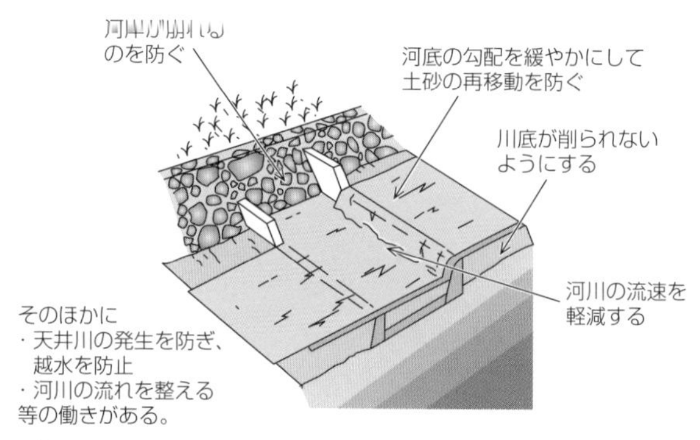

● 渓流保全工の目的

◘ 渓流保全工の施工

渓流保全工の施工は、床固め工、帯工、護岸工及び水制工を合わせて上流より下流に向かって進めることを原則とする。

帯工は、河床の変動を抑制し固定するためのもので、高さは渓床変動幅に多少の余裕高を加えたものとし、天端高は計画河床高と同一の高さとして落差工を設けない。

砂防工事の現場では、土砂の流出の影響が大きいことから、土工事における土砂の流出は注意する必要がある。

◘ 床固め工の施工

床固め工は、一般に重力式**コンクリート型式**で施工するが、地すべり地や軟弱地盤などの場合には、枠床固め工、ブロック床固め工、鋼製床固め工などを施工する。

床固め工は、その下流に原則としてウォータークッションを設けないので、床固め工の落差は5mを限度として、計画河床勾配及び床固め工の設置間隔を決めなければならない。

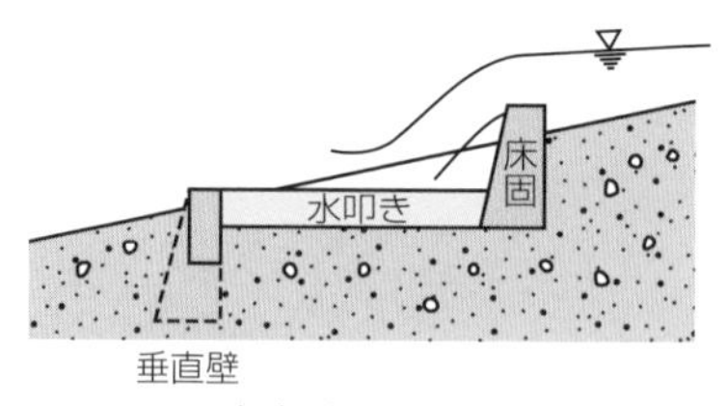

（a）水叩き工法

（b）ブロック工法

● 床固め工の施工

［床固め工の施工上の留意点］ 以下のような事項に留意する。

- 床固め工の下流の法先は、越流水流によって深掘され、渓床が低下する場合が多いので、床固め工の根入れを十分とるか、ブロック等による護床工・減勢工を施工する。
- 縦侵食を防止し、渓床を安定させる目的で設置区間を長くする場合には、床固め工を階段状に設け、その高さは一般に5m以下となるようにする。
- 渓流の屈曲部下流などに設ける床固め工は、水流の方向を修正して、曲流による洗掘を防止・緩和する目的で計画される。
- 床固め工の方向は、原則としてその計画箇所下流の流心線に直角とする。
- 床固め工が工作物の基礎を保護する目的の場合には、これら工作物の下流部に施工するのがよい。

3 地すべり防止工

出題頻度 ★★★

地すべり対策工

地すべり対策工は、**抑制工**と**抑止工**に大別できる。

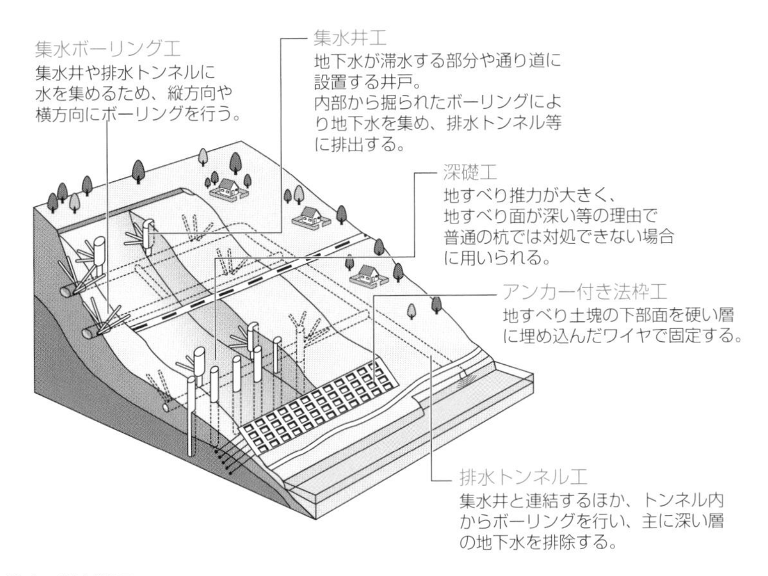

● 地すべり対策工

地すべり防止工の機能

抑制工とは、地形、地下水状態などの自然条件を変化させて地すべり活動を停止または緩和させる工法である。

■ 抑制工の種類

抑制工	地表水排除工（水路工、浸透防止工） 地下水排除工 ・浅層地下水排除工（暗渠工、明暗渠工、横ボーリング工） ・深層地下水排除工（集水井工、排水トンネル工、横ボーリング工） 地下水遮断工（薬液注入工、地下遮水壁工） 排土工 押え盛土工 河川構造物（えん堤工、床固め工、水制工、護岸工）

地すべり防止工の特徴

抑止工とは、構造物を設けることによって構造物のもつ地すべり抑止力を利用して、地すべりの活動の一部または全部を停止させるものである。

■ 抑止工の種類

抑止工	杭工（鋼管工など） ・シャフト工（深礎工など） アンカー工

急傾斜地崩壊対策工事

対策工事の目的

急傾斜地崩壊危険箇所とは、「がけ高が5m以上」、「斜面角度が30°以上」、「人家・公共施設があるか、または将来に人家が立地する可能性がある」箇所をいい、急傾斜地の崩壊に起因する災害から安全を確保することを目的として実施される工事である。

対策工法は、「法面の崩壊を直接防止する方法」と、「崩壊した土砂の影響を軽減する方法」に分類される。

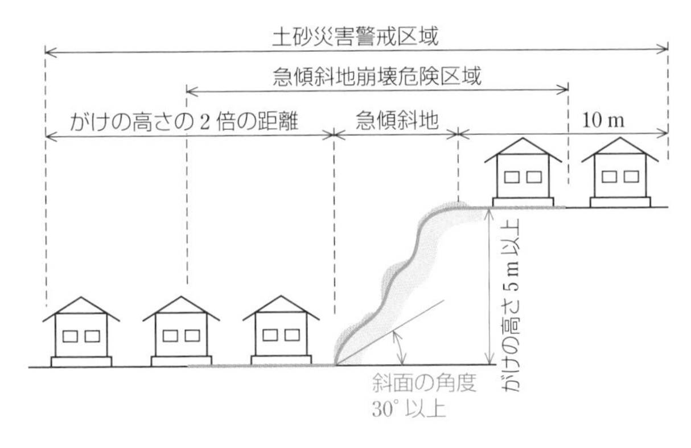

● 土砂災害警戒区域と急傾斜地崩落危険区域

■ 対策工事

［グラウンドアンカー工］ 以下の事項に留意する。

- アンカーの定着層の位置や層厚は、事前に既存の地質調査資料により把握しておき、削孔中のスライムの状態や削孔速度などで判断する。
- アンカーの削孔は、直線性を保つよう施工し、削孔後の孔内は清水またはエアによりスライムを除去して洗浄する。
- 孔内グラウトの注入は、削孔された孔の最深部から注入して、所定のグラウトが孔口から排出するまで連続して行う。
- アンカーの緊張及び定着は、グラウトが所定の強度に達したのち、適性検査、確認検査により変位特性を確認し、所定の有効緊張力が得られるように緊張力を与える。

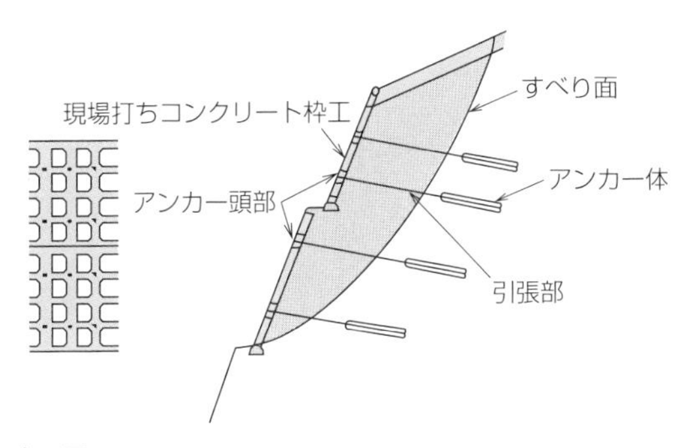

● グラウンドアンカー工

［重力式コンクリート擁壁工］ 重力式コンクリート擁壁は、小規模な法面崩壊を直接的に抑止する。もたれ式コンクリート擁壁は、重力式コンクリート擁壁に比べ擁壁背面が比較的良好な地山で用いられ、また、崩壊を比較的小さな壁体で抑止できる。

- 重力式コンクリート擁壁の伸縮目地は、一般に10～20mに1箇所設置することを標準としている。
- 擁壁工の施工に際しては、法面の安定に及ぼす影響が大きいため、山側地盤の掘削を極力避け、掘削土量をできるだけ少なくする。
- 擁壁背面の浸透水を排除するためには、一般に、外径5～10cm程度の水抜工を擁壁面3m^{2}に1箇所以上の割合で設置する。

［法面施工］ 以下の事項に留意する。

- 法面における盛土は、法面下部の押え盛土工を除き、原則として行わないものとする。
- 法面のすべりやすい層は、原則として除去するものとし、それが困難な場合には、排水工、杭打ち工により、すべり防止を図る。
- 切土高が7～10mを超える場合で土質及び岩質が変化する場合には、小段を設ける。土質及び岩質が一様でない場合の切土法面の勾配は、土質及び岩質により変えるとよい。

過去問チャレンジ（章末問題）

問1　砂防えん堤の施工　H30-No.24

➡1 砂防えん堤防

砂防えん堤の施工に関する次の記述のうち、適当でないものはどれか。

(1)　砂防えん堤の基礎部が砂礫の場合で基礎仕上げ面に大転石が存在するときは、半分が地下にもぐっていると予想されるものは取り除く必要はない。
(2)　高さ15m以上の砂防えん堤で、基礎岩盤のぜい弱部が存在する場合は、コンクリートでの置換えやグラウチングによって力学性質を改善する等の対応を行う必要がある。
(3)　高さ15m以上の砂防えん堤で、基礎岩盤のせん断摩擦安全率が不足する場合は、えん堤の底幅を広くしたり、カットオフを設ける等の対応を行う必要がある。
(4)　砂防えん堤の基礎部が砂礫の場合は、ドライワークが必要で水替えを十分に行い、水中掘削は行ってはならない。

解説　砂防えん堤の基礎部が砂礫の場合で基礎仕上げ面に大転石が存在するときは、2/3以上が地下にもぐっていると予想されるものは取り除く必要はない。

解答　(1)

問2　砂防えん堤の施工　R1-No.24

➡1 砂防えん堤防

砂防えん堤の施工に関する次の記述のうち、適当でないものはどれか。

(1)　岩盤にコンクリートを打ち込む場合は、基礎掘削によって緩められた岩盤を取り除き、岩屑（がんせつ）や泥を十分洗い出し、たまり水をふき取る作業が必要である。
(2)　砂礫の上にコンクリートを打ち込む場合は、転石などの泥を洗浄し、基礎面は十分水切りを行って泥濘（でいねい）によるコンクリート汚染が起こらないようにしなければならない。

(3) 砂防えん堤の上下流の岩盤条掘部をコンクリートで充填するための間詰めは、風化していない岩盤までコンクリートを打ち上げる。

(4) コンクリートの打継ぎ面は、砂防えん堤の堤体の一体化を図るため、コンクリート打込み時には乾燥した状態でなければならない。

解説 コンクリートの打継ぎ面は、あらかじめ吸水させ湿潤状態にした上で、モルタルを敷いてから打設する。

解答 (4)

問3 砂防えん堤の構造 H27-No.24

➡1 砂防えん堤防

砂防えん堤に関する次の記述のうち、適当なものはどれか。

(1) 砂防えん堤の水抜き暗渠は、一般には施工中の流水の切替えと堆砂後の浸透水圧の減殺を主目的としているが、後年に補修が必要になった際に施工を容易にする。

(2) 砂防えん堤の水通しは、えん堤下流部基礎の一方が岩盤で他方が砂礫層や崖錐（がいすい）の場合、流水による洗掘により流路を固定するため、砂礫層や崖錐側に寄せて設置する。

(3) 砂防えん堤の基礎地盤が岩盤の場合で、基礎の一部に弱層、風化層、断層などの軟弱部をはさむ場合は、軟弱部を取り除き礫で置き換える必要がある。

(4) 不透過型重力式砂防えん堤の材料のうち、コンクリートブロックや鋼製は屈とう性があるため、地すべり地帯での使用は避ける必要がある。

解説 (1) 砂防えん堤の水抜き暗渠は、適当な間隔で配置するのがよい。

(2) 砂防えん堤の水通しは、岩盤側に寄せて設置する。

(3) 軟弱部は取り除き、コンクリートで置き換える必要がある。

(4) 屈とう性がある構造は、地すべり地帯での使用が望ましい。

解答 (1)

問4 砂防えん堤の基礎　H29-No.24

➡ 1 砂防えん堤防

砂防えん堤の基礎地盤の施工に関する次の記述のうち、適当でないものはどれか。

(1) 基礎地盤の掘削は、砂礫基礎では1m以上、岩盤基礎では0.5m以上とするが、これは一応の目途であって、えん堤の高さ、地盤の状態などに応じて十分な検討が必要である。

(2) 基礎地盤の掘削は、えん堤本体の基礎地盤への貫入による支持、固定、滑動、洗掘に対する抵抗力の改善、安全度の向上を目的としている。

(3) 砂礫基礎の仕上げ面付近の掘削は、一般に掘削用機械のクローラ（履帯）等によって密実な地盤を撹乱しないよう0.5m程度は人力で施工する。

(4) 露出によって風化が急速に進行する岩質の基礎の場合は、コンクリートの打込み直前に仕上げを行うか、モルタルあるいはコンクリートで吹付けを行っておく必要がある。

解説 基礎地盤の掘削は、砂礫基礎では2m以上、岩盤基礎では1m以上とする。

解答 (1)

問5 渓流保全工　R1-No.25

➡ 2 砂防施設

渓流保全工の各構造に関する次の記述のうち、適当なものはどれか。

(1) 床固め工は、コンクリートを打ち込むことにより構築される場合が多いが、地すべり地などのように柔軟性の必要なところでは、枠工や蛇かごによる床固め工が設置される。

(2) 帯工は、渓床の固定を図るために設置されるものであり、天端高と計画河床高の差を考慮して落差を設ける。

(3) 護岸工は、渓岸の侵食・崩壊を防止するために設置されるものであり、床固め工の袖部を保護する目的では設置しない。

(4) 水制工は、荒廃渓流に設置される場合、水制頭部が流水及び転石の衝撃を受けることから、堅固な構造とするが、頭部を渓床の中に深くは設置しない。

解説 (2) 帯工の天端高は計画河床高と同じ高さとし、落差は設けない。
(3) 護岸工は、渓岸の侵食・崩壊を防止するほかに、床固め工の袖部を保護する目的で設置される。
(4) 水制工は、荒廃渓流に設置される場合、頭部を渓床の中に深く設置する。

解答 (1)

問6 砂防工事 H28-No.24

➡ 2 砂防施設

砂防工事に関する次の記述のうち、適当なものはどれか。

(1) 工事のため植生を伐採する区域では、幼齢木や苗木はできる限り保存して現場の植栽に役立てるが、萌芽が期待できる樹木の切株は管理が難しいため抜根して焼却処理する。
(2) 砂防工事の現場では、土砂の流出の影響が大きいが、土工事における残土の仮置き場所であれば土砂の流出に注意しなくてよい。
(3) 材料運搬に用いられる索道設置に必要となるアンカーは、既存の樹木を利用せず、埋設アンカーを基本とする。
(4) 工事中に生じた余剰コンクリートや工事廃棄物は、現場内での埋設処理を原則とする。

解説 (1) 工事のため植生を伐採する区域では、萌芽が期待できる樹木の切株は保存し、抜根は必要最小限とする。
(2) 砂防工事の現場では、土砂の流出の影響が大きい。土工事における残土の仮置き場所であっても土砂の流出に注意しなければならない。
(3) 周辺の樹木などを傷つけないように既存の樹木は利用せず、埋設アンカーを基本とする。
(4) 工事中に生じた余剰コンクリートや工事廃棄物は、全て持ち帰り現場には残さないよう注意する。

解答 (3)

問7　地すべり防止工　R2-No.25

➡3 地すべり防止工

地すべり防止工に関する次の記述のうち、適当でないものはどれか。

(1)　排土工は、排土による応力除荷に伴う吸水膨潤による強度劣化の範囲を少なくするため、地すべり全域にわたらず頭部域において、ほとんど水平に大きな切土を行うことが原則である。

(2)　地表水排除工は、浸透防止工と水路工に区分され、このうち水路工は掘込み水路を原則とし、合流点、屈曲部及び勾配変化点には集水ますを設置する。

(3)　杭工は、原則として地すべり運動ブロックの中央部より上部を計画位置とし、杭の根入れ部となる基盤が強固で地盤反力が期待できる場所に設置する。

(4)　地下水遮断工は、遮水壁の後方に地下水を貯留し地すべりを誘発する危険があるので、事前に地質調査などによって潜在性地すべりがないことを確認する必要がある。

解説　杭工は、原則として地すべり運動ブロックの中央部より下部を計画位置とする。

解答　(3)

問8　地すべり抑止工　H28-No.26

➡3 地すべり防止工

地すべり抑止工に関する次の記述のうち、適当なものはどれか。

(1)　アンカーの定着長は、地盤とグラウトとの間の付着長及びテンドンとグラウトとの間の付着長について比較を行い、それらのうち短い方とする。

(2)　アンカー工の打設角は、低角度ほど効率がよいが、残留スライムやグラウト材のブリーディングにより健全なアンカー体が造成できないので、水平面前後の角度は避けるものとしている。

(3)　杭工は、地すべりの移動に伴って杭部材の剛性で抑止力を発揮するため、杭頭が変位することはないことから、この杭を他の構造物の基礎工として併用することが一般的である。

(4) 杭の配列は、地すべりの運動方向に対して概ね平行で、杭間隔は等間隔となるようにし、単位幅あたりの必要抑止力に、削孔による地盤の緩みや土塊の中抜けが生じるおそれを考慮して定める。

解説 (1) アンカーの定着長は、地盤とグラウトとの間の付着長及びテンドンとグラウトとの間の付着長について比較を行い、それらのうち長い方とする。
(2) 水平面前後の角度（± 10°）は避けるものとしている。
(3) 杭工は、地すべりの移動に伴って杭部材の剛性で抑止力を発揮するが、杭頭は変位すると考えておくべきである。
(4) 杭の配列は、地すべりの運動方向に対し概ね直角で、杭間隔は等間隔となるようにする。

解答 (2)

問9 急傾斜地崩壊防止工 R2-No.26

➡ 3 地すべり防止工

急傾斜地崩壊防止工に関する次の記述のうち、適当なものはどれか。

(1) もたれ式コンクリート擁壁工は、重力式コンクリート擁壁と比べると崩壊を比較的小規模な壁体で抑止でき、擁壁背面が不良な地山において多用される工法である。
(2) 落石対策工は、落石予防工と落石防護工に大別され、落石予防工は斜面上の転石の除去などにより落石を未然に防ぐものであり、落石防護工は落石を斜面下部や中部で止めるものである。
(3) 切土工は、斜面の不安定な土層、土塊をあらかじめ切り取ったり、斜面を安定勾配まで切り取る工法であり、切土した斜面への法面保護工が不要である。
(4) 現場打ちコンクリート枠工は、切土法面の安定勾配が取れない場合や湧水を伴う場合などに用いられ、桁の構造は一般に無筋コンクリートである。

解説 (1) もたれ式コンクリート擁壁工は、重力式コンクリート擁壁と比べると崩壊を比較的小規模な壁体で抑止でき、擁壁背面が比較的良好な地山において多用される工法である。
(2) 落石対策工は、地形条件や落石除去の困難さで工法が選定される。
(3) 切土工は、浸食防止、風化防止のために切土した斜面への法面保護工が必要である。
(4) 現場打ちコンクリート枠工は、桁の構造は一般に鉄筋コンクリートである。

解答 (2)

問10 急傾斜地崩壊防止工 H27-No.26

➡ 3 地すべり防止工

急傾斜地崩壊防止工事に関する次の記述のうち、適当でないものはどれか。

(1) 縦排水路工は、地形的にできるだけ凹部に設けた掘込み水路とし、周囲からの水の流入を容易にすることが望ましいが、水路勾配が1：1より急なところ等では水が跳ね出さないように蓋付き水路とする。
(2) もたれ式コンクリート擁壁工は、擁壁背面が比較的良好な地山で用いられるので、施工性を考慮し、コンクリートの打継ぎ面は水平にする。
(3) がけ崩れ防止のための切土工は、斜面を構成している不安定な土層や土塊をあらかじめ切り取るか、あるいは斜面を安定な勾配まで切り取るように施工する。
(4) 現場打ちコンクリート枠工は、桁には一般に鉄筋コンクリートが用いられ、桁の間隔は1～4mが標準であり、桁の交点にはすべり止め杭または鉄筋を法面に直角に入れて補強する。

解説 もたれ式コンクリート擁壁工では、コンクリートの打継ぎ面はかぎ形に施工するとともに用心鉄筋をいれる。

解答 (2)

道路・舗装

選択問題

1 アスファルト舗装の路床・路体

出題頻度 ★★★

アスファルト舗装の構成

アスファルトの標準的な構成を下図に示す。

- **路体**：盛土における路床下部の土の部分で、舗装、路床を支持する機能がある。
- **路床**：舗装を支持し構造計算に用いる層全体が路床である。そのうち構築路床は、現地盤を改良して改築された層で、その改良厚さは最大1mとしている。

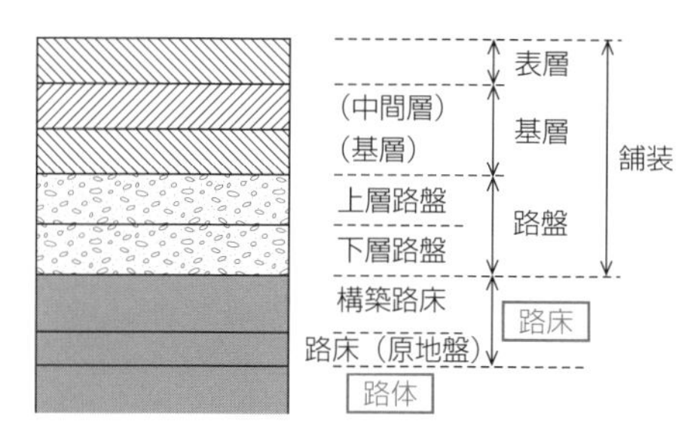

● アスファルトの構成

路体の施工

［盛土材料］ 圧縮性が小さく締固め後のせん断強度が大きく、吸水による膨張性が低い良質土であることが望ましい。

破砕岩、岩塊、玉石などが多く混じった土砂などは、敷均し締固めは困難であるが、盛土として仕上がった場合は安定性が高い。

良質土が望めない場合は、**安定処理**や**補強工法**を採用する。

［盛土の締固め］ 路体盛土の締固めは、一般に1層の締固め後の仕上り厚さ

を30cm以下としており、敷均し厚さは35～45cm程度となる。

路床の施工

［施工方法の考え方］ 路床の施工方法は、切土、盛土、既設路床が軟弱な場合は安定処理工法、置換え工法がある。いずれも所要のCBR、計画高さ、良質土の有無、残土処分地の確保などを考慮し選定する。

下図に盛土、切土の路床改良の例を示す。改良幅の考え方が変わる（盛土の方が改良幅は広くなる）ので注意が必要である。

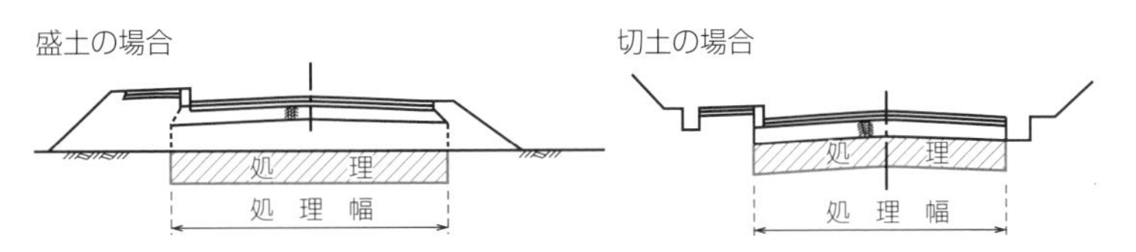

● 盛土、切土の路床改良の例

［安定処理］ 安定処理材の選定にあたっては、安定処理の効果を室内試験で確認し、経済性や施工性考慮して決定する。路床が砂質材料の場合は**瀝青材料**（れきせい）、**セメント**が、粘性材料の場合は**石灰**が用いられる。

安定処理材を散布した後は、混合機械を用いて所定の深さまで現状路床土と混合する。安定処理材に粉状の生石灰（粒径0～5mm）を使用する場合は1回の混合とするが、粒状の生石灰を用いた場合は1回目の混合後、仮転圧して生石灰の消化を待ってから再度混合する。

［一般的な施工機械］ 路床の施工に用いる機械を作業種別に下表に示す。

■ 施工機械

作業種別	機械	規格
固化剤散布	トラックレーン	油圧式、4.8～4.9t吊
混合	スタビライザ	混合幅2m、自走式
敷均し	モータグレーダ	3.1m級
締固め	タイヤローラ	排出ガス対策型、8～20t

［施工後の観察・測定］ プルーフローリング試験には、**追加転圧**と**たわみ観測**の目的がある。転圧機械と同等以上の締固め効果のあるタイヤローラで追加転圧し、最後の回でたわみを測定して不良箇所を確認する。

不良と思われる箇所には、必要に応じてベンケルマンビームによるたわみ量の測定を行う。

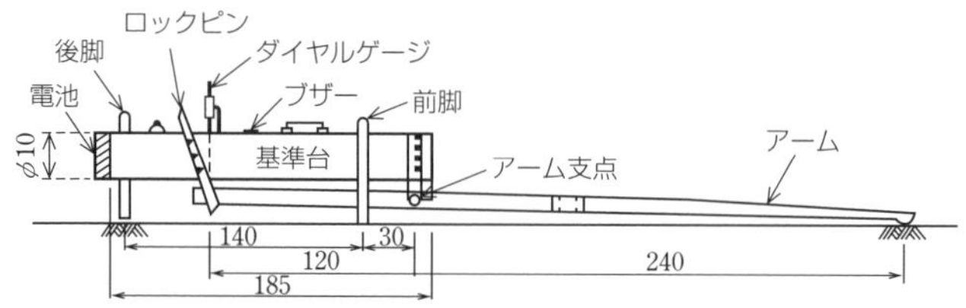

● ベンケルマンビームによる測定

［置換え深さと凍上抑制層］ 寒冷地域の舗装では、凍結深さから求めた必要な置換え深さと舗装の厚さとを比較し、もし置換え深さ（凍結深さ）が大きい場合は、路盤の下にその厚さの差だけ、凍上の生じにくい材料の層を設ける。この部分を**凍上抑制層**という。

2 アスファルト舗装の上層・下層路盤 出題頻度 ★★★

アスファルト舗装の構成

アスファルトの標準的な構成を下図に示す。

- **上層路盤**：上層路盤材料には、良好な骨材粒度に調整した粒度調整砕石、砕石にセメントや石灰を混合した**安定処理材料**を用いる。
- **下層路盤**：下層路盤材料は、一般に施工現場近くで経済的に入手できる、クラッシャラン等の**粒状路盤材料**などを用いる。

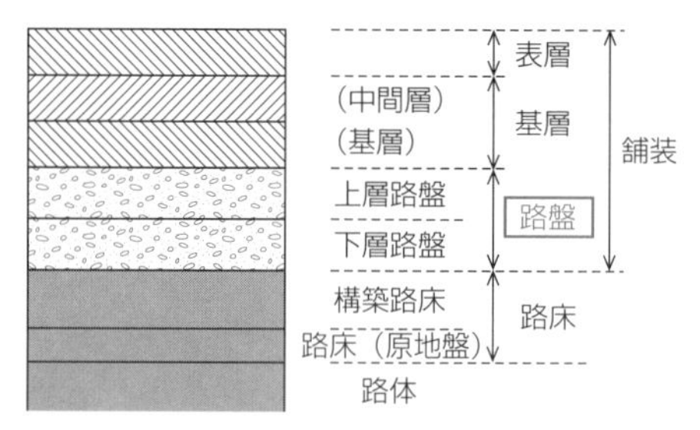

● アスファルト舗装の構成

路盤の施工体制

路盤の標準的な施工体制を以下に示す。

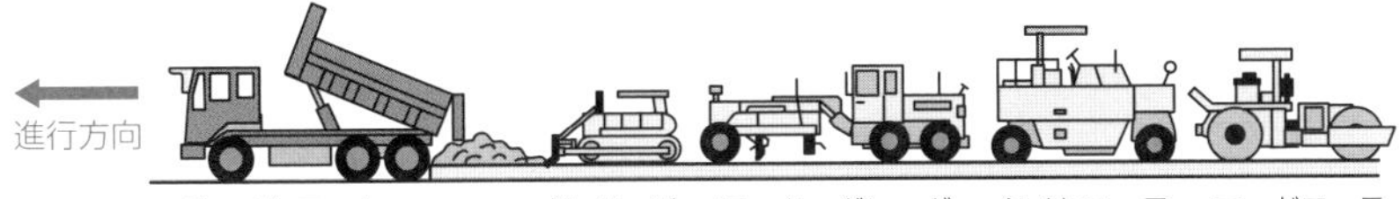

ブルドーザ	トラクタの前面に可動式のブレード（排土板）を装着。仕上げ精度に限界があり、粗ならし作業の作業効率を上げるための補助
モーターグレーダ	ブルドーザ後、滑らかに整形する。
タイヤローラ	機械の重量を利用して静的圧力をかけ、効果的に締固めを行う。
ロードローラ（マカダム式）	鉄輪で締固めを行う。

● 路盤の施工体制

下層路盤の施工

下層路盤に用いられる工法には、セメント安定処理工法、石灰安定処理工法、クラッシャラン、鉄鋼スラグ、砂利などを用いる粒状路盤工法がある。

［セメント安定処理工法］ セメント・石灰安定処理工法を用いる場合、路上混合方式により、仕上り厚さは15～30cmを標準とする。

セメント安定処理に用いる骨材の望ましい品質は、修正CBR10％以上、PI（塑性指数）9以下とされている。品質規格は一軸圧縮強さ（7日）0.98MPaである。

［石灰安定処理工法］ セメント安定処理工法に比べ強度発現が遅い。しかし、長期的には安定性、耐久性が期待できる工法である。

石灰安定処理に用いる骨材の望ましい品質は、修正CBR10％以上、PI（塑性指数）6～18とされている。アスファルトの場合の品質規格は一軸圧縮強さ（7日）0.7MPaであり、コンクリートの場合は0.5MPaである。

［粒状路盤工法］ 粒状路盤の品質規格は、修正CBR20％以上、PI（塑性指数）6以下、鉄鋼スラグを用いる場合は、修正CBR30％以上、水浸膨張比1.5％以下とする。

上層路盤の施工

上層路盤に用いられる工法には、セメント安定処理工法、石灰安定処理工法、瀝青安定処理工法、粒度調整工法がある。

［セメント安定処理工法］ セメントを骨材に添加して処理するもので、普通ポルトランドセメント、高炉セメント等を使用する。セメント量が多くなると、収縮ひび割れにより上層のアスファルト層に**リフレクションクラック**が発生するので注意が必要である。

セメント安定処理、石灰安定処理の1層の仕上り厚さは、10～20cmを標準としている。施工時に振動ローラを使用する場合は、1層の仕上がり厚が30cm以下で所要の締固め度が確保できる厚さとすることができる。

［瀝青安定処理工法］ 瀝青材料を骨材に添加して処理する方法であり、加熱アスファルト安定処理が一般的である。一般的な加熱アスファルト安定処理工法は、1層の仕上りを10cm以下とする。シャックリフト工法の場合は、施工厚が厚いことから混合物の温度が低下しにくく、締固め終了後、早期に交通開放を行うとわだち掘れが発生しやすい。

［粒度調整工法］ 敷均しや締固めが容易になるように粒度調整した良好な骨材を用いる。骨材の75µmふるい通過量は10%以下とする。ただし、水を含むと泥濘化することがあるので、締固めが可能な範囲でできるだけ少ない方が良い。

プライムコート・タックコートの施工

［適用場所］ 舗装施工時においては、路盤面処理には**プライムコート**、舗装面処理には**タックコート**を用いるものとする。

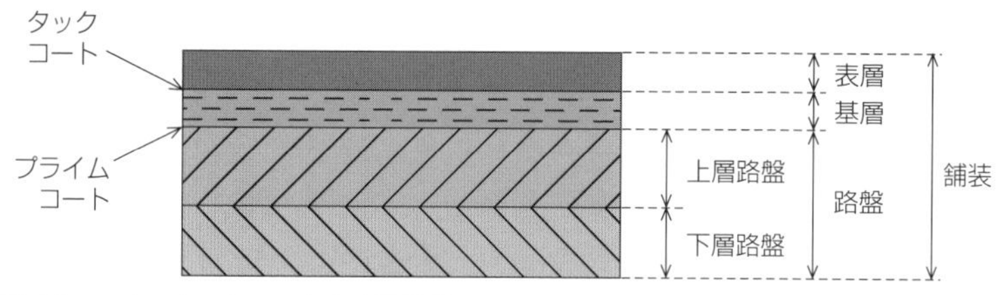

● プライムコート・タックコートの適用場所

■ プライムコート・タックコートの材料と適用場所

種類	材料	適用場所
プライムコート	アスファルト乳剤（PK-3）	路盤面
タックスコート	アスファルト乳剤（PK-4）	アスファルト舗装面及びコンクリート面
	ゴム入りアスファルト乳剤（PKR-T）	排水性舗装用

［プライムコートの目的］ プライムコートの目的を以下に示す。

- 路盤面とその上に舗設するアスファルト混合物とのなじみを良くする。
- 路盤仕上げ後、アスファルト混合物を舗設するまでの間、作業車による路盤の破損、降雨による洗掘、表面水の浸透を防止する。
- 路盤からの水分の毛管上昇を遮断する。

［タックコートの目的］ 下層とその上に舗設するアスファルト混合物との付着を良くする。

3 アスファルト舗装の表層・基層 出題頻度★★★

アスファルト舗装の構成

アスファルトの標準的な構成を下図に示す。

- **表層**：交通荷重を分散して下層に伝達する機能とともに、交通車両による流動、摩耗ならびにひび割れに抵抗し、平坦ですべりにくく、一般には、雨水が下部に浸透するのを防ぐ役割を持っている
- **基層**：路盤の不陸を整正し、表層に加わる荷重を路盤に均一に伝達する役割を持っている。基層を2層構造とする場合は、下の層を基層と呼び、上の層を中間層と呼ぶ。

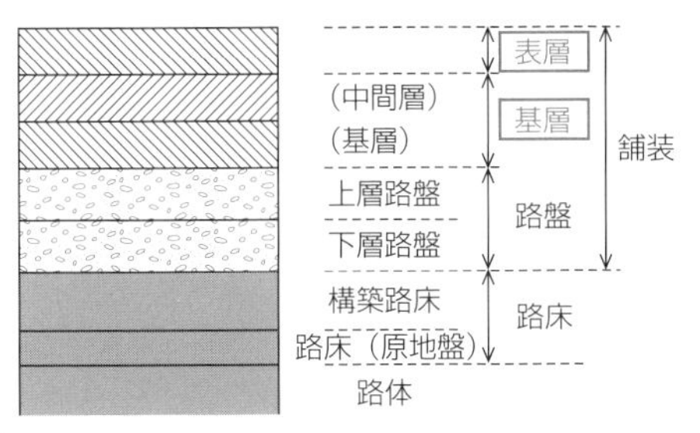

● アスファルトの構成

表層・基層の施工体制

表層・基層の標準的な施工体制を以下に示す。

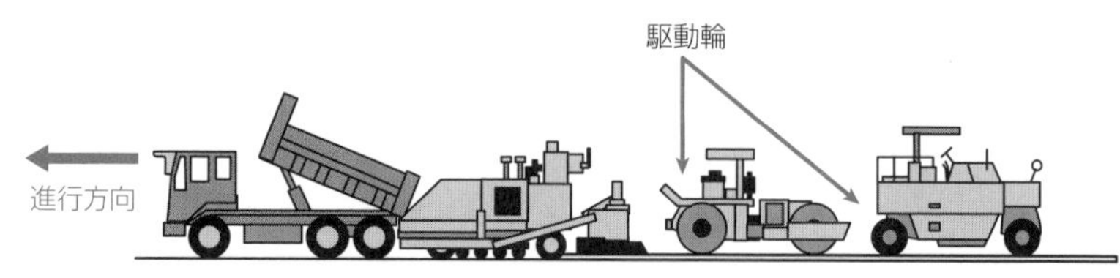

アスファルトフィニッシャ ↓	ダンプトラックで運搬されたアスファルト混合物を敷き均す。アスファルト混合物の敷均し厚さ、幅を調整しながら施工
ロードローラ ↓	初転圧を行う。
タイヤローラ	二次転圧、仕上げ転圧を行う。

● 表層・基層の標準的な施工体制

アスファルト舗装の施工

アスファルトの敷均し

アスファルト混合物は通常アスファルトフィニッシャにより敷均しを行い、敷均し時の混合物の温度は、一般に110℃を下回らないようにする。アスファルトフィニッシャが使用できない場所では人力によって行う。

アスファルトの締固め

［ローラによる転圧］ ローラによる転圧は、一般にアスファルトフィニッシャ側に駆動輪を向けて横断勾配の低い方から高い方へ向かい、幅寄せしながら低速、等速で行う。

［初転圧］ 初転圧は一般に10～12tのタイヤローラで1往復（2回）程度行い、初転圧温度は一般に110～140℃である。

高粘度改質アスファルトは140～160℃、中温化技術により施工性を改善した混合物を使用した場合は従来よりも低い温度で締め固める。

［二次転圧］ 二次転圧は、一般に8～20tのタイヤローラまたは6～10tの振動ローラで行う。二次転圧の終了温度は一般に70～90℃である。

[仕上げ転圧] 仕上げ転圧は、締め固めた舗装表面の不陸修正、ローラマークの消去のため行うものであり、タイヤローラやマカダムローラで2回(1往復)程度行うとよい。二次転圧に振動ローラを用いた場合には、仕上げ転圧にタイヤローラを用いることが望ましい。

■ 継目の施工

[継目の位置] 継目の位置は、既設舗装の補修・拡幅の場合を除いて、下層の継目の上に上層の継目を重ねないようにする。

[縦継目] 縦継目の施工は、レーキ等により粗骨材を取り除いた混合物を既設舗装に5cm程度重ねて敷き均し、ローラ駆動輪を15cm程度かけて転圧する。

■ 交通開放

交通解放は、転圧後の舗装表面の温度が十分下がってから行う。転圧終了後の交通開放を急ぐ場合は、散水や舗装冷却機械などにより舗装表面の温度を強制的に下げるとよい。

▶ 排水性舗装

[排水性舗装の構造] 排水性舗装は、空隙率の多い多孔質なアスファルト混合物を表層と基層に用いて**排水機能層**とし、その下部に不透水層を設けることにより排水機能層に浸透した水が排水処理施設に排水され、路盤以下へ排水が浸透しない構造である。

- 透水性機能のある材料には、**ポーラスアスファルト混合物**のような空隙率の多い材料を用いることが多い。
- 排水性舗装の表層は一般に4～5cmとする。3.5cm以下の**薄層排水性舗装**の場合は、排水性舗装用混合物と下層の一体化を堅固する等の耐久性を確保する必要がある。
- プライムコートは原則として用いない。施工時に雨水侵食など強度低下が懸念される場合には高浸透性のものを使用する。
- タックコートは通常、構造物との接続部以外では使用しないが、基層で交通開放する場合などは透水性を損なわないように配慮し、ゴム入りアスファルト乳剤を$0.4\mathrm{L/m^2}$以下の量で使用する。

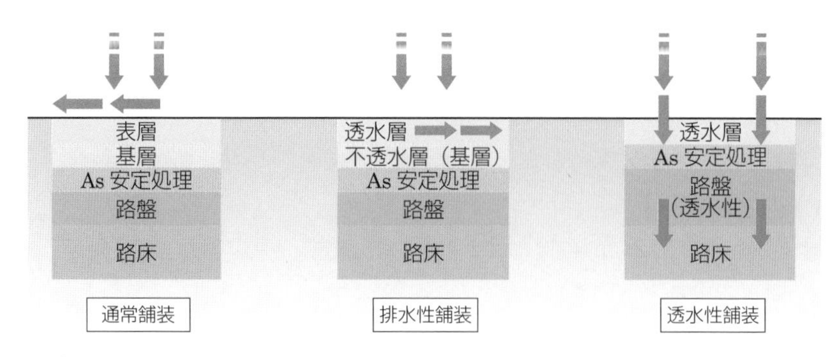

● 通常舗装、排水性舗装、透水性舗装

［排水性舗装の施工］ ポーラスアスファルト混合物の敷均しは、アスファルトフィニッシャを用い、敷均し後の温度低下が早いため初転圧を敷均し終了後、直ちに行う。

ポーラスアスファルト混合物を用いた場合、初転圧は一般に10～12tのロードローラを用い、初期転圧温度は140～160℃である。二次転圧は初転圧に使用したローラによって行うが、6～10tの振動ローラを無振動で使用する場合もある。仕上げ転圧は空隙つぶれを防ぐため、一般に6～10tのタンデムローラ、タイヤローラを用いて2回（1往復）程度行う。継目の施工は、レーキ等により粗骨材を取り除いた混合物を既設舗装に5cm程度重ねて敷き均し、直ちにローラ駆動輪を15cm程度かけて転圧する。

4 アスファルト舗装の補修・維持 出題頻度 ★★★

補修工法の種類と特徴

アスファルト舗装の補修工法には、**構造的対策**を目的としたものと**機能的対策**を目的としたものがある。構造的対策は、主として全層に及ぶ修繕工法で、機能的対策は主として表層の維持工法である。機能的対策の中には、予防的維持あるいは応急的に行う修繕工法も含まれる。

対策範囲と工法の区分を下図に、破損の種類と対策工法を下表に示す。

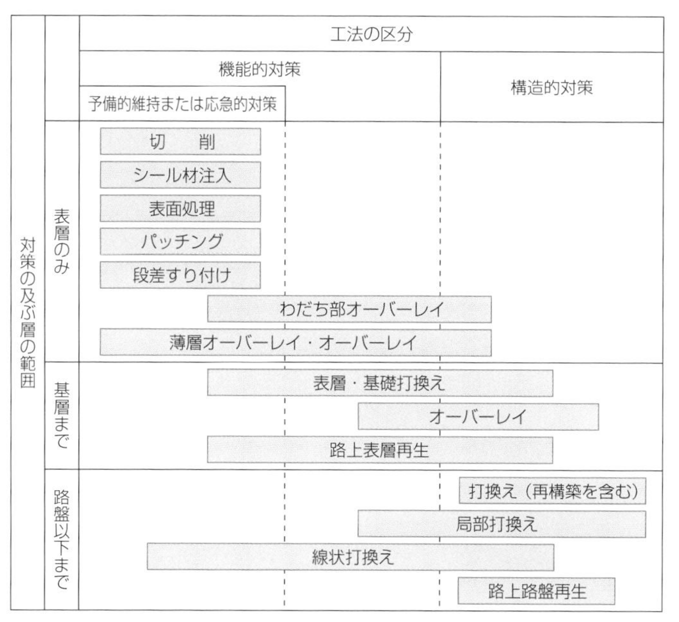

● 対策範囲と工法の区分

■ 破損の種類と対策工法

舗装の種類	破損の種類	修繕工法の例
アスファルト舗装	ひび割れ	打換え工法、表層・基層打換え工法、切削オーバーレイ工法、オーバーレイ工法、路上再生路盤工法
	わだち掘れ	表層・基層打換え工法、切削オーバーレイ工法、オーバーレイ工法、路上再生路盤工法
	平坦性の低下	
	すべり抵抗値の低下	表層打換え工法、切削オーバーレイ工法、オーバーレイ工法、路上再生路盤工法

補修工法の概要

[打換え工法] 既設舗装の路盤もしくは路盤の一部までを打ち換える工法。状況により路床の入換え、路床または路盤の安定処理を行うこともある。

● 打換え工法

［局部打換え工法］ 既設舗装の破損が局部的に著しく、他の工法では補修できないと判断されたとき、表層、基層あるいは路盤から局部的に打ち換える工法である。

［線状打換え工法］ 線状に発生したひび割れに沿って舗装を打ち換える工法。通常は、**加熱アスファルト混合物層**（瀝青安定処理層まで含める）のみを打ち換える。

［路上路盤再生工法］ 既設アスファルト混合物層を**現位置**で路上破砕混合機などによって破砕すると同時に、セメントやアスファルト乳剤などの添加材料を加え、破砕した既設路盤材とともに混合し締め固めて安定処理した路盤を構築する工法である。

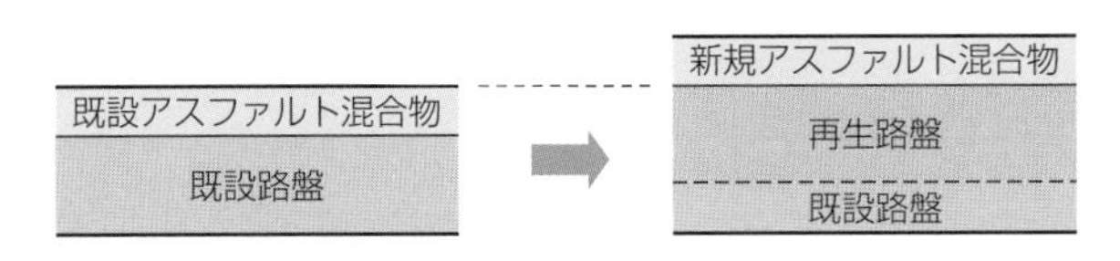

● 路上路盤再生工法

［表層・基層打換え工法］ 線状に発生したひび割れに沿って既設舗装を表層または基層まで打ち換える工法。切削により既設アスファルト混合物層を搬去する工法を**切削オーバーレイ工法**と呼ぶ。

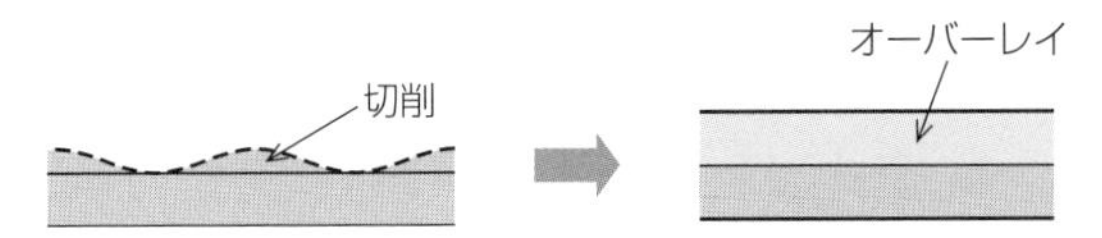

● 表層・基層打換え工

［オーバーレイ工法］ 既設舗装の上に厚さ3cm以上の加熱アスファルト混合物層を舗設する工法。なお、3cm以下の場合は**薄層オーバーレイ工法**と呼ばれる。

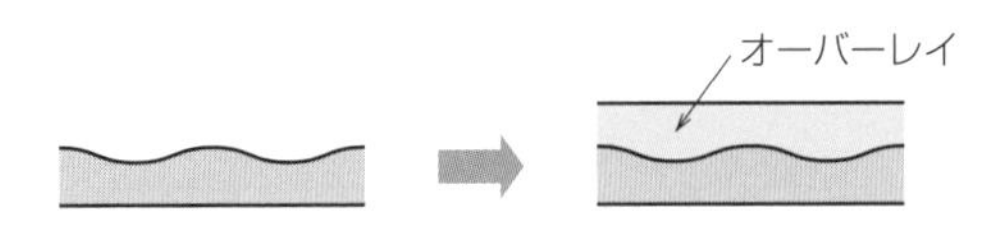

● オーバーレイ工法

［わだち部オーバーレイ工法］ 既設舗装のわだち掘れ部のみを加熱アスファルト混合物で舗設する工法である。

［切削工法］ 路面の**凸部**などを切削除去し、不陸や段差を解消する工法である。

5 コンクリート舗装 出題頻度 ★★★

コンクリート舗装の構造

アスファルト舗装との違いは、表層、基層をコンクリート版とすることである。中間層としてアスファルトを設ける場合もある。

コンクリート舗装には、普通コンクリート版、連続鉄筋コンクリート版、転圧コンクリート版がある。

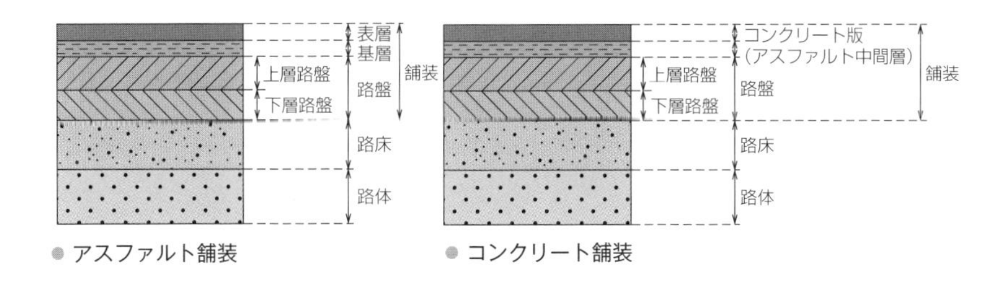

● アスファルト舗装　● コンクリート舗装

コンクリート舗装の施工

［セットフォーム工法］ 普通コンクリート版、連続鉄筋コンクリート版を施工する場合に用いる工法で、あらかじめ設置した、型枠内にコンクリートを施工する。

［スリップフォーム工法］ 普通コンクリート版、連続鉄筋コンクリート版を施工する場合に用いる工法で、型枠を設置せずに専用のスリップフォームペーパを用いる。

［転圧工法］ 転圧コンクリート版を施工する場合に用いる工法で、アスファルトフィニッシャによって敷き均し、振動ローラ等によって締め固める。

［目地の施工］ 目地は、コンクリート版の膨張、収縮、そり等をある程度自由に発生させることにより作用する応力を軽減する目的がある。

施工時の留意点

［普通コンクリート版施工の留意点］ コンクリートの敷均しは、スプレッダを用いて全体が均等な密度になるよう余盛をつけて行う。余盛の高さは、横断勾配の高い方を多くし低い方を少なくする。

［セットフォーム工法］ 鉄網を用いてセットフォームでコンクリートを敷き均す場合、鉄網を境に2層で敷き均すことを原則とし、締固めは1層で行う。また、鉄網を用いないで普通コンクリート版、連続鉄筋コンクリート版をセットフォームで施工する場合は、敷均し、締固めは1層で行う。

鉄網の敷設位置は、原則として舗装版の表面から版厚のほぼ1/3の位置とする。ただし、版厚が15cmの場合中央に鉄網を敷設する。

コンクリート舗装版の表面仕上げは、コンクリートフィニッシャを用いて締め固め、所定の高さに荒仕上げを行い、表面仕上げ機を用いて平坦仕上げを行い、粗面仕上げ機または人力で粗面仕上げの順に行う。

［目地の施工］ 目地はコンクリート版の膨張、収縮、そり等をある程度自由に発生させることにより、作用する応力を軽減する目的がある。

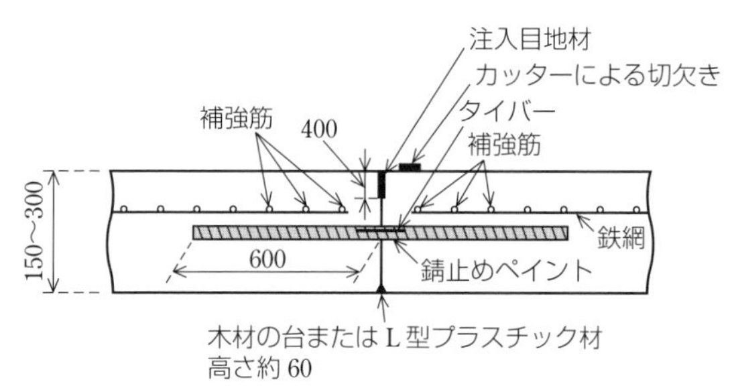

● 縦目地（ダミー目地）

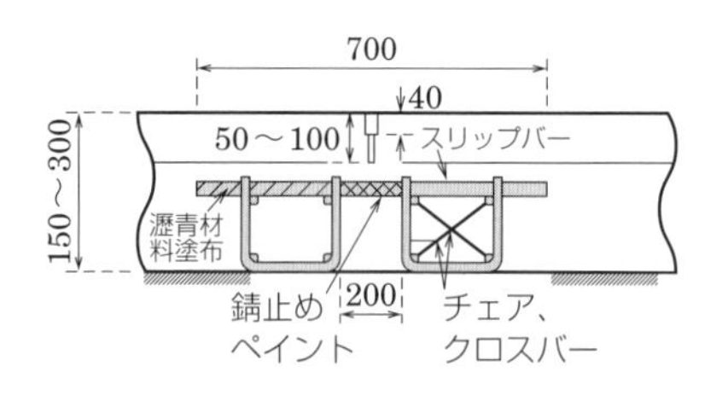

● 横収縮目地

コンクリート舗装の補修

コンクリート舗装の補修工法は、維持修繕の対象がコンクリート版そのものなのか、版の表面部なのかにより、**構造的対策工法**と**機能的対策工法**とに分けられる。

■ 構造的対策工法

工法	概要
打換え工法	広域にわたり**コンクリート版そのもの**に破損が生じた場合に行う工法
局部打換え工法	隅角部、横断方向など版の厚さ方向全体に達するひび割れが発生し、この部分における荷重伝達が期待できない場合に、版あるいは路盤を含めて局部的に打ち換える工法
オーバーレイ工法	**既設コンクリート版上**にアスファルト混合物を舗設するか、新しいコンクリートを打ち継ぎ、舗装の耐荷力を向上させる工法
バーステッチ工法	既設コンクリート版に発生したひび割れ部に、ひび割れと直角の方向に切り込んだカッタ溝を設け、この中に異形棒鋼あるいはフラットバー等の鋼材を埋設して、**ひび割れをはさんだ両側の版を連結**させる工法
注入工法	コンクリート版と路盤との間にできた空隙や空洞を填充したり、**沈下を生じた版を押し上げて**平常の位置に戻したりする工法

■ 機能的対策工法

工法	概要
粗面処理工法	コンクリート版表面を機械または薬剤により粗面化する工法 主に表面の**すべり抵抗性を回復**させる目的で実施
グルーピング工法	グルーピングマシンにより、路面に溝を20～60mmの間隔で切り込む工法 雨天時のハイドロプレーニング現象の抑制、**すべり抵抗性の改善**などを目的として実施
パッチング工法	コンクリート版に生じた欠損箇所や段差などに材料を充填して、路面の**平坦性などを応急的に回復**する工法
表面処理工法	コンクリート版にラベリング、ポリッシング、はがれ（スケーリング）、表面付近のヘアクラック等が生じた場合、版表面に薄層の舗装を施工して車両の走行性、すべり抵抗性や版の**防水性などを回復**させる工法
シーリング工法	目地材が老化、ひび割れ等により脱落、はく離などの破損を生じた場合やコンクリート版にひび割れが発生した場合、目地やひび割れから**雨水が浸入するのを防ぐ**目的で、注入目地材などのシール材を注入または充填する工法

過去問チャレンジ（章末問題）

問1 アスファルト舗装の路床の施工　R2-No.27

⇒1 アスファルト舗装の路床・路体

道路のアスファルト舗装における路床の施工に関する次の記述のうち、適当でないものはどれか。

(1) 盛土路床は、使用する盛土材の性質をよく把握した上で均一に敷き均し、施工後の降雨排水対策として、縁部に仮排水溝を設けておくことが望ましい。

(2) 路床の安定処理工法による構築路床の施工では、一般に路上混合方式で行い、所定量の安定材を散布機械または人力により均等に散布する。

(3) 構築路床の施工終了後、舗装の施工までに相当の期間がある場合には、降雨によって軟弱化したり流出したりするおそれがあるので、仕上げ面の保護などに配慮する必要がある。

(4) 路床の置換え工法は、原地盤を所定の深さまで掘削し、置換え土と掘削面を付着させるため掘削面をよくかきほぐしながら、良質土を敷き均し、締め固めて仕上げる。

解説　路床の置換え工法は、原地盤を所定の深さまで掘削し、掘削面以下の層をできるだけ乱さないように注意しながら、良質土を敷き均し、締め固めて仕上げる。

解答 (4)

問2 アスファルト舗装の路床の施工　R1-No.27

⇒1 アスファルト舗装の路床・路体

道路のアスファルト舗装における路床に関する次の記述のうち、適当でないものはどれか。

(1) 凍上抑制層は、凍結深さから求めた必要な置換え深さと舗装の厚さを比較し、置換え深さが大きい場合に、路盤の下にその厚さの差だけ凍上の生じにくい材料で置き換えたものである。

(2) 切土路床は、表面から30cm程度以内に木根、転石などの路床の均一性を損なうものがある場合はこれらを取り除いて仕上げる。

(3) 安定処理材料は、路床土とセメントや石灰などの安定材を混合し路床の支持力を改善する場合に用いられ、一般に粘性土に対してはセメントが適している。

(4) 安定処理工法は、現状路床土と安定材を混合し構築路床を築造する工法で、現状路床土の有効利用を目的とする場合はCBRが3未満の軟弱土に適用される。

解説 安定処理材料は、一般に粘性土に対しては石灰が適している。

解答 (3)

問3 アスファルト道路の路盤の施工 R2-No.28

➡2 アスファルト舗装の上層・下層路盤

道路のアスファルト舗装における路盤の施工に関する次の記述のうち、適当でないものはどれか。

(1) 下層路盤の施工において、粒状路盤材料が乾燥しすぎている場合は、適宜散水し、最適含水比付近の状態で締め固める。

(2) 下層路盤の路上混合方式による安定処理工法は、1層の仕上り厚さは15〜30cmを標準とし、転圧には2種類以上の舗装用ローラを併用すると効果的である。

(3) 上層路盤の粒度調整工法では、水を含むと泥濘化することがあるので、75μmふるい通過量は締固めが行える範囲でできるだけ多いものがよい。

(4) 上層路盤の瀝青安定処理路盤の施工でシックリフト工法を採用する場合は、敷均し作業は連続的に行う。

解説 上層路盤の粒度調整工法では、75μmふるい通過量は締固めが行える範囲でできるだけ少ないものがよい。

解答 (3)

問4 アスファルト道路の上層路盤の施工 H28-No.28

➡ 2 アスファルト舗装の上層・下層路盤

道路のアスファルト舗装における上層路盤の施工に関する次の記述のうち、適当でないものはどれか。

(1) 瀝青安定処理路盤の敷均しは、一般にアスファルトフィニッシャを用いるが、アスファルトフィニッシャ以外で敷き均す場合は材料の分離に留意する。

(2) 粒度調整路盤は、材料分離に留意しながら粒度調整路盤材料を均一に敷き均し、材料が乾燥しすぎている場合は適宜散水し、最適含水比付近の状態で締め固める。

(3) セメント安定処理路盤の締固めは、敷均し後の路盤材料が硬化しはじめてから締め固める。

(4) 瀝青安定処理路盤に用いる加熱アスファルト安定処理路盤材料は、一般にアスファルト量が少ないため、混合所における混合時間を長くするとアスファルトの劣化が進むので注意する。

解説 セメント安定処理路盤の締固めは、敷均し後の路盤材料の硬化が始まる前までに完了するように締め固める。

解答 (3)

問5 アスファルト舗装の施工 R2-No.29

➡ 3 アスファルト舗装の表層・基層

道路のアスファルト舗装における表層・基層の施工に関する次の記述のうち、適当でないものはどれか。

(1) 横継目の施工にあたっては、既設舗装の補修・延伸の場合を除いて、下層の継目の上に上層の継目を重ねないようにする。

(2) アスファルト混合物の二次転圧で荷重、振動数及び振幅が適切な振動ローラを使用する場合は、タイヤローラよりも少ない転圧回数で所定の締固め度が得られる。

(3) 改質アスファルト混合物の舗設は、通常の加熱アスファルト混合物に比べて、より高い温度で行う場合が多いので、特に温度管理に留意して速やかに敷き均す。

(4) 寒冷期のアスファルト舗装の舗設は、中温化技術を使用して混合温度を大幅に低減させることにより混合物温度が低下しても良好な施工性が得られる。

解説 寒冷期のアスファルト舗装の舗設は、中温化技術を使用して施工温度を20～30℃程度低減できることにより、混合物の施工温度が低下しても良好な施工性が得られる。　解答 (4)

問6 アスファルト舗装の施工 H30-No.29

➡ 3 アスファルト舗装の表層・基層

道路のアスファルト舗装における表層及び基層の施工に関する次の記述のうち、適当でないものはどれか。

(1) アスファルト混合物の敷均しは、使用アスファルトの温度粘度曲線に示された最適締固め温度を下回らないよう温度管理に注意する。

(2) アスファルト混合物の二次転圧は、適切な振動ローラを使用すると、タイヤローラを用いた場合よりも少ない転圧回数で所定の締固め度が得られる。

(3) 締固めに用いるローラは、横断勾配の高い方から低い方へ向かい、順次幅寄せしながら低速かつ一定の速度で転圧する。

(4) 施工の継目は、舗装の弱点となりやすいので、上下層の継目が同じ位置で重ならないようにする。

解説 締固めに用いるローラは、横断勾配の低い方から高い方へ向かい、順次幅寄せしながら低速かつ一定の速度で転圧する。　解答 (3)

問7　アスファルト舗装の施工（排水性舗装）　R1-No.31

⇒ 3 アスファルト舗装の表層・基層

道路の排水性舗装に使用するポーラスアスファルト混合物の施工に関する次の記述のうち、適当でないものはどれか。

(1) 橋面上に適用する場合は、目地部や構造物との接合部から雨水が浸透すると、舗装及び床版の強度低下が懸念されるため、排水処理に関しては特に配慮が必要である。
(2) ポーラスアスファルト混合物は、粗骨材が多いのですり付けが難しく、骨材も飛散しやすいので、すり付け最小厚さは粗骨材の最大粒径以上とする。
(3) 締固めは、ロードローラ、タイヤローラ等を用いるが、振動ローラを無振で使用してロードローラの代替機械とすることもある。
(4) タックコートは、下層の防水処理としての役割も期待されており、原則としてアスファルト乳剤（PK-3）を使用する。

解説　タックコートは、ポーラスアスファルト混合物とその下の層との接着をよくするために、原則としてゴム入りアスファルト乳剤を使用する。

解答　(4)

問8　アスファルト舗装の補修工法　H30-No.30

⇒ 4 アスファルト舗装の補修・維持

道路のアスファルト舗装の補修工法に関する次の記述のうち、適当でないものはどれか。

(1) オーバーレイ工法は、既設舗装の上に、厚さ3cm以上の加熱アスファルト混合物層を舗設する工法である。
(2) 切削工法は、路上切削機械などで路面の凸部などを切削除去し、再生用添加剤を加え再生した表層を構築する工法である。
(3) 薄層オーバーレイ工法は、既設舗装の上に、厚さ3cm未満の加熱アスファルト混合物を舗設する工法である。

(4) パッチング及び段差すり付け工法は、ポットホール、くぼみ、段差などを加熱アスファルト混合物や常温混合物などで応急的に充填する工法である。

解説 切削工法は、路上切削機械などで路面の凸部などを切削除去し、不陸や段差を解消する工法である。再生用添加剤を加え再生した表層を構築する工法は、路上表層再生工法である。

解答 (2)

問9 アスファルト舗装の補修工法 H27-No.31

➡ 4 アスファルト舗装の補修・維持

道路のアスファルト舗装の補修工法に関する次の記述のうち、適当でないものはどれか。

(1) 局部打換え工法は、既設舗装の破損が局部的に著しく、その他の工法では補修できない場合に、表層・基層あるいは路盤から局部的に打ち換える工法である。

(2) 路上路盤再生工法は、路上で既設アスファルト混合物層を破砕すると同時にセメント等の安定材と既設路盤材料などとともに混合、転圧して新たに路盤を構築する工法である。

(3) 薄層オーバーレイ工法は、予防的維持工法として用いられることもあり、既設舗装の上に厚さ3cm未満の加熱アスファルト混合物を舗設する工法である。

(4) シール材注入工法は、予防的維持工法として用いられることもあり、既設舗装の上に加熱アスファルト混合物以外の材料を使用して、封かん層を設ける工法である。

解説 シール材注入工法は、比較的幅の広いひび割れに注入目地材などを充填する工法である。封かん層を設ける工法は、表面処理工法である。

解答 (4)

問10 コンクリート舗装の施工　H29-No.31

➡5 コンクリート舗装

道路の普通コンクリート舗装におけるセットフォーム工法の施工に関する次の記述のうち、適当でないものはどれか。

(1) コンクリートの表面仕上げは、平坦仕上げだけでは表面が平滑すぎるので、粗面仕上げ機または人力によりシュロ等で作ったほうきやはけを用いて、表面を粗面に仕上げる。

(2) コンクリートの敷均しでは、締固め、荒仕上げを終了したとき、所定の厚さになるように、適切な余盛りを行う。

(3) コンクリートをフィニッシャ等で締固めを行うときは、型枠及び目地の付近は締固めが不十分になりがちなので、適切な振動機器を使用して細部やバー周辺も十分締め固める。

(4) コンクリートを直接路盤上に荷卸しする場合は、大量に荷卸しして大きい山を作ることで、材料分離を防いで、敷均し作業を容易にする。

解説　コンクリートを直接路盤上に荷卸しする場合は、大量に荷卸しして大きい山を作ると、材料分離の傾向が増すとともに、敷均し作業が容易でなくなる。したがって、できるだけ小さい山を作るのが望ましい。

解答 (4)

問11 コンクリート舗装の補修　H28-No.32

➡5 コンクリート舗装

道路のコンクリート舗装の補修工法に関する次の記述のうち、適当でないものはどれか。

(1) コンクリート舗装版上のコンクリートによる付着オーバーレイ工法では、その目地は既設コンクリート舗装の目地位置に合わせ、切断深さはオーバーレイ厚の1/3とする。

(2) コンクリート舗装版に生じた欠損や段差などを応急的に回復するパッチング工法では、既設コンクリートとパッチング材料との付着を確実にすることが重要である。

(3)　コンクリート舗装版の隅角部の局部打換え工法では、ブレーカ等を用いてひび割れを含む方形部分のコンクリートを取り除き、旧コンクリートの打継面は鉛直になるようにはつる。

(4)　コンクリート舗装版上のアスファルト混合物によるオーバーレイ工法では、オーバーレイ厚の最小厚は8cmとすることが望ましい。

解説　付着オーバーレイ工法では、切断深さはオーバーレイ厚の全厚とする。

解答　(1)

ダム

1 ダムの形式

出題頻度 ★☆☆

ダムの形式

ダムの形式を堤体材料と設計手法の違いで分類すると、下のようになる。試験でよく出題されるのは、コンクリートダムから**重力ダム**、フィルダムからは**ロックフィルダム**である。

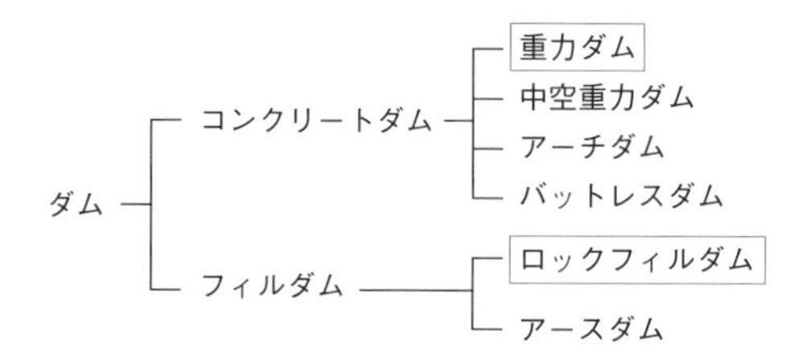

コンクリート重力ダム

ダム堤体の自重により水圧などの外力に対抗して、貯水機能を果たすように作られたダムである。

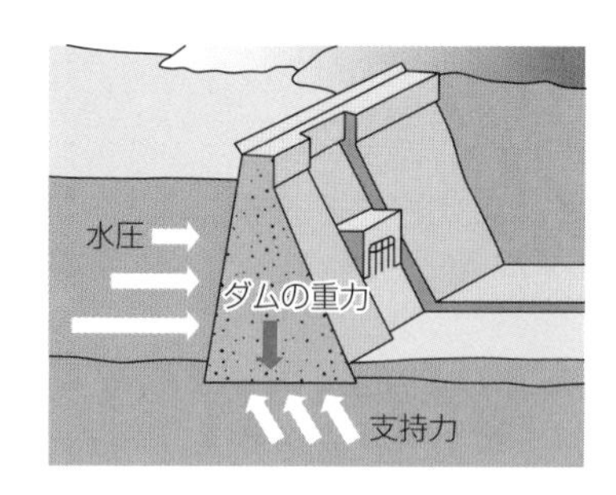

● 重力ダム

［コンクリートの配合区分と目的］　コンクリートの配合は、以下のような目的で区分される。

- **着岩コンクリート**：岩盤との一体性を確保する。
- **構造コンクリート**：鉄筋や埋設構造物との付着性が求められる。
- **内部コンクリート**：所要の強度、発熱量が小さいことが求められる。
- **外部コンクリート**：水密性、すりへり作用に対する抵抗性が求められる。

フィルダム

フィルダムは、**遮水機能**を果たす部分の構造によって、「均一形」、「ゾーン形」、「表面遮水壁形」という3つの形式に分類することができる。

［均一形フィルダム］　堤体のほとんどが均一な材料によって構成されている30 m程度以下のダムである。

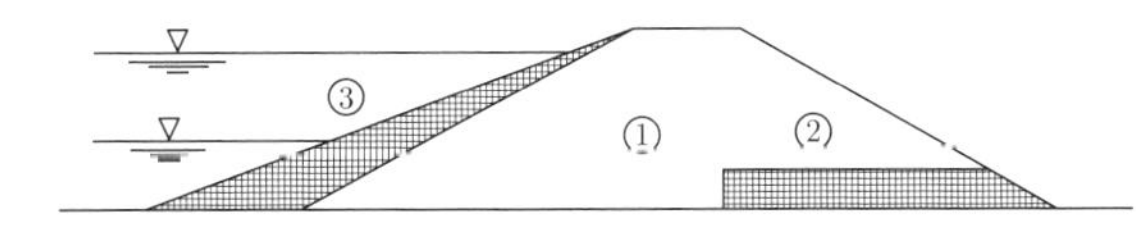

● 均一形フィルダムの構成

［ゾーン形フィルダム］　遮水ゾーン、浸透性の異なるいくつかのゾーンによって構成される形式である。堤体の中央に遮水ゾーン（コア）を持つものを**中央コア型**、傾斜した遮水ゾーンを持つものを**傾斜コア型**と呼ぶ。この遮水ゾーンを施工する際、基礎の掘削は十分な遮水性が確保される岩盤まで掘削し、透水ゾーンでは所要のせん断強度が得られるまで掘削する。

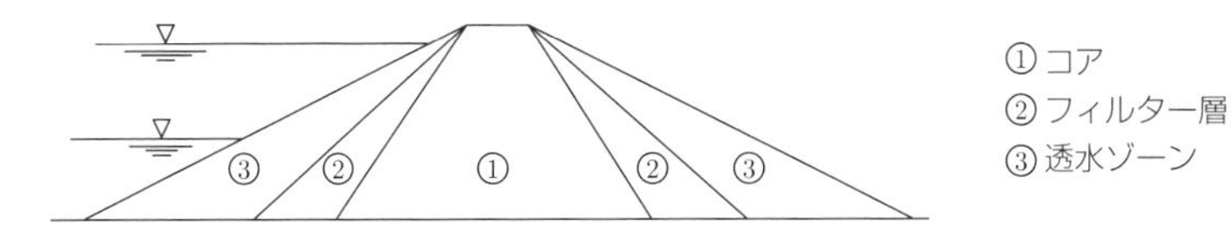

● ゾーン形フィルダムの構成

［表面遮水壁形フィルダム］　透水ゾーンの上流面にアスファルトコンクリート等の遮水壁を持つ形式である。

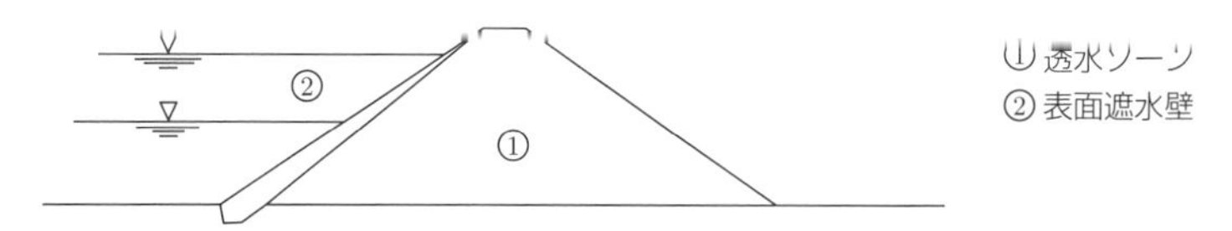

● 表面遮水壁形フィルダムの構成

［ダム形式の選定］ フィルダムの形式は、ダムの高さ、使用材料の種類、ダム地点の地形・地質、気象条件などを考慮して選定する。

■ ダム形式の選定

要素	均一形	ゾーン形	表面遮水壁形
堤体材料	土質材料	土質材料 透水性材料	透水性材料 その他のトランジション材料
ダムサイトの地形	－	アバットメントが急傾斜の場合は中央コア型が有利	アバットメントが急傾斜の場合は不利
ダムサイトの地質	土質基礎の場合が多い	岩盤基礎の場合が多い	岩盤基礎の場合が多い
気象	寒冷地、多雨地域には不利	寒冷地、多雨地域では遮水ゾーンの薄いものが有利	多雨地域では有利

堤体材料は、**土質材料**、**砂礫材料**、**ロック材料**、**その他の遮水材料**に区分される。

- **不透水性材料**：土質材料
- **透水性材料**：砂礫材料、ロック材料

2 ダムの基礎処理

出題頻度 ★☆☆

基礎部の掘削方法

［粗掘削と仕上げ掘削］ 基礎岩盤の掘削は次の2段階で行う。

- **粗掘削**：計画掘削面の約50cm手前で止める。
- **仕上げ掘削**：粗掘削で緩んだ岩盤や凹凸部を除去し、良好な岩盤を露出させる。

［ベンチカット工法］ ダムの基礎掘削は、基礎岩盤に損傷を与えることが少なく、大量掘削に対応できるベンチカット工法（斜面をベンチのような階段状にする）が一般的である。

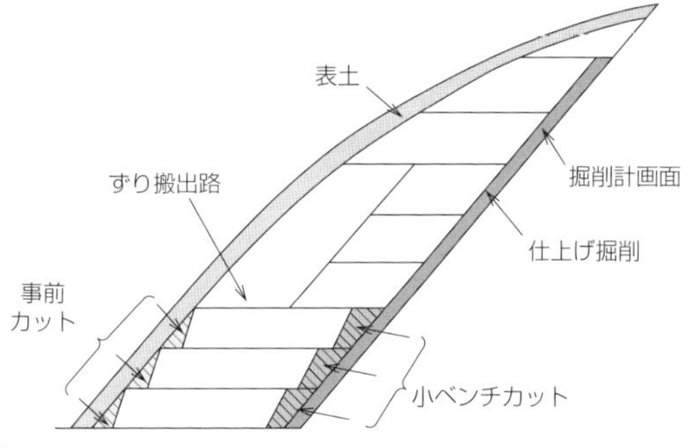

● ベンチカット工法

以下のような事項に留意する。

- 大型の削岩機で削孔を行い、爆破して下に向かって掘削する。
- 斜面をベンチのような階段状にする。
- 掘削計画面から3.0m付近からの掘削は、高さ1m程度の小ベンチ発破工法やプレスプリッティング工法などにより基礎岩盤への損傷を少なくするよう配慮する。

［基礎岩盤の処理］ コンクリートを打設する前、基礎岩盤の処理方法は、仕上げ掘削、岩盤清掃、湧水処理、軟弱部・断層処理がある。

グラウチングの施工

グラウチングとは、基礎部と岩盤の隙間にセメントミルク等で充填することをいい、ダムでは基礎地盤の改良で用いられている。施工は、初期配合及び地盤の透水性状などを考慮した、配合切替え基準をあらかじめ定めておき、濃度の薄いものから濃いものへ順次切り替えつつ注入を行う。

グラウチングの種類

［コンソリデーショングラウチング］ 基礎地盤の遮水性の改良と弱部の補強を目的として採用される。遮水性の改良は、動水勾配が大きい基礎排水孔から堤敷（ていじき）上流端までの浸透路長が短い部分の遮水性改良である。弱部とは、不均一な変形を生じるおそれのある、断層、破砕帯、強風化石、変質帯で、それら弱部を補強する。

［ブランケットグラウチング］ 動水勾配が大きいコア着岩部付近の割れ目を閉塞するとともに、遮水性を改良することを目的として、**コア着岩部全域**を

施工する。

［カーテングラウチング］ 浸透路長の短い部分と貯水池外への水みちを形成するおそれのある高透水部の遮水性の改良を目的とし、地盤に応じた範囲を施工する。

コンクリートダムの場合、上流フーチングまたは堤内通廊から施工する。ロックフィルダムの場合は、監査廊から施工するのが一般的である。

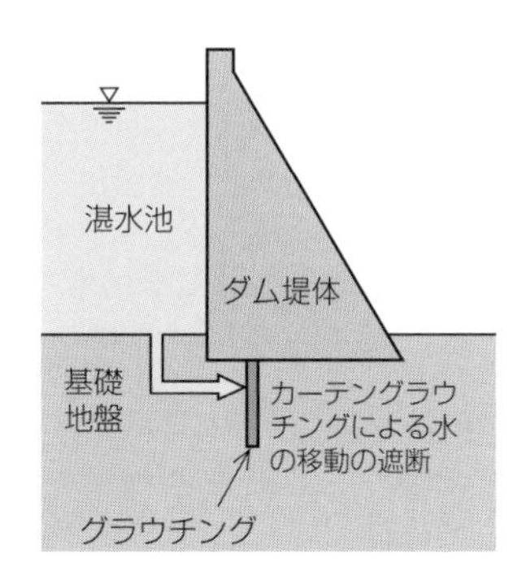

● カーテングラウチング

［コンタクトグラウチング］ コンクリートの硬化などにより堤体と基礎地盤の境界周辺に生じる間隙に対し、コンクリート水和熱がある程度収まった段階で実施する。

［補助カーテングラウチング］ カーテングラウチング施工時のセメントミルクのリークを防止するために先行して実施される。

◘ グラウチングの施工

［施工順序］ グラウチングの施工は、改良状況の確認と追加孔の必要性が容易に判断できる**中央挿入方法**を標準としている。

［グラウチングの注入方法］ グラウチングの注入方法には、ステージグラウチングとパッカーグラウチングがある。**ステージグラウチング**は、上位から下位のステージに向かって削孔と注入を交互に行い注入孔全長のグラウチングを施工する方法であり、**パッカーグラウチング**は、全長を掘削した後、最深部ステージからパッカーをかけながら注入する方法である。注入方法は、パッカー方法より孔壁の崩壊によるジャーミングの危険性が少ないステージ方法を標準とする。

［グラウチングの改良効果］ 遮水性の改良を目的とするグラウチングの改

良効果は、ルジオン値で判断する。改良効果の判断指標としては、最終次数孔の改良目標値の非超過確率を85%～90%以上としている。

［グラウチング孔間隔］ 近接孔で同時に注入作業を行う場合は、注入や地盤への影響を考慮して平面的には同ステージで隣接孔と6m以上、深さ方向には隣接孔と5m以上の間隔を取るのが一般である。

3 ダムの施工

コンクリートダムの施工

コンクリートダムの工法

堤体コンクリートの打込み方法は、**柱状工法**と**面状工法**に分類することができる。

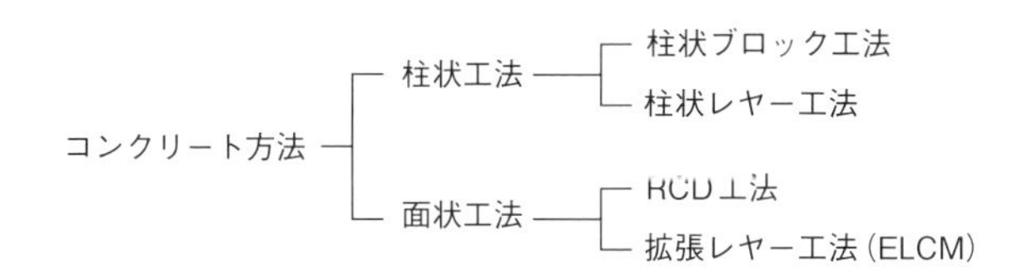

［柱状工法］ ダム軸に平行方向の縦継目と直角方向の横継目で分割する**ブロック方式**と、横継目だけを設ける**レヤー方式**がある。

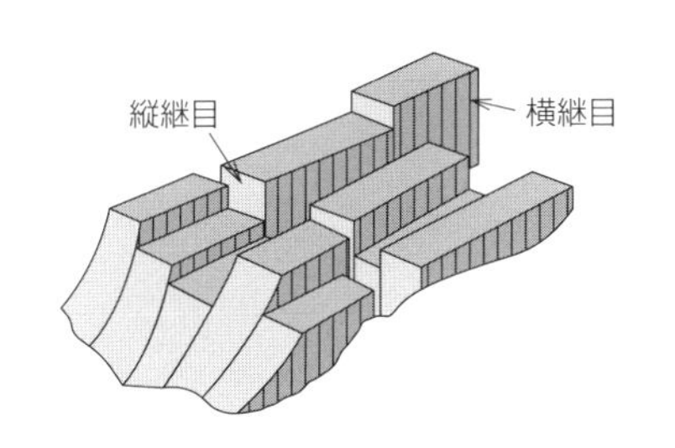

● ブロック方式

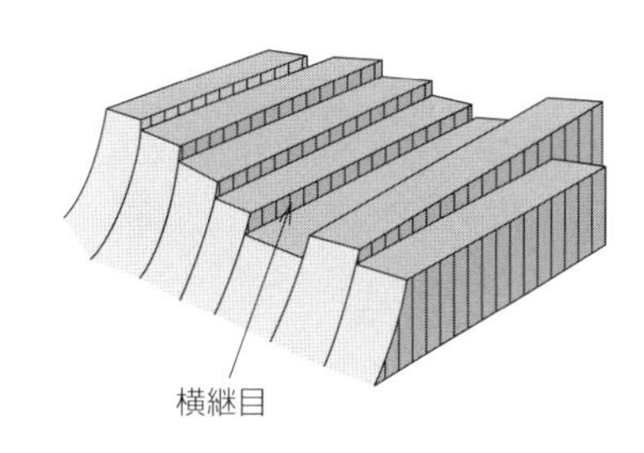

● レヤー方式

柱状工法では、水和熱によって外部拘束によるクラックを制御するため、一般に横継目を15m間隔に、縦継目を30～50m程度の間隔に設ける。また、コンクリートダムを適当な大きさに分割し、隣接ブロック間のリフト差は標準リフト1.5mの場合に横継目間で8リフト、縦継目間で4リフト以内にする。

［面状工法］ 面状工法は、低リフトで大区画を対象にする工法で、RCDコンクリート使用して複数の区画を同時に打ち込む**RCD工法**、通常のコンクリートを使用する**拡張レヤー工法（ELCM）**がある。

RCD工法は、単位結合材料の少ない超硬練りコンクリートをブルドーザで敷き均し、振動ローラで締め固める。このとき、打込みは0.75mリフトで3層、1.0mリフトでは4層に分割して仕上げる。

拡張レヤー工法は、単位セメント量の少ない有スランプコンクリートを一度に複数ブロック打設し、横継目は打設後または打設中に設ける。この横目地は、その拡張した複数ブロックの15cmごとに設ける。

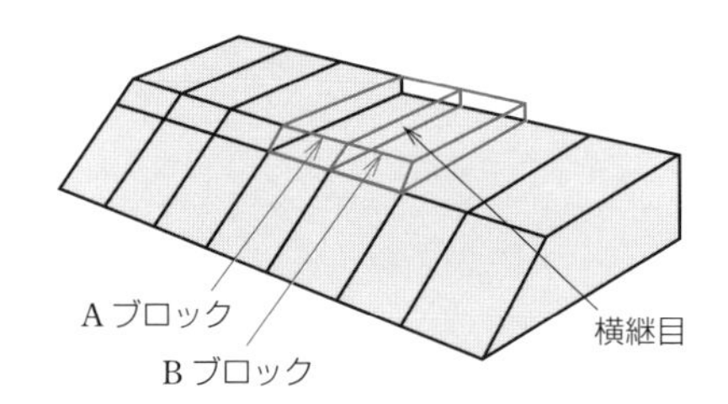

● 拡張レヤー方式

［工法の特徴］ 工法の特徴を下表に示す。

■ 各工法の特徴等

工法	拡張レヤー工法（ELCM）	RCD工法
特徴	有スランプコンクリートを使用する	ゼロスランプのRCDコンクリートを用いる
温度規制	打上り速度規制、プレクーリング、プレヒーリング、上下流面の保温	材料、打設間隔、リフト高、養生などの調整で対処、プレクーリングを行い、パイプクーリングによる温度規制は行わない
敷均し	ブルドーザ	ホイールローダ等
締固め	内部振動機を装着した搭載型内部振動機を使用	振動ローラを使用
試験方法	スランプ試験	ＶＣ試験

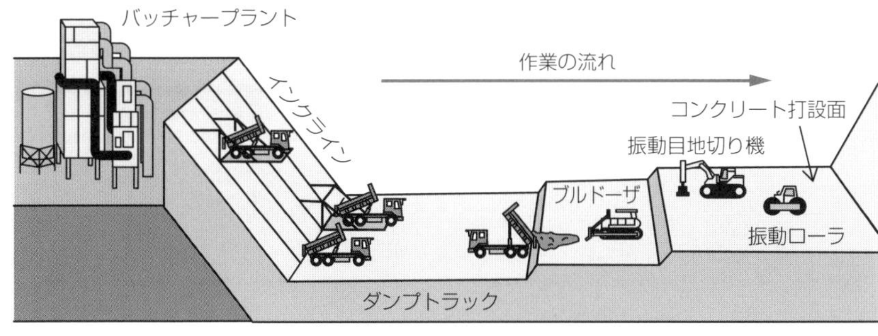

● RCD工法による施工

［CSG（セメント砂礫混合物）工法］ 基本的には手近で得られる岩石質材料を分級し、粒度調整及び洗浄は行わず、水とセメントを添加して簡単な施設を用いて混合したものである。水、セメントを添加混合したものをブルドーザで敷き均し、振動ローラで締め固める工法であり、打込み面はブリーディングが極めて少ないことから、グリーンカットは必要としない。

◘ コンクリートの施工

［暑中・寒中コンクリート］ 日の平均気温が25℃を超える可能性のある場合は、**暑中コンクリート**として施工しなければならない。また、日の平均気温が4℃以下となる可能性のある場合は、ダムコンクリートの表面が凍結する可能性が高いので、**寒中コンクリート**として施工しなければならない。

［リフト高］ リフト高は、コンクリートの自然熱放散、打設工程、打設面の処理などを考慮して決定する。

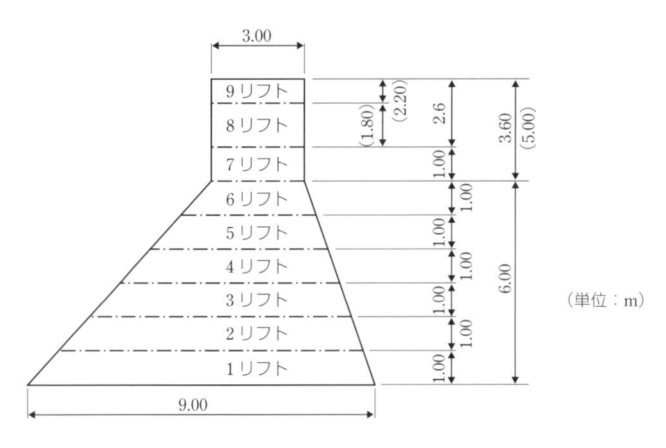

● リフト高

濁水処理

コンクリート打設面のレイタンス除去処理で発生する濁水は、アルカリ性が強いので河川環境に悪影響を与えないように塩酸、硫酸などで中和する**酸性液法**と**炭酸ガス法**がある。

フィルダムの施工

フィルダム、ゾーンの材料

ゾーン型ダムの材料は、外側に配置する透水性材料の**ロックゾーン**、遮水ゾーンと透水ゾーンの間に入る半透水性材料の**フィルタゾーン**、**コアゾーン**と呼ばれる遮水材料の3種類に分けることができる。

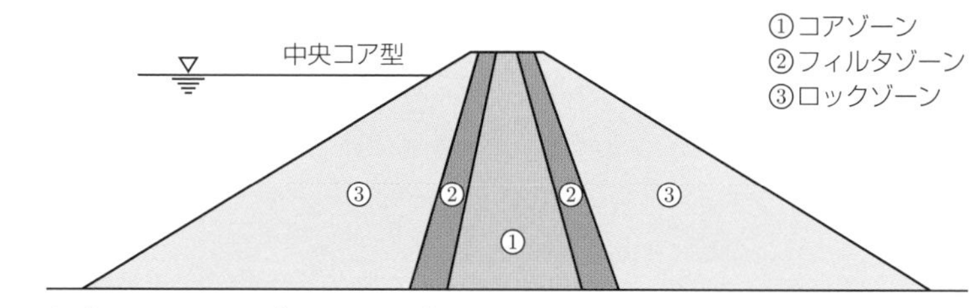

● ロックゾーン、フィルタゾーン、コアゾーンの関係

施工時の留意点

［遮水ゾーンの基礎］ 遮水ゾーンの基礎は、パイピング等の浸透破壊を防止するために十分な遮水性が期待できる岩盤まで掘削することが望ましい。遮水材料の敷均し、転圧はできるだけダム軸と平行に行うとともに均等な厚さに仕上げることが必要である。

［遮水ゾーンの施工］ 盛立面に遮水材料をダンプトラックで撒きだすときは、遮水ゾーンは最小限の距離しか走行させないものとし、できるだけ**フィルタゾーン**を走行させる。

［着岩部の施工］ 着岩部の施工では、一般的に遮水材料よりも粒径の小さい着岩材を**人力**あるいは**小型締固め機械**を用いて施工する。

基礎部においてヘアクラック等を通して浸出してくる程度の湧水がある場合は、湧水箇所の周囲を先に盛り立てて排水を実施し、その後一挙に**コンタクトクレイ（細粒の土質材料）**で盛り立てる。

過去問チャレンジ（章末問題）

問1　ダムの形式（フィルダム）　R1-No.34

➡1 ダムの形式

フィルダムに関する次の記述のうち、適当でないものはどれか。

(1)　遮水ゾーンの盛立面に遮水材料をダンプトラックで撒きだすときは、できるだけフィルタゾーンを走行させるとともに、遮水ゾーンは最小限の距離しか走行させないようにする。

(2)　フィルダムの基礎掘削は、遮水ゾーンと透水ゾーン及び半透水ゾーンとでは要求される条件が異なり、遮水ゾーンの基礎の掘削は所要のせん断強度が得られるまで掘削する。

(3)　フィルダムの遮水性材料の転圧用機械は、従来はタンピングローラを採用することが多かったが、近年は振動ローラを採用することが多い。

(4)　遮水ゾーンを盛り立てる際のブルドーザによる敷均しは、できるだけダム軸方向に行うとともに、均等な厚さに仕上げる。

解説　フィルダムの基礎掘削は、遮水ゾーンでは十分な遮水性が確保される岩盤まで掘削し、透水ゾーンでは所要のせん断強度が得られるまで掘削する。

解答　(2)

問2　ダムの形式（重力式ダム）　R2-No.34

➡1 ダムの形式

重力式コンクリートダムで各部位のダムコンクリートの配合区分と必要な品質に関する次の記述のうち、適当なものはどれか。

(1)　構造用コンクリートは、水圧などの作用を自重で支える機能を持ち、所要の単位容積質量と強度が要求され、大量施工を考慮して、発熱量が小さく、施工性に優れていることが必要である。

(2)　内部コンクリートは、所要の水密性、すりへり作用に対する抵抗性や凍結融解作用に対する抵抗性が要求される。

(3) 着岩コンクリートは、岩盤との付着性及び不陸のある岩盤に対しても容易に打ち込めて一体性を確保できることが要求される。

(4) 外部コンクリートは、鉄筋や埋設構造物との付着性、鉄筋や型枠などの狭あい部への施工性に優れていることが必要である。

解説 (1) 内部コンクリートは、水圧などの作用を自重で支える機能を持ち、所要の単位容積質量と強度が要求され、大量施工を考慮して、発熱量が小さく、施工性に優れていることが必要である。
(2) 外部コンクリートは、所要の水密性、すりへり作用に対する抵抗性や凍結融解作用に対する抵抗性が要求される。
(4) 構造用コンクリートは、鉄筋や埋設構造物との付着性、鉄筋や型枠などの狭あい部への施工性に優れていることが必要である。 解答 (3)

問3 ダムの基礎処理 R2-No.33

➡ 2 ダムの基礎処理

ダムの基礎処理に関する次の記述のうち、適当でないものはどれか。

(1) ダムの基礎グラウチングとして施工されるステージ注入工法は、下位から上位のステージに向かって施工する方法で、ほとんどのダムで採用されている。

(2) 重力式コンクリートダムのコンソリデーショングラウチングは、着岩部付近において、遮水性の改良、基礎地盤弱部の補強を目的として行う。

(3) グラウチングは、ルジオン値に応じた初期配合及び地盤の透水性状などを考慮した配合切替え基準をあらかじめ定めておき、濃度の薄いものから濃いものへ順次切り替えつつ注入を行う。

(4) カーテングラウチングの施工位置は、コンクリートダムの場合は上流フーチングまたは堤内通廊から、ロックフィルダムの場合は監査廊から行うのが一般的である。

解説 ダムの基礎グラウチングとして施工されるステージ注入工法は、上位から下位のステージに向かって施工する方法である。 解答 (1)

問4　ダムの基礎掘削　H30-No.33

➡2 ダムの基礎処理

ダムの基礎掘削に関する次の記述のうち、適当でないものはどれか。

(1)　基礎掘削は、掘削計画面より早く所要の強度の地盤が現れた場合には、掘削を終了し、逆に予期しない断層や弱層などが現れた場合には、掘削線の変更や基礎処理を施さなければならない。

(2)　掘削計画面から3m付近の粗掘削は、小ベンチ発破工法やプレスプリッティング工法などにより施工し、基礎地盤への損傷を少なくするよう配慮する。

(3)　仕上げ掘削は、一般に掘削計画面から50cm程度残した部分を、火薬を使用せずに小型ブレーカや人力により仕上げる掘削で、粗掘削と連続して速やかに施工する。

(4)　堤敷外の掘削面は、施工中や完成後の法面の安定性や経済性を考慮するとともに、景観や緑化にも配慮して定める必要がある。

解説　仕上げ掘削と粗掘削は連続して行われない。

解答　(3)

問5　ダムの施工方法　H29-No.34

➡3 ダムの施工

ダムの施工法に関する次の記述のうち、適当でないものはどれか。

(1)　RCD工法は、ダンプトラック等で堤体に運搬されたRCD用コンクリートをブルドーザにより敷き均し、振動目地切り機などで横継目を設置し、振動ローラで締固めを行う工法である。

(2)　ELCM（拡張レヤー工法）は、従来のブロックレヤー工法をダム軸方向に拡張し、複数ブロックを一度に打ち込み堤体を面状に打ち上げる工法で、連続施工を可能とする合理化施工法である。

(3)　柱状ブロック工法は、縦継目と横継目で分割した区画ごとにコンクリートを打ち込む方法であり、そのうち横継目を設けず縦継目だけを設ける場合を特にレヤー工法と呼ぶ。

(4) フィルダムの施工は、ダムサイト周辺で得られる自然材料を用いた大規模盛土構造物と、洪水吐きや通廊などのコンクリート構造物となるため、両系統の施工設備が必要となる。

解説 柱状ブロック工法のうち、縦継目を設けず横継目だけを設ける場合を特にレヤー工法と呼ぶ。

解答 (3)

問6 ダムの施工（ロックフィルダム） H28-No.34

➡ 3 ダムの施工

ロックフィルダムの遮水ゾーンの盛立てに関する次の記述のうち、適当でないものはどれか。

(1) 基礎部においてヘアクラック等を通して浸出してくる程度の湧水がある場合は、湧水箇所の周囲を先に盛り立てて排水を実施し、その後、一挙にコンタクトクレイで盛り立てる。
(2) ブルドーザによる敷均しは、できるだけダム軸に対して直角方向に行うとともに、均等な厚さに仕上げる。
(3) 盛立面に遮水材料をダンプトラックで撒きだすときは、遮水ゾーンは最小限の距離しか走行させないものとし、できるだけフィルタゾーンを走行させる。
(4) 着岩部の施工では、一般的に遮水材料よりも粒径の小さい着岩材を人力あるいは小型締固め機械を用いて施工する。

解説 ブルドーザによる敷均しは、できるだけダム軸方向と平行に行う。

解答 (2)

問7 ダムの施工（コンクリートダム） H25-No.33

➡3 ダムの施工

ダムコンクリートの工法に関する次の記述のうち、適当でないものはどれか。

⑴ RCD工法は、超硬練りコンクリートをブルドーザで敷き均し、振動ローラで締め固める工法で、打込みは0.75mリフトで3層、1.0mリフトでは4層に分割して仕上げる。

⑵ 柱状ブロック工法は、コンクリートダムを適当な大きさに分割して施工する工法で、隣接ブロック間のリフト差は、標準リフト1.5mの場合に横継目間で8リフト、縦継目間で4リフト以内にする。

⑶ CSG工法は、手近に得られる岩石質材料に極力手を加えず、水、セメントを添加混合したものをブルドーザで敷き均し、振動ローラで締め固める工法で、打込み面はブリーディングが極めて少ないことからグリーンカットは必要としない。

⑷ ELCM（拡張レヤー）工法は、ブロックをダム軸方向に拡張して、複数ブロックを一度に打ち込み棒状バイブレータ（内部振動機）で締め固める工法で、横継目はその拡張した複数ブロックの30～45mごとに設ける。

解説 ELCM（拡張レヤー）工法は、横継目はその拡張した複数ブロックの15cmごとに設ける。

解答 ⑷

トンネル

選択問題

1 トンネルの掘削方法

出題頻度 ★☆☆

山岳トンネルの掘削工法

トンネルの掘削工法には、**全断面工法、ベンチカット工法、中壁分割工法、導杭先進工法**などがある。

また、トンネルの掘削方式には、**人力掘削、爆破掘削、機械掘削**などがある。

［全断面工法］ 全断面工法は、小断面のトンネルや地質が安定した地山で採用されるが、施工途中での地山条件の変化に対する順応性が低い。

［ベンチカット工法］ この工法は、全断面では切羽が安定しない場合に有効であり、地山の良否に応じてベンチ長を決定する。

下図はミニベンチカットで、②が数m程度、①はショートベンチカットが30m前後、ロングベンチカットが100mとされている。

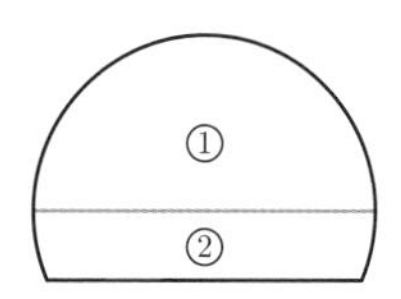

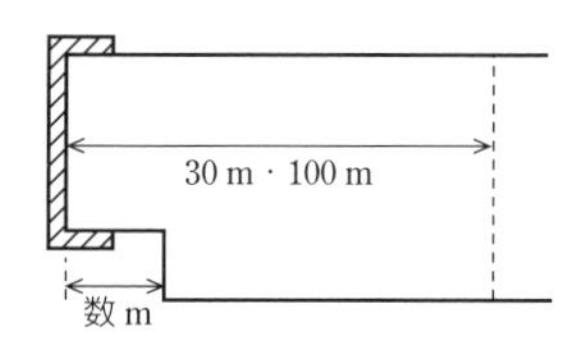

● ミニベンチカット

［中壁分割工法］ 上下にも分けて4分割にする方法もある。

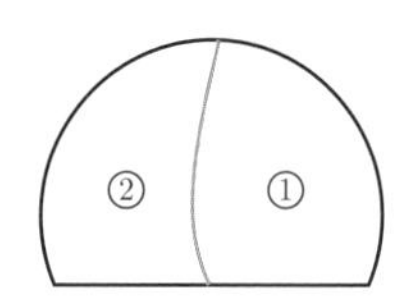

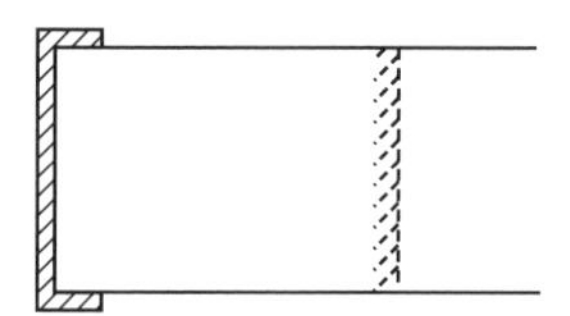

● ミニベンチカット

[導杭先進工法] 下図に示す①の導坑を先行させて掘削した後、②の本トンネルを掘進する方法。地質が非常に悪い地山や、地下水が多い地山などに採用される。

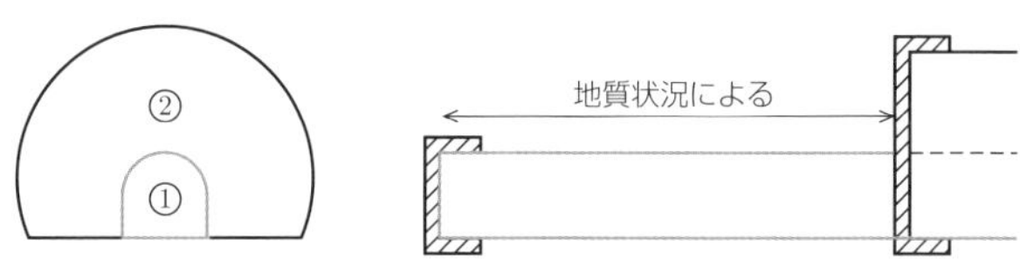

※図は底設導杭先進工法、側壁に導杭を設ければ側壁導杭先進工法

● ミニベンチカット

2 トンネルの支保工

出題頻度 ★

支保工

[吹付けコンクリート] 吹付けコンクリートは、掘削直後に地山に密着するように容易に施工でき、支保構造部材では最も一般的に用いられる。岩塊の局部的な脱落を防止し、緩みが進行するのを防ぎ、地山自身で安定が得られる効果があるほか、せん断抵抗による支保効果、内圧効果、リング閉合効果、外圧配分効果、弱層の補強効果、被覆効果などがある。

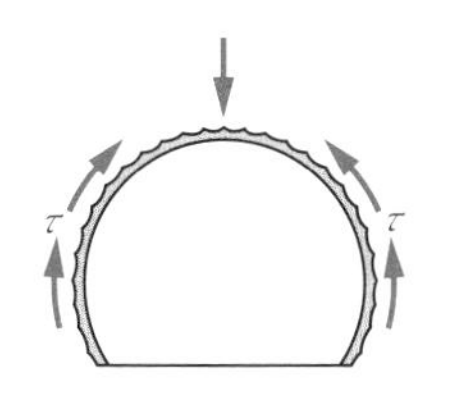

岩盤との付着力
せん断力（τ）による抵抗

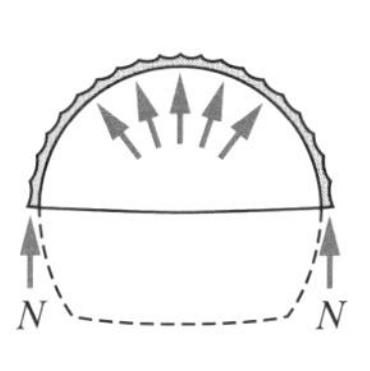

曲げ圧縮または
軸力（N）による抵抗

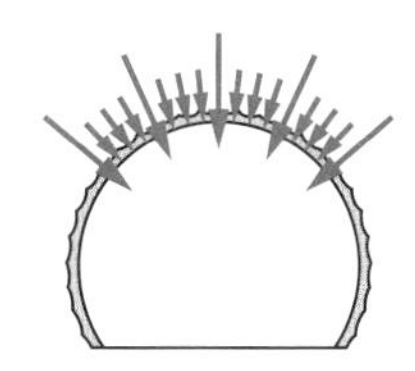

外力の分散効果

● 吹付けコンクリートの作用効果

[ロックボルト] ロックボルトの作用効果は、岩盤の性状や強度などによって異なるが、**縫付け効果、はり形成効果、内圧効果、地山改良効果**などがある。なお、内圧効果によって耐荷能力が向上したトンネル周辺の地山は、一様の変形することによって地山アーチ形成効果も期待できる。

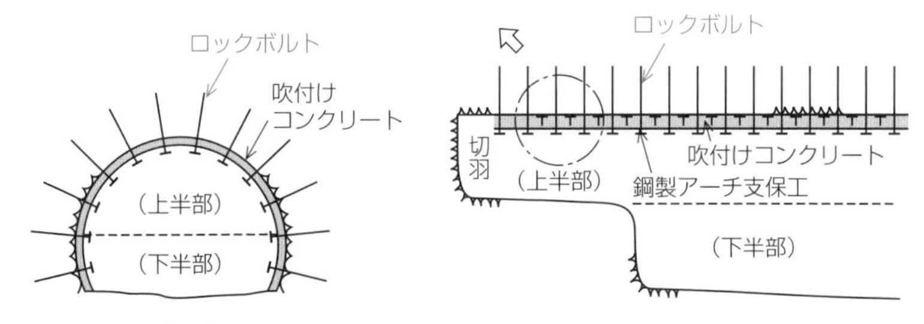

● ロックボルトの作用効果

［鋼製支保工］ 鋼製アーチ支保工は、自立性の悪い地山や割れ目の発達した地山の場合に、吹付けコンクリートが十分な強度を発揮するまでの短期間に生じる緩み対策として使用するほか、吹付け工と一体化することによって支保機能を高める作用効果がある。

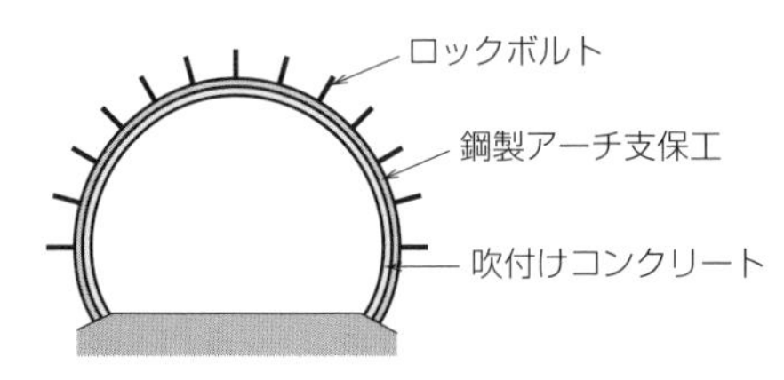

● 鋼製支保工の作用効果

3 トンネルの施工

出題頻度 ★☆☆

トンネルの施工

支保工の施工順序

支保工は単独または組合せで施工し、一般に支保工の施工順序は、地山条件が良い場合には、**吹付コンクリート→ロックボルト**の順に行い、地山条件が悪い場合には、**一次吹付コンクリート→鋼製支保工→二次吹付コンクリート→ロックボルト**の順で施工する。

掘削の補助工法

掘削の補助工法を下表に示す。

■ 掘削の補助工法

工法 ＼ 目的と適用地山		補助工法の目的						適用地山条件		
		天端の安定対策	鏡面の安定対策	脚部の安定対策	湧水対策	地表面沈下対策	近接構造物対策	硬岩	軟岩	土砂
先受工	フォアポーリング	◎	○				○	○	◎	◎
	注入式フォアポーリング	◎	○			○	○	○	◎	◎
	長尺鋼管フォアパイリング	○	○			○	○		○	◎
	パイプルーフ	○	○			◎	○		○	○
	水平ジェットグラウド	○	○	○		○	○			○
	プレライニング	○	○			○	○		○	○
鏡面の補強	鏡吹付けコンクリート		◎					○	◎	◎
	鏡ボルト		◎					○	○	○
脚部の補強	支保工脚部の拡幅			◎		◎			○	◎
	仮インバート			○		○			○	○
	脚部補強ボルト・パイル			○		○			○	○
	脚部改良			○		○				○
湧水対策	水抜ボーリング	○	○		◎			◎	◎	◎
	ウェルポイント	○	○		○					○
	ディープウェル	○	○		○					○
地山補強	垂直縫地工法	○	○			○		○	○	○
	注入	○	○	○	◎	○	◎	○	○	○
	遮断壁				○	○	◎			○

注）◎：比較的よく用いられる工法、○：場合によって用いられる工法

［フォアポーリング工法］ 天端部の安定対策として、掘削前にボルト・鉄筋・単管パイプ等を切羽天端前方に向けて挿入し地山を拘束する工法。一般に1本あたり5m以下のものが用いられ、打設角度はできるだけ小さい角度がよい。

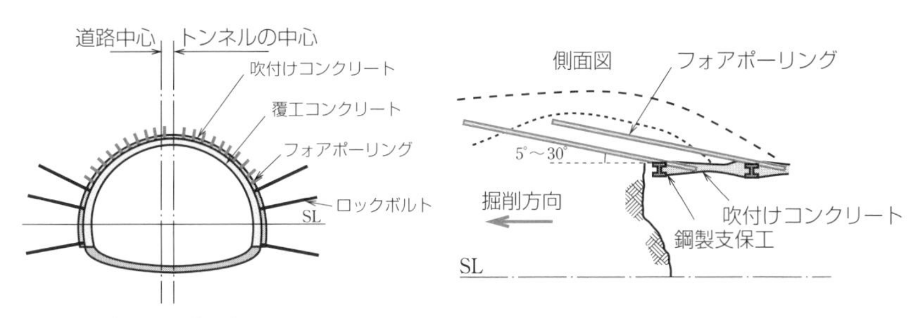

● フォアポーリング工法

[注入式フォアポーリング工法] 天端部の安定対策として、ボルト打設と同時に超急結性のセメントミルク等を圧力注入する工法。天端部の簡易な安定対策としては比較的信頼性が高く、多くの施工実績がある。

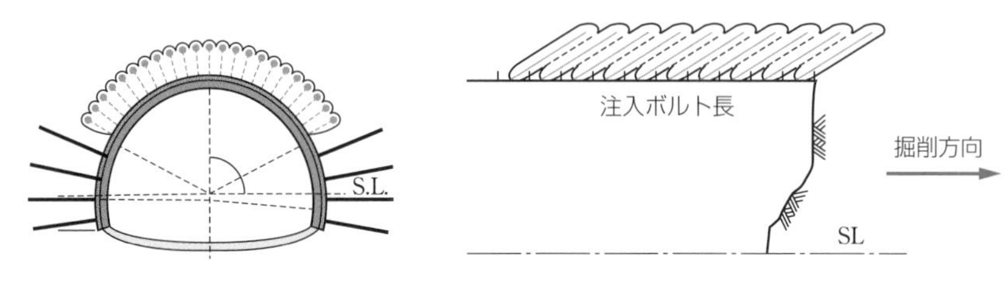

● 注入式フォアポーリング工法

施工時の観察・計測

都市部山岳工法によるトンネル施工に際しては、都市部の特有の条件を考慮した観察･計測を行わなければならない。主な観察･計測事項を以下に示す。

- 地表面沈下
- 近接構造物の挙動（構造物の沈下、水平変位、傾斜など）：切羽通過前の先行変位を把握することが、その後の最終変位の予測や支保工、補助工法の対策効果を確認する上で重要である。
- 近接構造物の損傷状況（ひび割れ等）
- 周辺の地下水：近接構造物の損傷状況は、度合いによって管理基準値を個別に設定する必要があるため、工事着工前に対象構造物の損傷状態を把握しておかなければならない。地下水は工事前から工事後の長期にわたって計測を行う必要がある。

[内空変位測定] 内部変位測定は、坑内において壁面間距離の変化を計測し、その結果を周辺地山の安定や支保部材の効果の検討、二次覆工打設時期の検討に活用する。計測頻度は切羽との離れ及び変位速度との関係によって定め、初期段階では概ね1～2回／日程度が標準である。

[地中変位測定] 坑内で計測する地中変位測定は、周辺地山の半径方向の変位を計測するもので、その結果を緩み領域の把握やロックボルト長の妥当性の検討に活用する。坑外から計測する地中変位測定は、周辺地山の地中沈下、地中水平変位を計測し、地山の三次元挙動把握などの検討に活用する。

［表面沈下測定］ 坑外から実施される地表面沈下測定の間隔は、一般に横断方向で3～5mであり、トンネル断面の中心に近いほど測定間隔を小さくし、その結果は掘削影響範囲の検討などに活用される。

［切羽の観察］ 切羽観察は掘削切羽ごとに行い、地質状況及びその変化状況を観察した結果について原則として1日に1回は記録し、その結果は未施工区間の支保選定などに活用される。

トンネルの覆工

トンネルの覆工は、アーチ部、側壁部、インバート部を総称したもので、一般に**無筋コンクリート構造**とする。坑口部や膨潤性地山などで偏圧や大きな荷重を受ける場合は鉄筋コンクリート構造とすることもある。

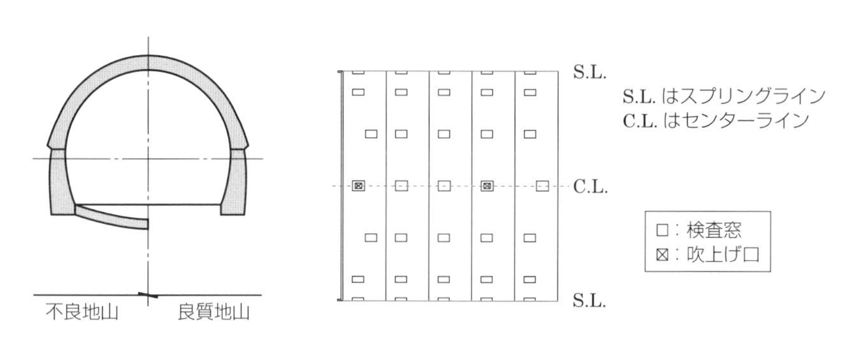

● トンネルの覆工

［コンクリートの打設］ コンクリートの打設は、型枠に偏圧がかからないように左右対称で、できるだけ水平にコンクリートを連続して打ち込む。側壁部のコンクリート打込みでは、落下高さが高い場合や長い距離を横移動させた場合に材料が分離するので、適切な高さの複数の作業窓を投入口として用いる。

コンクリートの打込みにシュート、ベルトコンベア等を使用するときは、材料分離を生じさせないよう注意しなければならない。

［鉄筋の固定方法］ 覆工コンクリートの鉄筋の固定方式には、吊り金具方式と非吊り金具方式がある。**非吊り金具方式**は、水密性が要求される防水型トンネルで使用される。**吊り金具方式**には防水シート貫通型と防水シート非

貫通型があり、非吊り金具方式の場合は防水シートの貫通を避けるため鉄筋固定用支保工を設置する。

［型枠工］ 移動式型枠の長さ（一打込み長）は、長すぎると温度収縮や乾燥収縮によるコンクリートのひび割れが発生しやすくなる。移動式型枠は9～12mの長さのものが使用される。しかし、長大トンネルにおいて工期短縮を図るため、15～18mのものが使用されることもある。

型枠面に使用する**はく離剤**は、覆工コンクリートの出来ばえを考慮し適量塗布しなければならない。ただし、はく離剤の過度の塗布は、覆工コンクリートに色むら、縞（しま）模様を生じ、出来ばえ等に影響するため注意しなければならない。

［養生］ 覆工コンクリートは、打込み後に十分な強度を発現させ、所要の耐久性、水密性などの品質を確保するためには、打込み後、一定期間中コンクリートを適当な温度及び湿度に保ち、振動や変形などの有害な作用の影響を受けないようにする必要がある。

覆工コンクリートの養生では、坑内換気設備の大型化による換気の強化や貫通後の外気の通風、冬期の温度低下などの影響を考慮し、覆工コンクリートに散水、シート、ジェットヒータ等の付加的な養生対策を講じる。

過去問チャレンジ（章末問題）

問1　トンネルの掘削方法　R2-No.35

➡1 トンネルの掘削方法

トンネルの山岳工法における掘削の施工に関する次の記述のうち、適当でないものはどれか。

(1) 全断面工法は、小断面のトンネルや地質が安定した地山で採用され、施工途中での地山条件の変化に対する順応性が高い。

(2) 補助ベンチ付き全断面工法は、全断面工法では施工が困難となる地山において、ベンチを付けて切羽の安定を図り、上半、下半の同時施工により掘削効率の向上を図るものである。

(3) 側壁導坑先進工法は、側壁脚部の地盤支持力が不足する場合や、土かぶりが小さい土砂地山で地表面沈下を抑制する必要のある場合などに適用される。

(4) ベンチカット工法は、全断面では切羽が安定しない場合に有効であり、地山の良否に応じてベンチ長を決定する。

解説　全断面工法は、施工途中での地山条件の変化に対する順応性が低く、他工法に変更する可能性がある。

解答　(1)

問2　トンネルの支保工　R1-No.35

➡2 トンネルの支保工

トンネルの山岳工法における支保工の施工に関する次の記述のうち、適当でないものはどれか。

(1) 吹付けコンクリートは、覆工コンクリートのひび割れを防止するために、吹付け面にできるだけ凹凸を残すように仕上げなければならない。

(2) 支保工の施工は、周辺地山の有する支保機能が早期に発揮されるよう掘削後速やかに行い、支保工と地山をできるだけ密着あるいは一体化させることが必要である。

(3) 鋼製支保工は、覆工の所要の巻厚を確保するために、建込み時の誤差などに対する余裕を考慮して大きく製作し、上げ越しや広げ越しをしておく必要がある。

(4) ロックボルトは、ロックボルトの性能を十分に発揮させるために、定着後、プレートが掘削面や吹付け面に密着するように、ナット等で固定しなければならない。

解説 吹付けコンクリートは、覆工コンクリートのひび割れを防止するために、吹付け面にできるだけ凹凸を残さないように仕上げなければならない。

解答 (1)

問3 トンネルの支保工 H29-No.35

➡2 トンネルの支保工

トンネルの山岳工法における支保工の施工に関する次の記述のうち、適当でないものはどれか。

(1) ロックボルトの施工は、自穿孔型(せんこう)では定着材を介さずロックボルトと周辺地山との直接の摩擦力に定着力を期待するため、特に孔径の拡大や孔荒れに注意する必要がある。

(2) 吹付けコンクリートの施工は、地山の凹凸を埋めるように行い、鋼製支保工がある場合には、鋼製支保工の背面に空隙を残さないように注意して吹き付ける必要がある。

(3) ロックボルトの施工は、所定の定着力が得られるように定着し、定着後、プレートなど掘削面や吹付けコンクリート面に密着するようナット等で固定する必要がある。

(4) 吹付けコンクリートの施工は、掘削後できるだけ速やかに行わなければならないが、吹付けコンクリートの付着性や強度に悪影響を及ぼす掘削面の浮石などは、吹付け前に入念に取り除く必要がある。

解説 ロックボルトの施工は、摩擦式では定着材を介さずロックボルトと周辺地山との直接の摩擦力に定着力を期待するため、特に孔径の拡大や孔荒れに注意する必要がある。なお、自穿孔型は地山の強度が著しく低い場合に用いられる。

解答 (1)

問4 トンネルの施工（補助工法） H27-No.35

➡3 トンネルの施工

トンネルの山岳工法における補助工法に関する次の記述のうち、適当でないものはどれか。

(1) 仮インバートは、切羽近傍及び後方で上半盤あるいはインバート部に吹付けコンクリート等を行うもので、上半鋼アーチ支保工と吹付けコンクリートの脚部支持地盤の強度が不足し、変形が生じるような場合の脚部の安定対策として用いられる。

(2) 鏡ボルトは、鏡面に前方に向けてロックボルトを打設するもので、大きな断面で施工を図るために切羽の安定性を確保する場合の鏡面の安定対策として用いられる。

(3) フォアポーリングは、掘削前にボルト、鉄筋、単管パイプ等を切羽天端方向に挿入するもので、切羽天端の安定が悪く、支保工の施工までに崩落するような場合の地表面沈下対策として用いられる。

(4) 水抜きボーリングは、先進ボーリングにより集水孔を設けて排水するもので、湧水により切羽の自立性の不足や吹付けコンクリート等の施工が困難な場合の湧水対策として用いられる。

解説 フォアポーリングは、切羽天端の安定が悪く、支保工の施工までに崩落するような場合の切羽の安定対策として用いられる。 解答 (3)

問5 トンネルの覆工 R1-No.36

➡3 トンネルの施工

トンネルの山岳工法における覆工の施工に関する次の記述のうち、適当でないものはどれか。

(1) 覆工コンクリートの型枠面は、コンクリート打込み前に、清掃を念入りに行うとともに、適切なはく離剤を適量塗布する必要がある。

(2) 覆工コンクリートの打込みは、原則として内空変位の収束前に行うことから、覆工の施工時期を判断するために変位計測の結果を利用する必要がある。

(3) 覆工コンクリートの締固めは、内部振動機を用いることを原則として、コンクリートの材料分離を引き起こさないように、振動時間の設定には注意が必要である。

(4) 覆工コンクリートの養生は、坑内換気やトンネル貫通後の外気の影響について注意し、一定期間において、コンクリートを適当な温度及び湿度に保つ必要がある。

解説 覆工コンクリートの打込みは、原則として支保工により内空変位が収束した後に施工する。

解答 (2)

問6 トンネルの覆工 H23-No.36

➡ 3 トンネルの施工

トンネルの山岳工法における覆工の施工に関する次の記述のうち、適当でないものはどれか。

(1) 型枠の据付け時には、既設の覆工コンクリートとの重ね合わせ部に過度な荷重がかかるとひび割れ等が発生するため、特に天端部や平面線形で曲線半径の大きいカーブの側壁部は注意が必要である。

(2) 側壁部のコンクリート打込みでは、落下高さが高い場合や長い距離を横移動させた場合に材料が分離するので、適切な高さの複数の作業窓を投入口として用いる。

(3) 型枠面に使用するはく離剤は、覆工コンクリートの出来ばえを考慮し適量塗布しなければならない。

(4) つま型枠は、コンクリート打込み時の圧力で変形しないよう十分な剛性を有し、モルタル漏れがないように取り付ける必要がある。

解説 型枠の据付け時には、特に天端部や平面線形で曲線半径の小さいカーブの側壁部は注意が必要である。

解答 (1)

問7　トンネル施工時の観察・計測　H28-No.35

➡ 3 トンネルの施工

山岳トンネル施工時の観察・計測に関する次の記述のうち、適当でないものはどれか。

(1) 観察・計測の目的は、施工中に切羽の状況や既施工区間の支保部材、周辺地山の安全性を確認し、現場の実情にあった設計に修正して、工事の安全性と経済性を確保することである。

(2) 観察・計測の項目には、内空変位測定、天端沈下測定、地中変位測定、地表面沈下測定などがあり、地山の変位挙動を測定し、トンネルの安定性と支保工の妥当性を評価する。

(3) 観察・計測の計画において、大きな変位が問題となるトンネルの場合は、支保部材の応力計測を主体とした計測計画が必要である。

(4) 観察・計測では、得られた結果を整理するだけではなく、その結果を設計、施工に反映することが必要であり、計測結果を定量的に評価する管理基準の設定が不可欠である。

解説　観察・計測の計画において、大きな変位が問題となるトンネルの場合は、変位計測を中心とした計測計画が必要である。　解答　(3)

海岸・港湾

選択問題

1 海岸堤防

出題頻度 ★☆☆

海岸堤防の種類

代表的な堤防形式は、傾斜型（緩傾斜型）、直立型、混成型の3種に分類される。堤防の表法勾配による分類は、堤防前面勾配が1：3よりも緩いものを**緩傾斜型**、1：1よりも緩いものを**傾斜型**、1：1よりも急な勾配のものを**直立型**という。

■ 海岸堤防の種類

形式	種類	前面勾配
傾斜型	石張式、コンクリートブロック張式、コンクリート被覆式など	1：1以上
緩傾斜型	コンクリートブロック張式、コンクリート被覆式など	1：3以上
直立型	石積式、重力式、扶壁式など	1：1未満
混成型	上記の組合せ	―

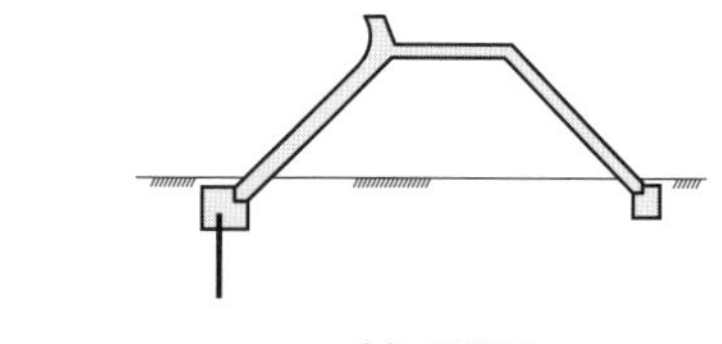

（a）傾斜型

（b）緩傾斜型（階段型）

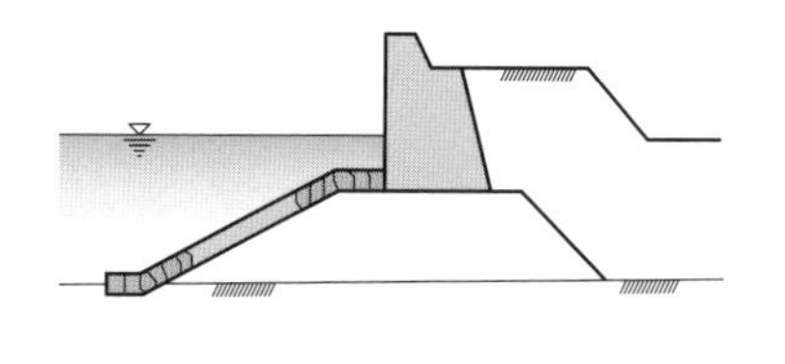

（c）混成型

（d）直立型

● 代表的な堤防型式

傾斜護岸堤防の構造と施工

海岸堤防の形式で、傾斜型のうち法面勾配が3割以上緩いものを**緩傾斜堤防**という。この形式は、基礎地盤が比較的軟弱な場合や、堤防用地、堤体用土が容易に得られる場合に適用される。

［堤体盛土］ 堤体盛土に使用する材料は、原則とし多少粘土を含む砂質土または砂礫質のものとする。また、盛土は十分に締め固めても収縮、圧密により沈下するので、天端高、堤体の土質、基礎地盤の良否などを考慮して必要な余盛を行う。

海上工事となる場合は、波浪、潮汐（ちょうせき）、潮流の影響を強く受け、作業時間が制限される場合もあるので、現場の施工条件に対する配慮が重要である。

［表面被覆工（コンクリートブロック）］ 表面被覆工で用いられるコンクリートブロックは、波力に対し安定するようブロック重量は2t以上、厚さは50cm以上とする。コンクリートブロック法尻部の施工が陸上でできる場合には、ブロックの先端を同一勾配で地盤に入れ込むことが望ましい。

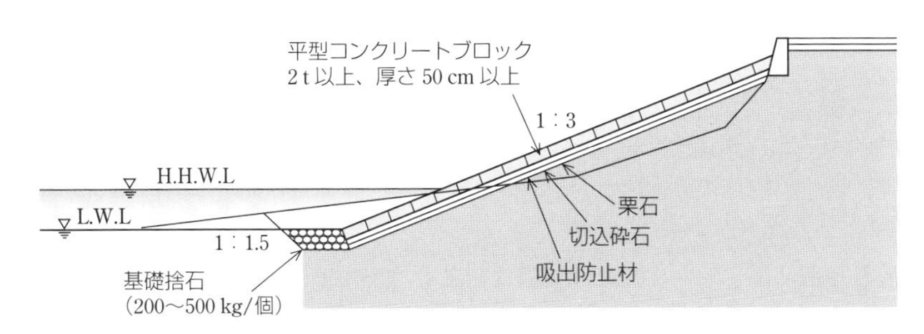

● コンクリートブロック

［表面被覆工（現場打ちコンクリート）］ 現場打ちコンクリート被覆工の階段式の施工においては、吊り型枠を用いて必ず同時に天端まで打ち上げ、途中に弱点となる施工ジョイントをつくらないように、特に注意しなければならない。

［裏込め工］ 裏込め工は、表法面からの浸透水や堤体からの浸出水に対するフィルターとしての機能がある。裏込め工は、一般に**50cm以上**の厚さとし、裏込め材を2層に分ける場合の粒径は、盛土面に接する部分は小さくし、その上層のブロックに接する部分は大きなものとする。

その他の海岸堤防（緩傾斜型堤防以外）

［傾斜型堤防］ 傾斜型堤防は、基礎地盤が比較的軟弱な場合や、堤体土砂が容易に得られる場合、堤防用地が容易に得られる場合、水理条件、既設堤防との接続の関係などから判断して傾斜型が望ましい場合、海浜利用上、望ましい場合や親水性の要請が高い場合に適する。

［混成型堤防］ 混成型堤防は、捨石マウンド等の基礎を築造した上にケーソンやブロック等の直立型構造物（躯体）を設置した構造形式をいう。基礎地盤が比較的軟弱な場所、水深の大きな場所に適する。

［直立型堤防］ 直立型堤防は、基礎地盤が比較的堅固な場合や、堤防用地が容易に得られない場合、水理条件、既設堤防との接続の関係などから判断して直立型が望ましい場合に適する。

海岸堤防根固め工の計画と施工

［根固め工の目的］ 海岸堤防に用いられる根固め工は、前面地盤の洗掘防止、堤体の滑動防止を目的とし、法先または基礎工の前面に接続して設け、単独に沈下、屈とうできるように被覆工や基礎工と絶縁する。

［コンクリートブロック根固め工］ 異形ブロック根固め工は、適度のかみ合せ効果を期待する意味から、天端幅は異形ブロックを最小限2個並びとし、層厚は2層以上とすることが多い。

［捨石根固め工］ 捨石根固め工は、一般に表層に所要の質量の捨石を3個並び以上とし、根固め工の内部に向かって次第に小さな石を用いる。

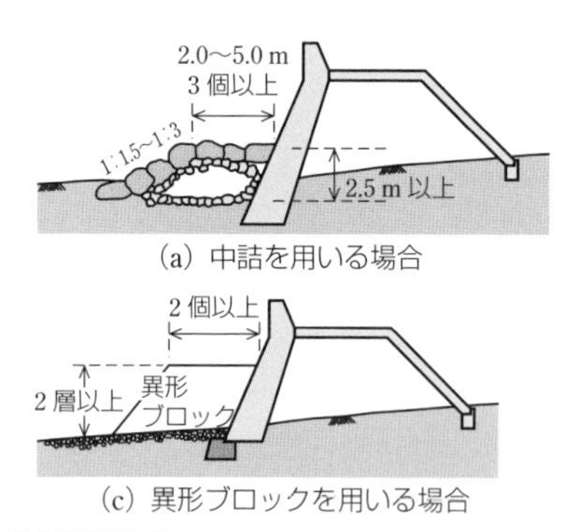

（a）中詰を用いる場合

（c）異形ブロックを用いる場合

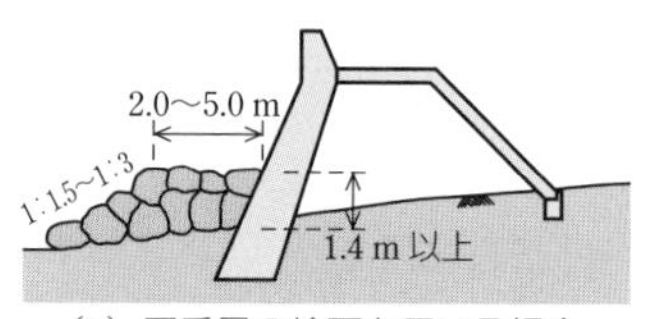

（b）同重量の捨石を用いる場合

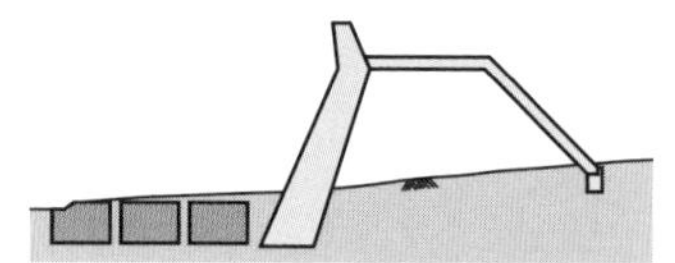

（d）コンクリート方塊を用いる場合

● 捨石根固め工

2 港湾工事

出題頻度 ★☆☆

防波堤の構造と施工

［防波堤の種類］ 防波堤には、直立堤、傾斜堤、混成堤がある。

直立堤は、海底地盤が固く洗掘を受けるおそれがない場所で用いられる。ケーソン式、コンクリートブロック式、コンクリート単塊式がある。

ケーソン式の直立堤は、本体にケーソンを用いるため波力に強く、本体製作をドライワークで行えるため、施工が確実で海上での施工日数が短縮できる。しかし、ケーソンの製作設備や施工設備に相当な工費を要するとともに、荒天日数の多い場所では海上施工日数に著しい制限を受ける。

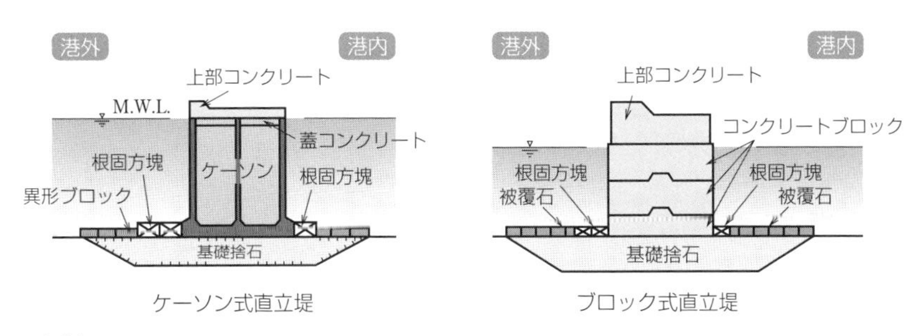

● 直立堤

傾斜堤は、比較的水深が浅い場所で小規模な防波堤に用いられる。

コンクリートブロックや捨石を台形断面に捨てこんだ形状施工、維持管理が容易であるが、捨石の大きさに限度があることから一般に波力の弱いところに用いられるが、やむを得ず波力の強い箇所に用いる場合には法面をブロックで被覆することがある。

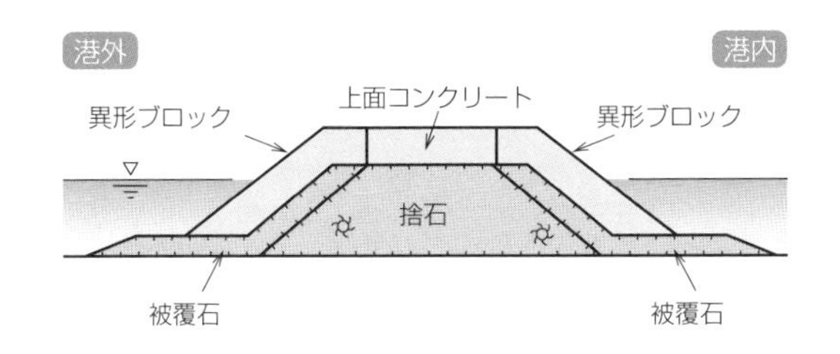

● 傾斜堤

混成堤は、水深が浅い場合は傾斜堤、深い場合は直立堤に近い構造とされる。水深の大きい箇所や比較的軟弱な地盤にも適するが、施工法及び施工設備が多様となる。

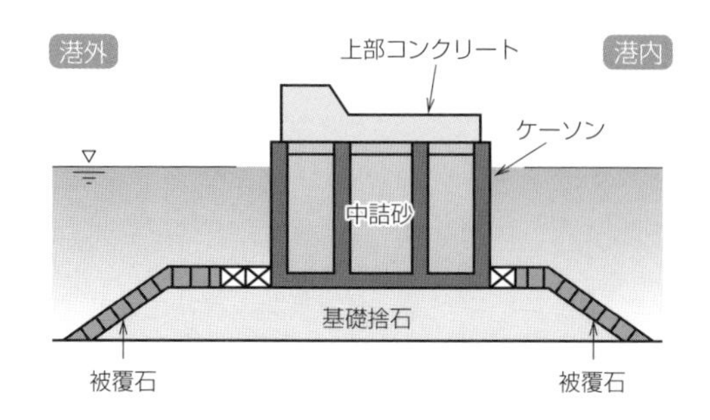

● 混成堤

消波ブロック被覆堤は、直立、混成堤の前面に消波ブロックを積み立てた構造である。

重力式特殊防波堤は、波高が小さい内湾や港内の防波堤に用いられる。

[基礎工] 港湾構造物の基礎は海底につくられるのが大部分であるため、捨石によって築造するのが最も一般的である。ただし、基礎地盤が軟弱な場合は、基礎地盤の安定や地震時の液状化を検討し、基礎置換工法、サンドドレーン工法、サンドコンパクション工法、深層混合改良工法などの地盤改良による対策が必要である。

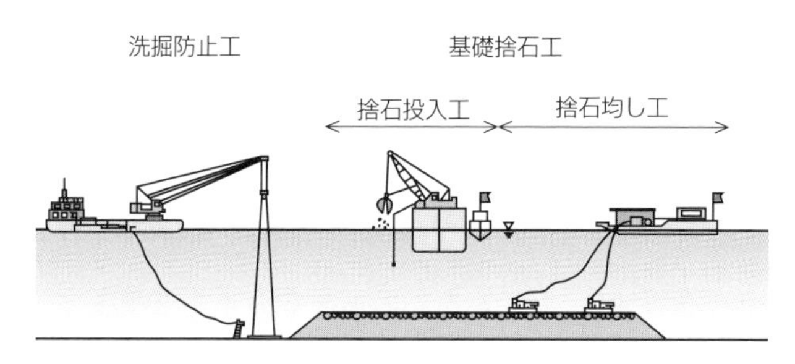

● 基礎工の施工

ケーソンの施工

[施工方法] ケーソン本体の施工は、一般に陸上またはドック等のケーソ

ンヤードで製作したケーソンを、**進水→曳航→据付け→中詰め→蓋コンクリート→上部工**の順で施工する。

曳航作業は、ほとんどの場合が据付け、中詰、蓋コンクリート等の連続した作業工程となるため、気象、海象状況を十分に検討して実施する。

ケーソン据付け時の注水方法は、気象、海象の変わりやすい海上での作業であり、できる限り短時間でかつバランスよく各隔室に平均的に注水する。

[ケーソンヤード] 一般的なケーソンヤードには、ドライドック方式、斜路（滑路）方式、吊出し方式、ドルフィンドック方式などがある。

[製作・進水方式] 浮ドック方式では、ケーソン進水時は適当な水深の場所に船体を引き出し、船倉内に注入し船体を沈下させ、ケーソンを進水させることができる。また、吊降し方式では、既設護岸の背後などでケーソンを製作するため、計画時にケーソンの自重による既設護岸の安定などを確認しておく必要がある。

3 消波工・海岸浸食対策

出題頻度 ★☆☆

消波工の構造と施工

[消波工の目的] 消波工は、**波の打上げ高、越波、しぶき、波力・波圧、波の反射**を軽減させることを目的として設置する。

[消波工の構造] 消波工は、波のエネルギーを消耗させるために、表面の粗度が大きく波力に対し安定であること、適度な形、分布のある空隙をもつことが条件である。一般に捨石、異形ブロックが用いられ、中詰石の上に数層のブロックで築造する場合もある。

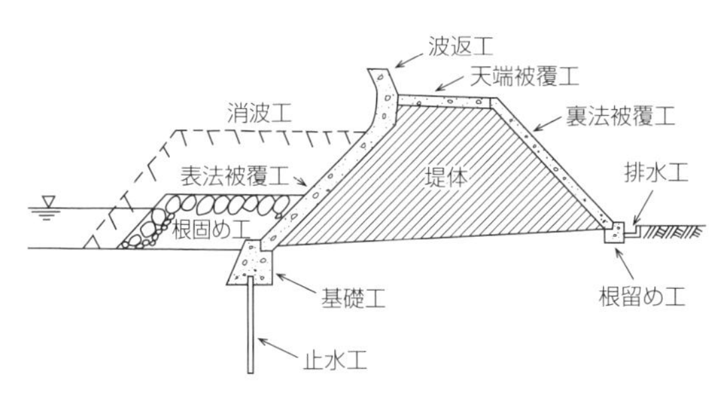

● 消波工の構造

［異形ブロックを用いる場合］ ブロックを不規則に積み上げる**乱積**と、ブロックの向きを規則的に配置する**層積**がある。

● ブロックの乱積と層積

離岸堤による海岸浸食対策

［離岸堤の形状］ 離岸堤の平面形状と断面形状を下図に示す。

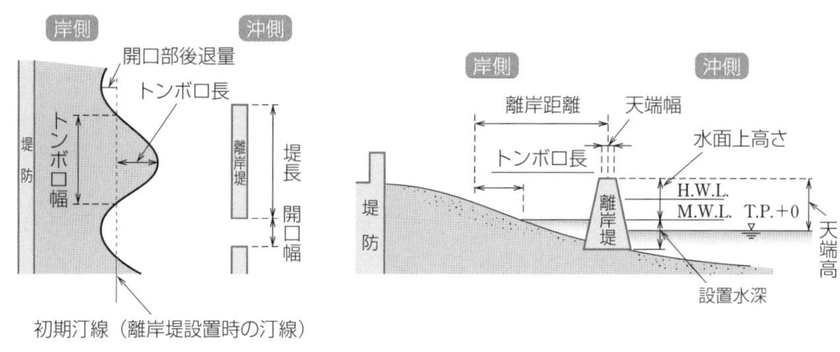

● 離岸堤の平面形状と断面形状

［離岸堤の機能］ 離岸堤は汀線（ていせん）の沖側に汀線とほぼ平行に設置され、波高の減衰効果によりトンボロを発生させて前浜の前進を図る機能がある。したがって、汀線が後退しつつあるところに護岸と離岸堤を新設するときは、護岸を施工する前に離岸堤を設置する。

［離岸堤の適用］ 沿岸漂砂の卓越方向が一定せず、また岸沖漂砂の移動が大きいところでは、突堤工法より離岸堤工法を採用すべきである。

離岸堤の堆砂効果には、供給砂の有無と量が強く影響することから、前浜が完全に侵食された海岸や、漂砂源が枯渇した海岸では、前浜の復元を図るために離岸堤を設置することは有効ではない。

［施工手順］ 離岸堤の施工手順は、浸食区域の下手側から着手し、順次上手側に施工することを原則とする。上手側（漂砂供給源に近い側）から着手すると下手側の侵食傾向を助長させることになる。

［離岸堤の開口部］ 離岸堤の開口部あるいは堤端部は、施工後の波浪によって洗掘されることがあるので、計画の1基分はなるべくまとめて施工することが望ましい。

その他の侵食対策

海岸の侵食対策には、漂砂制御施設と養浜がある。

［漂砂制御施設］ 離岸堤を含むもので、突堤と潜堤（人工リーフ）がある。

- **突堤**：沿岸漂砂が卓越する海岸に適用される。
- **潜堤（人工リーフ）**：漂砂量低減効果が期待できる。海面下の離岸堤ともいえる。

潜堤は一般に、下図のように離岸堤や消波堤と比較して波の反射が小さい。ただし、天端水深や天端幅により堤背後への透過波は変化する。

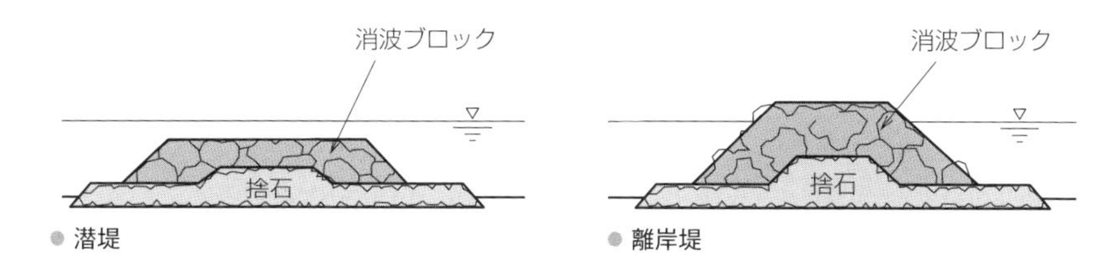

● 潜堤　● 離岸堤

［養浜］ 海岸に人工的に砂を供給する。でき上がった海浜は**人工海浜**と呼ばれる。

養浜材として、養浜場所にある砂より粗い材料を用いた場合には、その平衡勾配が大きいために岸向きの急速な移動が起こり、汀線付近に帯状に堆積することにより、効果的に汀線を前進させることができる

養浜材として、浚渫土砂などの混合粒径土砂を効果的に用いる場合や、シルト分による海域への濁りの発生を抑えるためには、あらかじめ投入土砂の粒度組成を調整することが望ましい。

4 浚渫

出題頻度 ★☆☆

浚渫船の種類と特徴

［グラブ浚渫船］ グラブ浚渫船は、グラブバケットを用いて土砂をつかみ浚渫を行う形式である。一般に中小規模の浚渫に適し、適用範囲が極めて広く、浚渫深度や土質の制限も少ない。岸壁などの構造物の前面や狭い場所の浚渫も可能である。自航式と非自航式があるが、非自航式が一般的である。

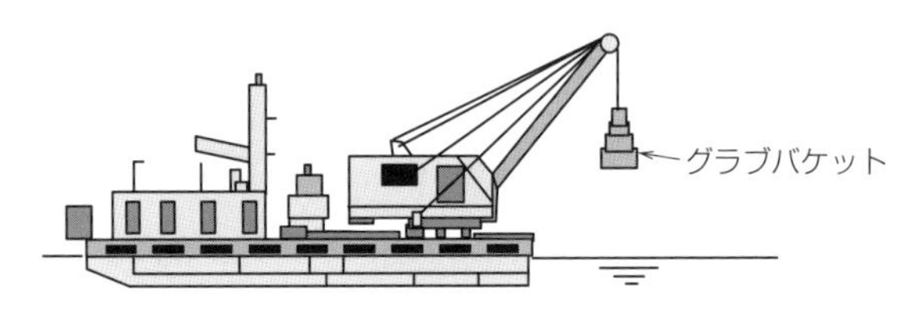

● グラブ浚渫船

［バケット浚渫船］ バケット浚渫船は、船体の中央に多数のバケットを装着したラダーがあり、回転しながら浚渫を行う形式である。バケット浚渫船は、浚渫作業船のうち比較的能力が大きく大規模な浚渫に適している。

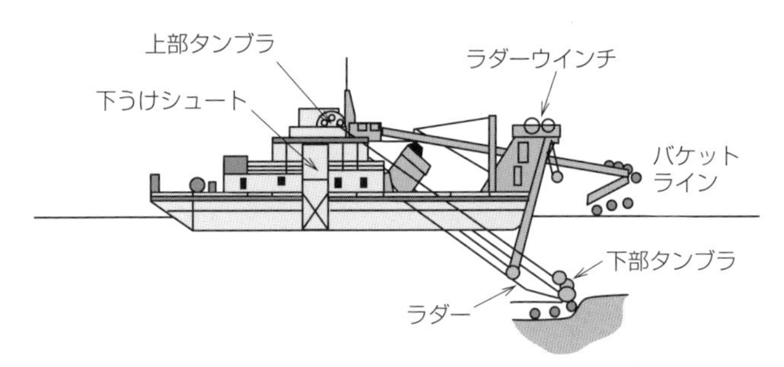

● バケット浚渫船

［ポンプ浚渫船］ ポンプ浚渫船は、船体前部に土砂吸入管を内蔵したラダーと土砂を掘り崩すためのカッターが先端に取り付けられた形式である。大量の浚渫や埋立てに適しており、カッターの種類を変えることで軟らかい地盤から硬い地盤まで広い範囲の浚渫が可能である。

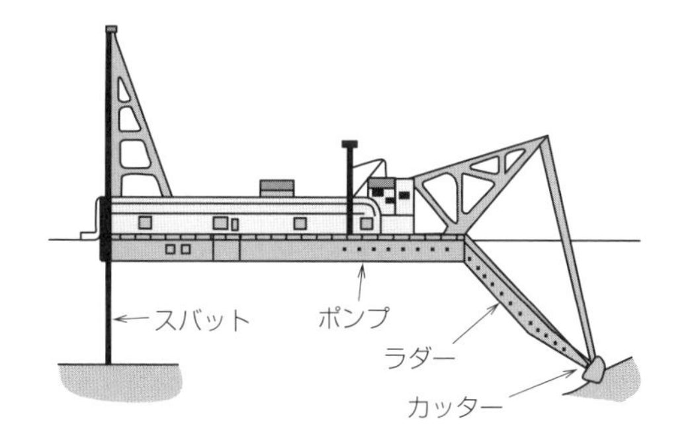

● ポンプ浚渫船

［ディッパ浚渫船］ ディッパ浚渫船は、台船上に陸上土木で使用しているパワーショベルを搭載し、浚渫を行う形式である。ディッパ浚渫船はパワーショベルを用いて浚渫するので、硬質地盤に適し、土丹岩、締まった硬い粘土、転石混じりの土砂などの地盤に用いられる。

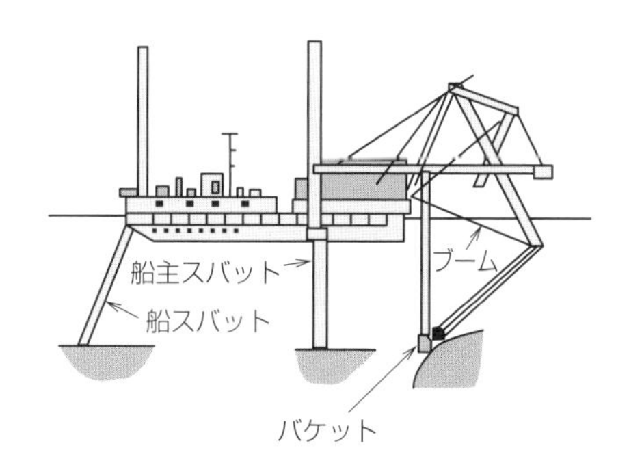

● ディッパ浚渫船

浚渫工事の調査

［深浅測量］ 浚渫工事のために行う事前調査において、深浅測量の測量間隔は、測量の目的、所要の精度、使用機械及び海底の起伏の状態を勘案して決定するが、概ね10～20m程度で行う。

測量を始める前に必ず測深機械を検定し、毎日の測量の開始・終了時及び作業途中にベルトやペン等を調整、交換した時刻を記述し、その時刻の測深地域でバーチェックによる測深値のチェックを行う。

［海底土砂の調査］ 浚渫工事の施工方法は、海底土砂の硬さ強さ、締まり

具合、粒度分布が大きく影響する。これらの土質データは、粒度分布、比重試験、貫入試験でほぼ得ることができる。

［爆発物の発見］ 機雷、爆弾及び砲弾などの爆発物が残存すると推定される区域では、浚渫に先立って工事区域の磁気探査、潜水探査を実施することになっている。磁気探査で一定値以上の磁気反応を示す地点においては、異常点を現地にプロットし潜水探査を行う。

爆発物が発見された場合、速やかに所轄の港長等関係者に通報し、その爆発物の処理を依頼する。

［水質の汚濁防止］ 水質調査の目的は、海水汚濁がバックグラウンドのものか、浚渫によるものかを確認することである。

水質汚濁防止対策では、事前に周辺海域の漁場などとしての利用の実態、浚渫土質、潮流などを調査し、工法を検討し、水質の汚濁防止に努める必要があり、事前及び浚渫中の水質調査が必要である。

［海底土砂の捨土］ 浚渫工事に伴って海底土砂を捨土（すてつち）する場合は、浚渫土砂が「海洋汚染等及び海上災害の防止に関する法律」に規定する有害な水底土砂かどうか、浚渫前に所定の検定試験を行い、有害物質などの有無、濃度の確認を行う。

過去問チャレンジ（章末問題）

問1 海岸堤防の施工（緩傾斜型護岸） H27-No.37

➡1 海岸堤防

海岸の傾斜型護岸の施工に関する次の記述のうち、適当でないものはどれか。

(1) 緩傾斜護岸は、堤脚位置が海中にある場合に汀線付近で吸出しが発生することがあるので、層厚を厚くするとともに上層から下層へ粒径を徐々に大きくして、かみ合せをよくして施工する。
(2) 沿岸漂砂の均衡が失われたことによって侵食が生じている海岸では、海岸侵食に伴う堤脚部の地盤低下量を考慮して施工する。
(3) 表法に設置する裏込め工は、現地盤上に栗石・砕石層を50cm以上の厚さとして、十分安全となるように施工する。
(4) 緩傾斜護岸の法面勾配は1：3より緩くし、法尻については先端のブロックが波を反射して洗掘を助長しないようブロックの先端を同一勾配で地盤に突込んで施工する。

解説 緩傾斜護岸は、層厚を厚くするとともに上層から下層へ粒径を徐々に小さくして、かみ合せをよくして施工する。 解答 (1)

問2 海岸堤防の施工（根固め工） H28-No.37

➡1 海岸堤防

海岸堤防の根固め工の施工に関する次の記述のうち、適当でないものはどれか。

(1) 異形ブロック根固め工は、適度のかみ合せ効果を期待する意味から天端幅は最小限2個並び、層厚は2層以上とすることが多い。
(2) コンクリートブロック根固め工は、材料の入手が容易で施工も簡単であり、しかも屈とう性に富む工法である。
(3) 捨石根固め工は、一般に表層に所要の質量の捨石を3個並び以上とし、中詰石を用いる場合は、大小とり混ぜて海底をカバーし、土砂が吸い出されるのを防ぐ。
(4) 根固め工の基礎工は、法先地盤が砂地盤などで波による洗掘や吸出しを受けやすい箇所などでは設ける必要がない。

解説 根固め工の基礎工は、法先地盤が砂地盤などで波による洗掘や吸出しを受けやすい箇所などでは設ける必要がある。
解答 (4)

問3 海岸堤防の施工 R2-No.38

➡ 1 海岸堤防

海岸堤防の施工に関する次の記述のうち、適当でないものはどれか。

(1) 海上工事となる場合は、波浪、潮汐、潮流の影響を強く受け、作業時間が制限される場合もあるので、現場の施工条件に対する配慮が重要である。
(2) 強度の低い地盤に堤防を施工せざるを得ない場合には、必要に応じて押え盛土、地盤改良などを考慮する。
(3) 堤体の盛土材料には、原則として粘土を含まない粒径の揃った砂質または砂礫質のものを用い、適当な含水量の状態で、各層、全面にわたり均等に締め固める。
(4) 堤体の裏法勾配は、堤体の安全性を考慮して定め、堤防の直高が大きい場合には、法面が長くなるため、小段を配置する。

解説 堤体の盛土材料には、原則として多少の粘土を含む砂質または砂礫質のものを用いる。
解答 (3)

問4 ケーソンの施工 R2-No.39

➡ 2 港湾工事

ケーソンの施工に関する次の記述のうち、適当でないものはどれか。

(1) ケーソンの曳航作業は、ほとんどの場合が据付け、中詰、蓋コンクリート等の連続した作業工程となるため、気象、海象状況を十分に検討して実施する。

(2) ケーソンに大廻しワイヤを回して回航する場合には、原則として二重回しとし、その取付け位置はケーソンの吃水線以下で、できれば浮心付近の高さに取り付ける。
(3) ケーソン据付け時の注水方法は、気象、海象の変わりやすい海上の作業を手際よく進めるために、できる限り短時間で、かつ、各隔室に平均的に注水する。
(4) ケーソンの据付けは、ケーソンを所定の位置上まで曳航した後、注水を開始したら据付けまで中断することなく一気に注水し、着底させる。

解説 ケーソンの据付けは、函体が基礎マウンド上に達する直前10～20cmのところでいったん注水を停止し、据付け位置などの修正を行った上で一気に注水し着底させる。 解答 (4)

問5 防波堤の施工 R1-No.39

➡ 2 港湾工事

港湾の防波堤の施工に関する次の記述のうち、適当でないものはどれか。

(1) 傾斜堤は、施工設備が簡単であるが、直立堤に比べて施工時の波の影響を受けやすいので、工程管理に注意を要する。
(2) ケーソン式の直立堤は、本体製作をドライワークで行うことができるため、施工が確実であるが、荒天日数の多い場所では海上施工日数に著しい制限を受ける。
(3) ブロック式の直立堤は、施工が確実で容易であり、施工設備も簡単である等の長所を有するが、各ブロック間の結合が十分でなく、ケーソン式に比べ一体性に欠ける。
(4) 混成堤は、水深の大きい箇所や比較的軟弱な地盤にも適し、捨石部と直立部の高さの割合を調整して経済的な断面とすることができるが、施工法及び施工設備が多様となる。

解説 傾斜堤は、波による洗掘に対して比較的順応性があるので、施工設備が簡単で工程管理が容易である。 解答 (1)

問6　防波堤の施工　H29-No.39

➡ 2 港湾工事

港湾工事における混成堤の基礎捨石部の施工に関する次の記述のうち、適当でないものはどれか。

(1)　捨石は、基礎として上部構造物の荷重を分散させて地盤に伝えるため、材質は堅硬、緻密、耐久的なもので施工する。

(2)　捨石の荒均しは、均し面に対し凸部は取り除き、凹部は補足しながら均すもので、ほぼ面が揃うまで施工する。

(3)　捨石の本均しは、均し定規を使用し、石材料のうち大きい石材で基礎表面を形成し、小さい石材を間詰めに使用して緩みのないようにかみ合わせて施工する。

(4)　捨石の捨込みは、標識をもとに周辺部より順次中央部に捨込みを行い、極度の凹凸がないように施工する。

解説　捨石の捨込みは、中心部より順次周辺部へ捨込みを行い、極度の凹凸がないように施工する。

解答　(4)

問7　海岸浸食対策　R1-No.38

➡ 3 消波工・海岸浸食対策

海岸の潜堤・人工リーフの機能や特徴に関する次の記述のうち、適当でないものはどれか。

(1)　離岸堤に比較して波の反射が小さく、堤体背後の堆砂機能は少ない。

(2)　天端が海面下であり、構造物が見えないことから景観を損なわない。

(3)　天端水深や天端幅にかかわらず、堤体背後への透過波は変化しない。

(4)　捨石などの材料を用いた没水構造物で、波浪の静穏化、沿岸漂砂の制御機能を有する。

解説　潜堤・人工リーフは、天端水深や天端幅により、堤体背後への透過波が変化する。

解答　(3)

問8　離岸堤　H30-No.37

➡ 3 消波工・海岸浸食対策

離岸堤に関する次の記述のうち、適当でないものはどれか。

(1) 砕波帯付近に離岸堤を設置する場合は、沈下対策を講じる必要があり、従来の施工例からみればマット、シート類よりも捨石工が優れている。
(2) 開口部や堤端部は、施工後の波浪によってかなり洗掘されることがあり、計画の1基分はなるべくまとめて施工することが望ましい。
(3) 離岸堤は、侵食区域の下手側（漂砂供給源に遠い側）から設置すると上手側の侵食傾向を増長させることになるので、原則として上手側から着手し、順次下手に施工する。
(4) 汀線が後退しつつある区域に護岸と離岸堤を新設する場合は、なるべく護岸を施工する前に離岸堤を設置し、その後に護岸を設置するのが望ましい。

解説　離岸堤は、侵食区域の上手側（漂砂供給源に近い側）から設置すると下手側の侵食傾向を増長させることになるので、原則として下手側から着手し、順次上手に施工する。
解答　(3)

問9　養浜　H30-No.38

➡ 3 消波工・海岸浸食対策

養浜の施工に関する次の記述のうち、適当でないものはどれか。

(1) 養浜の施工方法は、養浜材の採取場所、運搬距離、社会的要因などを考慮して、最も効率的で周辺環境に影響を及ぼさない工法を選定する。
(2) 養浜材として、養浜場所にある砂より粗い材料を用いた場合には、その平衡勾配が小さいために沖向きの急速な移動が起こり、汀線付近での保全効果は期待できない。
(3) 養浜材として、浚渫土砂などの混合粒径土砂を効果的に用いる場合や、シルト分による海域への濁りの発生を抑えるためには、あらかじめ投入土砂の粒度組成を調整することが望ましい。
(4) 養浜の陸上施工においては、工事用車両の搬入路の確保や、投入する養浜砂の背後地への飛散など、周辺への影響について十分検討し、慎重に施工する。

解説 養浜材として、養浜場所にある砂より粗い材料を用いた場合には、その平衡勾配が大きいために岸向きの急速な移動が起こり、汀線付近に帯状に堆積することにより、効果的に汀線を前進させることができる。 解答 (2)

問10 消波工の構造 H26-No.38

➡ 3 消波工・海岸浸食対策

消波工の施工に関する次の記述のうち、適当でないものはどれか。

(1) 消波工の必要条件として、消波効果を高めるため表面粗度を大きくする。
(2) 消波工の施工は、ブロックの不安定な孤立の状態が生じないようにするため、ブロック層における自然空隙に間詰石を挿入する。
(3) 消波工は、波の規模に応じた適度の空隙をもつこと。
(4) 消波工の断面は、中詰石の上に数層の異形ブロックを並べることもあれば、全断面を異形ブロックで施工することもある。

解説 消波工の施工は、ブロックの不安定な孤立の状態が生じないようにするため、個々のブロックが相互にかみ合うよう据え付ける。 解答 (2)

問11 浚渫船の特徴 H27-No.40

➡ 4 浚渫

浚渫船の特徴に関する次の記述のうち、適当でないものはどれか。

(1) ポンプ浚渫船は、掘削後の水底面の凹凸が比較的小さいため、構造物の築造箇所の浚渫工事に使用されることが多い。
(2) バックホウ浚渫船は、バックホウを台船上に搭載した浚渫船で、比較的規模の小さい浚渫工事に使用されることが多い。
(3) グラブ浚渫船は、適用される地盤の範囲は極めて広く、軟泥から岩盤まで対応可能で、浚渫深度の制限も少ない箇所に使用されることが多い。
(4) ドラグサクション浚渫船は、自航できることから機動性に優れ、主に船舶の往来が頻繁な航路などの維持浚渫に使用されることが多い。

解説 ポンプ浚渫船は、掘削後の水底面の凹凸が比較的大きく、施工能力も大きいため、大規模な浚渫や埋立て工事に使用されることが多い。 解答 (1)

問12 浚渫工事の施工（事前調査） H29-No.40

➡4 浚渫

港湾での浚渫工事の事前調査に関する次の記述のうち、適当でないものはどれか。

(1) 浚渫工事を行うための音響測深機による深浅測量は、連続的な記録がとれる利点があり、測線間隔が小さく、未測深幅が狭いほど測深精度は高くなる。

(2) 浚渫工事の施工方法を検討するための土質調査は、土砂の性質が浚渫能力に大きく影響することから、一般に平板載荷試験、三軸圧縮試験、土の透水性試験で行う。

(3) 潮流調査は、浚渫による汚濁水が潮流により拡散することが想定される場合や、狭水道における浚渫工事の場合に行う。

(4) 漂砂調査は、浚渫工事を行う現地の海底が緩い砂の場合や近くに土砂を流下させる河川がある場合に行う。

解説 浚渫工事の施工方法を検討するための土質調査は、土砂の性質が浚渫能力に大きく影響することから、一般に標準貫入試験、粒度分布、比重試験、含水比試験で行う。 解答 (2)

鉄道・地下構造物

選択問題

1 鉄道：鉄道工事

出題頻度 ★☆☆

盛土の施工

［盛土の区分］ 盛土は施工基面から3mまでの部分を上部盛土、その下を下部盛土と区分される。上部盛土には路盤部分を含めない。

［盛土の締固め］ 上部盛土の締固め程度は、水平載荷試験によるK_{30}値で70 MN/m^3以上とする。下部盛土は最大乾燥密度の90％以上となるように締め固める。

［盛土材料］ 現場発生土のうち、鉄道盛土としてそのまま使用可能な土質区分は、第1種建設発生土及び第2種建設発生土である。第3種、第4種建設発生土においても適切な土質改良（含水比低下、粒度調整、機能付加・補強、安定処理など）を行えば使用可能となる。

路床・路盤の施工

［路床の切土等］ 路床は、一般に列車荷重の影響が大きい施工基面から3mまでのうち、路盤を除いた範囲である。

路床面の仕上り高さは、設計高さに対して±15mmとし、できるだけ平坦に仕上げる。また、路床表面は、排水工設置位置に向かって3％程度の適切な勾配を設ける。

［路盤の種類］ 強化路盤の2種類と土路盤がある。

- **強化路盤（砕石路盤）**：盛土の上に粒度調整砕石または粒度調整高炉スラグ砕石を用いる。上部はアスファルトコンクリートとする。
- **強化路盤（スラグ路盤）**：盛土の上に水硬性粒度調整高炉スラグを用いる。
- **土路盤**：良質な土、クラッシャラン等を用いる。

［強化路盤の締固め］ 強化路盤の締固めは、含水比が大きく影響するので

水硬性粒度調整高炉スラグ砕石を用いる場合、締固めに適した8～12％程度の含水比を確保する。

［土路盤の材料］ 土路盤の材料は、支持力が大きく振動や流水に対して安定性が高く噴泥が生じにくい**クラッシャラン**か**良質な自然土**の単一材料を用いるものとする。

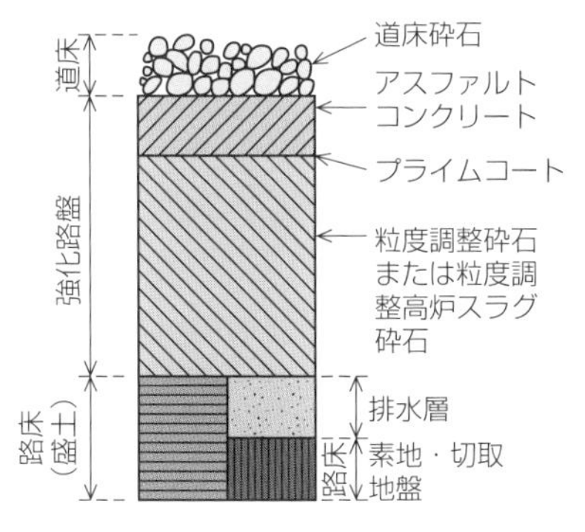

● 砕石路壁

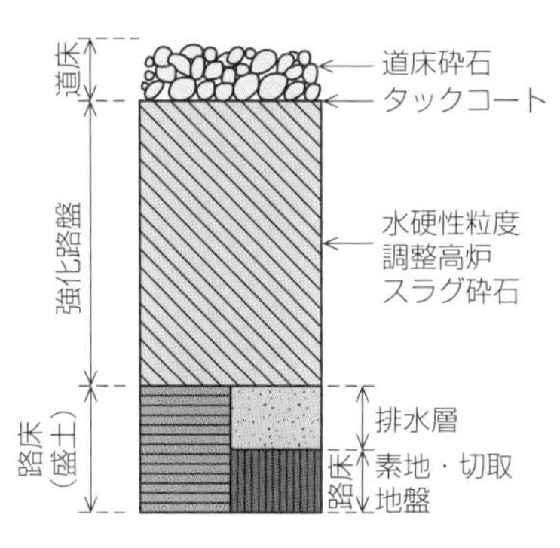

● スラグ路壁

［コンクリート路盤］ コンクリート路盤は、粒度調整砕石とコンクリート盤で構成される。コンクリートの打設は、横流しを避けてコンクリートを流さないようにする。コンクリートの打設は低い方から高い方へ均等に打設する。

▶ 軌道の施工・維持管理

［軌間整正の施工］ 軌間整正の施工において基準側は、直線区間では路線の終点に向かって左側のレールを原則とし、曲線区間では**外軌側レール**とする。

［まくら木の交換方法］ 手作業によるまくら木（枕木）の交換方法は、レールをジャッキアップしてまくら木の出し入れを行うことで道床の掘削が少ない「**こう上法**」を用いる。

［道床の交換方法］ 道床の交換方法は、一般的に間送りA方法と間送りB方法が採用されているが、路線閉鎖間合いが十分確保できる区間においては、こう上法を適用することもある。

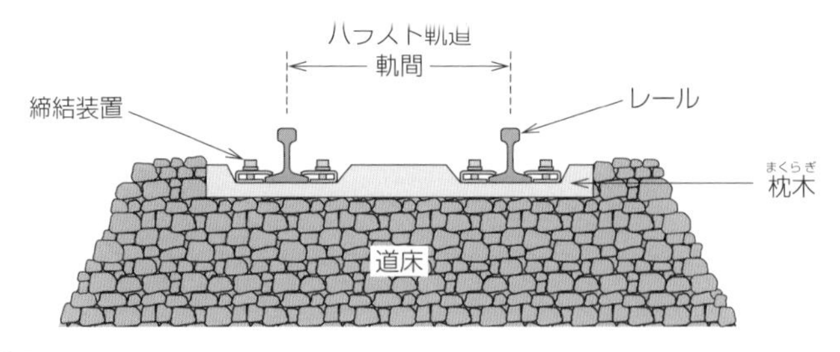

● 軌道断面

［道床の突き固め］ 道床の突き固めは、原則としてタイタンパーを使用し、まくら木端部及び中心部を突き固めないよう留意し、道床の交換箇所と未施工箇所との境界部分は特に入念に行う。

［レールの交換］ レールの交換は、施工に先立ち、新レールは**建築限界**を支障しないようレール受け台に配列し、仮止めをしておく。

［脱線防止レールと脱線防止ガード］ 脱線防止レール、脱線防止ガードは、主に曲線区間のレールの内側に取り付けられるものである。

2 鉄道：営業線の近接工事

出題頻度 ★☆☆

工事従事者の保安対策

［鉄道工事従事者］ 鉄道工事従事者は、常に事故防止に留意するとともに、事故発生または事故発生のおそれがある場合は、直ちに列車などの防護の手配をとり、関係各所に連絡しなければならない。

［建築限界確認者］ 建築限界確認者は、工事終了後、路線閉鎖解除前及び列車退避時に指定された範囲における支障物と作業員の限界外への退出について確認を行い、工事管理者に報告する。

［工事管理者］ 工事専用踏切、工事用仮通路の使用及び点検は、工事管理者が周知するものとし、使用しないときは遮断機を鎖錠し、鍵は工事管理者が保管する。

［保守用車の運転］ 路線上で保守用車を運転する工事従事者は、「保守用車使用手続き」、「路線閉鎖工事等要領」により事故防止教育を受講していなければならない。

近接工事の保安対策

［移設、建植］ 地下埋設物及び架空線などの移設、防護柵工及び標識類の建植を行う場合は、それらの工事が完了した後でなければ工事を施工できない。

［事故防止対策］ 事故防止対策には、事故防止対策一覧図を添付するが、駅構内で工事に関係ある複雑なケーブル配線図などは、配線系統ごとに色分けした一覧図を作成する。

- 営業線近接作業では、ブームの位置関係を明確にして、き電線に**2m以内**に接近しない処置を施して使用する。
- 昼間の工事現場では、事故発生のおそれのある場合の列車防護の方法として、緊急の場合で信号炎管などのないときには、列車に向かって赤色旗または緑色旗以外の物を急激に振って、これに代えてもよい。
- 列車の振動、風圧などによって、不安定、危険な状態になるおそれのある工事は、列車接近時から通過するまで、施工を一時中止する。

［埋設物］ 掘削、杭打ち、道床交換など、埋設物が支障となるおそれのある工事は、あらかじめ監督員等に立会いを要請し、支障がないことを確認して施工する。

［架空線の異常］ 架空線に異常を認めた場合、もしくは疑わしい場合は、直ちに施工を中止し、列車防護及び旅客公衆等の安全確保の手配をとり、関係箇所に連絡する。

路線下横断工事の保安対策

［施工管理者の資格］ 路線下横断工の施工にあたっては、安全性の確保のために施工管理者を現場に常駐させなければならない。また、2年以上の路線下横断工事を含む5年以上の営業線近接工事の実務経験を有する者でなければならない。

［現場の管理体制］ 路線下横断工の施工時には、軌道、路盤、周辺地盤、近接構造物などに支障を与えることのないように、沈下、傾斜、変位などの測定項目を定め、精度の高い計測を行わなければならない。

　計測中に管理基準を超えた場合は、速やかな対策が可能な連絡体制を確立しなければならない。

[エレメントの貫入期間] 列車荷重を受ける仮設エレメントの貫入期間中は、路盤の隆起、陥没、出水、軌道状態を常時監視・測定する必要があり、異常が認められた場合は速やかに必要な対策を講じるものとする。

3 地下構造物：シールド工法 出題頻度★★★

シールド工法

[種類] シールド工法の形式と種類を下表に示す。

■ シールド工法の種類

シールド形式	シールド工法	切羽の安定方法
密閉型 （切羽と作業室分離は分離）	土圧式シールド	土圧
		泥土圧
	泥水式シールド	泥水
部分開放型	ブラインド式	自立、補助工法
全面開放型 （開放状態の切羽を掘削）	手掘り式シールド	〃
	半機械掘り式シールド	〃
	機械掘り式シールド	〃

[密閉型シールド工法の概要] 密閉型シールド工法は、切羽の掘削と推進を同時に行う工法で、切羽と作業室は分離されている。掘削時、切羽の安定方法によって土圧式と泥水式に分けられる。開放型シールド工法に比べ推進施設の規模は大きいが、土砂搬出の施工性に優れているため長距離推進に適している。

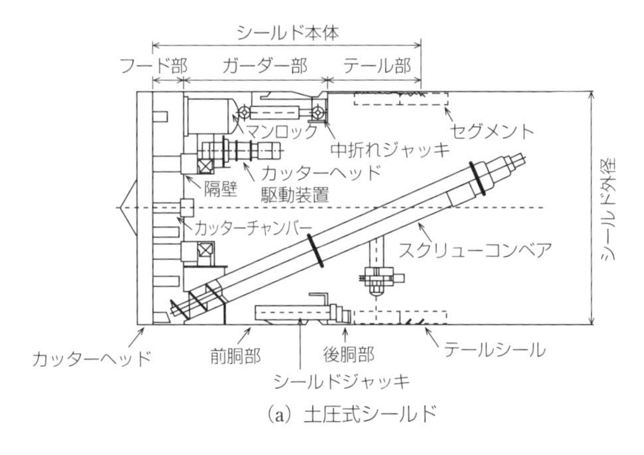

(a) 土圧式シールド

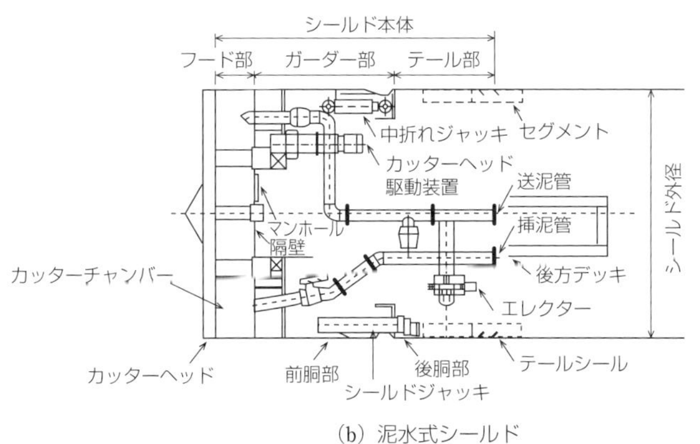

(b) 泥水式シールド

● 密閉型シールド工法

［開放型シールド工法の概要］ 開放型シールド工法は、開放状態の切羽を直接掘削する方法で、切羽の自立が条件となる。自立が難しい場合は、補助工法の併用が必要である。密閉型シールド工法に比べ推進施設の規模が小さく簡易であることから、主に短距離推進に適している。

4 地下構造物：シールド工事

シールドの施工時留意事項

［土圧式シールドの切羽の安定管理］ 切羽の状態は、隔壁に設置した土圧計で確認するのが一般的である。また、安定状態の管理は、**泥土圧**の管理、**土の塑性流動性**管理、**排土量**管理による。

［土圧式シールドの排土量管理］ 排土量管理は、掘削土砂を切羽と隔壁間に充満させ、カッターチャンバー内の圧力は排土量を計測して管理する。

［土圧式シールドの添加材］ 砂層や砂礫層を掘削する場合、掘削土砂の塑性流動性を高め止水性を高める泥土にするために、添加材を用いて強制的に攪拌し塑性流動性を高める。また、粘性土層の掘削の場合は、カッターチャンバー、カッターヘッドへ掘削土砂が付着するのを防止するために添加材を用いる。

［泥水式シールドの圧力管理］ 泥水の管理圧力については、上限値として地表面の沈下を極力抑止する目的で**「静止土圧」＋「水圧＋「変動圧」**、下限値として**「主働土圧」＋「変動圧」**を用いる考え方を基本とする場合が多い。

［泥水式シールドの排土量管理］ 泥水式では、切羽の安定を保持するに地山の条件に応じて泥水品質を調整して、切羽面に十分な泥膜を形成し**切羽泥水圧**と**掘削土量**の管理を行う。

［チャンバー圧の管理］ 土圧式や泥水式シールドでは、切羽土圧や水圧に対しチャンバー圧が小さい場合は地盤沈下や切羽の崩壊、大きい場合は地盤隆起が生じることがあるので、チャンバー圧の管理は入念に行う。

［裏込め注入］ テールボイド（テール部がセグメントを抜けるときに生じるセグメントと地山との空隙）の発生や裏込め注入材が不足した場合、地盤沈下の原因になるので、充填性と早期強度の発現性に優れた裏込め材を用い、シールド掘進と同時に裏込め注入を行う。

［セグメントの組立て］ セグメントを組み立てる際は、掘進完了後、引き戻すジャッキは必要最小限としてセグメントをリング状に組み立てる。

過去問チャレンジ（章末問題）

問1 鉄道工事の路盤 R1-No.41

➡1 鉄道：鉄道工事

鉄道工事における路盤に関する次の記述のうち、適当でないものはどれか。

(1) 路盤は、軌道に対して適当な弾性を与えるとともに路床の軟弱化防止、路床への荷重を分散伝達し、排水勾配を設けることにより道床内の水を速やかに排除する等の機能を有する。

(2) 土路盤は、良質な自然土とクラッシャランの複層で構成する路盤であり、一般に強化路盤に比べて工事費が安価である。

(3) 路盤には土路盤、強化路盤があるが、いずれを用いるかは、線区の重要度、経済性、保守体制などを勘案して決定する。

(4) 強化路盤は、道路、空港などの舗装に既に広く用いられているアスファルトコンクリート、粒度調整材料などを使用しており、繰返し荷重に対する耐久性に優れている。

解説 土路盤は、良質な自然土の単一層で構成する路盤である。　解答 (2)

問2 鉄道の軌道の維持管理 R2-No.42

➡1 鉄道：鉄道工事

鉄道の軌道における維持管理に関する次の記述のうち、適当でないものはどれか。

(1) バラスト軌道は、列車通過による軌道変位が生じやすいため、日常的な保守が必要であるが、路盤や路床の沈下などが生じても軌道整備で補修できるメリットがある。

(2) 列車の通過によるレールの摩耗は、直線区間ではレール頭部に、曲線区間では曲線の内側レールに生じやすい。

(3) 道床バラストは、吸水率が小さく、強固で靭(じん)性に富み、摩損に耐える材質であることが要求される。

(4) 軌道変位の許容値は、通過列車の速度、頻度、重量などの線区状況のほか、軌道変位の検測頻度、軌道整正の実施までに必要な時間などの保守体制を勘案して決定する必要がある。

解説 列車の通過によるレールの摩耗は、曲線区間では曲線の外側レールに生じやすい。

解答 (2)

問3 近接工事の保安対策 H27-No.43

➡ 2 鉄道：営業線の近接工事

営業線路内及び営業線近接工事の保安対策に関する次の記述のうち、適当でないものはどれか。

(1) 列車の振動や風圧などによって不安定、危険な状態になるおそれのある工事は、列車の接近時から通過するまでの間、施工を一時中止する。

(2) き電停止の手続きを行う場合は、その手続きは軌道作業責任者が行う。

(3) 線路閉鎖、保守用車使用の手続きを行う場合は、その手続きは線閉責任者が行う。

(4) 既設構造物に影響を与えるおそれのある工事の施工にあたっては、異常の有無を検測し、これを監督員等に報告する。

解説 き電停止の手続きを行う場合は、その手続きは停電責任者が行うこととし、使用間合、時間、作業範囲、競合作業などについて、あらかじめ監督員等と十分に打合せを行う。

解答 (2)

問4 近接工事の保安対策 R2-No.43

➡ 2 鉄道：営業線の近接工事

鉄道（在来線）の営業線及びこれに近接して工事を施工する場合の保安対策に関する次の記述のうち、適当でないものはどれか。

(1) ホーム端から1m以上内側のホーム上の作業などで、当該線を支障するおそれのない作業などを行うときは、列車見張員等の配置を省略することができる。

(2) 建設用大型機械を建築限界内に進入させる際、同時に載線する建設用大型機械の台数に応じて、個別の建設用大型機械ごとに誘導員を配置する。

(3) 作業などの位置が、複数の線にまたがるときは、列車接近警報装置などを適切に配置する場合に限り、列車見張員等の配置を1箇所に省略することができる。

(4) 列車見張員は、作業などの責任者及び従事員に対して列車接近の合図が可能な範囲内で、安全が確保できる離れた場所に配置する。

解説 作業などの位置が、複数の線にまたがるときは、全ての線に対して列車見張員等を配置する。

解答 (3)

問5 泥水式シールド工法 H26-No.44

➡3 地下構造物：シールド工法

泥水式シールド工法に関する次の記述のうち、適当でないものはどれか。

(1) 泥水式シールド工法の運転制御設備は、泥水圧、掘進速度、シールド運転時の負荷、泥水処理、泥水循環などの状態を測定する計測設備と運転管理を行う制御設備で構成される。

(2) 泥水処理設備は、流体輸送設備から運ばれた排泥水の土砂分と水分を分離するとともに、切羽に再循環する送泥水の性状を調節する機能も備えている。

(3) 泥水処理設備の泥水処理系統は、一次処理で排泥水の礫、砂を分離し、二次処理は余剰泥水のシルト・粘土を分離し、三次処理は放流水のpHを調整するもので構成される。

(4) 送排泥管設備の送泥管と排泥管の管径は、シールド外径、土質及び計画推進速度などに応じて設定され、一般に排泥管径は送泥管径より大きくする。

解説 送排泥管設備の送泥管と排泥管の管径は、シールド外径、土質及び計画推進速度などに応じて設定され、一般に排泥管径は送泥管径より小さくする。

解答 (4)

問6　シールド工法の施工管理　R1-No.44

⇒ 4 地下構造物：シールド工事

シールド工法の施工管理に関する記述のうち、適当でないものはどれか。

(1)　土圧式シールド工法において切羽の安定を図るためには、泥土圧の管理及び泥土の塑性流動性管理と排土量管理を慎重に行わなければならない。

(2)　泥水式シールド工法において切羽の安定を図るためには、泥水品質の調整及び泥水圧と掘削土量管理を慎重に行わなければならない。

(3)　土圧式シールド工法において、粘着力が大きい硬質粘性土や砂層、礫層を掘削する場合には、水を直接注入することにより掘削土砂の塑性流動性を高めることが必要である。

(4)　シールド掘進に伴う地盤変位は、切羽に作用する土水圧の不均衡やテールボイドの発生、裏込め注入の過不足などが原因で発生する。

解説　土圧式シールド工法において、粘着力が大きい硬質粘性土や砂層、礫層を掘削する場合には、水を直接注入するのではなく、作泥土材を注入する。

解答　(3)

問7　シールド工法の施工管理　H28-No.44

⇒ 4 地下構造物：シールド工事

泥水式シールド工法の施工管理に関する次の記述のうち、適当でないものはどれか。

(1)　泥水の管理圧力については、下限値として地表面の沈下を極力抑止する目的で「静止土圧」＋「水圧」＋「変動圧」を用いる考え方を基本とする場合が多い。

(2)　切羽の安定を保持するには、地山の条件に応じて泥水品質を調整して切羽面に十分な泥膜を形成するとともに、切羽泥水圧と掘削土量の管理を行わなければならない。

(3)　泥水式シールド工法は、掘削、切羽の安定、泥水処理が一体化したシステムとして運用されるので、構成する設備の特徴、能力を十分把握して計画しなければならない。

(4) 泥水の処理については、土砂を分離した余剰泥水は水や粘土、ベントナイト、増粘剤などを加えて比重、濃度、粘性などを調整して切羽へ再循環される。

解説 泥水の管理圧力については、上限値（下限値）として地表面の沈下を極力抑止する目的で「静止土圧」＋「水圧」＋「変動圧」（「主働土圧」＋「変動圧」）を用いる考え方を基本とする場合が多い。　解答 (1)

問8 シールド工法の施工　R2-No.44

➡ 4 地下構造物：シールド工事

シールド工法の施工に関する次の記述のうち、適当でないものはどれか。

(1) セグメントを組み立てる際は、掘進完了後、速やかに全数のシールドジャッキを同時に引き戻し、セグメントをリング状に組み立てなければならない。

(2) 粘着力が大きい硬質粘性土を掘削する際は、掘削土砂に適切な添加材を注入し、カッターチャンバー内やカッターヘッドへの掘削土砂の付着を防止する。

(3) 裏込め注入工は、地山の緩みと沈下を防ぐとともに、セグメントからの漏水の防止、セグメントリングの早期安定やトンネルの蛇行防止などに役立つため、速やかに行わなければならない。

(4) 軟弱粘性土の場合は、シールド掘進による全体的な地盤の緩みや乱れ、過剰な裏込め注入などに起因して後続沈下が発生することがある。

解説 セグメントを組み立てる際は、掘進完了後、引き戻すジャッキは必要最小限として、セグメントをリング状に組み立てる。　解答 (1)

鋼橋塗装・推進工

選択問題

1 鋼橋塗装

出題頻度 ★☆☆

防食法

［種類］ 鋼橋で用いられる防錆・防食法には、以下のようなものがある。

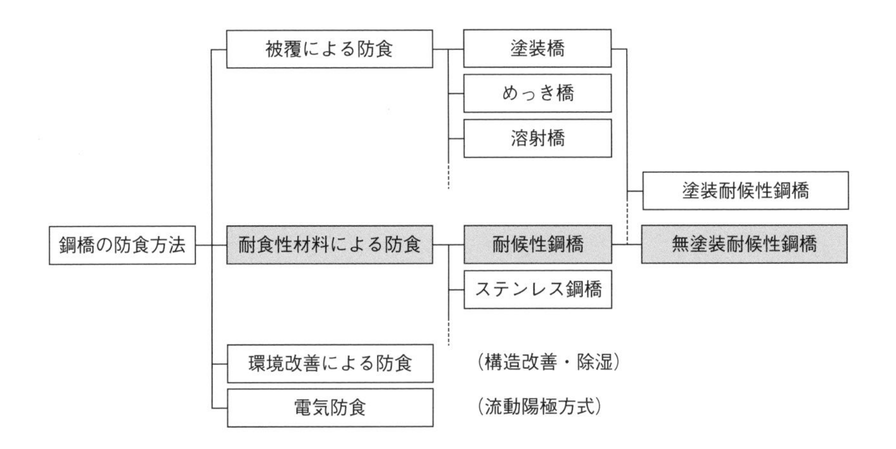

- **被覆防食**：鋼材を有機あるいは無機の被膜で覆い、腐食環境から遮断する方法。代表的な方法に、塗装、有機ライニング、金属被覆、非金属被覆、複合被覆などがある。
- **電気防食**：腐食環境中に設置された電極から防食すべき金属材料に直接電流を通電することによって、金属を腐食しない電位にまで変化させて防食する方法。代表的な方法に、流電陽極法、外部電源法などがある。
- **耐食材料の使用**：銅、クロム、ニッケル、りん等の合金元素を添加して、鋼材自体の耐食性を向上させる方法。代表的な方法に、耐候性鋼材の使用、耐海水性鋼材の使用などがある。

［被覆防食］ 各種の被覆防食を下表に示す。

■ 被覆防食法の長所と短所

防食法		長所	短所
有機被覆	塗装	・施工、補修が容易 ・イニシャルコストが低い ・実績が多い	・長期の防食は期待できない ・衝撃に弱い ・耐候性が劣る（エポキシ樹脂）
	有機ライニング	・工業的に大量生産可能で安価 ・耐久性が優れている	・耐候性が劣る（エポキシ樹脂）
無機被覆	金属被覆	・耐久性が特に優れている ・耐衝撃性が優れている ・工事現場での取扱いが容易	・イニシャルコストが高い ・異種金属接触腐食に対する配慮が必要
	非金属被覆	・耐久性が優れている ・実績が多い	・現地施工に限られる

［耐候性鋼材による防食］　耐候性鋼は錆の進展が時間の経過とともに次第に抑制されていく特性を有し、表面の塗装なしで長期間使用できることができる。普通鋼と耐候性鋼材の錆の形成は下図のように異なり、普通鋼の腐食反応が進行し続けるのに対し、耐候性鋼は錆の進行を抑制する。

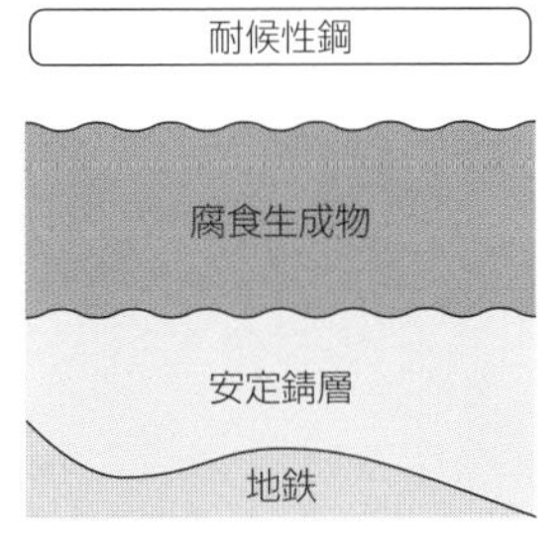

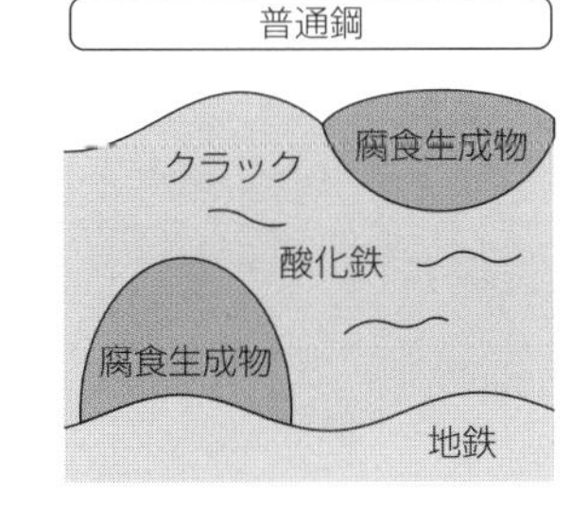

● 耐候性鋼と普通鋼の比較

塗り重ね塗装時の留意事項

［塗装間隔が短い場合］　塗装間隔が短いと、下層の未乾燥塗膜は塗り重ねた塗料の溶剤によって膨潤して、しわが生じやすくなる。

［塗装間隔が長すぎる場合］　塗装間隔が長すぎると、硬化乾燥の状態になり層間はく離が生じやすくなる。

［塗装の乾燥が不十分］　塗料の乾燥が不十分なうちに次層の塗料を塗り重ねると、下層の塗膜の乾燥が阻害され、上層塗膜に泡やふくれが生じることがある。

素地調整

塗装前に塗装表面を処理する方法を素地調整という。新設塗装時に適用される素地調整方法と内容を下表に示す。

■ 素地調整の方法

素地調整	方法	備考
原板の素地調整	原板ブラスト法	ジンクリッチプライマを用いる場合に適用する
二次素地調整	製品ブラスト法	下塗り第1層に無機ジクリッチペイントを用い場合に適用する
加工後部材の素地調整	動力工具	一次プライマーの損傷部と発錆部に適用する。ただし、下塗り第1層に無機ジンクリッチペイントを用いる場合は、適用できない
スィーブブラスト処理（亜鉛めっき面用）		新設亜鉛めっき面に塗装を行う場合に適用する

現場塗膜除去の施工

［環境対応形塗膜はく離剤］ **高級アルコール**を主成分とするため毒性及び皮膚刺激性が少ない。また、塗膜をシート状に軟化させ塗膜を回収するので、塗膜ダストや騒音が発生しない。

環境対応形塗膜はく離剤による塗膜除去は、塗替えの素地調整程度1種相当のブラスト法と比較すると、錆や黒皮、長ばく形エッチングプライマーによる塗膜は除去できない。

注意点としては、塗膜にはく離剤成分を浸透させるので、既存塗膜の膜厚が大きい場合、塗付時及び塗膜浸透時の気温が低いときは、塗膜はく離がし難いことがある。

塗装と気象条件

塗装時には各気象条件により、塗装禁止条件が定められている。禁止条件の気象と塗装の欠陥を下表に示す

気象条件	留意事項
気温が高い場合	塗膜の乾燥が早くなるので、炎天下の作業で塗付面の温度が50℃を超えている場合は、塗膜に泡が発生することがあるので、塗付作業は行わない。
気温が低い場合	乾燥が遅くなり、腐食性物質や塵埃の付着、塗料の粘度が増すことによって作業性が悪くなる。
湿度が高い場合	湿度が高いと結露が生じやすく、塗膜はく離の原因になる。相対湿度80%以上が塗装禁止条件である。無機ジンクリッチペイントタイプの塗料では、樹脂の加水分解によって乾燥するので施工不良を避けることから、相対湿度が50%以下で塗装は行わない。
風が強い場合	未乾燥塗膜への砂塵、海塩成分などの付着が懸念される。また、周囲への塗料飛散にも注意しなければならない。
降雨、降雪時	未乾燥時の降雨、降雪は、塗料の流出などに注意しなければならない。

環境への配慮

塗装中の揮発性有機物（VOC）は、塗装中に大気中へ放出されることから地球温暖化や光化学スモッグの原因の1つと考えられている。このため、地球環境に配慮した塗装がよいとされており、低VOC塗料にはハイソリッド塗料（低溶剤塗料）、無溶剤塗料、水性塗料、紛体塗料があり、最も実用性があるのがハイソリッド塗料である。

塗装の管理

塗装の管理に関する留意事項を以下に示す。

- 塗料の品質の確認としては、塗料製造後、長期間経過していて変質の可能性があるものについては、抜き取り試験を行って品質を確認する。
- 塗付作業中の塗料に異常がみられる場合は、それと同一製造ロットの塗料の使用を中止して原因を究明し、塗料品質に異常がある場合には、それと同一製造ロットの塗料を使用しない。
- 塗付作業に伴う塗料のロス分や、良好な塗付作業下での塗膜厚のばらつきを考慮して、標準膜厚が得られるように標準使用量が定められている。
- 塗料及びシンナーについては消防法の適用を受け、屋外で使用する場合には発生ガスが大気中に拡散するため、現場での保管数量の規定がある。

重防食塗装

防食下地は、無機ジンクリッチペイント、溶融亜鉛めっき、金属溶射により、犠牲防食作用やアルカリ性保持などの**腐食抑制効果**によって鋼材の腐食を防ぐ。

- **下塗塗料**：防食下地と良好な付着性を有し、水と酸素の腐食因子と塩化物イオン等の腐食促進因子の浸透を抑制して、防食下地の劣化、消耗を防ぐ。
- **中塗塗料**：下塗塗料と上塗塗料の付着を確保し、色相を調整して下塗塗料の色相を隠蔽する。
- **上塗塗料**：耐候性のよい樹脂と顔料により、長期間にわたって鋼構造物の光沢や色相を維持し、下層塗膜を紫外線から保護する。

塗装の劣化・欠陥

［塗膜の欠陥］ 欠陥現象と原因を下表に示す。

塗膜の欠陥	現象	原因
ながれ	塗料がたれ下がった状態にある現象	塗料の希釈し過ぎか、厚塗りし過ぎ、塗料粘度が不適切であることが原因
はじき	塗膜が持ち上げられて膨れた状態になる現象	塗付面に水分や油脂類が付着しているか、先行して塗った塗膜表面に油性分が多いことが原因
白化（ブラッシング）	表面が荒れて、白くボケてツヤがなくなる現象	塗膜の溶剤が急激に揮発したか、乾燥しないうちに結露したことが原因
ちぢみ	塗膜にしわができた状態になる現象	下塗りが未乾燥か厚塗りで表面が上乾きしていることが原因
にじみ（ブリード）	塗重ねのときに色相が変わってくる現象	上塗塗膜の溶剤が下塗塗膜を侵食し、下塗塗膜の色がにじみ出てくることが原因
ふくれ	塗膜がふくれた状態になる現象	塗膜の下に入った水分が膨張することが原因

［塗膜の劣化］ 劣化現象と原因を下表に示す。

塗膜の欠陥	現象	原因
チェッキング	塗膜の表面に生じる比較的軽度な割れ	塗膜内部のひずみによって生じる（目視でやっとわかる程度のもの）
クラッキング	塗膜の内部深く、鋼材面まで達する割れ	塗膜内部のひずみによって生じる（目視でわかる）
チョーキング	塗膜の表面が粉化して消耗していく	紫外線などで塗膜表面が分解して生じる
はがれ	塗膜がはがれる	結露が生じやすい場所で、塗膜の付着力が低下して生じる

2 小口径推進工

出題頻度★★★

小口径推進工の分類

小口径推進工は以下のように分類される。

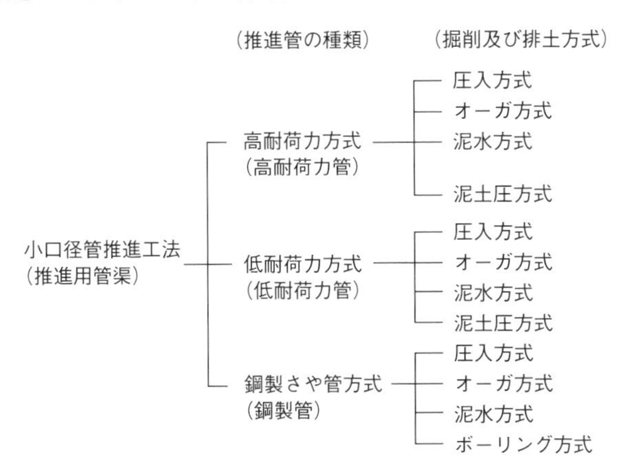

［高耐荷力方式］ 推進力を直接管端に負荷させる推進方式。**鉄筋コンクリート管**のような高耐荷力管を推進管として用いる。

［低耐荷力方式］ 先導体を推進力伝達ロッドで推進する方式。**硬質塩化ビニル管**のような低耐荷力管には、周面摩擦力のみを負担させて推進する。

［鋼製さや管方式］ 鋼管の先端に先導体を取り付け、推進力を直接鋼管に負荷させる推進方式。到達した鋼管をさや管として用い、管内に**塩化ビニル管**などの本管を敷設する。

小口径推進工法の排土方式

［圧入方式］ 先導体及び誘導管を圧入し、拡大カッターを接続して誘導管をガイドにして推進管を推進する。鋼管さや管方式の場合は、ハンマ、ラム式の衝撃力によって鋼管を推進する。

［オーガ方式］ 先導体内にオーガヘッド、スクリューコンベアを装着し、この回転により掘削排土を行いながら推進管を推進する。

［泥水方式］ 泥水式の先導体を推進管の先端に取り付け、カッター回転に

よる掘削、泥水による切羽安定、泥水循環による排土を行いながら推進する。

［泥土圧方式］ 泥土圧式の先導体を推進管に先端に取り付け、添加材注入と止水バルブにより、切羽の安定を保持しながらカッターの回転により掘削する。

［ボーリング方式］ 超硬切削ビットを取り付けた鋼管本体を回転させる一重ケーシング式と、スクリュー付き内管を回転させながら推進する二重ケーシング方式がある。

小口径推進工法の施工と留意点

［支圧壁の種類］ 支圧壁は、コンクリート製または鋼製のものを使用する。推進力が比較的小さい小口径推進の場合は、鋼製の支圧壁を用いることが多い。ライナープレート立坑の場合は、コンクリート製を標準とする。

［推進管の蛇行］ 土質が不均質であると推進管の蛇行が生じやすい。また、地下水が高く緩い砂地盤において低耐荷力推進を行う場合、浮力による蛇行が生じることがあり十分な注意が必要である。

推進管の蛇行の修正は、修正する方法に先導体を向け、先導体に地盤反力を作用させて行う方法をとる。

［互層地盤］ 互層地盤では、推進管は軟らかい土質の方へ変位する。このような地盤の場合、薬液注入工法など、補助工法による対策や掘削機の引き抜き、再掘削などの対策を行う必要がある。

［推進管の破損］ 発進坑口、坑内で推進中にジャッキ推進力を直接受けている推進管が破損した場合、管内での補修が困難なため破損の程度を問わず推進管の取替えを行う。また、推進管の破損が大きい場合は、破損した場所に立坑を設置し、新しい推進管と入れ替えて推進を再開するか、到達立坑より刃口推進工法やボーリング方式などで迎え掘り等を行う。

［レーザトランシットによる推進管理測量］ 推進管理測量に用いるレーザトランシットは、レーザ光が先導体内装置などの熱により屈折し、測量できなくなる場合がある。測定可能な距離は、一般に150～200m程度である。

3　薬液注入工

出題頻度 ★★★

薬液注入の計画、施工時のポイント

［ゲルタイムの設定］　ゲルタイムの設定は、薬液のうち硬化剤、助剤の量によって設定する。しかし、水温、水質などにより薬液の量は定まらないので、現場で確認しながら行う。

［注入速度の設定］　標準速度または基準速度を設定し、現場の注入作業状況に合わせて注入速度を調整する。特に、工事の安全性、周辺への影響に留意する。

［注入圧力の管理］　近接構造物や周辺地盤に変状を与えないように、注入圧力を管理する必要がある。周辺で変状があった場合、浸透性の高い注入材に変更し、注入速度を下げて現場にあった圧力管理を行う。

［施工手順］　施工する順序を明示し、間隙水の逸散を助けて近接する構造物に影響ないように構造物の近くから遠くへ注入を進める。

注入材の種類と目的

［砂質土の止水］　砂質土の止水を目的とする場合は浸透性に優れた溶液型を用い、砂礫で細粒分が少ない場合は懸濁液型を用いることも可能である。

［粘性土の漏水防止］　粘性土の漏水防止を目的とする場合は、ホモゲル強度の大きい懸濁液型が有効な場合がある。

［地盤中の空隙充填］　地盤中の空隙充填を目的とする場合は、ホモゲル強度が大きく安価なセメント、ベントナイト系や懸濁型が用いられる。

過去問チャレンジ（章末問題）

問1　鋼橋の防食法　R1-No.45

➡1 鋼橋塗装

鋼橋の防食法に関する次の記述のうち、適当でないものはどれか。

(1) 塗装は、鋼材表面に形成した塗膜が腐食の原因となる酸素と水や、塩類などの腐食を促進する物質を遮断し鋼材を保護するものである。
(2) 耐候性鋼は、鋼材表面に生成される保護性錆によって錆の進展を抑制するものであるが、初期の段階で錆むらや錆汁が生じた場合は速やかに補修しなければならない。
(3) 溶融亜鉛めっきは、いったん損傷を生じると部分的に再めっきを行うことが困難であることから、損傷部を塗装する等の溶融亜鉛めっき以外の防食法で補修しなければならない。
(4) 金属溶射の施工にあたっては、温度や湿度などの施工環境条件の制限があるとともに、下地処理と粗面処理の品質確保が重要である。

解説　耐候性鋼は、初期の段階で錆むらや錆汁が生じた場合でも、錆の進行で安定錆が発生するため問題はない。　解答　(2)

問2　鋼橋の防食　H28-No.45

➡1 鋼橋塗装

鋼橋の防食に関する次の記述のうち、適当でないものはどれか。

(1) 電気防食は、鋼材に電流を流して表面の電位差をなくし、腐食電流の回路を形成させない方法であり、流電陽極方式と外部電源方式がある。
(2) 環境改善による防食は、鋼材周辺から腐食因子を排除する等によって鋼材を腐食しにくい環境条件下に置くものであり、構造の改善による水や酸素などを排除する方法と除湿による方法がある。
(3) 被覆による防食は、鋼材を腐食の原因となる環境から遮断することによって腐食を防止する方法であるが、これには塗装の非金属被覆と耐候性鋼材の保護性錆による金属被覆による方法がある。

(4)　耐食性材料の使用による防食は、使用材料そのものに腐食速度を低下させる合金元素を添加することによって改質した耐食性を有する材料を使用する方法がある。

解説　耐候性鋼材は鋼表面に保護性錆を形成するもので、防食の方法として金属皮覆とは呼ばない。　解答　(3)

問3　鋼橋の塗装作業　H30-No.45　➡1 鋼橋塗装

鋼構造物の塗装作業に関する次の記述のうち、適当でないものはどれか。

(1)　塗料は、可使時間を過ぎると性能が十分でないばかりか欠陥となりやすくなる。

(2)　鋼道路橋の塗装作業には、スプレー塗り、はけ塗り、ローラブラシ塗りの方法がある。

(3)　塗装の塗り重ね間隔が短い場合は、下層の未乾燥塗膜は、塗り重ねた塗料の溶剤によってはがれが生じやすくなる。

(4)　塗装の塗り重ね間隔が長い場合は、下層塗膜の乾燥硬化が進み、上に塗り重ねる塗料との密着性が低下し、後日塗膜間で層間はく離が生じやすくなる。

解説　塗装の塗り重ね間隔が短い場合は、下層の未乾燥塗膜は、塗り重ねた塗料の溶剤によって膨潤し、しわが生じやすくなる。　解答　(3)

問4　鋼橋塗装の施工管理　H29-No.45　➡1 鋼橋塗装

鋼構造物塗装の施工管理に関する次の記述のうち、適当でないものはどれか。

(1)　下層の未乾燥塗膜は、塗装間隔が短いと、塗り重ねた塗料の溶剤によって膨潤し、しわが生じやすくなる。

(2)　塗り重ね間隔が長い場合は、下層塗膜の乾燥硬化が進み、上に塗り重ねる塗料との密着性が低下し、後日塗膜間で層間はく離が生じやすくなる。

(3) 塗装を塗り重ねる場合の塗装間隔は、付着性を良くし良好な塗膜を得るために重要な要素であり、塗料ごとに定められている。
(4) 塗料の乾燥が不十分なうちに次層の塗料を塗り重ねる場合は、下層塗膜中の溶剤の蒸発によって、上層塗膜ににじみが生じることがある。

解説 塗料の乾燥が不十分なうちに次層の塗料を塗り重ねる場合は、下層塗膜中の着色物質の拡散によって、上層塗膜ににじみが生じることがある。 解答 (4)

問5 小口径推進工事 H30-No.48

➡ 2 小口径推進工

小口径管推進工法の施工に関する次の記述のうち、適当でないものはどれか。

(1) オーガ方式は、砂質地盤では推進中に先端抵抗力が急増する場合があるので、注水により切羽部の土を軟弱にする等の対策が必要である。
(2) ボーリング方式は、先導体前面が開放しているので、地下水位以下の砂質地盤に対しては、補助工法により地盤の安定処理を行った上で適用する。
(3) 圧入方式は、排土しないで土を推進管周囲へ圧密させて推進するため、推進路線に近接する既設建造物に対する影響に注意する。
(4) 泥水方式は、透水性の高い緩い地盤では泥水圧が有効に切羽に作用しない場合があるので、送排泥管の流量計と密度計から掘削土量を計測し、監視する等の対策が必要である。

解説 オーガ方式は、粘性土地盤では推進中に先端抵抗力が急増する場合があるので、注水により切羽部の土を軟弱にする等の対策が必要である。 解答 (1)

問6 小口径推進工事 R1-No.48

➡ 2 小口径推進工

小口径管推進工法の施工に関する次の記述のうち、適当でないものはどれか。

(1) 推進工事において地盤の変状を発生させないためには、切羽土砂を適正に取り込むことが必要であり、掘削土量と排土量、泥水管理に注意し、推進と滑材注入を同時に行う。

(2) 推進中に推進管に破損が生じた場合は、推進施工が可能な場合には十分な滑材注入などにより推進力の低減を図り、推進を続け、推進完了後に損傷部分の補修を行う。
(3) 推進工法として低耐荷力方式を採用した場合は、推進中は管にかかる荷重を常に計測し、管の許容推進耐荷力以下であることを確認しながら推進する。
(4) 土質の不均質な互層地盤では、推進管が硬い土質の方に蛇行することが多いので、地盤改良工法などの補助工法を併用し、蛇行を防止する対策を講じる。

解説 土質の不均質な互層地盤では、推進管が軟らかい土質の方に蛇行することが多いので、地盤改良工法などの補助工法を併用し、蛇行を防止する対策を講じる。

解答 (4)

問7 薬液注入工事 H29-No.49

➡3 薬液注入工

薬液注入工事の施工管理に関する次の記述のうち、適当でないものはどれか。

(1) 薬液注入工事においては、注入箇所から10m以内に複数の地下水監視のための井戸を設置して、注入中のみならず注入後も一定期間、地下水を監視する。
(2) 薬液注入工事でのライナープレート立坑における深度5mまでの最小改良範囲は、注入効果が発揮される品質を確保するための複列の注入が可能になる1.5m以上の厚みが確保される範囲をいう。
(3) 薬液注入工事による構造物への影響は、瞬結ゲルタイムと緩結ゲルタイムを使い分けた二重管ストレーナー工法（複相型）の普及により少なくなっている。
(4) 薬液注入工事における大深度の削孔は、ダブルパッカー工法のようにパーカッションドリルを使用して削孔するよりも、ボーリングロッドを注入管として利用する二重管ストレーナー工法（複相型）の方が削孔精度は高い。

解説 薬液注入工事における大深度の削孔は、ボーリングロッドを注入管として利用する二重管ストレーナー工法（複相型）よりも、ダブルパッカー工法のようにパーカッションドリルを使用して削孔する方が削孔精度は高い。

解答 (4)

上・下水道

選択問題

1 上水道の施工

出題頻度 ★☆☆

［試掘調査］ 施工に先立ち、地下埋設物の位置などを確認するために試掘調査を行う。試掘調査では、掘削中に埋設構造物に損傷を与えないように原則として人力で掘削する。

［配水管の埋設深さ］ 配水管の埋設深さ（管の頂部と道路面との距離、土かぶり）は1.2 m以下としない。やむを得ない場合でも0.6 m以下としない。

また、管径300 mm以下の鋼管を布設（敷設）する場合の埋設深さは、道路舗装厚に0.3 mを加えた値以下としない。ただし、0.6 mに満たない場合は0.6 m以下にしない。

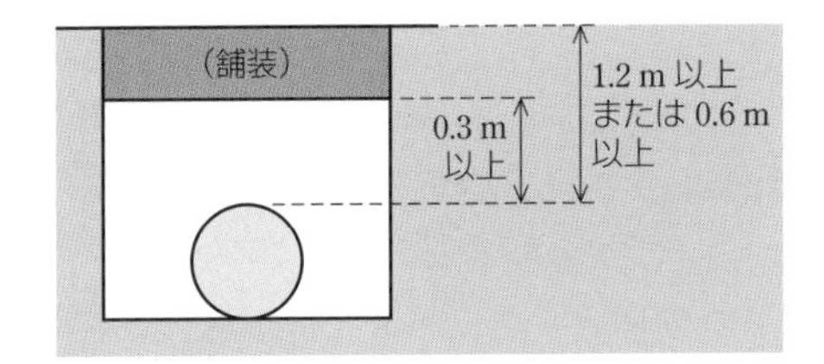

● 配水管の埋設深さ

［他の埋設物との離隔距離］ 配水管を他の埋設物と近接して埋設する場合、維持補修の施工性や事故発生の防止などから0.3 m以上の離隔距離を確保する。

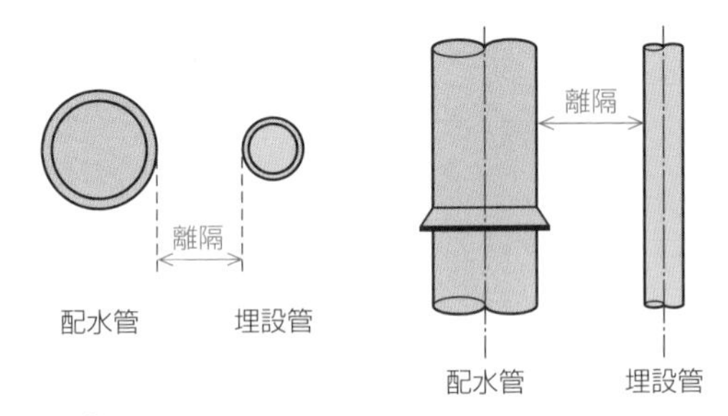

● 他の埋設物との離隔距離

[管の布設方向] 配水管の布設は、原則として低所から高所へ向かい布設する。受口のある管は受口を高所に向けて配管する。

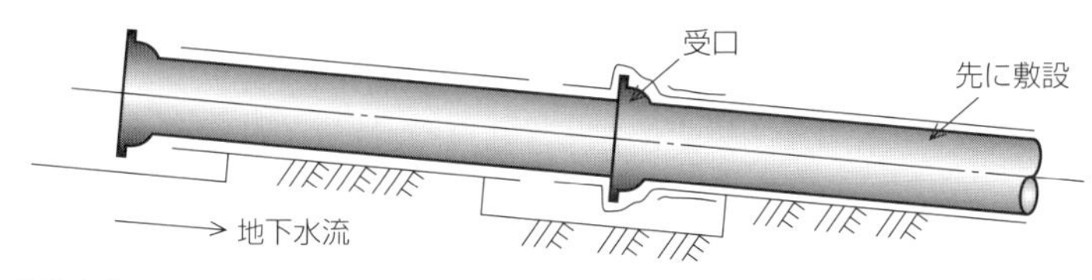

● 管の布設方向

[管の据付け] 配水管の据付けにあたっては、管内を十分に清掃し、正確に据え付ける。また、ダクタイル鋳鉄管などは、管径、年号の記号を上に向けて据え付ける。掘削溝内への吊り降しは、溝内の吊り降し場所に作業員を立ち入らせないで、管を誘導しながら設置する。

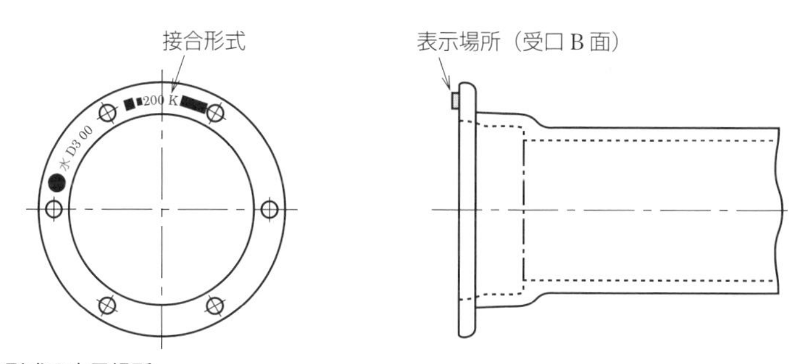

● 接合形式の表示場所

[管の曲げ配管] 直管と直管の継手箇所では、一般に強度が劣るため角度をとる曲げ配管は行ってはならない。

[埋戻し] 埋戻しは片埋めにならないように注意し、厚さ30cm以下になるように敷均しを行い、現地盤と同等以上の密度となるように締固めを行う。

[管路の水圧試験] 継手の水密性を確認するために、配管終了後、原則として管内に充水し管路の水圧試験を行う。管径が800mm以上の鋳鉄管継手は、原則として監督員立ち合いの上で継手ごとに内面からテストバンドで水圧試験を行う。

[軟弱地盤での施工] 将来、管路が不同沈下を起こすおそれがある軟弱地盤に管を布設する場合は、地盤状況や管路沈下量を検討し、適切な管種、継手、施工方法を用いる。

軟弱層が浅い地盤に管を布設する場合は、管の重量、管内水重、埋戻し土圧などを考慮して、沈下量を推定した上で施工する。また、軟弱層が深い地盤に管を布設する場合は、薬液注入工法、サンドドレーン工法などにより**地盤改良**を行うことが必要である。

［耐震対策］ 管路がやむを得ず活断層を横断または近傍を通過する場合は、管路全体に耐震性の高い管を使用する。

2 下水道の施工

出題頻度 ★☆☆

管径が変化する管渠の接合

［水面接合］ 上下流管渠の計画水面を一致させて接合する。水理学的には良好な接合方法である。

［管中心接合］ 上下流管渠の管中心部の高さを合わせて接合する方法である。

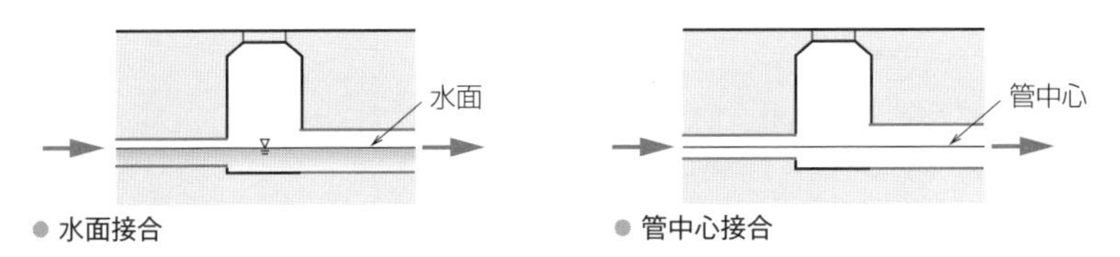

● 水面接合　● 管中心接合

［管頂接合］ 上下流管渠の管頂の高さを合わせて接合する方法である。水の流れが円滑で水理学的には安全であるが、管渠の埋設深さが増して建設費がかさみ、ポンプ排水の場合にはポンプの揚程が増す。

［管底接合］ 上下流管渠の管底の高さを合わせて接合する方法である。管の埋設深さが浅くなるので工事費が安価になる。ポンプ排水の場合は有利になるが、上流部で動水勾配線が管頂より高くなる場合がある。

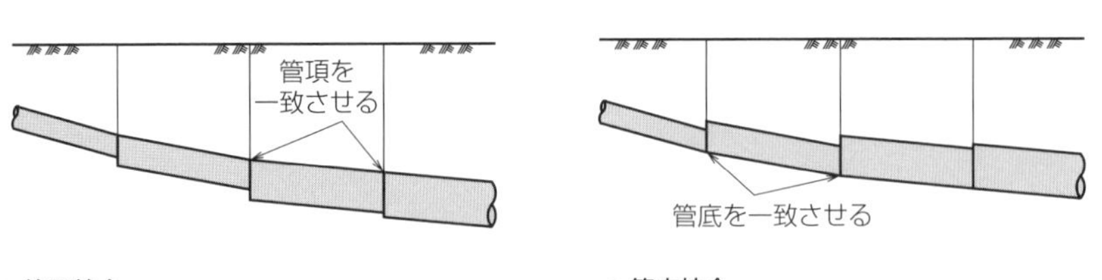

● 管頂接合　● 管底接合

［段差接合］ 地表面勾配が急な場合に用いる方法である。マンホール内で段差をつけ、段差は1箇所あたり1.5m以内が望ましい。また、0.6m以上となる場合は原則として副管を設けるものとする。

［階段接合］ 地表面勾配が急な場合に用いる方法である。大口径の管渠か現場打ち管渠に用いる。階段の高さは、1段あたり0.3m以内とするのが望ましい。

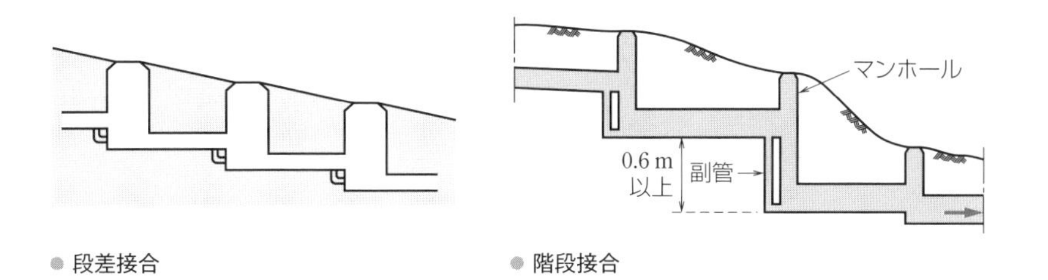

● 段差接合　　● 階段接合

管渠の基礎工法

硬質塩化ビニル管、強化プラスチック複合管などの可とう性管渠の場合は、原則として**自由支承の砂**または**砕石基礎**とする。

［砂・砕石基礎］ 砂、砕石をまんべんなく管渠に密着するように締め固め、支持する基礎工法である。比較的地盤がよい場合に用いられる。

［コンクリート基礎］ 無筋及び鉄筋コンクリートでつくられる管渠の基礎は、地盤が軟弱な場合や外力が大きい場合に用いられる。

［はしご胴木基礎］ 地盤が軟弱な場合や荷重が不均等な場合に用いられる工法で、木材をはしご状に並べて管渠を支持する。

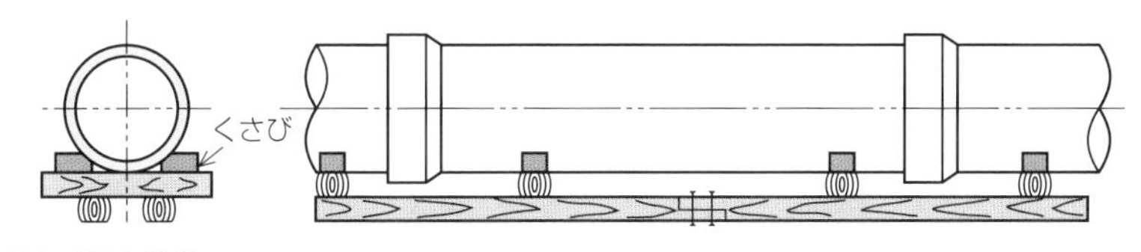

● はしご胴木基礎

［鳥居基礎］ 軟弱地盤や他の基礎工法では地耐力を期待できない場合に用いる工法で、はしご胴木基礎を木杭で支持させる。

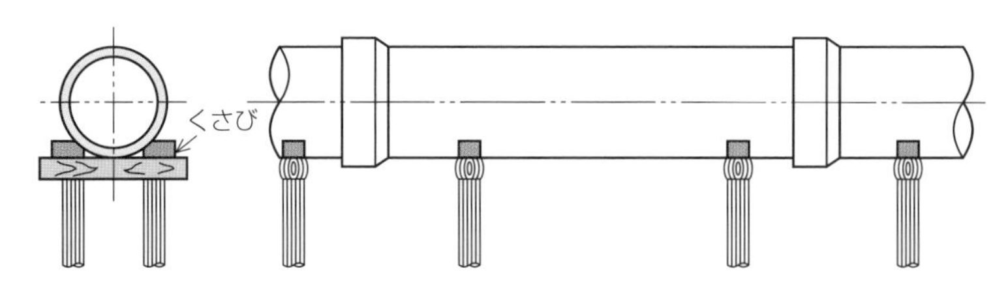

● 鳥居基礎

管渠の更新工法

[さや管工法] 既設管渠より小さな管径で製作された管渠をけん引挿入し、間隙に充填材を注入する

[反転工法] 熱硬化性樹脂を含浸させた材料を既設のマンホールから既設管渠内に反転加圧させながら挿入し、既設管渠内で加圧状態のまま樹脂が硬化する。

[製管工法] 既設管渠内に硬質塩化ビニル材などをかん合させながら製管し、既設管渠との間隙にモルタル等を充填する。

[形成工法] 熱硬化性樹脂を含浸させたライナーや熱可塑性樹脂ライナーを既設管渠内に引き込み、水圧または空気圧などで拡張・密着させた後に硬化させる。

過去問チャレンジ（章末問題）

問1　上水道の管布設工　R1-No.46

➡1 上水道の施工

上水道の管布設工に関する次の記述のうち、適当でないものはどれか。

(1)　埋戻しは、片埋めにならないように注意しながら、厚さ50cm以下に敷き均し、現地盤と同程度以上の密度となるように締固めを行う。

(2)　床付面に岩石、コンクリート塊などの支障物が出た場合は、床付面より10cm以上取り除き、砂などに置き換える。

(3)　鋼管の切断は、切断線を中心に、幅30cmの範囲の塗覆装をはく離し、切断線を表示して行う。

(4)　配水管を他の地下埋設物と交差または近接して布設するときは、少なくとも30cm以上の間隔を保つ。

解説　埋戻しは、片埋めにならないように注意しながら、厚さ30cm以下に敷き均す。

解答　(1)

問2　上水道の管布設工（軟弱地盤）　R2-No.46

➡1 上水道の施工

軟弱地盤や液状化のおそれのある地盤における上水道管布設に関する次の記述のうち、適当でないものはどれか。

(1)　砂質地盤で地下水位が高く、地震時に間隙水圧の急激な上昇による液状化の可能性が高いと判定される場所では、適切な管種・継手を選定するほか必要に応じて地盤改良などを行う。

(2)　水管橋またはバルブ室など構造物の取付け部には、不同沈下に伴う応力集中が生じるので、伸縮可とう性の小さい伸縮継手を使用することが望ましい。

(3)　将来、管路の不同沈下を起こすおそれのある軟弱地盤に管路を布設する場合には、地盤状態や管路沈下量について検討し、適切な管種、継手、施工方法を用いる。

(4) 軟弱層が深い場合、あるいは重機械が入れないような非常に軟弱な地盤では、薬液注入、サンドドレーン工法などにより地盤改良を行うことが必要である。

解説 水管橋またはバルブ室など構造物の取付け部には、伸縮可とう性の大きい伸縮継手を使用することが望ましい。 解答 (2)

問3 上水道の管布設工 H30-No.46

➡1 上水道の施工

上水道の配水管の埋設位置及び深さに関する次の記述のうち、適当でないものはどれか。

(1) 地下水位が高い場合または高くなることが予想される場合には、管内空虚時に管が浮上しないように最小土被り(どかぶり)厚の確保に注意する。

(2) 寒冷地で土地の凍結深度が標準埋設深さよりも深い場合は、それ以下に埋設するが、埋設深度が確保できない場合は断熱マット等の適当な措置を講じる。

(3) 配水管の本線を道路に埋設する場合は、その頂部と路面との距離は、1.2m(工事実施上やむを得ない場合にあっては、0.6m)以下としないことと道路法施行令で規定されている。

(4) 配水管を他の地下埋設物と交差または近接して布設する場合は、最小離隔を0.1m以上確保する。

解説 配水管を他の地下埋設物と交差または近接して布設する場合は、最小離隔を0.3m以上確保する。 解答 (4)

問4　上水道の耐震対策　H26-No.46

➡1 上水道の施工

上水道管路の地震対策に関する次の記述のうち、適当でないものはどれか。

(1) 管路を他の地下埋設物と交差または近接して布設する場合は、地震時に管路に大きな応力が発生し、破損の原因となるおそれや災害復旧作業も困難となるので、少なくとも30cm以上の離隔をとるよう努める。

(2) 管路がやむを得ず活断層を横断または近傍を通過する場合は、管路全体に鋳鉄管を使用することに加え、抜け出し防止機能を備えた伸縮可とう管や継輪を使用する。

(3) 口径800mm以上の管路については、内部からの点検ができるように、適当な間隔で管路の要所に人孔を設けるほか、点検や復旧作業が容易に行えるように排水設備も設置するのが望ましい。

(4) 管路は、水平、鉛直とも急激な屈曲を避けることを原則とし、ダクタイル鋳鉄管などの継手を屈曲させる場合は、許容の屈曲角度内で曲げて布設する。

解説　管路がやむを得ず活断層を横断または近傍を通過する場合は、管路全体に鋳鉄管を使用することに加え、耐震性の高い管材を使用する。　解答 (2)

問5　管渠の接合方法　H30-No.47

➡2 下水道の施工

下水道の管渠の接合に関する次の記述のうち、適当でないものはどれか。

(1) マンホールにおいて上流管渠と下流管渠の段差が規定以上の場合は、マンホール内での点検や清掃活動を容易にするため副管を設ける。

(2) 管渠径が変化する場合または2本の管渠が合流する場合の接合方法は、原則として管底接合とする。

(3) 地表勾配が急な場合には、管渠径の変化の有無にかかわらず、原則として地表勾配に応じ、段差接合または階段接合とする。

(4) 管渠が合流する場合には、流水について十分検討し、マンホールの形状及び設置箇所、マンホール内のインバート等で対処する。

解説　管渠径が変化する場合または2本の管渠が合流する場合の接合方法は、原則として水面接合か管頂接合とする。　解答　(2)

問6　管渠の更生工法　R1-No.47

➡ 2 下水道の施工

下水道管渠の更生工法に関する次の記述のうち、適当なものはどれか。

(1)　形成工法は、既設管渠より小さな管径で製作された管渠をけん引挿入し、間隙に充填材を注入することで管を構築する。
(2)　反転工法は、熱硬化性樹脂を含浸させた材料を既設のマンホールから既設管渠内に反転加圧させながら挿入し、既設管渠内で加圧状態のまま樹脂が硬化することで管を構築する。
(3)　さや管工法は、既設管渠内に硬質塩化ビニル材などをかん合させながら製管し、既設管渠との間隙にモルタル等を充填することで管を構築する。
(4)　製管工法は、熱硬化性樹脂を含浸させたライナーや熱可塑性樹脂ライナーを既設管渠内に引き込み、水圧または空気圧などで拡張・密着させた後に硬化させることで管を構築する。

解説　(1)はさや管工法、(3)は製管工法、(4)は形成工法の説明である。
解答　(2)

問7　管渠の基礎　R2-No.47

➡ 2 下水道の施工

下水道に用いられる剛性管渠の基礎の種類に関する次の記述のうち、適当でないものはどれか。

(1)　砂または砕石基礎は、砂または細かい砕石などを管渠外周部にまんべんなく密着するように締め固めて管渠を支持するもので、設置地盤が軟弱地盤の場合に採用する。
(2)　コンクリート及び鉄筋コンクリート基礎は、管渠の底部をコンクリートで巻き立てるもので、地盤が軟弱な場合や管渠に働く外圧が大きい場合に採用する。

(3) はしご胴木基礎は、まくら木の下部に管渠と平行に縦木を設置してはしご状に作るもので、地盤が軟弱な場合や、土質や上載荷重が不均質な場合などに採用する。
(4) 鳥居基礎は、はしご胴木の下部を杭で支える構造で、極軟弱地盤でほとんど地耐力を期待できない場合に採用する。

解説 砂または砕石基礎は、比較的設置地盤が良い場合に採用する。
解答 (1)

問8 下水道の耐震性能 H24-No.47

➡2 下水道の施工

下水道管路施設の耐震性確保に関する次の記述のうち、適当でないものはどれか。

(1) 管渠の継手部のように引張りが生じる部位は、伸びやズレの生じない構造とする。
(2) マンホールの側塊などのせん断力を受ける部位は、ズレが生じない構造か土砂がマンホール内に流入しない程度のズレを許容する構造とする。
(3) マンホールと管渠の接続部や管渠と管渠の継手部のような曲げの生じる部位については、可とう性を有する継手部の材質や構造で対応する。
(4) 液状化時の過剰間隙水圧による浮上がり、沈下、側方流動などに対しては、管路周辺に砕石などによる埋戻しやマンホール周辺を固化改良土などで埋め戻す対策が有効である。

解説 管渠の継手部のように引張りが生じる部位は、伸びやズレが可能な構造とする。
解答 (1)

選択問題

建設法規・法令

第1章 労働基準法

選択問題

1 労働契約・雑則

出題頻度 ★★☆

労働基準法において以下のように規定されている。

［法律違反の契約］ 就業規則が法令または労働協約に反する場合には、労働者との間の労働契約については、適用しない。(第13条)

［契約期間等］ 一定の事業の完了に必要な期間を定めるもののほかは、3年を超える期間について締結(ていけつ)してはならない。専門知識等のある労働者については、5年である。(第14条)

［労働条件の明示］ 使用者は、労働契約の締結の際、労働者に対して賃金、労働時間その他の労働条件を明示しなければならない。(第15条)

［賠償予定の禁止］ 使用者は、労働契約の不履行(りこう)について、違約金を定め、または損害賠償額を予定する契約をしてはならない。(第16条)

［前借金相殺の禁止］ 使用者は、前借金その他労働することを条件とする前貸の債権と賃金を相殺してはならない。(第17条)

［強制貯金］ 使用者は、労働契約に付随して貯蓄の契約をさせ、または貯蓄金を管理する契約をしてはならない。(第18条)

［解雇制限］ 使用者は、労働者が業務上負傷し、または疾病(しっぺい)にかかり療養のために休業する期間及びその後30日間は、原則として、解雇してはならない。(第19条)

［解雇の予告］ 使用者は、労働者を解雇しようとする場合において、30日前に予告をしない場合は、30日分以上の平均賃金を原則として、支払わなければならない。(第20条)

［退職時等の証明］ 労働者が退職の場合において、使用期間、業務の種類、賃金等について証明書を請求した場合は、使用者は遅滞なくこれを交付しなければならない。(第22条)

［金品の返還］ 使用者は、労働者の死亡または退職の場合において、権利者の請求があった場合においては、7日以内に賃金を支払い、積立金、保証

金、貯蓄金その他名称のいかんを問わず、労働者の権利に属する金品を返還しなければならない。（第23条）

2 労働時間

出題頻度 ★★★

労働基準法において以下のように規定されている。

［労働時間］ 使用者は、原則として、1日に8時間、1週間に40時間を超えて労働させてはならない。（第32条）

［災害等による臨時の必要がある場合の時間外労働等］ 災害その他避けることのできない事由によって、臨時の必要がある場合においては、使用者は、行政官庁の許可を受けて、その必要の限度において労働時間を延長し、または休日に労働させることができる。ただし、事態急迫のために行政官庁の許可を受ける暇がない場合においては、事後に遅滞なく届け出なければならない。（第33条）

［休憩］ 使用者は、労働時間が6時間を超える場合は45分以上、8時間を超える場合は1時間以上の休憩を与えなければならない。この休憩時間は、一斉に与えなければならない。（第34条）

［休日］ 使用者は、少なくとも毎週1日の休日か、4週間を通じて4日以上の休日を与えなければならない。（第35条）

［時間外及び休日の労働］ 使用者は、当該事業場に、労働者の過半数で組織する労働組合がある場合においてはその労働組合、労働者の過半数で組織する労働組合がない場合においては労働者の過半数を代表する者との書面による協定をし、厚生労働省令で定めるところによりこれを行政官庁に届け出た場合においては、労働時間または休日に関する規定にかかわらず、その協定で定めるところによって労働時間を延長し、または休日に労働させることができる。（第36条）

［時間外、休日及び深夜の割増賃金］ 使用者が、労働時間を延長し、または休日に労働させた場合においては、その時間またはその日の労働については、通常の労働時間または労働日の賃金の計算額の2割5分以上5割以下の範囲内で、それぞれ政令で定める率以上の率で計算した割増賃金を支払わなければならない。ただし、当該延長して労働させた時間が1箇月について60時間を超えた場合においては、その超えた時間の労働については、通常の労

働時間の賃金の計算額の5割以上の率で計算した割増賃金を支払わなければならない。(第37条)

[年次有給休暇] 使用者は、その雇い入れの日から起算して6箇月間継続勤務し全労働日の8割以上出勤した労働者に対して、継続し、または分割した10労働日の有給休暇を与えなければならない。(第39条)

3 年少者・妊産婦等

出題頻度★★★

労働基準法において以下のように規定されている。

[最低年齢] 使用者は、児童が満15歳に達した日以後の最初の3月31日が終了するまで、これを使用してはならない。(第56条)

[年少者の証明書] 使用者は、満18歳に満たない者について、その年齢を証明する戸籍証明書を事業場に備え付けなければならない。修学に差し支えないことを証明する学校長の証明書及び親権者または後見人の同意書を事業場に備え付けなければならない。(第57条)

[未成年者の労働契約] 親権者または後見人は、未成年者に代わって労働契約を締結してはならない。(第58条)

[深夜業] 使用者は、満18歳に満たない者を午後10時から午前5時までの間において使用してはならない。ただし、交替制によって使用する満16歳以上の男性については、この限りでない。(第61条)

[危険有害業務の就業制限] ① 使用者は、満18歳に満たない者に、運転中の機械もしくは動力伝導装置の危険な部分の掃除、注油、検査もしくは修繕をさせ、運転中の機械もしくは動力伝導装置にベルトもしくはロープの取付けもしくは取外しをさせ、動力によるクレーンの運転をさせ、その他厚生労働省令で定める危険な業務に就かせ、または厚生労働省令で定める重量物を取り扱う業務に就かせてはならない。(第62条)

② 使用者は、満18歳に満たない者を、毒劇薬、毒劇物その他有害な原料もしくは材料または爆発性、発火性もしくは引火性の原料もしくは材料を取り扱う業務、著しくじんあいもしくは粉末を飛散し、もしくは有害ガスもしくは有害放射線を発散する場所または高温もしくは高圧の場所における業務その他安全、衛生または福祉に有害な場所における業務に就かせてはならない。(第62条)

［坑内労働の禁止］ 使用者は、満18歳に満たない者を坑内で労働させてはならない。（第63条）

［帰郷旅費］ 満18歳に満たない者が解雇の日から14日以内に帰郷する場合においては、使用者は、必要な旅費を負担しなければならない。ただし、満18歳に満たない者がその責めに帰すべき事由に基づいて解雇され、使用者がその事由について行政官庁の認定を受けたときは、この限りでない。（第64条）

［坑内業務の就業制限（妊産婦等）］ 使用者は、次の各号に掲げる女性を当該各号に定める業務に就かせてはならない。（第64条の2）

一 妊娠中の女性及び坑内で行われる業務に従事しない旨を使用者に申し出た産後1年を経過しない女性 坑内で行われる全ての業務

二 前号に掲げる女性以外の満18歳以上の女性 坑内で行われる業務のうち人力により行われる掘削の業務その他の女性に有害な業務として厚生労働省令で定めるもの

［危険有害業務の就業制限（妊産婦等）］ 使用者は、妊娠中の女性及び産後1年を経過しない女性を、重量物を取り扱う業務、有害ガスを発散する場所における業務その他妊産婦の妊娠、出産、哺育等に有害な業務に就かせてはならない。（第64条の3）

［産前産後（産休等）］ 使用者は、6週間（多胎妊娠の場合にあっては、14週間）以内に出産する予定の女性が休業を請求した場合においては、その者を就業させてはならない。（第65条）

4 賃金

出題頻度 ★★

労働基準法において以下のように規定されている。

［賃金の定義］ この法律で賃金とは、賃金、給料、手当、賞与その他名称のいかんを問わず、労働の対償として使用者が労働者に支払う全てのものをいう。（第11条）

［平均賃金の定義］ この法律で平均賃金とは、これを算定すべき事由の発生した日以前3箇月間にその労働者に対し支払われた賃金の総額を、その期間の総日数で除した金額をいう。（第12条）

［賃金の支払］ 賃金は、通貨で、直接労働者に、その全額を支払わなけれ

はならない。（第24条）

［非常時払］ 使用者は、労働者が出産、疾病、災害その他厚生労働省令で定める非常の場合の費用に充てるために請求する場合においては、支払期日前であっても、既往の労働に対する賃金を支払わなければならない。（第25条）

［休業手当］ 使用者の責に帰すべき事由による休業の場合においては、使用者は、休業期間中当該労働者に、その平均賃金の100分の60以上の手当を支払わなければならない。（第26条）

［休業補償及び障害補償の例外］ 労働者が重大な過失によって業務上負傷し、または疾病にかかり、かつ使用者がその過失について行政官庁の認定を受けた場合においては、休業補償または障害補償を行わなくてもよい。（第78条）

［出来高払制（できだかばらい）の保障給］ 出来高払制その他の請負制で使用する労働者については、使用者は、労働時間に応じ一定額の賃金の保障をしなければならない。（第27条）

過去問チャレンジ（章末問題）

問1　労働契約　R3-No.50

➡1 労働契約・雑則

労働基準法に定められている労働契約に関する次の記述のうち、誤っているものはどれか。

(1)　使用者は、労働契約の締結に際し、労働者に対して賃金、労働時間その他の労働条件を明示しなければならない。

(2)　使用者は、労働者が業務上負傷し、または疾病にかかり療養のために休業する期間及びその後30日間は、原則として、解雇してはならない。

(3)　使用者は、労働者を解雇しようとする場合において、30日前に予告をしない場合は、30日分以上の平均賃金を原則として、支払わなければならない。

(4)　使用者は、労働者の死亡または退職の場合において、権利者からの請求の有無にかかわらず、賃金を支払い、労働者の権利に属する金品を返還しなければならない。

解説　使用者は、労働者の死亡または退職の場合において、権利者の請求があった場合においては、7日以内に賃金を支払い、積立金、保証金、貯蓄金その他名称のいかんを問わず、労働者の権利に属する金品を返還しなければならない。

解答　(4)

問2　労働契約　H29-No.50 改変

➡1 労働契約・雑則

労働基準法に定められている労働契約に関する次の記述のうち、誤っているものはどれか。

(1)　就業規則が法令または労働協約に反する場合には、労働者との間の労働契約については、適用しない。

(2)　使用者は、前借金その他労働することを条件とする前貸の債権と賃金を相殺してはならない。

(3) 労働者が退職の場合において、使用期間、業務の種類、賃金などについて証明書を請求した場合は、使用者は遅滞なくこれを交付しなければならない。

(4) 労働契約は、期間の定めのないものを除き、一定の事業の完了に必要な期間を定めるもののほかは、6年を超える期間について締結してはならない。

解説 一定の事業の完了に必要な期間を定めるもののほかは、3年を超える期間について締結してはならない。専門知識等のある労働者については、5年が最長である。

解答 (4)

問3 労働時間及び休暇・休日 R3-No.51

➡ 2 労働時間

労働時間及び休暇・休日に関する次の記述のうち、労働基準法上、正しいものはどれか。

(1) 使用者は、労働者の過半数を代表する者と書面による協定を定める場合でも、1箇月に100時間以上、労働時間を延長し、または休日に労働させてはならない。

(2) 使用者は、労働時間が6時間を超える場合においては最大で45分、8時間を超える場合においては最大で1時間の休憩時間を労働時間の途中に与えなければならない。

(3) 使用者は、6箇月勤続勤務し全労働日の5割以上出勤した労働者に対して、継続し、または分割した10労働日の有給休暇を与えなければならない。

(4) 使用者は、協定の定めにより労働時間を延長して労働させ、または休日に労働させる場合でも、坑内労働においては、1日について3時間を超えて労働時間を延長してはならない。

解説 (2) 労働時間が8時間を超える場合においては最低でも1時間の休憩時間を労働時間の途中に与えなければならない。

(3) 6箇月勤続勤務し全労働日の8割以上出勤した労働者に対して、継続し、または分割した10労働日の有休休暇を与えなければならない。

(4) 坑内労働その他厚生労働省令で定める健康上、特に有害な業務においては、1日について2時間を超えて労働時間を延長してはならない。

解答 (1)

問4 労働時間、休憩及び年次有給休暇 R2-No.51改変

➡2 労働時間

労働基準法に定められている労働時間、休憩及び年次有給休暇に関する次の記述のうち、正しいものはどれか。

(1) 使用者は、労働者の過半数で組織する労働組合がある場合においては、その労働組合と書面による協定をし、これを行政官庁に届け出た場合においては、労働時間を延長させることができる。
(2) 使用者は、災害その他避けることのできない事由によって、臨時の必要がある場合においては、行政官庁に事前に届け出れば、制限なく労働時間を延長し、労働させることができる。
(3) 使用者が、労働時間を延長し、または休日に労働させた場合においては、その時間またはその日の労働については、通常の労働時間または労働日の賃金の計算額の3割5分以上5割以下の範囲内で割増賃金を支払わなければならない。
(4) 休憩時間は、労働者別に決めて与えなければならない。

解説 (2) 災害その他避けることのできない事由であっても、過重労働による健康障害を防止するため、実際の時間外労働時間を月45時間以内にする等の制約がある。
(3) 使用者が、労働時間を延長し、または休日に労働させた場合においては、その時間またはその日の労働については、通常の労働時間または労働日の賃金の計算額の2割5分以上5割以下の範囲内で割増賃金を支払わなければならない。
(4) 休憩時間は、一斉に与えなければならない。

解答 (1)

問5　年少者・女性の就業　R1-No.51

⇒ 3 年少者・妊産婦等

年少者・女性の就業に関する次の記述のうち、労働基準法令上、正しいものはどれか。

(1) 使用者は、満16歳以上満18歳未満の者を、時間外労働でなければ、坑内で労働させることができる。

(2) 使用者は、満16歳以上満18歳未満の男性を、40kg以下の重量物を断続的に取り扱う業務に就かせることができる。

(3) 使用者は、妊娠中の女性及び産後1年を経過しない女性が請求した場合は、時間外労働、休日労働、深夜業をさせてはならない。

(4) 使用者は、妊娠中の女性及び産後1年を経過しない女性以外の女性についても、ブルドーザを運転させてはならない。

解説 (1) 使用者は、満18歳未満の者を、坑内で労働させてはならない。

(2) 使用者は、満16歳以上満18歳未満の男性を、30kg以上の重量物を断続的に取り扱う業務に就かせることができない。

(4) 使用者は、満18歳に満たない者に、動力により駆動される土木建築用機械または船舶荷扱用機械を運転させてはならない。なお、妊娠中の女性等に限定した制限はない。

解答 (3)

問6　年少者の就業　H28-No.51

⇒ 3 年少者・妊産婦等

満18歳に満たないものを就かせてはならないと定められている業務として、労働基準法令上、該当しないものはどれか。

(1) 岩石または鉱物の破砕機または粉砕機に材料を送給する業務

(2) 地上における足場の組立て、解体の補助作業の業務

(3) クレーンの玉掛けの業務

(4) 動力により駆動される土木建築用機械の運転の業務

解説 満18歳に満たないものを就かせてはならない業務は、①機械等の運転に関する業務類、②火薬など危険物の取扱い、③足場の組立て、解体または変更の業務（地上または床上における補助作業の業務を除く）、④健康被害のある可能性のある業務、である。地上における足場の組立て、解体の業務は該当するが、地上で行う補助作業は除かれている。　解答 (2)

問7　労働者に支払う賃金　R1-No.50

➡4 賃金

労働者に支払う賃金に関する次の記述のうち、労働基準法令上、誤っているものはどれか。

(1) 使用者は、労働者が出産、疾病、災害の費用に充てるために請求する場合においては、支払期日前であっても、既往の労働に対する賃金を支払わなければならない。

(2) 使用者は、使用者の責に帰すべき事由による休業の場合においては、休業期間中当該労働者に、その平均賃金の100分の60以上の手当を支払わなければならない。

(3) 使用者は、出来高払制その他の請負制で使用する労働者については、労働時間に応じ一定額の賃金の保証をしなければならない。

(4) 使用者は、労働時間を延長し、労働させた場合においては、原則として通常の労働時間の賃金の計算額の2割以上6割以下の範囲内で割増賃金を支払わなければならない。

解説 使用者は、労働時間を延長し、労働させた場合においては、通常の労働時間または労働日の賃金の計算額の2割5分以上5割以下の範囲内で割増賃金を支払わなければならない。　解答 (4)

問8　労働者に支払う賃金　H28-No.50改変

➡4 賃金

労働者に支払う賃金に関する次の記述のうち、労働基準法令上、誤っているものはどれか。

(1)　使用者は、労働契約の締結に際し、労働者に対して賃金、労働時間等の労働条件を明示しなければならない。

(2)　賃金とは、賃金、給料、手当、賞与その他名称のいかんを問わず、労働の対償として使用者が労働者に支払う全てのものをいう。

(3)　使用者は、労働契約の不履行について違約金を定め、または損害賠償額を予定する契約をすることができる。

(4)　この法律で平均賃金とは、これを算定すべき事由の発生した日以前3箇月間にその労働者に対し支払われた賃金の総額を、その期間の総日数で除した金額をいう。

解説　損害賠償額を予定する契約は禁止されている。　　解答　(3)

労働安全衛生法

選択問題

1 安全衛生管理体制

出題頻度 ★★

元請・下請が混在し、常時50人以上の労働者が作業する特定事業の事業場における管理体制（ずい道建設・橋梁建設・圧気工法による作業は、常時30人以上）を以下に示す。

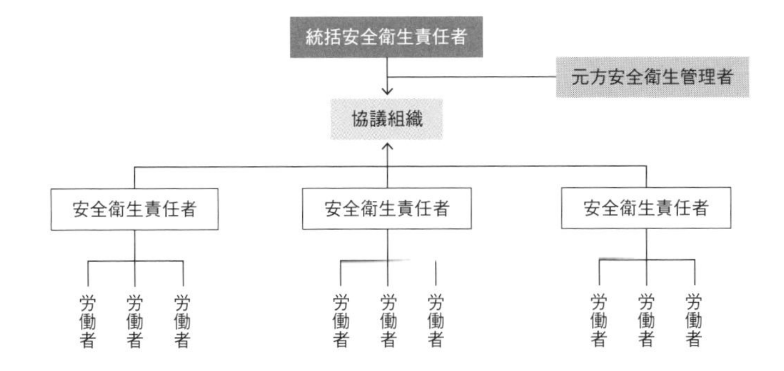

- **特定事業**：建設業、造船業
- **特定元方事業者**：特定事業を行う事業者で、元請となった事業者
- **統括安全衛生責任者**：元方安全衛生管理者の指揮をするとともに、元請・下請の労働者が同一の場所で作業を行うことによって生ずる労働災害を防止するための事項を統括管理する。
- **元方安全衛生管理者**：統括安全衛生責任者が選任された事業場で元請から選任する。技術的事項を管理する。
- **安全衛生責任者**：統括安全衛生責任者が選任された事業場で下請から選任する。統括安全衛生責任者との連絡を行う。

point ワンポイントアドバイス

総括安全衛生管理者：単一事業所で常時100人以上の労働者を使用する事業所において選任する。**統括安全衛生責任者**と区別して覚えること。

2　作業主任者

作業主任者の選任を必要とする作業の中で、**土木施工**に関するものを下表に示す。(労働安全衛生法第14条、同法施工令第6条、労働安全衛生規則第16条)

■ 作業主任者の選任業務

作業主任者	資格	選任すべき作業
高圧室内作業主任者	免許	潜函工法その他の圧気工法により大気圧を超える気圧下の作業室またはシャフトの内部において行う作業
ガス溶接作業主任者	免許	アセチレン溶接装置またはガス集合溶接装置(10以上の可燃性ガスの容器を導管により連結したもの、または9以下の連結で水素もしくは溶解アセチレンの場合は400リットル以上、他は1,000リットル以上)を用いて行う金属の溶接、溶断、加熱業務
コンクリート破砕器作業主任者	技能講習	コンクリート破砕器を用いる破砕作業
地山の掘削及び土止め支保工作業主任者	技能講習	掘削面の高さ**2m以上**の地山の掘削の作業(技能講習は「地山の掘削及び土止め支保工で統一」) 土止めの支保工の切ばり、腹起しの取付け、または取外しの作業(同上)
ずい道等の覆工作業主任者	技能講習	ずい道等覆工(型枠支保工)組立て、解体、移動、コンクリート打設
型枠支保工組立て等作業主任者	技能講習	枠支保工の組立て、解体の作業(ただし、建築物の柱・壁・橋脚、ずい道のアーチ・側壁等のコンクリート打設用は除く)
足場の組立て等作業主任者	技能講習	吊り足場、張出し足場または高さが**5m以上**の足場の組立て、解体、変更の作業(ゴンドラの吊り足場は除く)
鋼橋架設等作業主任者	技能講習	橋梁の上部構造であって金属部材により構成されるものの架設、解体、変更(ただし、高さ**5m以上**または橋梁支間**30m以上**に限る)
コンクリート造の工作物の解体等作業主任者	技能講習	高さ**5m以上**のコンクリート造工作物の解体、破壊
コンクリート橋架設等作業主任者	技能講習	橋梁の上部構造であってコンクリート造のものの架設または変更(ただし、高さ**5m以上**または橋梁支間**30m以上**に限る)
酸素欠乏危険作業主任者(第一種)	技能講習	酸素欠乏危険場所における作業(第一種酸素欠乏危険作業)
酸素欠乏危険作業主任者(第二種)	技能講習	酸素欠乏危険場所(酸素欠乏症にかかるおそれ及び硫化水素中毒にかかるおそれのある場所として厚生労働大臣が定める場所に限る)における作業(第二種酸素欠乏危険作業)【酸欠則】
石綿作業主任者	技能講習	石綿もしくは石綿をその重量の0.1%を超えて含有する製剤その他の物を取り扱う作業、試験研究のため製造する作業

(**備考**)作業主任者は、都道府県労働局長の**免許**を受けた者または都道府県労働局長の登録を受けた者が行う**技能講習**を修了した者から選任する。

3　工事計画の届出

建設工事計画届（1）

重大な労働災害を生ずるおそれがある、特に大規模な仕事、高度の技術的検討を要するものについて、労働安全衛生法第88条第2項、第89条、同法規則第89条で規定されている。

- **期日**：工事開始日の30日前まで
- **届出先**：**厚生労働大臣（厚生労働大臣審査）**

［該当する工事］　該当する工事を以下に示す。

- 高さ300m以上の塔の建設
- 堤高（基礎地盤から堤頂（ていちょう）までの高さ）150m以上のダムの建設
- 最大支間500m（吊り橋は1,000m）以上の橋梁の建設
- 長さ3,000m以上のずい道等の建設
- 深さ50m以上のたて坑道を伴う、長さ1,000m以上3,000m未満のずい道等の建設
- ゲージ圧力が0.3MPa以上の圧気工法の作業を行う仕事

建設工事計画届（2）

高度の技術的検討を要するものに準ずるものについて、労働安全衛生法第89条の2、同法規則第94条の2で規定されている。

- **期日**：工事開始日の14日前まで
- **届出先**：**労働基準監督署長（都道府県労働局長審査）**

［該当する工事］　該当する工事を以下に示す。

- 高さが100m以上の建築物の建設（埋設物が輻輳（ふくそう）する場所に近接した場所または特異な形状のもの）
- 堤高が100m以上のダムの建設（傾斜地で重機の転倒、転落等のおそれのあるとき）
- 最大支間300m以上の橋梁の建設（曲線桁、または桁下高さ30m以上のもの）
- 長さが1,000m以上のずい道等の建設（落盤、出水、ガス爆発等の危険のあ

るもの）

- 掘削土量が20万 m^3 を超える掘削の仕事（軟弱地盤または狭い場所で重機を用いるとき）
- ゲージ圧力が0.2 MPa以上の圧気工法の作業を行う仕事（軟弱地盤または他の掘削に近接するとき）

建設工事計画届（3）

労働安全衛生法第88条第3項、同法規則第90条で規定されている。

- **期日**：工事開始日の14日前まで
- **届出先**：**労働基準監督署長（労働基準監督署長審査）**

［該当する工事］ 該当する工事を以下に示す。

- 高さ31 mを超える建築物、または工作物の建設、改造、解体または破壊
- 最大支間50 m以上の橋梁の建設等
- 最大支間30 m以上50 m未満の橋梁の上部構造の建設等（人口が集中している場所）
- ずい道等の建設等（内部に労働者が立ち入らないものを除く）
- 高さ、または深さが10 m以上である地山の掘削（掘削機械を用いる作業で、掘削面の下方に労働者が立ち入らないものを除く）
- 圧気工法による作業
- 吹き付けられている石綿等の除去の作業
- 廃棄物焼却炉、集じん機等の設備の解体

point ワンポイントアドバイス

圧気工法による作業においては、ゲージ圧力によって届出先が異なる。
・ゲージ圧力0.3 MPa以上：**厚生労働大臣、労働基準監督署長**

建設物・機械等設置移転変更届

労働安全衛生法第88条第1項、同法規則第88条、別表7で規定されている。

- **期日**：工事開始日の30日前まで
- **届出先**：**労働基準監督署長**

［該当する設置移転］ 該当する設置移転を以下に示す。

- 軌道装置（設置から廃止まで6か月以上のもの）
- 型枠支保工（支柱の高さが3.5m以上のもの）
- 架設通路（組立てから解体まで60日以上で、高さ、長さがそれぞれ10m以上のもの）
- 組立てから解体まで60日以上の吊り足場、張出し足場、その他の足場（高さ10m以上のもの）
- 以下の機械等の設置
  吊上げ荷重3t以上のクレーン、吊上げ荷重2t以上のデリック、積載荷重1t以上のエレベーター、積載荷重0.25t以上でガイドレールの高さ18m以上の建設用リフト、全てのゴンドラ

過去問チャレンジ（章末問題）

問1 統括安全衛生責任者 R3-No.52

➡1 安全衛生管理体制

事業者が統括安全衛生責任者に統括管理させなければならない事項に関する次の記述のうち、労働安全衛生法上、誤っているものはどれか。

(1) 作業場所の巡視を統括管理すること。
(2) 関係請負人が行う安全衛生教育の指導及び援助を統括管理すること。
(3) 協議組織の設置及び運営を統括管理すること。
(4) 労働災害防止のため、店社安全衛生管理者を統括管理すること。

解説 統括安全衛生責任者は、元方安全衛生管理者の指揮をするとともに、元請・下請の労働者が同一の場所で作業を行うことによって生ずる労働災害を防止するための事項を統括管理する。店社安全衛生管理者は、元方事業者が選任する。

解答 (4)

問2　特定元方事業者　H22-No.53

➡ 1 安全衛生管理体制

労働安全衛生法上、特定元方事業者が、その労働者及び関係請負人の労働者が同一の場所で作業することによって生じる労働災害を防止するために講じなければならない措置に関する次の記述のうち、誤っているものはどれか。

(1)　労働者の安全または衛生のための教育に対する指導及び援助について、場所の提供や資料の提供を行うこと。

(2)　作業日が連続する作業場にあっては、作業場の巡視を少なくとも毎週1回行うこと。

(3)　作業間の連絡及び調整を随時行うこと。

(4)　全ての関係請負人が参加する協議組織を設置し、会議を定期的に開催すること。

解説　作業場の巡視は、毎作業日に少なくとも1回行わなければならない。

解答　(2)

問3　解体等作業責任者　R3-No.53

➡ 2 作業主任者

高さが5m以上のコンクリート造の工作物の解体等の作業における危険を防止するために、事業者またはコンクリート造の工作物の解体等作業主任者（以下、解体等作業主任者という）が行わなければならない事項に関する次の記述のうち、労働安全衛生法令上、誤っているものはどれか。

(1)　解体等作業主任者は、作業の方法及び労働者の配置を決定し、作業を直接指揮しなければならない。

(2)　事業者は、外壁、柱等の引倒し等の作業を行うときは、引倒し等について一定の合図を定め、関係労働者に周知させなければならない。

(3)　事業者は、コンクリート造の工作物の解体等作業主任者技能講習を修了した者のうちから、解体等作業主任者を選任しなければならない。

(4)　解体等作業主任者は、物体の飛来または落下による労働者の危険を防止するため、当該作業に従事する労働者に保護帽を着用させなければならない。

解説　解体等作業主任者が行うことは、器具、工具、要求性能墜落制止用器具等及び保護帽の機能を点検し、不良品を取り除くことで、労働者に保護帽を着用させる職務はない。

解答　(4)

問4　作業主任者の選任　H30-No.52

➡ 2 作業主任者

労働安全衛生法令上、作業主任者の選任を必要としない作業は、次のうちどれか。

(1)　アセチレン溶接装置を用いて行う金属の溶接、溶断または加熱の作業
(2)　高さが3m、支間が20mの鋼製橋梁上部構造の架設の作業
(3)　コンクリート破砕器を用いて行う破砕の作業
(4)　高さが5mの足場の組立て、解体の作業

解説　作業主任者の選任が必要な作業は、橋梁の上部構造で、金属製の部材により構成されるもの（その高さが5m以上であるもの、または当該上部構造のうち橋梁の支間が30m以上である部分に限る）の架設、解体または変更の作業である。

解答　(2)

問5　工事計画の届出　R1-No.52

➡ 3 工事計画の届出

労働安全衛生法令上、工事の開始の日の30日前までに、厚生労働大臣に計画を届け出なければならない工事が定められているが、次の記述のうちこれに該当しないものはどれか。

(1)　ゲージ圧力が0.2MPaの圧気工法による建設工事
(2)　堤高が150mのダムの建設工事
(3)　最大支間1,000mの吊り橋の建設工事
(4)　高さが300mの塔の建設工事

解説　工事の開始の日の30日前までに、厚生労働大臣に計画を届け出なければならない工事（労働安全衛生規則89条）を以下に示す。

① ゲージ圧力が0.3MPa以上の圧気工法による建設工事
② 堤高が150m以上のダムの建設工事
③ 最大支間500m（吊り橋にあっては、1,000m）以上の橋梁の建設工事
④ 高さが300m以上の塔の建設工事

解答 (1)

問6 工事計画の届出 H26-No.53

➡ 3 工事計画の届出

厚生労働大臣へ工事計画の届出を必要としないものは、労働安全衛生法上、次の記述のうちどれか。

(1) 長さが3,500mのずい道の建設
(2) 最大支間が600mのトラス橋の建設
(3) 高さが250mの塔の建設
(4) 堤高が160mのダムの建設

解説 厚生労働大臣へ工事計画の届出が必要なものは、高さが300m以上の塔の建設である。なお、トンネル（ずい道）は長さ3,000m以上、トラス橋は最大支点間500m以上、ダムの建設は堤高150m以上のものが対象となる。

解答 (3)

建設業法

選択 問題

1 許可制度

出題頻度 ★★★

[許可の種類] 建設業を営もうとする者は、請負代金が500万円未満の建設工事のみを請け負って営業しようとする場合を除いて、建設業の許可が必要である。建設業の許可は**大臣許可**と**知事許可**があり、建設業の営業所を2以上の都道府県に設ける場合は**国土交通大臣**の許可、1つの都道府県に設ける場合はその**都道府県知事**の許可を受ける必要がある。

各々の許可は下請け契約の金額により、**特定建設業許可**と**一般建設業許可**に分けられる。

■ 主任技術者・監理技術者の設置基準と資格要件

許可区分	一般建設業(28業種)	特定建設業(28業種)		
		特定建設業(28業種)	指定建設業以外(21業種)	指定建設業(7業種)※
工事請負の方式	①元請(発注者からの直接請負)下請金額が建築工事業で6,000万円未満、その他業種で4,000万円未満 ②下請 ③自社施工	①元請(発注者からの直接請負)下請金額が建築工事業で6,000万円未満、その他業種で4,000万円未満 ②下請 ③自社施工	①元請(発注者からの直接請負)下請金額が4,000万円以上	①元請(発注者からの直接請負)下請金額が建築工事業で6,000万円以上、その他業種で4,000万円以上
現場に置くべき技術者	主任技術者		監理技術者	

(**備考**) 指定建設業(7業種):土木工事業、建築工事業、電気工事業、管工事業、鋼構造物工事業、舗装工事業、造園工事業

2 技術者制度

出題頻度 ★★★

[主任技術者・監理技術者] 建設業者は、請け負った建設工事を施工するときは、その工事現場における建設工事の技術上の管理をつかさどるものとして、**主任技術者**を置かなければならない。発注者から直接建設工事を請け負った**特定建設業者**については、1件の建設工事の下請に発注する工事の代

金の総額が、建築工事業で**6,000万円以上**、土木工事などのその他の業種は**4,000万円以上**の下請け契約をする工事の場合は、主任技術者ではなく**監理技術者**を配置しなければならない。公共性のあるものや多数の人が利用するような施設もしくは工作物に関する重要な建設工事は、**専任の主任技術者・監理技術者**を置くことが必要である。

［監理特例技術者］ 建設業界が人材不足である中、1級の技術検定資格を持った監理技術者の専任配置義務が、建設業法の改正により一定の条件を満たすことで専任の要件が緩和され、監理技術者が複数の現場を兼任できるようになった。（建設業法第26条第4項）

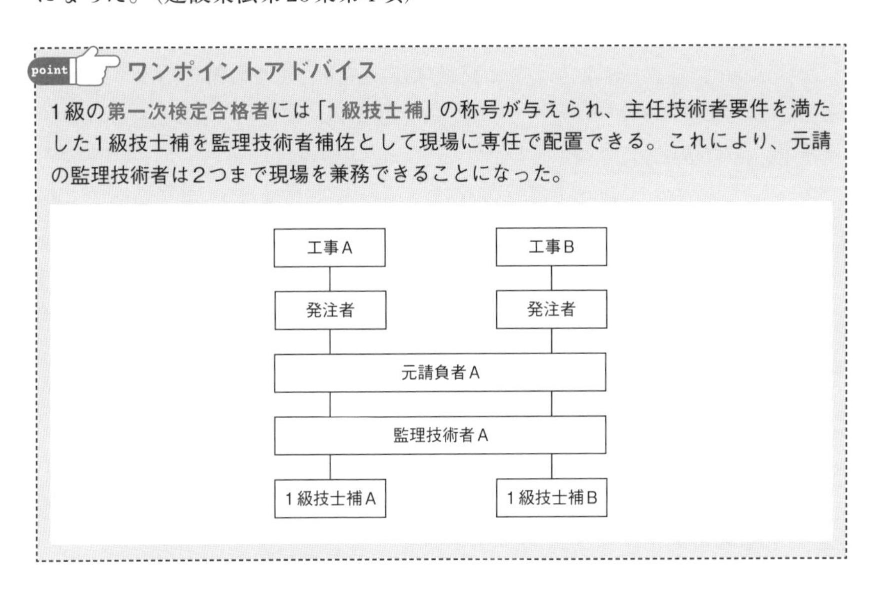

3 元請負人の義務

出題頻度 ★★☆

元請負人が下請負人に対して果たすべき義務が、建設業法において以下のように規定されている。

- 下請負人の意見の聴取（第24条の2）
- 下請代金の支払（第24条の3）
- 検査及び引渡し（第24条の4）
- 不利益取扱いの禁止（第24条の5）
- 特定建設業者の下請代金の支払期日等（第24条の6）
- 下請負人に対する特定建設業者の指導等（第24条の7）
- 施工体制台帳及び施工体系図の作成等（第24条の8）

過去問チャレンジ（章末問題）

問1　建設業の許可制度

➡1 許可制度

建設業の許可制度に関する次の記述のうち、誤っているものはどれか。

(1) 建設業を営もうとする者は、請負代金が800万円未満の建設工事のみを請け負って営業しようとする場合を除いて、建設業の許可が必要である。
(2) 指定建設業（7業種）とは、土木工事業、建築工事業、電気工事業、管工事業、鋼構造物工事業、舗装工事業、造園工事業である。
(3) 建設業の許可は、大臣許可と知事許可があり、建設業の営業所を2以上の都道府県に設ける場合は国土交通大臣の許可、1つの都道府県に設ける場合はその都道府県知事の許可を受ける必要がある。
(4) 建設業許可は下請け契約の金額により、特定建設業許可と一般建設業許可に分かれる。

解説　建設業を営もうとする者は、請負代金が500万円未満の建設工事のみを請け負って営業しようとする場合を除いて、建設業の許可が必要である。

解答　(1)

問2　建設業の許可制度

➡1 許可制度

建設業の許可制度に関する次の記述のうち、誤っているものはどれか。

(1) 特定建設業は、下請代金の額が建築工事業で8,000万円以上、その他の業種は4,000万円以上の下請け契約をして施工する者が受ける許可である。
(2) 特定建設業の許可条件以外は、一般建設業の許可となる。
(3) 国土交通大臣または都道府県知事は、許可を受けようとする者が建設業に係る経営業務の管理を適正に行うに足りる能力を有するものとして国土交通省令で定める基準に適合する者と認めるときでなければ、許可をしてはならない。

(4) 国土交通大臣または都道府県知事は、許可を受けようとする者が請負契約を履行するに足りる財産的基礎または金銭的信用を有しないことが明らかな者でなければ、許可をしてはならない。

解説 特定建設業は、下請代金の額が建築工事業で6,000万円以上、その他の業種は4,000万円以上の下請け契約をして施工する者が受ける許可である。

解答 (1)

問3 技術者制度 R2-No.54

➡ 2 技術者制度

技術者制度に関する次の記述のうち、建設業法令上、誤っているものはどれか。

(1) 主任技術者及び監理技術者は、建設業法で設置が義務付けられており、公共工事標準請負契約約款に定められている現場代理人を兼ねることができる。

(2) 発注者から直接建設工事を請け負った特定建設業者は、当該建設工事を施工するために締結した下請契約の請負代金の額にかかわらず、工事現場に監理技術者を置かなければならない。

(3) 主任技術者及び監理技術者は、工事現場における建設工事を適正に実施するため、当該建設工事の施工計画の作成、工程管理、品質管理その他の技術上の管理及び当該建設工事の施工に従事する者の技術上の指導監督を行わなければならない。

(4) 工事現場における建設工事の施工に従事する者は、主任技術者または監理技術者がその職務として行う指導に従わなければならない。

解説 特定建設業者が発注者から直接請け負った元請負人で、締結した下請契約の金額が合計4,000万円以上（建築一式工事の場合は6,000万円）の工事は、工事現場に監理技術者を置かなければならない。

解答 (2)

問4　技術者制度

➡2 技術者制度

技術者制度に関する次の記述のうち、建設業法令上、誤っているものはどれか。

(1) 1級の第一次検定合格者には「1級技士補」の称号が与えられ、主任技術者要件を満たした1級技士補を監理技術者補佐として現場に専任で配置できる。

(2) 工事1件の請負代金の額は、建築1式工事で7,000万円以上、その他の工事で3,500万円以上の工事は、専任の主任技術者・監理技術者を置く必要がある。

(3) 監理技術者は、いかなる場合においても、複数の現場を兼任できない。

(4) 公共性のあるものや多数の人が利用するような施設もしくは工作物に関する重要な建設工事は、専任の主任技術者・監理技術者を配置しなければならない。

解説　1級の第一次検定合格者には1級技士補の称号が与えられ、主任技術者要件を満たした1級技士補を監理技術者補佐として現場に専任で配置できる。これにより、元請の監理技術者は2つまで現場を兼務できる。　解答 (3)

問5　元請負人の義務　H27-No.55

➡3 元請負人の義務

元請負人の義務に関する次の記述のうち、建設業法上、誤っているものはどれか。

(1) 元請負人は、その請け負った建設工事を施工するために必要な工程の細目、作業方法その他元請負人において定めるべき事項を定めようとするときは、あらかじめ、下請負人の意見を聞かなければならない。

(2) 元請負人は、請負代金の出来形部分に対する支払いを受けたときは、その支払いの対象となった建設工事を施工した下請負人に対して、その下請負人が施工した出来形部分に相応する下請代金を、当該支払いを受けた日から1月以内で、かつ、できる限り短い期間内に支払わなければならない。

(3) 元請負人は、前払金の支払を受けたときは、下請負人に対して、資材の購入、労働者の募集その他建設工事の着手に必要な費用を前払金として支払うよう適切な配慮をしなければならない。

(4) 元請負人は、下請負人からその請け負った建設工事が完成した旨の通知を受けたときは、当該通知を受けた日から1月以内で、かつ、できる限り短い期間内に、その完成を確認するための検査を完了しなければならない。

解説 元請負人は、下請負人からその請け負った建設工事が完成した旨の通知を受けたときは、通知を受けた日から20日以内で、その完成を確認するための検査を完了しなければならない。　解答 (4)

問6 請負契約 H28-No.54

➡ 3 元請負人の義務

建設工事の請負契約に関する次の記述のうち、建設業法上、誤っているものはどれか。

(1) 建設工事の注文者は、請負契約の方法を競争入札に付する場合においては、工事内容等についてできる限り具体的な内容を契約直前までに提示しなければならない。

(2) 建設工事の注文者は、請負契約の履行に関し工事現場に監督員を置く場合においては、当該監督員の権限に関する事項及び当該監督員の行為についての請負人の注文者に対する意見の申出の方法を、書面により請負人に通知しなければならない。

(3) 建設工事の請負契約の当事者は、契約の締結に際して、工事内容、請負代金の額、工事着手の時期及び工事の完成時期等の事項を書面に記載し、署名または記名押印をして相互に交付しなければならない。

(4) 建設業者は、建設工事の注文者から請求があったときは、請負契約が成立するまでの間に、建設工事の見積書を提示しなければならない。

解説 建設工事の注文者は、具体的な工事内容を競争入札の入札日の前に提示しなければ応札者は積算ができない。契約直前では遅い。　解答 (1)

道路関係法規

選択問題

1 道路の占有

出題頻度 ★★★

道路法、同法施行規則において以下のように規定されている。

［道路の占用の許可］ 道路に工作物、物件または施設を設け、継続して道路を使用しようとする場合は、**道路管理者の許可**を受けなければならない。（法第32条第1項）

［許可の申請］ 占用の目的、期間、場所、構造、工事方法、工事時期、復旧方法を記載した申請書を道路管理者に提出しなければならない。（法第32条第2項）

［道路交通法とのかかわり］ 許可にかかわる行為が道路交通法の適用を受ける場合、申請書の提出は、当該地域を管轄する**警察署長**を経由して行うことができる。（法第32条第4項）

［水道、電気、ガス事業等のための道路の占用の特例］ 水管、下水道管、鉄道、ガス管、電柱、電線もしくは公衆電話所を道路に設けようとする者は、道路の占用の許可を受けようとする場合、工事実施の1月前までに、あらかじめ当該工事の計画書を道路管理者に提出しておかなければならない。ただし、災害による復旧工事その他緊急を要する工事等の場合は、この限りでない。（法第36条）

［道路を掘削する場合における工事実施の方法］ 施行規則第4条の4の4に規定されている。

- 舗装の切断は直線に、かつ、路面に垂直に行う。
- 道路には、占用のために掘削した土砂を堆積しない。
- 土砂の流失や地盤の緩みに対して必要な防止措置を講ずる。
- わき水やたまり水は道路の排水施設に排出し、路面に排出しない。
- 原則として、掘削面積は当日中に復旧可能な範囲とする。
- 道路を横断して掘削する場合は分けて行い、交通に支障を及ぼさない措置を講ずる。

- 沿道の建築物に接近して掘削する場合には、人の出入りを妨げない。

［占用のために掘削した土砂の埋戻しの方法］ 施行規則第4条の4の6に規定されている。

- 各層ごとにランマー等で確実に締め固めて行う。層の厚さは原則として0.3m以下（路床部0.2m以下）とする。
- 杭、矢板等は、下部を埋め戻して徐々に引き抜く。やむを得ないと認められる場合には、杭、矢板等を残置することができる。

point ワンポイントアドバイス

道路占用者が、重量の増加を伴わない占用物件の構造の変更を行う場合は、道路の構造または交通に支障を及ぼすおそれがないと認められるものは、あらためて道路管理者の許可を受ける必要はない。

2 車両の通行制限

出題頻度 ★★☆

道路法第47条（通行の禁止又は制限）、車両制限令第3条（車両の幅等の最高限度）において以下のように規定されている。

■ 車両の通行制限

項目	一般道	高速自動車国道等の例外
幅	2.5m	
総重量	20t 27t（トレーラ連結車など）	25t 36t（トレーラ連結車など）
軸重	10t	
輪荷重	5t	
高さ	3.8m	4.1m
長さ	12m	セミトレーラ連結車：16.5m フルトレーラ連結車：18m
最小回転半径	車両の最外側のわだちに対して12m	

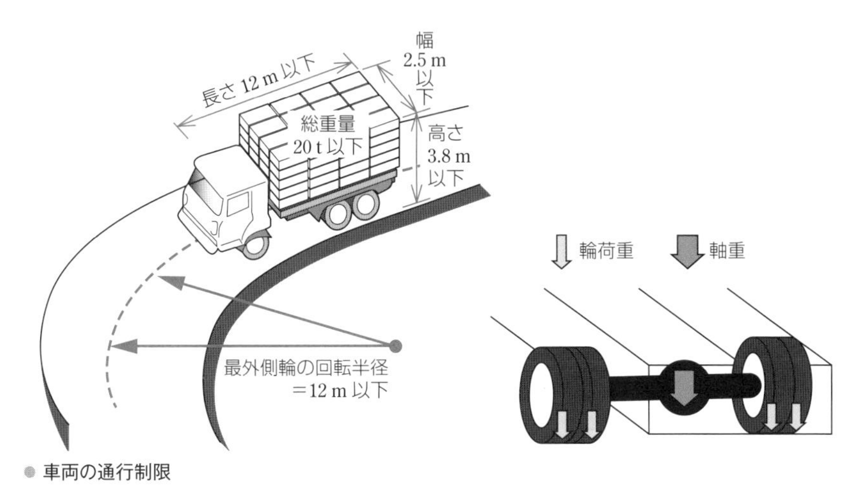

● 車両の通行制限

ワンポイントアドバイス

舗装道路を通行する自動車は、カタピラを有していないものでなければならない。しかし、以下に該当するものは通行できる。

・カタピラの構造が路面の損傷するおそれのないもの
・除雪作業に使用される場合
・路面が損傷しないように道路に必要な措置が取られている場合

過去問チャレンジ（章末問題）

問1　道路上の工事・行為　R3-No.56

⇒1 道路の占有

道路上で行う工事、または行為についての許可、または承認に関する次の記述のうち、道路法令上、誤っているものはどれか。

(1) 道路管理者以外の者が、工事用車両の出入りのために歩道切下げ工事を行う場合は、道路管理者の承認を受ける必要がある。
(2) 道路管理者以外の者が、沿道で行う工事のために道路の区域内に、工事用材料の置き場や足場を設ける場合は、道路管理者の許可を受ける必要がある。
(3) 道路占用者が、電線、上下水道、ガス等を道路に設け、これを継続して使用する場合は、道路管理者と協議し同意を得れば、道路管理者の許可を受ける必要はない。
(4) 道路占用者が重量の増加を伴わない占用物件の構造を変更する場合、道路の構造または交通に支障を及ぼすおそれがないと認められるものは、あらためて道路管理者の許可を受ける必要はない。

解説　水道、下水道管、ガス管、電柱などを設けて道路を占用しようとする場合は、道路管理者から道路占用許可を受けなければならない。　解答 (3)

問2　道路占用工事　H29-No.56

⇒1 道路の占有

道路占用工事における道路の掘削に関する次の記述のうち、道路法令上、誤っているものはどれか。

(1) 掘削部分に近接する道路の部分には、掘削した土砂を堆積しないで余地を設けるものとし、当該土砂が道路の交通に支障を及ぼすおそれがある場合には、他の場所に搬出するものとする。
(2) 掘削面積は、工事の施工上やむを得ない場合、覆工を施すなど道路の交通に著しい支障を及ぼすことのないように措置して行う場合を除き、当日中に復旧可能な範囲とする。

(3) わき水やたまり水の排出にあたっては、道路の排水に支障を及ぼすことのないように措置して道路の排水施設に排出する場合を除き、路面その他の道路の部分に排出しないように措置する。

(4) 掘削土砂の埋戻し方法は、掘削深さにかかわらず、一度に最終埋戻し面まで土砂を投入して締固めを行うものとする。

解説 掘削土砂の埋戻し方法は、原則30cmごとにランマー等の締固め機械によって締め固める。 解答 (4)

問3 特殊な車両の通行 R2-No.56

⇒ 2 車両の通行制限

車両制限令で定められている通行車両の最高限度を超過する特殊な車両の通行に関する次の記述のうち、道路法上、誤っているものはどれか。

(1) 特殊な車両を通行させようとする者は、通行する道路の道路管理者が複数となる場合には、通行するそれぞれの道路管理者に通行許可の申請を行わなければならない。

(2) 特殊な車両の通行は、当該車両の通行許可申請に基づいて、道路の構造の保全、交通の危険防止のために通行経路、通行時間などの必要な条件が付された上で、許可される。

(3) 特殊な車両の通行許可を受けた者は、当該許可に係る通行中、当該許可証を当該車両に備え付けていなければならない。

(4) 特殊な車両を許可なく、または通行許可条件に違反して通行させた場合には、運転手に罰則規定が適用されるほか、事業主に対しても適用される。

解説 通行する道路の道路管理者が複数となる場合には、いずれかの道路管理者に申請すればよい。他の道路管理者への申請は不要である。 解答 (1)

問4　特殊な車両の通行　H30-No.56

➡2 車両の通行制限

特殊な車両の通行時の許可等に関する次の記述のうち、道路法令上、誤っているものはどれか。

(1)　車両制限令には、道路の構造を保全し、または交通の危険を防止するため、車両の幅、重量、高さ、長さ及び最小回転半径の最高限度が定められている。

(2)　特殊な車両の通行許可証の交付を受けた者は、当該車両が通行中は当該許可証を常に事業所に保管する。

(3)　道路管理者は、車両に積載する貨物が特殊であるためやむを得ないと認めるときは、必要な条件を付して、通行を許可することができる。

(4)　特殊な車両を通行させようとする者は、一般国道及び県道の道路管理者が複数となる場合、いずれかの道路管理者に通行許可申請する。

解説　特殊な車両の通行許可証の交付を受けた者は、当該車両が通行中は当該許可証を常に車両の中に保管しておく。　解答　(2)

河川法

選択問題

1　河川管理者の許可

出題頻度★★★

河川管理施設

［河川及び河川管理施設］　**河川**とは1級河川及び2級河川を指し、これらの河川にかかわる河川管理施設も含む。**河川管理施設**とは、堤防、護岸、帯、床止め、ダム、堰、水門、樹林、その他河川の流水によって生ずる公利を増進し、または公害を除去し、もしくは軽減する効用を有する施設である。

なお、河川管理者は、**河川管理施設**を保全するために必要があると認めるときは、河川区域に隣接する一定の区域を**河川保全区域**として指定することができる。河川保全区域は、河川区域の境界から50mを超えてはならない。

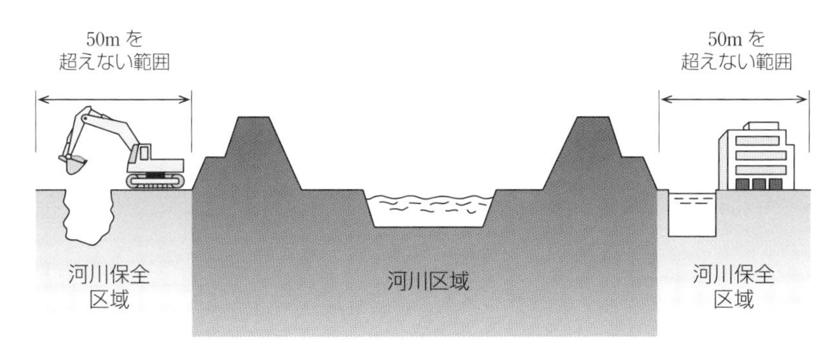

● 河川区域と河川保全区域

河川（保全）区域内の規制

河川法、同法施行令に規定されている河川区域内、河川保全区域内の規制を下表に示す。

■ 河川区域内の規制

項目	内容
土地の占用の許可（法第24条）	・土地の占用
土石等の採取の許可（法第25条） 河川の産出物（施行令第15条）	・土石（砂を含む）の採取 ・河川の産出物（竹木・あし・かや等）の採取
工作物の新築等の許可 （法第26条）	・工作物の新築、改築、除却 ・河口付近の海面において河川の流水を貯留し、または停滞させるための工作物の新築、改築、除却
土地の掘削等の許可 （法第27条）	・土地の掘削、盛土、切土その他土地の形状の変更 ・竹木の栽植、伐採
許可を要しない軽易な行為 （施行令第15条の4）	・河川管理施設の敷地から10m以上離れた土地における耕耘 ・取水・排水施設の機能を維持するために行う取水口または排水口の付近に積もった土砂などの排除 ・指定区域、樹林帯区域以外の土地における竹木の伐採

■ 河川保全区域内の規制

項目	内容
河川保全区域における行為の制限（法第55条）	・土地の掘削、盛土、切土その他土地の形状の変更 ・工作物の新築または改築許可を要しない行為
許可を要しない行為 （施行令第34条）	・耕耘 ※以下は、河川管理施設の敷地から5m以内の土地におけるものを除く ・堤内の土地における地表から高さ3m以内の盛土 ・堤内の土地における地表から深さ1m以内の土地の掘削または切土 ・堤内の土地における工作物の新築または改築 ただし、コンクリート造、石造、れんが造などの堅固なもの及び貯水池、水槽、井戸、水路など、水が浸透するおそれのあるものを除く ・河川管理者が河岸または河川管理施設の保全上影響が少ないと認めて指定した行為

point ワンポイントアドバイス

河川法による許可の範囲は、地上、地下、空中をいう。

過去問チャレンジ（章末問題）

問1　河川管理者の許可

➡1 河川管理者の許可

河川法上、河川管理者の許可が必要でないものは、次の記述のうちどれか。

(1)　橋梁の土質調査のための深さ5mのボーリングを高水敷（こうずいじき）で実施する場合

(2)　河川管理施設の敷地から10m離れた河川保全区域内に工事の資材置き場を設置する場合

(3)　河川保全区域内において深さ3mの井戸を掘削する場合

(4)　橋梁の工事内容の掲示のための高さ2mの看板を高水敷に設置する場合

(5)　公園整備を行うための現場事務所を一時的な仮設工作物として河川区域内の民有地に設置する場合

(6)　河川保全区域内の民有地に、鉄筋及び型枠を仮置きする場合

(7)　河川区域内に構築した取水施設の設置者が、取水口の付近に堆積した土砂を排除する場合

(8)　河川区域内において、資機材を荷揚げするための桟橋を設置する場合

(9)　吊り橋、電線などを河川区域内の上空を通過して設置する場合

(10)　河川区域内の地下に埋設される農業用水のサイホンを新築する場合

(11)　河川区域内で仮設の材料置き場を設置する場合

(12)　河川管理施設の敷地から6m離れた河川保全区域内で、地表から高さ3m以内で堤防に沿って15mの盛土をする場合

(13)　河川管理施設の敷地から6m離れた高水敷で、橋梁の土質調査のための深さ5mのボーリングを実施する場合

(14)　河川管理施設の敷地から5m以内の河川保全区域内において5mの井戸を掘削する場合

(15)　河川管理施設の敷地から5m以内の河川保全区域内に工事の資材置き場を設置する場合

選択肢	解説	解答
(1)	土地の掘削に該当する。(法第27条)	必要である
(2)	河川保全区域内において、河川管理施設の敷地から5mを超えた場所であれば、工作物の新築に許可を要しない(堅固な工作物を除く)。(施行令第34条)	必要でない
(3)	深さ1mを超える土地の掘削に該当する。(施行令第34条)	必要である
(4)	工作物の新築に該当する(法第26条)	必要である
(5)	一時的な仮設工作物であっても、工作物の新築に該当する。(法第26条)	必要である
(6)	仮置きは、土地の形状変更にも工作物にも該当しない。(法第55条)	必要でない
(7)	許可を要しない軽易な行為に該当する。(施行令第15条の4)	必要でない
(8)	工作物の新築に該当する。(法第26条)	必要である
(9)	上空を含む。上空の工作物の新築に該当する。(法第26条)	必要である
(10)	地下を含む。地下の工作物の新築に該当する。(法第26条)	必要である
(11)	工作物の新築に該当する。(法第26条) 土地の占用に該当する。(法第24条)	必要である
(12)	許可を要しない行為に該当する。河川管理施設の敷地から5mを超えて離れた河川保全区域内で、地表から高さ3m以内の盛土であれば、許可を要しない。(施行令第34条)	必要でない
(13)	土地の掘削に該当する。(法第27条)	必要である
(14)	土地の掘削に該当する。河川管理施設の敷地から5mを超えて離れた河川保全区域内で、深さ1m以内の土地の掘削であれば、許可を要しない。(法第55条)	必要である
(15)	工作物の新築に該当。河川管理施設の敷地から5mを超えて離れた河川保全区域内であれば、許可を要しない。(法第55条)	必要である

問2 河川工事の手続き R2-No.57

➡1 河川管理者の許可

河川管理者以外の者が、河川区域内(高規格堤防特別区域を除く)で工事を行う場合の手続きに関する次の記述のうち、河川法上、誤っているものはどれか。

(1) 河川区域内の民有地に一時的な仮設工作物として現場事務所を設置する場合、河川管理者の許可を受けなければならない。

(2) 河川区域内の民有地において土地の掘削、盛土など土地の形状を変更する行為の場合、河川管理者の許可を受けなければならない。

(3) 河川区域内の土地に工作物の新築について河川管理者の許可を受けている場合、その工作物を施工するための土地の掘削に関しても新たに許可を受けなければならない。

(4) 河川区域内の土地の地下を横断して農業用水のサイホンを設置する場合、河川管理者の許可を受けなければならない。

解説 河川区域内の土地に工作物の新築について河川管理者の許可を受けていれば、関連する工事について新たに掘削の許可を受ける必要はない。 解答 (3)

建築基準法

選択問題

1 仮設建築物に対する制限の緩和

出題頻度 ★★★

仮設建築物の許可

仮設建築物の許可について、建築基準法第85条第5項に規定されている。

工事現場の仮設事務所や共同住宅を販売するためのモデルルーム等は、その竣工するまでの間、臨時の建築物が必要となる。このような建築物は短期間しか存続しないため、安価で簡易な建築物とする方が効率的である。そこで、建築基準法の許可基準により仮設建築物を指定し、制限を緩和している。

この基準の適用対象建築物とその存置期間を下表に示す。

■ 適用対象建築物と存置期間

仮設建築物の用途	存置期間
興行場、博覧会建築物等	興行等に必要と認める期間
店舗等	建替工事に必要な期間
校舎、園舎	建替工事に必要な期間
展示用住宅、展示用住宅管理棟	1年間
分譲マンション等の販売のためのモデルルーム	1年間
現場事務所、寄宿舎	本工事の施工上必要な期間
郵便法の規定により行う郵便の業務の用に供する施設、税務署	夏季及び年末年始で必要な期間
選挙用事務所	公示日3か月前から投票日後1か月以内
その他これらに類するもの	1年間

緩和規定

建築基準法において、許可を受けることで緩和される規定を以下に示す。

- 建築物の建築等に関する申請及び確認（第6条）
- 建築物に関する完了検査・中間検査（第7条、第7条の3）
- 新築・除却の届出及び統計（第15条）

- 敷地の衛生及び安全（第19条）
- 大規模建築物の主要構造部の防火制限（第21条）
- 屋根の防火制限（第22条）
- 外壁の防火制限（第23条）
- 便所（第31条）
- 避雷設備（第33条）
- 非常用の昇降機（第34条第2項）
- 特殊建築物等の避難及び消火に関する技術的基準（第35条）
- 建築材料の品質（第37条）
- 敷地等と道路との関係、建ぺい率、容積率、建築物の高さ、防火地域・準防火地域内の建築物等（第41の2～第68条の9）
- 防火地域または準防火地域内の建築物の屋根の構造（延べ面積50 m^2 以内）（第63条）
- 建築設備の構造強度［同法施工令第129条の2の4］

また、建築基準法において、許可を受けても緩和されない規定を以下に示す。

- 建築士による建築物の設計及び工事管理（第5条の6）
- 自重、積載荷重、積雪、風圧、地震等に対する建築物の安全な構造（第20条）
- 事務室等における採光及び換気のための窓の設置（第28条）
- 地階における住宅等の居室の防湿処置（第29条）
- 電気設備の安全及び防火（第32条）

point ワンポイントアドバイス

仮設建築物に対する建築基準法の許可基準の適用除外の例

- 災害によって破損した建築物の応急修繕または国・地方公共団体または日本赤十字社が災害救助のために建築する場合
- 被災者が自ら使用するために建築し、延べ面積が30 m^2 以内のものに該当する応急仮設建築物で、被災の日から1か月以内に着手する場合

過去問チャレンジ（章末問題）

問1　仮設建築物

➡1 仮設建築物に対する制限の緩和

工事を施工するために現場に設ける事務所等の仮設建築物について、建築基準法上、正しいものはどれか。

(1)　構造・規模にかかわらず、現場事務所の仮設建築物を除却する場合は、都道府県知事に届け出なければならない。

(2)　準防火地域にある延べ面積35 m^{2}の建築物の屋根の構造は、政令で定める技術的基準の規定が適用される。

(3)　建築物の敷地、構造及び建築設備などの計画については、工事着手前に、建築主事に建築確認申請を行う必要がある。

(4)　建築物の建築面積の敷地面積に対する割合（建ぺい率）の制限は適用されない。

(5)　湿潤な土地など、またはごみ等で埋め立てられた土地に建築物を建築する場合には、盛土、地盤の改良その他衛生上または安全上必要な措置を講じなければならない。

(6)　建築物の電気設備は、法律またはこれに基づく命令の規定で電気工作物に係る建築物の安全及び防火に関するものの定める工法によって設けなければならない。

(7)　建築物の床下が砕石敷均し構造で、最下層の居室の床が木造である場合には、床の高さを30 cm以上確保しなければならない。

(8)　建築物の事務室の換気のためには、その床面積に対して1/20以上の開口部を設けなければならないが、これが不足する場合は一定の換気設備を設けてこれに代えることができる。

(9)　建築物の敷地の前面道路が国または地方自治体が管理する公道の場合には、その道路に2 m以上接していなければならない。

(10)　建築物は、前面道路の幅員に応じた建築物の高さ制限（斜線制限）の適用を受ける。

(11)　建築物の敷地には、雨水及び汚水を排出し、または処理するための適当な下水管、下水溝またはため桝その他これらに類する施設を設置しなければならない。

⑿ 建築物は、自重、積載荷重、積雪荷重、風圧、土圧及び水圧ならびに地震その他の震動及び衝撃に対して安全な構造のものとして、定められた基準に適合するものでなければならない。

選択肢	解説	解答
⑴	建築・除却の届出及び統計は適用されない。（第15条）	誤り
⑵	防火地域または準防火地域内の建築物の屋根の構造（延べ面積50 m^2 以内）は適用されない。（第63条）	誤り
⑶	建築物の建築等に関する申請及び確認は適用されない。（第6条）	誤り
⑷	建築物の建築面積の敷地面積に対する割合（建ぺい率）は適用されない。（第53条）	正しい
⑸	敷地の衛生及び安全は適用されない。（第19条）	誤り
⑹	電気設備は適用される。（第32条）	正しい
⑺	居室の床の高さ及び防湿方法は適用される。床下の構造が地 面からの水蒸気を防止できない場合は、最下階の居室の床の高さを 45 cm 以上 とする。[施行令第22条]	誤り
⑻	居室の採光及び換気は適用される。（第28条）	正しい
⑼	敷地等と道路との関係は適用されない。（第43条）	誤り
⑽	建築物の高さは適用されない。（第56条）	誤り
⑾	敷地の衛生及び安全は適用されない。（第19条）	誤り
⑿	構造耐力は適用される。（第20条）	正しい

第7章 火薬類取締法

選択問題

1 火薬類の取扱い

出題頻度 ★★★

火薬類の取扱いについて、火薬取締法、同法施行規則において以下のように規定されている。

［取扱者の制限］ 18歳未満の者は、火薬類の取扱いをしてはならない。（法第23条）

［火薬類取扱保安責任者］ 以下のように規定されている。

- 火薬庫の所有者等は、火薬類取扱保安責任者等を選任する。（法第30条）
- 月に1t以上の火薬または爆薬を消費する場合は、甲種火薬類取扱保安責任者免状を有する者の中から選任する。（施行規則第69条第2項）
- 火薬類の貯蔵・火薬庫の構造等の管理、盗難防止に特に注意する。（施行規則第70条の4）

［事故届等］ 製造業者、販売業者、消費者その他火薬類を取り扱う者は、下記の場合には、遅滞なくその旨を警察官または海上保安官に届け出なければならない。（法第46条第1項）

- 火薬類について災害が発生したとき
- 火薬類譲渡許可証、譲受許可証または運搬証明書を喪失し、または盗取されたとき

［消費場所における火薬類の取扱い］ 法38条、施行規則第51条において以下のように規定されている。

- 火薬類を収納する容器は、木その他電気不良導体で作った丈夫な構造のものとし、内面には鉄類を表さない。
- 火薬類を存置・運搬するときは、火薬、爆薬、導爆線または制御発破用コードと火工品とは、それぞれ異なった容器に収納する。
- 電気雷管は、できるだけ導通または抵抗を試験する。
- 消費場所においては、やむを得ない場合を除き、火薬類取扱所、火工所または発破場所以外の場所に火薬類を存置しない。

- 火薬類消費計画書に火薬類を取り扱う必要のある者として記載されている者が火薬類を取り扱う場合には、腕章を付ける。
- 火薬類は他の物と混包し、または火薬類でないようにみせかけて、これを所持し、運搬し、もしくは託送してはならない。

2 火薬庫・火薬類取扱所・火工所

出題頻度 ★★★

火薬取締法、同法施行規則において以下のように規定されている。

［火薬庫］ 火薬類の貯蔵施設について、法第11～14条において以下のように規定されている。

- 製造業者・販売業者が所有または占有
- 設置・移転・変更には都道府県知事の許可が必要

［火薬類取扱所］ 消費場所における火薬類の管理及び発破の準備施設（薬包に各種雷管を取り付ける作業を除く）において、存置することのできる火薬類の数量は、1日の消費見込量以下とする。（施行規則第52条）

［火工所］ 消費場所における薬包への各種雷管取付け及びこれらを取り扱う作業施設において、火薬類を存置する場合には、見張人を常時配置する。（施行規則第52条の2）

■ 最大貯蔵量（施工規則第20条）

名称	一級火薬庫	二級火薬庫
火薬	80t	20t
爆薬	40t	10t
工業雷管及び電気雷管	4千万個	1千万個

3 発破・不発

出題頻度 ★★☆

火薬取締法、同法施行規則において以下のように規定されている。

［発破］ 施行規則第53、56条において以下のように規定されている。

- 発破場所に携行する火薬類の数量は、当該作業に使用する消費見込量を超えない。
- 発破場所においては、責任者を定め、火薬類の受渡し数量、消費残数量及び発破孔または薬室に対する装填方法をそのつど記録させる。

- 装填が終了し、火薬類が残った場合には、直ちに始めの火薬類取扱所または火工所に返送する。
- 前回の発破孔を利用して、削岩し、または装填しない。
- 水孔発破の場合には、使用火薬類に防水の措置を講ずる。
- 発破を終了したときは、当該作業者は、発破による有害ガスによる危険が除去された後、発破場所の危険の有無を検査し、安全と認めた後でなければ、何人も発破場所及びその付近に立ち入らせてはならない。

[不発] 施行規則第55条において以下のように規定されている。

- 電気雷管による場合は、発破母線を点火器から取り外し、その端を短絡させ、かつ、再点火ができないように措置を講ずる。
- 不発火薬類は、雷管に達しないように少しずつ静かに込物の大部分を掘り出した後、新たに薬包に雷管を取り付けたものを装填し、再点火する方法がある。

point ワンポイントアドバイス

火薬類を運搬しようとする場合は、その旨を出発地を管轄する都道府県公安委員会に届け出て、運搬証明書の交付を受けなければいけない。

過去問チャレンジ（章末問題）

問1　火薬類の取扱い等　R1-No.55

➡1 火薬類の取扱い

火薬類の取扱い等に関する次の記述のうち、火薬類取締法令上、誤っているものはどれか。

(1)　火薬類を取り扱う者は、その所有し、または占有する火薬類、譲渡許可証、譲受許可証または運搬証明書を喪失したときは、遅滞なくその旨を都道府県知事に届け出なければならない。
(2)　火薬類の発破を行う場合には、発破場所に携行する火薬類の数量は、当該作業に使用する消費見込量を超えてはならない。
(3)　火薬類の発破を行う発破場所においては、責任者を定め、火薬類の受渡し数量、消費残数量及び発破孔に対する装填方法をそのつど記録させなければならない。
(4)　多数斉発に際しては、電圧ならびに電源、発破母線、電気導火線及び電気雷管の全抵抗を考慮した後、電気雷管に所要電流を通じなければならない。

解説　製造業者、販売業者、消費者その他火薬類を取り扱う者は、下記の場合には、遅滞なくその旨を（都道府県知事ではなく）警察官または海上保安官に届け出なければならない。

・火薬類について災害が発生したとき
・火薬類、譲渡許可証、譲受許可証または運搬証明書を喪失し、または盗取されたとき

解答　(1)

問2　火薬類の取扱い等　R3-No.55

➡2 火薬庫・火薬類取扱所・火工所

火薬類取締法令上、火薬類の取扱い等に関する次の記述のうち、正しいものはどれか。

(1)　火薬類取扱所の建物の屋根の外面は、金属板、スレート板、かわらその他の不燃性物質を使用し、建物の内面は、板張りとし、床面には鉄類を表

さなければならない。

(2) 火薬類取扱所において存置することのできる火薬類の数量は、その週の消費見込量以下としなければならない。

(3) 装填が終了し、火薬類が残った場合には、発破終了後に始めの火薬類取扱所または火工所に返送しなければならない。

(4) 火薬類の発破を行う場合には、発破場所に携行する火薬類の数量は、当該作業に使用する消費見込量を超えてはならない。

解説 (1) 建物の床面には、できるだけ鉄類を表さないこと。
(2) 火薬類取扱所において存置することのできる火薬類の数量は、1日の消費見込量以下とすること。
(3) 装填が終了し、火薬類が残った場合には、(発破終了後ではなく) 直ちに始めの火薬類取扱所または火工所に返送すること。　解答 (4)

問3 火薬類の取扱い等 H28-No.55

➡3 発破・不発

火薬類の取扱い等に関する次の記述のうち、火薬類取締法令上、誤っているものはどれか。

(1) 消費場所においては、火薬類消費計画書に火薬類を取り扱う必要のある者として記載されている者が火薬類を取り扱う場合には、腕章を付ける等他の者と容易に識別できる措置を講ずること。

(2) 発破母線は、点火するまでは点火器に接続する側の端の心線を長短不揃いにし、発破母線の電気雷管の脚線に接続する側は短絡させておくこと。

(3) 発破場所においては、責任者を定め、火薬類の受渡し数量、消費残数量及び発破孔に対する装填方法をそのつど記録させること。

(4) 多数斉発に際しては、電圧ならびに電源、発破母線、電気導火線及び電気雷管の全抵抗を考慮した後、電気雷管に所要電流を通ずること。

解説 発破母線は、点火するまで点火器に接続する側の端を短絡させておく。また、発破母線の電気雷管の脚線に接続する側は、短絡を防止するため心線を長短不揃いにしておく。　解答 (2)

騒音規制法及び振動規制法

選択問題

1 特定建設作業

出題頻度 ★★★

騒音規制法における特定建設作業

建設工事として行われる作業のうち、著しい騒音を発生する作業であって政令（騒音規制法施行令第2条別表第二）で定めるものである。ただし、当該作業を開始した日に終わるものを除く。

■ 騒音規制法における特定建設作業

使用機械	作業内容
杭打ち機	もんけんを除く杭抜き機または杭打杭抜機（圧入式杭打杭抜機を除く）を使用する作業（杭打ち機をアースオーガと併用する作業を除く）
びょう打ち機	びょう打ち機を使用する作業
削岩機	削岩機を使用する作業（作業地点が連続的に移動する作業にあっては、1日における当該作業に係る2地点間の最大距離が50mを超えない作業に限る）
空気圧縮機	空気圧縮機（電動機以外の原動機を用いるものであって、その原動機の定格出力が15kW以上のものに限る）を使用する作業（削岩機の動力として使用する作業を除く）
コンクリートプラント	コンクリートプラント（混練機の混練容量が0.45m^{3}以上のものに限る）またはアスファルトプラント（混練機の混練容量が200kg以上のものに限る）を設けて行う作業（モルタルを製造するためにコンクリートプラントを設けて行う作業を除く）
バックホウ	バックホウ（一定の限度を超える大きさの騒音を発生しないものとして環境大臣が指定するものを除き、原動機の定格出力が80kW以上のものに限る）を使用する作業
トラクタショベル	トラクタショベル（一定の限度を超える大きさの騒音を発生しないものとして環境大臣が指定するものを除き、原動機の定格出力が70kW以上のものに限る）を使用する作業
ブルドーザ	ブルドーザ（一定の限度を超える大きさの騒音を発生しないものとして環境大臣が指定するものを除き、原動機の定格出力が40kW以上のものに限る）を使用する作業

振動規制法における特定建設作業

建設工事として行われる作業のうち、著しい振動を発生する作業であって政令（振動規制法施行令第2条別表第二）で定めるものである。ただし、当該作業を開始した日に終わるものを除く。

■ 振動規制法における特定建設作業

使用機械名	作業内容
杭打ち機	もんけん及び圧入式杭打ち機を除く杭抜き機（油圧式杭抜き機を除く）または杭打杭抜機（圧入式杭打杭抜機を除く）を使用する作業
鋼球	鋼球を使用して建築物その他の工作物を破壊する作業
舗装版破砕機	舗装版破砕機を使用する作業（作業地点が連続的に移動する作業にあっては、1日における当該作業に係る2地点間の最大距離が50mを超えない作業に限る）
ブレーカ	ブレーカ（手持式のものを除く）を使用する作業（作業地点が連続的に移動する作業にあっては、1日における当該作業に係る2地点間の最大距離が50mを超えない作業に限る）

地域の指定

規制区域は都道府県知事が指定し、第1号区域と第2号区域がある。

- **第1号区域**：特に静穏の保持を必要とする地域で、住居専用地域、学校、保育所、病院、図書館、特別養護老人ホーム等の敷地から80mの区域内
- **第2号区域**：第1号区域以外で静穏が求められる地域を市町村長の意見を聞いて指定する区域

2 届出

出題頻度 ★★★

元請負人は、都道府県知事が定めた指定地域内で特定建設作業を実施しようとするときは、工事開始日の7日前までに、**市町村長**に届け出なければならない。（騒音規制法第14条、振動規制法第14条）。ただし、災害その他非常の事態の発生により特定建設作業を緊急に行う必要がある場合はこの限りでないが、速やかに届け出なければならない。

［届出の内容］ 届出の内容を以下に示す。

- **個人**：氏名または名称及び住所、**法人**：代表者の氏名
- 建設工事の目的に係る施設または工作物の種類
- 特定建設作業の場所及び実施の期間

- 騒音、振動の防止の方法
- 特定建設作業の種類と使用機械の名称・形式
- 作業の開始及び終了時間
- 添付書類（特定建設作業の工程が明示された建設工事の工程表と作業場所付近の見取り図）

3 規制基準

出題頻度 ★★★

騒音、振動の規制基準が以下のように定められている。

- 特定建設作業の**騒音**が敷地境界線において**85 dB**を超えないこと
- 特定建設作業の**振動**が敷地境界線において**75 dB**を超えないこと

■ 特定建設作業の規制に関する基準

項目	第1号区域	第2号区域
作業禁止時間帯	午後7時から翌日の午前7時	午後10時から翌日の午前6時
1日の作業時間	10時間	14時間
連続作業期間	6日以内	
作業禁止日	日曜日その他の休日	

point ワンポイントアドバイス

適用除外される例

災害や**非常事態**が発生したときは、適用除外される。また、1日だけで終了する作業は、適用除外される。

過去問チャレンジ（章末問題）

問1　特定建設作業　R3-No.60

➡1 特定建設作業

振動規制法令上、指定地域内で行う次の建設作業のうち、特定建設作業に該当しないものはどれか。

(1)　1日あたりの移動距離が40mで舗装版破砕機による道路舗装面の破砕作業で、5日間を要する作業
(2)　圧入式杭打ち機によるシートパイルの打込み作業で、同一地点において3日間を要する作業
(3)　ディーゼルハンマを使用したPC杭の打込み作業で、同一地点において5日間を要する作業
(4)　ジャイアントブレーカを使用した橋脚1基の取壊し作業で、3日間を要する作業

解説　杭打ち機を使用する作業のうち、もんけん及び圧入式杭打ち機による作業は、特定建設作業から除かれる。　解答　(2)

問2　特定建設作業の届出　R2-No.60

➡2 届出

振動規制法令上、指定地域内で特定建設作業を伴う建設作業を施工しようとする者が、市町村長に届け出なければならない事項に該当しないものは、次のうちどれか。

(1)　氏名または名称及び住所ならびに法人にあっては、その代表者の氏名
(2)　建設工事の目的に係る施設または工作物の種類
(3)　建設工事の特記仕様書及び工事請負契約書の写し
(4)　特定建設作業の種類、場所、実施期間及び作業時間

解説　振動規制法令の届出に必要な事項として、建設工事の特記仕様書や工事請負契約書の写しは含まれない。　解答　(3)

問3　特定建設作業の基準　R1-No.60

➡3 規制基準

振動規制法令上、特定建設作業における環境省令で定める基準に関する次の記述のうち、誤っているものはどれか。

(1)　良好な住居の環境を保全するため、特に静穏の保持が必要とする区域であると都道府県知事が指定した区域では、原則として午後7時から翌日の午前7時まで行われる特定建設作業に伴って発生するものでないこと。

(2)　特定建設作業の全部または一部に係る作業の期間が当該特定建設作業の場合において、原則として連続して6日を超えて行われる特定建設作業に伴って発生するものでないこと。

(3)　特定建設作業の振動が、特定建設作業の場所の敷地の境界線において、75dBを超える大きさのものでないこと。

(4)　良好な住居の環境を保全するため、特に静穏の保持が必要とする区域であると都道府県知事が指定した区域では、原則として1日8時間を超えて行われる特定建設作業に伴って発生するものでないこと。

解説　良好な住居の環境を保全するため、特に静穏の保持を必要とする地域である第1号区域については、1日10時間を超えて行われる特定建設作業に伴って発生するものでないこと。

解答　(4)

港湾・海洋関係法規

選択問題

1 航路・航法

出題頻度 ★★★

航路・航法の基本

港則法において以下のように規定されている。

［定義］ 第3条において以下のように定義されている。

- **汽艇等**：汽艇（きてい）、はしけ及び端舟その他ろかいのみをもって運転する船舶（せんぱく）
- **特定港**：喫水（きっすい）の深い船舶が出入りできる港または外国船舶が常時出入りする港

［航路］ 船舶は、航路内においては、以下の場合を除いては、投びょうし、または曳（えい）航している船舶を放してはならない。（第12条）

- 海難を避けようとするとき
- 運転の自由を失ったとき
- 人命または急迫した危険のある船舶の救助に従事するとき
- 港長の許可を受けて工事または作業に従事するとき

［航法］ 第13、15条において以下のように規定されている。

- 航路外から航路に入り、または航路から航路外に出ようとする船舶は、航路を航行する他の船舶の進路を避けなければならない。
- 航路内においては、並列して航行してはならない。
- 航路内において、他の船舶と行き会うときは、右側を航行しなければならない。
- 航路内においては、他の船舶を追い越してはならない。
- 汽船が港の防波堤の入口または入口付近で他の汽船と出会うおそれのあるときは、入航する汽船は、防波堤の外で出航する汽船の進路を避けなければならない。

［水路の保全］ 第23条において以下のように規定されている。

- 何人も、港内または港の境界外1万m以内の水面においては、みだりに、バラスト、廃油、石炭から、ごみその他これに類する廃物を捨ててはならない。

- 港内または港の境界付近において、石炭、石、れんがその他散乱するおそれのある物を船舶に積み、または船舶から卸そうとする者は、これらの物が水面に脱落するのを防ぐため必要な措置をしなければならない。

［喫煙等の制限］ 何人も、港内においては、相当の注意をしないで、油送船の付近で喫煙し、または火気を取り扱ってはならない。（第37条）

2 許可・届出

出題頻度★★★

港則法において以下のように規定されている。

［許可］ **港長**からの**許可**を要するものを下表に示す。

■ 港長から許可を要する項目・内容

項目	内容
移動の制限	・特定港内での一定の区域外への移動、指定されたびょう地からの移動（第6条）
航路	・航路内に投びょうして行う工事または作業（第12条）
危険物	・特定港での危険物の積込、積替または荷卸（第21条） ・特定港内または特定港の境界付近での危険物の運搬（第22条）
灯火等	・特定港内での私設信号の使用（第29条）
工事等の許可等	・特定港内または特定港の境界付近での工事または作業（第31条） ・特定港内での端艇競争その他の行事（第32条） ・特定港内での竹木材の荷卸、いかだのけい留・運行（第34条）

［届出］ **港長**への**届出**を要するものを下表に示す。

■ 港長への届出を要する項目・内容

項目	内容
入出港の届出	特定港への入出港（第4条）
びょう地	特定港のけい留施設へのけい留（第5条）
修繕及びけい船	特定港内での雑種船以外の船舶の修繕または、けい船（第7条）
進水等の届出	特定港内での一定の長さ以上の船舶の進水、ドックへの出入り（第33条）

point ワンポイントアドバイス

汽船とは、機械力で推進する船である。船舶法施行細則においては、「機械力をもって運航する装置を有する船舶は、蒸気を用いると否とにかかわらず、これを汽船とみなす」と定められている。

過去問チャレンジ（章末問題）

問1　船舶の航行、港長の許可　R2-No.61

➡1 航路・航法

船舶の航行または港長の許可に関する次の記述のうち、港則法令上、誤っているものはどれか。

(1) 航路から航路外に出ようとする船舶は、航路を航行する他の船舶の進路を避けなければならない。

(2) 船舶は、港内においては、防波堤、ふとう等を右げんに見て航行するときは、できるだけ遠ざかって航行しなければならない。

(3) 特定港内において竹木材を船舶から水上に卸そうとする者は、港長の許可を受けなければならない。

(4) 特定港内において使用すべき私設信号を定めようとする者は、港長の許可を受けなければならない。

解説　船舶は、航路内で右側通行をしなければならない。港内においては、防波堤の突端を右げんに見て航行するときは、左側を他の船舶が対向して進行してくるおそれがあるため、できるだけ防波堤に近づいて航行しなければならない。

解答　(2)

問2　船舶の航行、工事の許可等　R3-No.61

➡ 2 許可・届出

船舶の航行、または工事の許可等に関する次の記述のうち、港則法上、正しいものはどれか。

(1)　船舶は、特定港内または特定港の境界付近において危険物を運搬しようとするときは、事後に港長に届け出なければならない。

(2)　特定港内または特定港の境界付近で工事または作業をしようとする者は、国土交通大臣の許可を受けなければならない。

(3)　航路外から航路に入り、または航路から航路外に出ようとする船舶は、航路を航行する他の船舶の進路を避けなければならない。

(4)　汽船が港の防波堤の入口または入口付近で他の汽船と出会うおそれのあるときは、出航する汽船は、防波堤の内で入港する汽船の進路を避けなければならない。

解説 (1)　船舶は、特定港内または特定港の境界付近において危険物を運搬しようとするときは、港長の（届出ではなく）許可を受けなければならない。

(2)　特定港、適用港及び、これらの港の境界付近で工事・作業を実施する場合は、（国土交通大臣ではなく）港長の許可が必要である。

(4)　汽船が港の防波堤の入口または入口付近で他の汽船と出会うおそれのあるときは、入航する汽船は、防波堤の外で出航する汽船の進路を避けなければならない。

解答　(3)

必須問題

工事共通

測量

必須問題

1 トータルステーション（TS）

出題頻度 ★★★

TS機器の仕組み

トータルステーション（TS：Total Station）とは、光波測距儀（そっきょぎ）の測距機能とセオドライトの測角機能の両方を一体化したものである。トータルステーション機器、データコレクタ、パソコンを利用するもので、基準点測量、路線測量、河川測量、用地測量などに用いられる。

トータルステーションでは、2点間の高低差を直接求めることはできないが、観測点と視準点の斜距離と鉛直角を求め、計算により水平距離と高低差を算出することができる。

測定方法

［鉛直角測定］ **1視準1読定**（1方向を見て1回角度を観測する）、望遠鏡を正反回転した1対回行う。

［水平角観測］ **1視準1読定**、望遠鏡を正反回転した1対回行う。対回内の観測方向数は5方向以下とする。

［距離測定］ **1視準2読定**を1セットとする。

［気温及び気圧の測定］ 観測開始直前か終了直後にTSの整置測点で行う。

［観測の記録］ データコレクタを用いるが、これを用いない場合には観測手簿に記載するものとする。

2 GNSS測量（旧GPS測量）

出題頻度 ★

衛星測位システム

複数の航法衛星（人工衛星の一種）が航法信号を地上の不特定多数に向けて電波送信し、それを受信することにより、自己の位置や進路を知る仕組み・方法である。地上で測位が可能とするためには、可視衛星（空中の見通せる範囲内の航法衛星）を4機以上必要とする。

GNSS測量の応用

建設機械にGNSS（Global Navigation Satellite System）装置、位置誘導装置を搭載することにより、オペレータの技術に左右されない、高い精度の盛土、締固め等の土工の品質管理が可能となった。

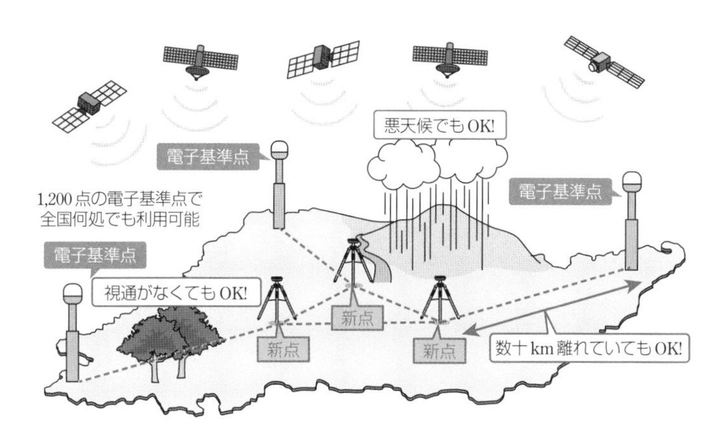

● GNSS測量

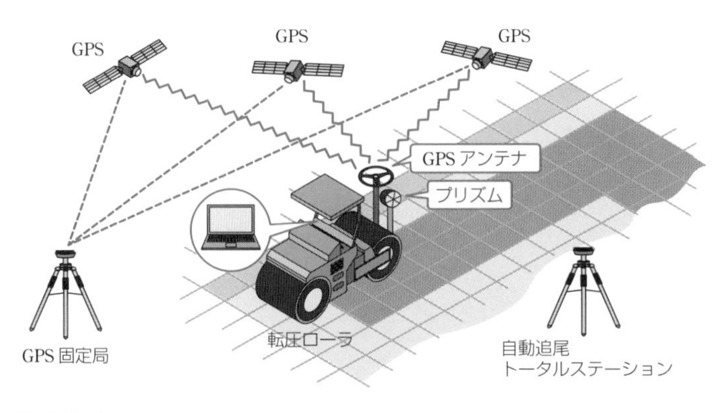

● 盛土の締固め管理

3 水準測量

出題頻度 

［標高計算（計算例）］ BMが既知点としてNo.1の地盤高を求める。

測点	BS（m）	FS（m）	高低差		GH（m）	備考
			昇（+）	降（−）		
BM	1.802				6.000	高低差＝（後視合計）－（前視合計）
TP1	1.988	1.303	0.499		6.499	
TP2	1.326	1.078	0.910		7.409	
No.1		1.435		0.109	7.300	
合計	5.116	3.816	1.409	0.109		

No.1（地盤高）= 6.000 +（5.116 − 3.816）= **7.300 m**

■ 水準測量の用語

名称	記号	説明
後　視	B.S.	標高のわかっている点に立てた箱尺を視準すること
前　視	F.S.	標高を求めようとする点に立てた箱尺を視準すること
器械高	I.H.	測量器械（レベル）の視準線の標高
地盤高	G.H.	地面の標高
移器点	T.P.	器械を据えかえるために、前視と後視をともに読む点
既知点	B.M.	測量始点となる、標高がわかっている点

4　公共測量

公共測量

［基本測量］　国土地理院が行う測量で、全ての測量の基礎となる。

［公共測量］　基本測量以外の、国、地方公共団体による測量をいう。

基準点

［水平位置基準］　全国共通の座標で表され、全国に設置された一～四等三角点及び公共測量で設置された基準点をもとに求められる。

［公共座標］　全国を19の座標系に区分し、それぞれの座標系ごとに原点の経緯度及び適用区域が定められている。

［平面直角座標系］　座標系原点においてＸ軸とＹ軸が直交し、Ｘ軸は南北方向を基準とし、Ｙ軸は東西方向を基準とする。

［標高基準］　全国に設置された一～三等水準点及び公共測量で設置された水準点をもとに求められる。

過去問チャレンジ（章末問題）

問1　トータルステーション　R2-No.1　➡1 トータルステーション

TS（トータルステーション）を用いて行う測量に関する次の記述のうち、適当でないものはどれか。

(1)　TSでは、水平角観測、鉛直角観測及び距離測定は、1視準で同時に行うことを原則とする。

(2)　TSでの鉛直角観測は、1視準1読定、望遠鏡正及び反の観測を1対回とする。

(3)　TSでの距離測定に伴う気温及び気圧などの測定は、TSを整置した測点で行い、3級及び4級基準点測量においては、標準大気圧を用いて気象補正を行うことができる。

(4)　TSでは、水平角観測の必要対回数に合わせ、取得された鉛直角観測値及び距離測定値は全て採用し、その最小値を用いることができる。

解説　TSでの観測は、水平角観測の必要対回数（2対回）に合わせて、取得された鉛直角の観測値及び距離測定値を全て採用し、その平均値を採用する。

解答　(4)

問2　トータルステーション　H29-No.1　➡1 トータルステーション

測量に用いるTS（トータルステーション）に関する次の記述のうち、適当でないものはどれか。

(1)　TSは、デジタルセオドライトと光波測距儀を一体化したもので、測角と測距を同時に行うことができる。

(2)　TSは、キー操作で瞬時にデジタル表示されるばかりでなく、その値をデータコレクタに取得することができる。

(3)　TSは、任意の点に対して観測点からの3次元座標を求め、x、y、zを表示する。

(4) TSは、気象補正、傾斜補正、投影補正、縮尺補正などを行った角度を表示する。

解説 TSは、測距において気象補正、傾斜補正、投影補正、縮尺補正などを行うもので、角度の補正は行わない。　解答 (4)

問3 公共測量 H28-No.1　➡4 公共測量、2 GNSS測量

公共測量に関する次の記述のうち、適当でないものはどれか。

(1) 基準点測量は、既知点に基づき、基準点の位置または標高を定める作業をいう。

(2) 公共測量に用いる平面直角座標系のY軸は、原点において子午線に一致する軸とし、真北に向かう値を正とする。

(3) 電子基準点は、GPS観測で得られる基準点で、GNSS（衛星測位システム）を用いた盛土の締固め管理に用いられる。

(4) 水準点は、河川、道路、港湾、鉄道などの正確な高さの値が必要な工事での測量基準として用いられ、東京湾の平均海面を基準としている。

解説 公共測量に用いる平面直角座標系のX軸は、原点において子午線に一致する軸とし、真北に向かう値を正とする。また、座標系のY軸は、原点において座標系のX軸に直交する軸とし、真東に向かう値を正とする。

解答 (2)

問4 水準測量 H25-No.1　➡3 水準測量

レベルと標尺を用いる水準測量に関する次の記述のうち、適当でないものはどれか。

(1) レベルの円形水準器の調整は、望遠鏡をどの方向に動かしてもレベルの気泡が円形水準器の中央にくるように調整する。

⑵　自動レベルは、円形水準器及び気泡管水準器により観測者が視準線を水平にした状態で自動的に標尺目盛を読み取るものである。

⑶　電子レベルは、電子レベル専用標尺に刻まれたパターンを観測者の目の代わりとなる検出器で認識し、電子画像処理をして高さ及び距離を自動的に読み取るものである。

⑷　標尺の付属円形水準器の調整は、標尺が鉛直の状態で付属水準器の気泡が中央にくるように調整する。

解説　自動レベルは、レベル本体内部に備え付けられた自動補正機構により、レベル本体が傾いても補正範囲内であれば視準の十字線が自動的に水平になるもので、自動的に標尺目盛を読み取るものではない。　解答　⑵

第2章 契約

必須問題

1 公共工事標準請負契約約款

出題頻度 ★★★

約款に定める主な設計図書

［仕様書］ 共通仕様書と特別仕様書がある。

- **共通仕様書**：工事全般について出来形（できがた）及び品質を満たす工事目的物を完成させるために、発注機関が定めた仕様書である。
- **特別仕様書**：工事ごとの特殊な条件により、共通仕様書では示すことのできない項目について具体的に規定する仕様書で、特別仕様書を優先する。

［設計図］ 工事に必要な一般平面図、縦横断図、構造図、配筋図、施工計画図、仮設図などにより示す。

［現場説明書、質問回答書］ 入札参加者に示す、工事範囲、工事期間、工事内容、施工計画、提出書類、質疑応答について書面に表したものである。

契約書

契約書は、約款（やっかん）に定める「設計図書」には含まれないことに注意すること。

［契約の基本条件］ 発注者と請負者は常に対等な立場で契約書に基づき契約を履行するというのが契約の基本条件であり、どちらかが一方的に不利になる契約はあり得ない。

［契約書の内容］ 工事名、工事場所、工期、請負代金額、契約保証金などの主な契約内容を示し、発注者、請負者の契約上の権利、義務を明確に定め、発注者、請負者の記名押印をする。

契約約款に定める主な条項

出題頻度の多い主な契約約款（公共工事標準請負契約約款）を以下に示す。

- **契約の保証**：契約保証金の納付あるいは保証金に代わる担保の提供（第4条）
- **一括委任・下請負の禁止**：第三者への一括委任または一括下請負の禁止（第6条）
- **特許権等の使用**：特許権、実用新案権、意匠権、商標権等の使用に関する責任（第8条）
- **監督職員**：発注者から請負者へ監督職員の通知及び監督職員の権限の内容の通知（第9条）
- **現場代理人及び主任技術者**：現場代理人、主任技術者及び専門語術者は兼ねることができる。（第10条）
- **履行報告**：請負者から発注者へ契約の履行についての報告（第11条）
- **工事材料の品質及び検査等**：品質が明示されない材料は中等の品質のものとする。（第13条）
- **設計図書不適合の場合の改造義務及び破壊検査等**：工事が設計図書と不適合の場合の改造義務及び発注者側の責任の場合の発注者側の費用負担の義務（第17条）
- **条件変更等**：図面・仕様書・現場説明書の不一致、設計図書の不備・不明確、施工条件と現場との不一致の場合の確認請求（第18条）
- **設計図書の変更**：設計図書の変更の際の工期あるいは請負金額の変更及び補償（第19条）
- **一般的損害**：引渡し前の損害は、発注者側の責任を除き請負者の負担とする。（第28条）
- **第三者に及ぼした損害**：施工中における第三者に対する損害は、発注者側の責任を除いて請負者の負担とする。（第29条）
- **不可抗力による損害**：請負者は、引渡し前に天災等による不可抗力による生じた損害は、発注者に通知し、費用の負担を請求できる。（第30条）
- **検査及び引渡し**：発注者は、工事完了通知後14日以内に完了検査を行う。（第32条）
- **かし担保**：発注者は請負者に、かし（瑕疵）の修補及び損害賠償の請求ができる。（第45条）

2　公共工事の入札及び契約の適正化の促進に関する法律　出題頻度★

この法律は、国、地方公共団体、特殊法人が行う公共工事の入札及び契約において適用されるもので、適正化の基本となるべき以下の事項について定められている。

［基本事項］ 第3条に規定されている。

- 入札及び契約に関して透明性が確保されなければならない。
- 公正な競争が促進されなければならない。
- 談合その他の不正行為が排除されなければならない。
- 公共工事の適正な施工が確保されなければならない。

［情報の公表］ 第4～7条に規定されている。

- 毎年度、国、地方公共団体、特殊法人等は、公共工事の発注見通しに関する事項を公表しなければならない。
- 国、地方公共団体、特殊法人等は、入札及び契約の過程、内容に関する事項を公表しなければならない。

［違法行為の事実の通知］ 第10、11条に規定されている。

- 入札談合等の事実があるときには公正取引委員会へ通知しなければならない。
- 建設業法違反の事実があるときには国土交通大臣または都道府県知事へ通知しなければならない。

［一括下請負の禁止］ 第14条に規定されている。

- 公共工事については、建設業法第22条第3項の規定（発注者の承諾を得た場合の例外規定）は適用しない。

［施行体制台帳の提出］ 第15、16条に規定されている。

- 作成した施行体制台帳の写しを発注者に提出しなければならない。
- 工事現場での施工体制との合致の点検及び措置を講じなければならない。

［適正化指針］ 第17～20条に規定されている。

- 国は適正化指針を定めるとともに必要な措置を講じなければならない。

［情報の収集、整理及び提供等］ 第21、22条に規定されている。

- 国は情報の収集、整理及び提供に努めなければならない。
- 関係職員及び建設業者に対し、知識の普及に努めなければならない。

過去問チャレンジ（章末問題）

問1　公共工事標準請負契約約款　R2-No.2

➡1 公共工事標準請負契約約款

公共工事標準請負契約約款に関する次の記述のうち、誤っているものはどれか。

(1)　発注者は、受注者の責によらず、工事の施工に伴い通常避けることができない地盤沈下により第三者に損害を及ぼしたときは、損害による費用を負担する。

(2)　受注者は、原則として、工事の全部もしくはその主たる部分または他の部分から独立してその機能を発揮する工作物の工事を一括して第三者に委任し、または請け負わせてはならない。

(3)　受注者は、設計図書において監督員の検査を受けて使用すべきものと指定された工事材料が検査の結果不合格とされた場合は、工事現場内に存置しなければならない。

(4)　発注者は、工事現場における運営等に支障がなく、かつ発注者との連絡体制も確保されると認めた場合には、現場代理人について工事現場における常駐を要しないものとすることができる。

解説　受注者は、設計図書において監督員の検査を受けて使用すべきものと指定された工事材料が検査の結果不合格とされた場合は、工事現場外に搬出しなければならない。（約款第13条第5項）

解答　(3)

問2　公共工事標準請負契約約款　R1-No.2

➡1 公共工事標準請負契約約款

公共工事標準請負契約約款において、工事の施工にあたり受注者が監督員に通知し、その確認を請求しなければならない事項に該当しないものは、次の記述のうちどれか。

(1)　設計図書に誤りがあると思われる場合または設計図書に表示すべきことが表示されていないこと。

(2) 設計図書で明示されていない施工条件について、予期することのできない特別な状態が生じたこと。
(3) 設計図面と仕様書の内容が一致しないこと。
(4) 設計図書に、工事に使用する建設機械の明示がないこと。

解説 設計図書に、工事に使用する建設機械を明示する必要はない。

解答 (4)

問3 公共工事標準請負契約約款 H29-No.2

➡1 公共工事標準請負契約約款

公共工事標準請負契約約款に関する次の記述のうち、誤っているものはどれか。

(1) 発注者は、受注者の責めに帰すことができない自然的または人為的事象により、工事を施工できないと認められる場合は、工事の全部または一部の施工を一時中止させなければならない。
(2) 発注者は、設計図書の変更が行われた場合において、必要があると認められるときは工期もしくは請負代金額を変更し、または受注者に損害を及ぼしたときは必要な費用を負担しなければならない。
(3) 受注者は、設計図書と工事現場が一致しない事実を発見したときは、その旨を直ちに監督員に口頭で確認しなければならない。
(4) 受注者は、工事の施工部分が設計図書に適合しない場合において、監督員がその改造を請求したときは、当該請求に従わなければならない。

解説 受注者は、設計図書と工事現場が一致しない事実を発見したときは、直ちに書面をもってその旨を監督員に通知し、確認しなければならない。(約款第18条第1項一号)

解答 (3)

設計

必須問題

1 設計図

出題頻度 ★★★

配筋図

［主筋］ 構造計算における、引張り応力に対抗するための鉄筋である。

［配力筋］ 主筋以外に、コンクリートの温度変化や伸縮などの影響によるひび割れ防止のために配置する鉄筋である。

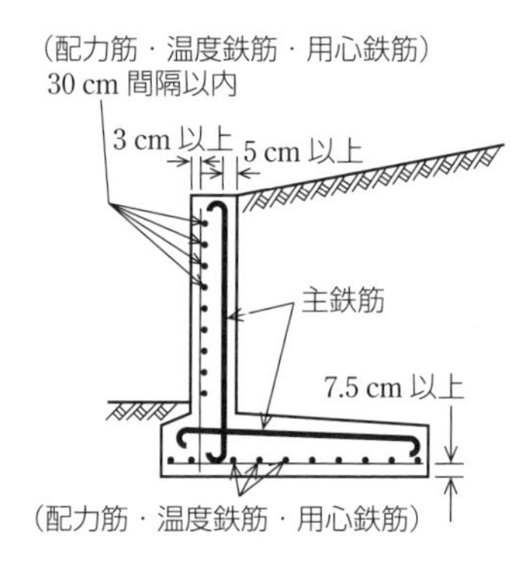

● 配筋図

マスカーブ（土積曲線）

マスカーブとは、土工工事において、切土量と盛土量のバランスを検討するために用いるもので、土量累計量（**土積曲線**）で示される。土積曲線の引き方は、各測点ごとの横断面によって、各測点間の切土もしくは盛土の土量を計算し、切土は（+）、盛土は（−）として、累計を求めて土積計算書をつくる。この累計土量をプロットし、その点を結んだものが土積曲線である。

横軸に測点距離をとり、縦軸には基線を中心にして上方にプラス土量、下方にマイナス土量をとる。曲線の左から上り勾配の区間は切土を表し、下り勾配の区間は盛土を表す。マスカーブにおいて、累計曲線がプラスだと残土が発生し、マイナスだと不足土が生じている。

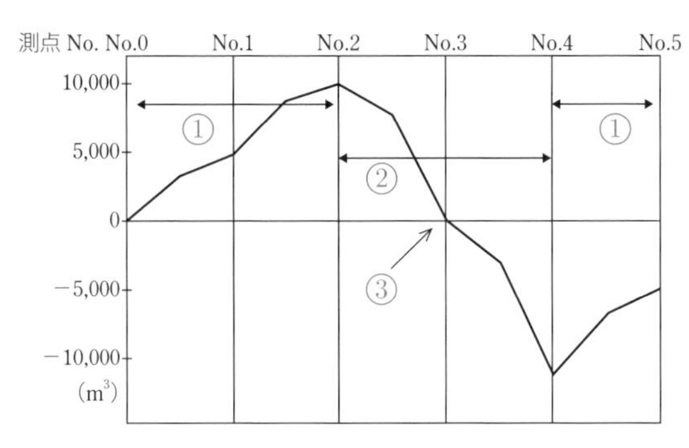

① 切土区間（カーブが上昇）

② 盛土区間（カーブが下降）

③ 均衡点
（切土・盛土がバランス）

④ 盛土＞切土（累積で数字がマイナスで土が不足）

● マスカーブ （土積曲線）の読み方

過去問チャレンジ（章末問題）

問1　擁壁の配筋図　H29-No.3

➡1 設計図

下図は、擁壁の配筋図を示したものである。かかと部の引張鉄筋に該当する鉄筋番号は、次のうちどれか。

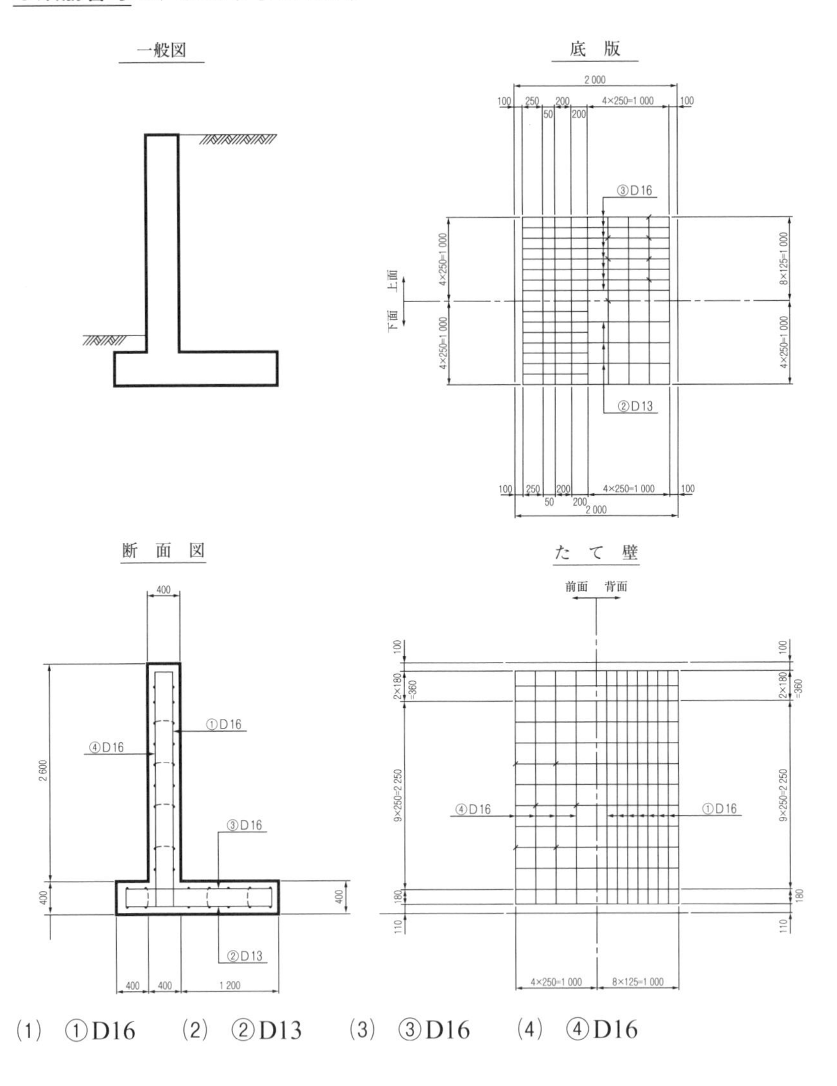

(1)　①D16　　(2)　②D13　　(3)　③D16　　(4)　④D16

解説 擁壁のかかと部は底版の背面部であり、盛土土圧により底版上部に引張り力が作用する。したがって、断面図及び底版展開図より、かかと部の引張鉄筋は③D16となる。

解答 (3)

問2 ボックスカルバートの一般図とその配筋図 R1-No.3

➡1 設計図

下図は、ボックスカルバートの一般図とその配筋図を示したものであるが、次の記述のうち、適当でないものはどれか。

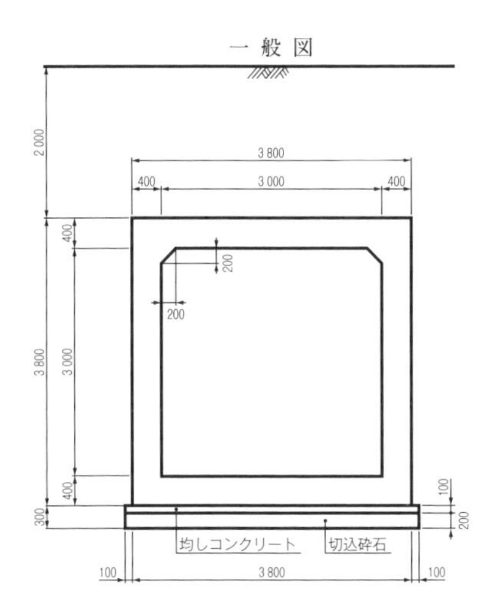

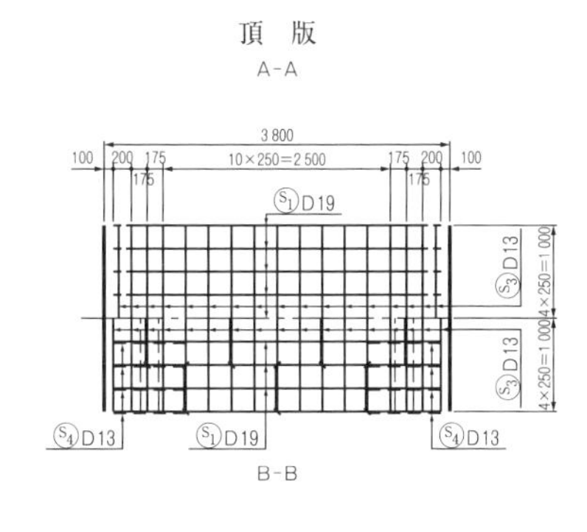

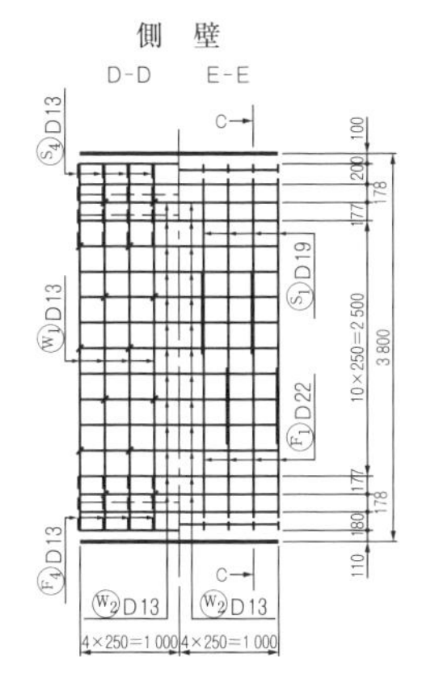

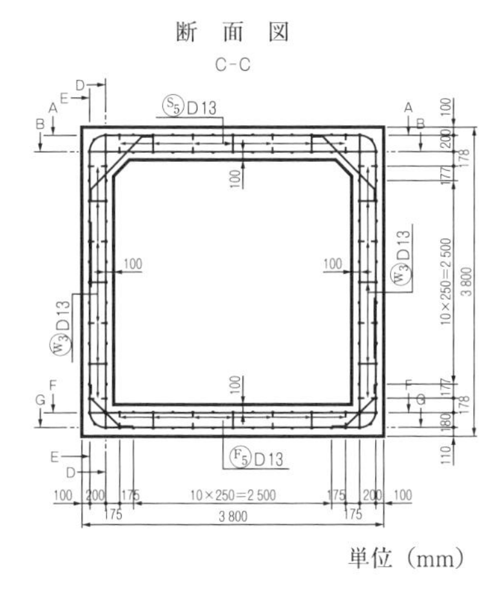

単位 (mm)

(1) ボックスカルバートの頂版の内側主鉄筋と側壁の内側主鉄筋の太さは、同じである。

(2) ボックスカルバートの頂版の土かぶりは、2.0mである。

(3) 頂版、側壁の主鉄筋は、ボックスカルバート延長方向に250mm間隔で配置されている。

(4) ボックスカルバート部材の厚さは、ハンチの部分を除いて同じである。

解説 配筋展開図により、ボックスカルバートの頂版の内側主鉄筋はⓈ1 D19で表され、側壁の内側主鉄筋はⒻ1 D22で表され、太さは異なる。

解答 (1)

問3 道路改良工事の土積曲線（マスカーブ） R2-No.3 ➡1 設計図

下図は、工事起点No.0から工事終点No.5（工事区間延長500m）の道路改良工事の土積曲線（マスカーブ）を示したものであるが、次の記述のうち、適当でないものはどれか。

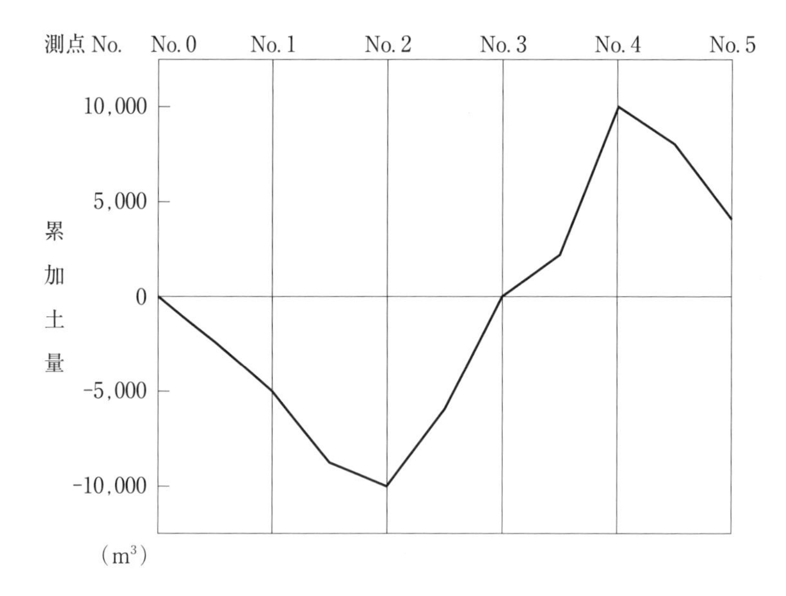

(1) No.0からNo.2までは、盛土区間である。

(2) 当該工事区間では、盛土区間より切土区間の方が長い。

(3) No.0からNo.3までは、切土量と盛土量が均衡する。

(4) 当該工事区間では、残土が発生する。

解説 当該工事区間では、盛土区間はNo.0～No.2及びNo.4～No.5の計3測点区間、切土区間はNo.2～No.4の2測点区間であり、盛土区間の方が長い。

解答 (2)

IV 第3章 設計

建設機械

必須問題

1 建設機械の種類と特徴

出題頻度 ★★

建設機械の規格及び性能表示

建設機械は、その機械の種類によって性能の表示方法が異なる。例えば、掘削系の機械は容量（m^3）、締固め機械は質量（t）で表す。

■ 建設機械の性能表示方法

機械	性能表示方法
パワーショベル	機械式：平積みバケット容量 油圧式：山積みバケット容量（m^3）
バックホウ	
クラムシェル	平積みバケット容量（m^3）
ドラグライン	平積みバケット容量（m^3）
トラクタショベル	山積みバケット容量（m^3）
クレーン	吊下げ荷重（t）
ブルドーザ	全装備（運転）質量（t）
ダンプトラック	車両総質量（t）
モーターグレーダ	ブレード長（m）
ロードローラ	質量（バラスト無～有、t）
タイヤ・振動ローラ	質量（t）
タンピングローラ	質量（t）

運搬機械の種類と特徴

［ブルドーザ］ トラクタに土工板を取り付けたもので、作業装置により以下の種類に分類される。

- ストレートドーザ：固定式土工板を付けた基本的なもので、重掘削作業に適する。
- アングルドーザ：正面以外に土工板の角度が左右に25°前後に変えられるもので、重掘削には適さない。
- チルトドーザ：土工板の左右の高さが変えられるもので、溝掘り、硬い土に適する。

- Uドーザ：土工板がU字形となっており、押土の効率が良い。
- レーキドーザ：土工板の代わりにレーキを取り付けたもので、抜根に適する。
- リッパドーザ：リッパ（爪）をトラクタ後方に取り付けたもので、軟岩掘削に適する。
- スクレープドーザ：ブルドーザにスクレーパ装置を組み込んだもので、前後進の作業や狭い場所の作業に適する。

[ダンプトラック] 建設工事における資材や土砂の運搬に最も多く利用され、次の2種類に分けられる。

- 普通ダンプトラック：最大総質量20t以下で、一般道路走行ができる。
- 重ダンプトラック：最大総質量20t超で、普通条件での一般道路走行はできない。

掘削機械の種類と特徴

主な掘削機械を以下に示す。

- バックホウ：アームに取り付けたバケットを手前に引く動作により、地盤より低い場所の掘削に適し、強い掘削力と正確な作業ができる。
- ショベル：バケットを前方に押す動作により、地盤より高いところの掘削に適する。
- クラムシェル：開閉式のバケットを開いたまま垂直下方に降ろし、それを閉じることにより土砂をつかみ取るもので、深い基礎掘削や孔掘りに適する。
- ドラグライン：ロープで懸垂された爪付きのバケットを落下させ、別のロープで手前に引き寄せることにより土砂を掘削するもので、河川などの広くて浅い掘削に適する。
- クローラ（履帯）式トラクタショベル：履帯式トラクタに積込み用バケットを装着したもので、履帯接地長が長く軟弱地盤の走行に適するが掘削力は劣る。
- ホイール（車輪）式トラクタショベル：車輪式トラクタにバケット装着したもので、走行性がよく機動性に富む。

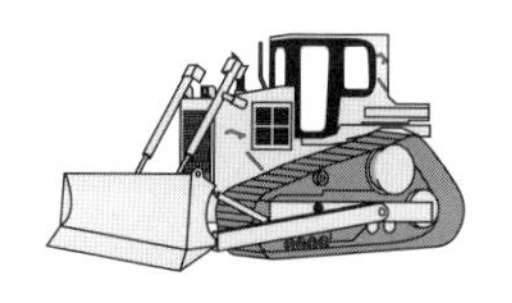

（a）ブルドーザ

（b）スクレープドーザ

（c）自走式スクレーパ

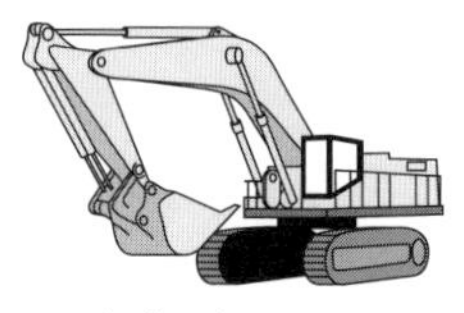

（d）バックホウ

● 運搬・掘削機械

締固め機械の種類と特徴

主な締固め機械を以下に示す。

- ロードローラ：最も一般的な締固め機械で、静的圧力により締め固めるもので、マカダム型・タンデム型の2種がある。盛土表層、路床、路盤に使用され、高含水比の粘性度や均一な粒径の砂質土には適さない。
- タイヤローラ：空気圧の調節により各種土質に対応可能で、砕石などには空気圧を上げ接地圧を高くし、粘性土などには空気圧を下げ接地圧を低くして使用する。
- 振動ローラ：起振機により振動を与えて締固めを行うもので、粘性に乏しい礫、砂質土に適する。
- タンピングローラ：鋼板製の中空円筒に突起（フート）を取り付け締固めを行うもので、突起の先端に荷重が集中し、岩塊や土塊の破砕及び硬い粘土や厚い盛土の締固めに適する。
- 振動コンパクタ：起振機を平板上に取り付けたもので、人力作業で狭い場所に適する。含水比が適当であれば、各種土質に使用されるが、礫または砂質土の締固めに最適である。
- タンパ：小型ガソリン機関の回転力をクランクにより往復運動に変換し、突固め主体の機械である。締固め板の面積が小さく、構造物に接した部分や、狭小部分の締固めに適する。
- ランマー：小型ガソリン機関の爆発力を利用し、本体をはね上げ突き固めるもので、適用土質範囲が広く、栗石や塑性土の締固めにも使用される。

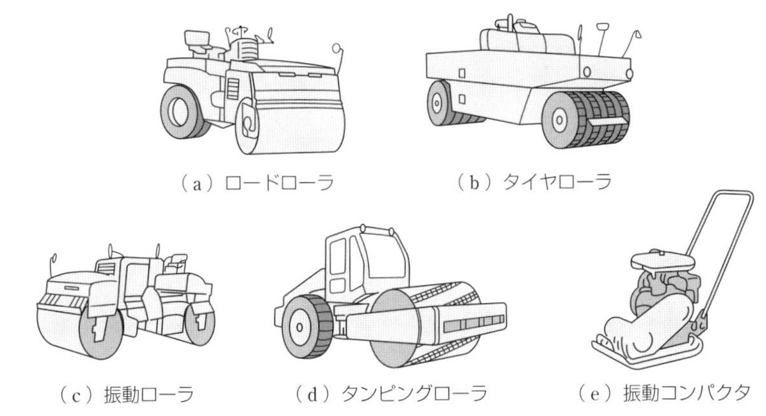

● 締固め機械

杭打ち機械の種類と特徴

主な杭打ち機械を以下に示す。

- ディーゼルパイルハンマ：ディーゼル機関を利用して、ハンマの落下によって杭の打撃力として加える杭打ち機で、工費が安く、硬い地盤や大型杭の工事に使用される。
- 油圧式杭圧入引抜き機：既に押し込まれた矢板につかまり、その矢板の反力を利用しながら次の杭を押し込んでいくもので、振動や騒音がほとんどなく、市街地での比較的軟らかい地盤での工事に使用される。
- 油圧パイルハンマ：油圧でラムを上昇させ、これを自由落下させて杭を打撃するもので、大きな打撃エネルギーを発生することができ、コンクリート杭の打設に適している。
- 振動（バイブロパイルハンマ）：機械の振動で杭と機械の自重で杭体に縦振動を起こしながら杭を地中に貫入する杭打ち機で、各種既製杭の打込み、引抜き施工が可能で、多様な機種、規格の構成により各種地盤条件に対応できる。

建設機械の近年の動向

建設機械の近年の動向は、環境保全対策を目的とした利用傾向にある。

- 低騒音、低振動型の建設機械を利用する。
- 都市土木工事においては、機械の小型化が進んでいる。
- 排出ガス規制が厳しくなっており、「**特定特殊自動車排出ガスの規制等に関する法律（オフロード法）**」により、建設用機械も適用されている。
  （**例**）ブルドーザ、バックホウ（ホイール・クローラ型）、クローラクレーン、トラクタショベル（ホイール・クローラ型）、ホイールクレーン（ラフテレーンクレーン）等

2 工事用電力設備及び原動機

出題頻度 ★★☆

工事用電力設備

［受電設備］ 以下の事項に留意する。

- **電気設備の容量決定**：工事途中に受電容量不足が生じないように余裕を持たせる。
- **契約電力**：電灯、動力を含め50kW未満のものについては、電気供給契約は低圧とする。
- **高圧受電**：現場内の自家用電気工作物に配電する場合、電力会社との責任分界点の近くに保護施設を備えた受電設備を設置する。
- **自家用受変電設備の位置**：一般に、できるだけ負荷の中心から近い位置を選定する。

原動機

建設機械用の原動機には電動機（モーター）と内燃機関（エンジン）があり、それぞれの特性に応じて使い分けられる。

［電動機（モーター）］ 始動、停止などの運転操作が容易であり、故障が少なく、排気ガスがなく騒音、振動が少ない等の環境保全には優れており、電力供給が整備されており、移動性を要しない場合に有利である。

［内燃機関（エンジン）］ 機動性に優れており、寒冷地、水中作業、傾斜地などの過酷な条件下でも運転が可能であるが、機械的衝撃、騒音、振動が大きく環境面ではやや不利となる。

過去問チャレンジ（章末問題）

問1　建設機械　H28-No.4

➡1 建設機械の種類と特徴

建設機械に関する次の記述のうち、適当でないものはどれか。

(1)　油圧ショベルは、クローラ式のものが圧倒的に多く、都市部の土木工事において便利な超小旋回型や後方超小旋回型が普及し、道路補修や側溝掘り等に使用される。

(2)　モータグレーダは、GPS装置、ブレードの動きを計測するセンサーや位置誘導装置を搭載することにより、オペレータの技量に頼らない高い精度の敷均しができる。

(3)　タイヤローラは、タイヤの空気圧を変えて輪荷重を調整し、バラストを付加して接地圧を増加させることにより締固め効果を大きくすることができ、路床、路盤の施工に使用される。

(4)　ブルドーザは、操作レバーの配置や操作方式が各メーカーごとに異なっていたが、誤操作による危険をなくすため、標準操作方式建設機械の普及活用が図られている。

解説　タイヤローラは、タイヤの空気圧を変えて接地圧を調整し、バラストを付加して輪荷重を増加させることにより締固め効果を大きくすることができる。

解答　(3)

問2　掘削機械　H28-No.8

➡1 建設機械の種類と特徴

建設工事に用いる掘削機械に関する次の記述のうち、適当でないものはどれか。

(1)　油圧式クラムシェルは、バケットの重みで土砂に食い込み掘削するもので、一般土砂の孔掘り、ウェル等の基礎掘削、河床・海底の浚渫などに使用する。

(2)　油圧ショベルは、機械が設置された地盤より高い所を削り取るのに適した機械で山の切りくずし等に使用する。

(3)　バックホウは、機械が設置された地盤より低い所を掘るのに適した機械で水中掘削もでき、機械の質量に見合った掘削力が得られる。

(4)　ドラグラインは、掘削半径が大きく、ブームのリーチより遠い所まで掘れ、水中掘削も可能で河川や軟弱地の改修工事などに適している。

解説　油圧式クラムシェルは、バケットの重みで土砂に食い込み掘削するもので、ウェル等の基礎掘削、河床・海底の浚渫などに適しているが、一般土砂の孔掘りには適さない。

解答　(1)

問3　締固め機械　H26-No.8

➡1 建設機械の種類と特徴

締固め機械の選定に関する次の記述のうち、適当でないものはどれか。

(1)　タンピングローラは、ローラの表面に突起をつけ先端に荷重を集中でき、土塊や岩塊などの破砕や締固め、粘質性の強い粘性土の締固めに効果的である。

(2)　振動ローラは、ローラに起振機を組み合わせ、振動によって小さな重量で大きな締固め効果を得るものであり、一般に粘性に乏しい砂利や砂質土の締固めに効果的である。

(3)　ロードローラは、表面が滑らかな鉄輪によって締固めを行うもので、高含水比の粘性土あるいは均一な粒径の砂質土などの締固めに用いられる。

(4)　タイヤローラは、空気入りタイヤの特性を利用して締固めを行うもので、タイヤの接地圧は載荷重及び空気圧で変化させることができるため、機動性に富み、比較的種々の土質に適用できる。

解説　ロードローラは、鉄輪によって締固めを行うもので、最も一般的な締固め機械である。砂質土の締固めには適するが、高含水比の粘性土には適さない。

解答　(3)

問4　建設機械用エンジン　R2-No.4

➡2 工事用電力設備及び原動機

建設機械用エンジンの特徴に関する次の記述のうち、適当でないものはどれか。

(1)　ガソリンエンジンは、一般に負荷に対する即応性、燃料消費率及び保全性などが良好であり、ほとんどの建設機械に使用されている。

(2)　ガソリンエンジンは、エンジン制御システムの改良に加え排出ガスを触媒（三元触媒）を通すことで、窒素酸化物、炭化水素、一酸化炭素をほぼ100%近く取り除くことができる。

(3)　ディーゼルエンジンとガソリンエンジンでは、エンジンに供給された燃料のもつエネルギーのうち正味仕事として取り出せるエネルギーは、ガソリンエンジンの方が小さい。

(4)　ディーゼルエンジンは、排出ガス中に多量の酸素を含み、すすや硫黄酸化物を含むことから後処理装置（触媒）によって排出ガス中の各成分を取り除くことが難しい。

解説　ガソリンエンジンに比べディーゼルエンジンの方が、一般に負荷に対する即応性、燃料消費率及び保全性などが良好であり、ほとんどの建設機械に使用されている。

解答　(1)

問5　工事用電力設備　R1-No.4

➡2 工事用電力設備及び原動機

工事用電力設備に関する次の記述のうち、適当なものはどれか。

(1)　工事現場において、電力会社と契約する電力が電灯・動力を含め100kW未満のものについては、低圧の電気の供給を受ける。

(2)　工事現場に設置する自家用変電設備の位置は、一般にできるだけ負荷の中心から遠い位置を選定する。

(3)　工事現場で高圧にて受電し、現場内の自家用電気工作物に配電する場合、電力会社からは3kVの電圧で供給を受ける。

(4)　工事現場における電気設備の容量は、月別の電気設備の電力合計を求め、このうち最大となる負荷設備容量に対して受電容量不足をきたさないように決定する。

解説 (1) 工事現場において、電力会社と契約する電力が電灯・動力を含め50kW未満のものについては、低圧の電気の供給を受ける。
(2) 工事現場に設置する自家用変電設備の位置は、一般にできるだけ負荷の中心から近い位置を選定する。
(3) 工事現場で高圧にて受電し、現場内の自家用電気工作物に配電する場合、電力会社からは6kVの電圧で供給を受ける。
(4) 工事現場における電気設備の容量は、月別の電気設備の電力合計を求め、受電容量不足による停電などの工事への影響を避けるため、このうち最大となる負荷設備容量に対して支障をきたさないように決定する。　解答 (4)

問6 電気設備 H29-No.4

➡ 2 工事用電力設備及び原動機

建設工事における電気設備などに関する次の記述のうち、労働安全衛生規則上、適当でないものはどれか。

(1) 仮設の配線を車両などが通過する通路面に電線を横断させて使用する場合、電線に防護覆いを装着することが困難なときは、金属製のステップルで固定した状態で使用する。
(2) 電動機械器具に、漏電による感電の危険を防止する感電防止用漏電しゃ断装置の接続が困難なときは、電動機の金属製外被などの金属部分を定められた方法により接地して使用する。
(3) 移動電線に接続する手持型の電灯や架空吊下げ電灯などには、口金の接触や電球の破損による危険を防止するためのガードを取り付けて使用する。
(4) アーク溶接など（自動溶接を除く）の作業に使用する溶接棒などのホルダーについては、感電の危険を防止するため必要な絶縁効力及び耐熱性を有するものを使用する。

解説 仮設の配線を通路面において使用してはならない。ただし、絶縁被覆の損傷のおそれのない状態で使用する場合は構わない。（労働安全衛生規則第338条）
したがって、電線に防護覆いを装着することが困難な場合や金属製のステップルで固定した状態での使用は認められない。　解答 (1)

第5章

施工計画

必須問題

1 施工計画作成の基本事項

出題頻度 ★★★

施工計画書の作成

施工計画書は、「土木工事共通仕様書」（第1編1-1-4）において、「受注者は、工事着手前（中略）に工事目的物を完成するために必要な手順や工法等についての施工計画書を監督職員に提出しなければならない。」と規定されている。したがって、施工計画書は、受注者の責任において作成するもので、発注者が施工方法などの選択について注文をつけるものではない。

基本的事項

［施工計画の目標］ 工事の目的物を、設計図書及び仕様書に基づき、所定の工事期間内に、最小の費用でかつ環境、品質に配慮しながら安全に施工できる条件を策定する。

［施工計画策定］ 以下の4点を基本方針として行う。

- 施工計画の決定には、過去の経験を踏まえつつ、常に改良を試み、新工法、新技術の採用に心がける。
- 現場担当者のみに頼らず、できるだけ社内の組織を活用して、関係機関及び全社的な高度な技術水準で検討する。
- 1つの計画案だけでなく、複数の代案を作成し、経済性を含め長短を比較検討し最適な計画を採用する。
- 施工計画の作成手順は以下のとおりである。

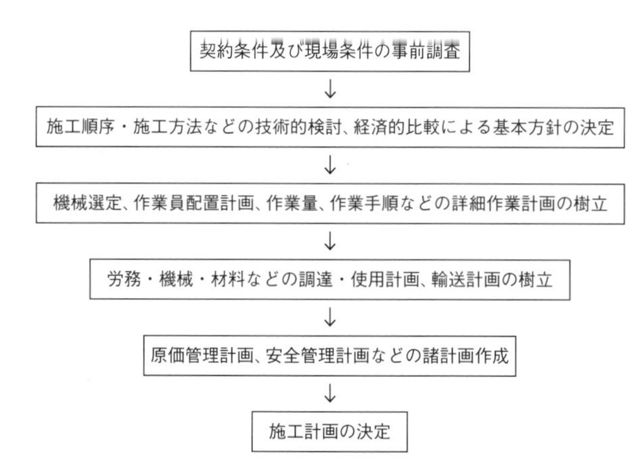

工事の届出

建設工事の着手に際して施工者が関係法令に基づき提出する、主な「届出書類」と、その「提出先」を下表に示す。

■ 届出書類と提出先

届出書類	提出先
労働保険等の関係法令による、労働保険・保険関係成立届	労働基準監督署長
労働基準法による諸届	労働基準監督署長
騒音規制法に基づく特定建設作業実施届出書	市町村長
振動規制法に基づく特定建設作業実施届出書	市町村長
道路交通法に基づく道路使用許可申請書	警察署長
道路法に基づく道路専用許可申請書	道路管理者
消防法に基づく電気設備設置届	消防署長

2 施工体制台帳・施工体系図

出題頻度 ★★★

施工体制台帳

建設業法（第24条の8）において、特定建設業者の義務として、施工体制台帳及び施工体系図の作成が規定されている。

- 下請契約の請負金額が4,000万円以上となる場合には、適正な施工を確保するために施工体制台帳を作成する。（第1項）

- 施工体制台帳には下請人の名称、工事の内容、工期などを記載し、工事現場ごとに備え置く。(第1項)
- 発注者から請求があったときは、施工体制台帳を閲覧に供さなければならない。(第3項)

施工体系図

特定建設業者は、各下請負人の施工の分担関係を表示した施工体制図を作成し、工事現場の見やすい場所に掲げなければならない。(建設業法第24条の8第4項)

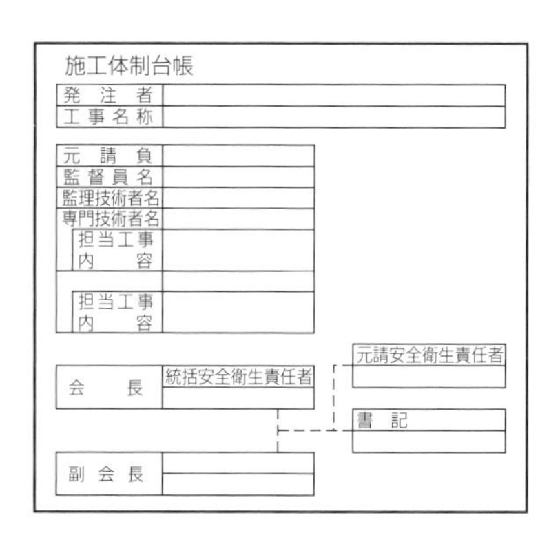
施工体制台帳
発 注 者
工事名称
元 請 負
監督員名
監理技術者名
専門技術者名
担当工事内容
担当工事内容
会　長
統括安全衛生責任者
元請安全衛生責任者
書 記
副会長

● 施工体制台帳

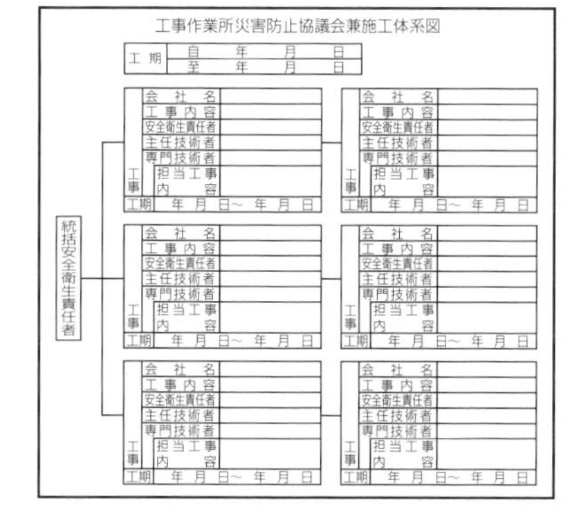
工事作業所災害防止協議会兼施工体系図
工期 自 年 月 日 至 年 月 日
統括安全衛生責任者
会社名 / 工事内容 / 安全衛生責任者 / 主任技術者 / 専門技術者 / 工事 担当工事内容 / 工期 年 月 日～ 年 月 日
会社名 / 工事内容 / 安全衛生責任者 / 主任技術者 / 専門技術者 / 工事 担当工事内容 / 工期 年 月 日～ 年 月 日
会社名 / 工事内容 / 安全衛生責任者 / 主任技術者 / 専門技術者 / 工事 担当工事内容 / 工期 年 月 日～ 年 月 日
会社名 / 工事内容 / 安全衛生責任者 / 主任技術者 / 専門技術者 / 工事 担当工事内容 / 工期 年 月 日～ 年 月 日
会社名 / 工事内容 / 安全衛生責任者 / 主任技術者 / 専門技術者 / 工事 担当工事内容 / 工期 年 月 日～ 年 月 日
会社名 / 工事内容 / 安全衛生責任者 / 主任技術者 / 専門技術者 / 工事 担当工事内容 / 工期 年 月 日～ 年 月 日

● 施工体系図

3 事前調査検討事項

出題頻度 ★★

事前調査検討事項には、契約条件と現場条件についての事前調査がある。

契約条件の事前調査検討事項

事前調査としてまずすべきことは、契約書、設計図書などから、目的とする構造物に要求されている事項を調査することであり、以下の内容による。

［請負契約書の内容］「工期、請負代金の額、事業損失の取扱い」、「不可抗力による損害の取扱い」、「工事の変更、中止による損害の取扱い」、「資材、

労務費などの変動に基づく変更の取扱支払」、「工事代金の支払条件」、「工事量の増減に対する取扱い」、「検査の時期及び方法・引渡しの時期」

[設計図書の内容]「設計内容」、「数量の確認」、「図面、仕様書及び施工管理基準の確認」、「図面と現場の適合の確認」、「現場説明事項の内容」、「仮設における規定の確認」

現場条件の事前調査検討事項

施工現場における現場条件を調査して、その現場における最適な施工計画を策定するもので、下表に示す内容についてチェックを行う。

■ 事前調査の項目と内容

項目	内容
地形	工事用地、測量杭、高低差、地表勾配、危険防止箇所、土取場、土捨場、道水路状況、周辺民家
地質	土質、地層、支持層、トラフィカビリティー、地下水、湧水、
気象	降雨量、降雨日数、積雪、風向、風力、気温、日照
水文	河川流況、洪水記録、過去の災害事例、波浪、潮位
電力・水	工事用電源、工事用取水、電力以外の動力の必要性
仮設建物 施工施設	事務所、宿舎、倉庫、車庫、建設機械置き場、プラント、給油所、電話、電灯、上水道、下水道、病院、保健所、警察、消防
輸送	搬入搬出道路（幅員、舗装、カーブ、交通量、踏切、交通規制、トンネル、橋梁など）、鉄道軌道、船舶
環境	交通問題（交通量、通学路、作業時間制限）、廃棄物処理
公害	騒音、振動、煙、ごみ・ほこり、地下水汚染
用地	境界、未解決の用地及び物件、借地料、耕作物
利権	地上権・水利権・漁業権・林業権・採取権・知的所有権
労力	地元・季節労働者・下請業者・価格・支払い条件・発注量・納期
資材	砂、砂利、盛土材料、生コン、コンクリート二次製品、木材
支障物	地上障害物、地下埋設物、隣接構造物、文化財

4　仮設備計画

出題頻度 ★★☆

仮設備計画の要点

仮設備という名のとおり永久設備ではなく、一般には工事完成後には撤去される。しかしながら、本工事が適正に、しかも安全に施工されるためには十分な検討が必要となり、仮設備といっても決して手を抜いたり、おろそかにしてはならない。仮設備計画には、仮設備の設置はもとより、撤去、後片付けまで含まれる。

仮設備計画は本工事が能率的に施工できるよう、工事内容、現地条件にあった適正な規模とする。仮設備が工事規模に対して適正とするためには、3ム（ムリ、ムダ、ムラ）のない合理的なものにする。

仮設備に使用する材料は、一般の市販品を使用して可能な限り規格を統一し、使用後も転用可能にする。

仮設備の種類

仮設備には、発注者が指定する指定仮設と、施工者の判断に任せる任意仮設の2種類がある。

［指定仮設］ 契約により仕様書、設計図で工種、数量、方法が規定されており、契約変更の対象となる。大規模な土留め（土止め）、仮締切り、築島などの重要な仮設備に適用される。

［任意仮設］ 施工者の技術力により工事内容、現地条件に適した計画を立案し、契約変更の対象とはならない。ただし、図面などにより示された施工条件に大幅な変更があった場合には設計変更の対象となり得る。

仮設備の内容

仮設備計画には、工事用道路、支保工、安全施設などの本工事施工のために必要な直接仮設と、現場事務所、駐車場などの間接的な仮設としての共通仮設に分類される。

［直接仮設］ 本工事に直接必要な仮設備工事であり、主要なものを下表に示す。

■ 主要な直接仮設備工事

設備	内容
運搬設備	工事用道路、工事用軌道、ケーブルクレーン、エレベーターなど
荷役設備	走行クレーン、ホッパー、シュート、デリック、ウインチなど
足場設備	支保工足場、吊り足場、桟橋、作業床、作業構台など
給水設備	給水管、取水設備、井戸設備、ポンプ設備、計器類など
排水、止水設備	排水溝、ポンプ設備、釜場、ウェルポイント、防水工など
給換気設備	コンプレッサ、給気管、送風機、圧気設備など
電気設備	送電、受電、変電、配電設備、照明、通信設備
安全、防護設備	防護柵、防護網、照明、案内表示、公害防止設備など
プラント設備	コンクリートプラント、骨材、砕石プラントなど
土留め、締切り設備	矢板締切り、土のう締切りなど
撤去、後片付け	各種機械の据付け、撤去

［共通仮設］ 本工事に間接的に必要な仮設備工事であり、主要なものを下表に示す。

■ 主要な共通仮設備工事

設備	内容
仮設建物設備	現場事務所、社員、作業員宿舎、現場倉庫、現場見張所など
作業設備	修理工場、鉄筋、型枠作業所、調査試験室、材料置き場など
車両、機械設備	車庫、駐車場、各種機械室、重機械基地など
福利厚生施設	病院、医務室、休憩所、厚生施設など
その他	その他分類できない設備

5 建設機械計画

出題頻度 ★★★

建設機械の選択・組合せ

建設機械は主機械と従機械の組合せにより選択し、決定する。

主機械とは、土工作業における掘削、積込機械などのように主作業を行うための中心となる機械のことで、最小の施工能力を設定する。

従機械とは、土工作業における運搬、敷均し、締固め機械などのように主作業を補助するための機械のことで、主機械の能力を最大限に活かすため、主機械の能力より高めの能力を設定する。

施工速度

建設機械の施工速度とは、設定される最大施工量から決まるもので、以下の4つに区分される。ただし、E_A、E_q、E_Wは各作業時間効率である。

- **平均施工速度** Q_A (m^3/h)：正常損失時間及び偶発損失時間を考慮した施工速度で、工程計画及び工事費見積りの基礎となる。$Q_A = E_A \cdot Q_P$で表される。
- **最大施工速度** Q_P (m^3/h)：理想的な状態で処理できる最大の施工量で、製造業者が示す公称能力に相当する。$Q_P = E_q \cdot Q_R$で表される。
- **正常施工速度** Q_N (m^3/h)：最大施工速度から正常損失時間を引いて求めた実際に作業できる施工速度。建設機械の組合せ計画時に、各工程の機械の作業能力を平均化させるために用いる。$Q_N = E_W \cdot Q_P$で表される。
- **標準施工速度** Q_R (m^3/h)：1時間あたり処理可能な理論的最大施工量のことである。

6 原価管理

出題頻度 ★★★

原価管理の基本的事項

原価管理とは、経済的な施工計画をもとに原価を統制し、利益を向上させることである。原価管理を行うに際して留意すべき点を以下に示す。

［原価管理の目的］ 実行予算の設定に始まり、実際原価との比較、分析、修正による処置までのPDCAサイクルを回すことにより、原価を低減することである。

原価管理データとして、原価の発生日、発生原価などを整理分類し、評価を加えて保存することにより、工事の一時中断や物価変動による損害を最小限にとどめることができる。

［原価の圧縮］ 以下の点に留意して行う。

- 原価比率が高いものを優先し、そのうち低減の容易なものから順次行う。
- **損失費用項目**を重点的に改善する。

実行予算より実際原価が超過傾向のものは購入単価、運搬費用などの原因要素を改善する。

［原価管理］ 最も経済的な施工計画に基づいて実行予算を設定し、それを

基準として原価を統制するとともに、実際原価と比較して差異を見い出し、これを分析・検討して実行予算を確保するために原価引き下げ等の処置を講ずるほか、工事の施工過程で得た実績などにより、施工計画の再検討・再評価を行い、修正・改善を行う。

原価管理の実施

原価管理はPDCAサイクルを回すことにより実施する。

- 実行予算の設定：見積り時点の施工計画を再検討し、決定した最適な施工計画に基づき設定する。
- 原価発生の統制：予定原価と実際原価を比較し、原価の圧縮を図る。原価の圧縮は、原価比率が高いものを優先し、低減が容易なものから行い、損失費用項目を抽出し、重点的に改善する。
- 実際原価と実行予算の比較：工事進行に伴い、実行予算をチェックし、差異を見出し、分析、検討を行う。
- 施工計画の再検討、修正措置：差異が生じる要素を調査、分析を行い、実行予算を確保するための原価圧縮の措置を講ずる。
- 修正措置の結果の評価：結果を評価し、良い場合には持続発展させ、良くない場合には別手段・別方法により再度見直す。

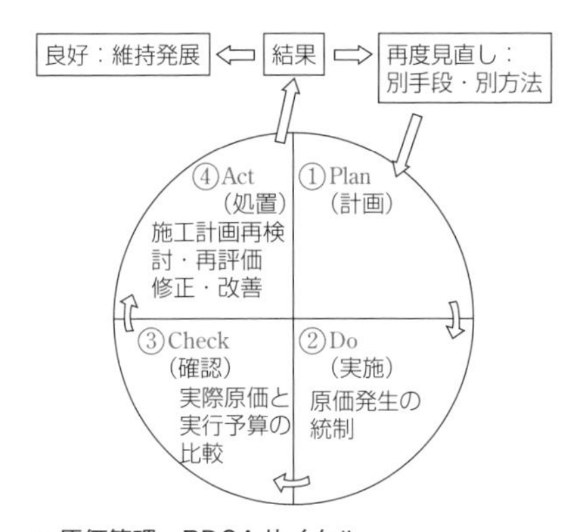

● 原価管理、PDCAサイクル

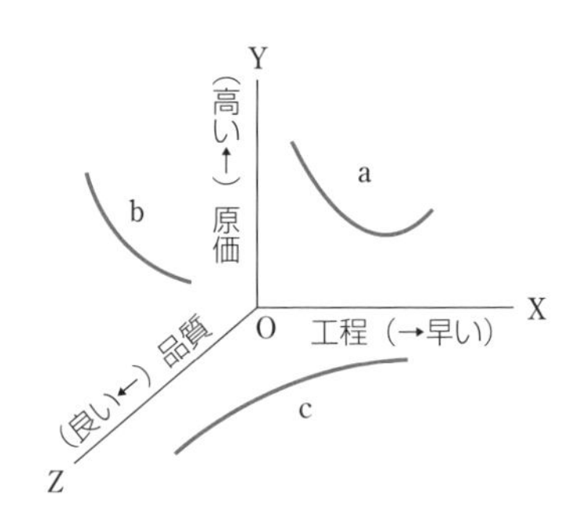

● 工程・原価・品質の関係

工程、品質、原価の関係

- 工程と原価の関係（a曲線）：工程を早くして施工出来高が上がると原価は安くなる。さらに施工を早めて突貫作業を行うと、逆に原価は高くなる。
- 品質と原価の関係（b曲線）：品質を上げると原価は高くなる。逆に、原価を下げると品質は落ちる。
- 工程と品質の関係（c曲線）：品質を良くするには工程が遅くなる。突貫作業により工程を早めると品質が落ちる。

工期と建設費用の関係

［採算速度と損益分岐］ 以下のような関係がある。

- 損益分岐点において収支が等しくなり黒字にも赤字にもならず、工事は最低採算速度の状態である。
- 施工速度を最低採算速度以上に上げれば利益、下げれば損失となる。

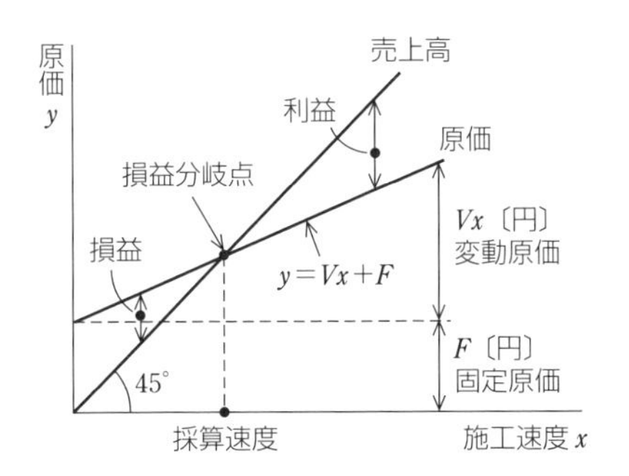

採算速度と損益分布

［工期と建設費用の関係］ 以下のような関係がある。

- **直接費**：労務費、材料費、直接仮設費、機械運転経費などで、工期の短縮に伴い直接費は増加する。
- **間接費**：現場管理費、共通仮設費、減価償却費などの費用で、一般に工期の延長に従ってほぼ直線的に増加する傾向がある。
- **最適計画**：直接費と間接費を合成したものが総建設費で、それが最小となる点が最適計画であり、そのときの工期を**最適工期**という。

- **ノーマルコスト**：直接費が最小となる点（a）で表し、標準費用ともいう。また、このときの工期を**ノーマルタイム**（標準時間）という。
- **クラッシュタイム**：ノーマルタイムより作業速度を速めて工期を短縮することができるが、直接費が増加し、ある限度以上には短縮できない時間（A）をいい、このときの点（b）を**クラッシュコスト**という。

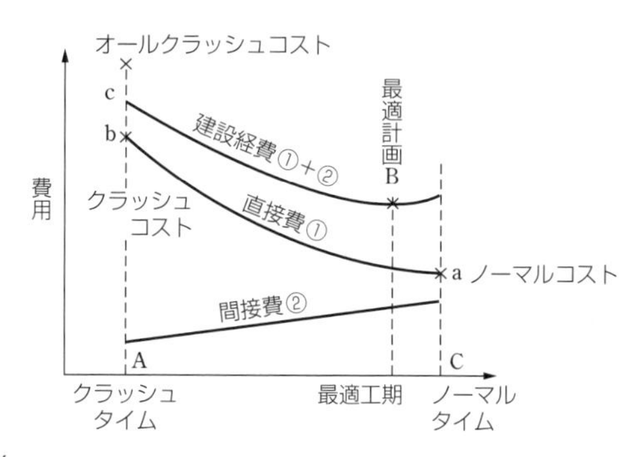

● 工期と建設費曲線

過去問チャレンジ（章末問題）

問1　施工計画　R2-No.5

➡1 施工計画作成の基本事項

施工計画に関する次の記述のうち、適当でないものはどれか。

(1) 施工計画の検討は、現場担当者のみで行うことなく、企業内の組織を活用して、全社的に高い技術レベルでするものである。
(2) 施工計画の立案に使用した資料は、施工過程における計画変更などに重要な資料となったり、工事を安全に完成するための資料となるものである。
(3) 施工手順の検討は、全体工期、全体工費に及ぼす影響の小さい工種を優先にして行わなければならない。
(4) 施工方法の決定は、工事現場の十分な事前調査により得た資料に基づき、契約条件を満足させるための工法の選定、請負者自身の適正な利潤の追求につながるものでなければならない。

解説　施工手順の検討は、全体工期、全体工費に及ぼす影響の大きい工種を優先にして行わなければならない。
解答 (3)

問2　施工計画の作成　H29-No.5

➡1 施工計画作成の基本事項

施工計画の作成に関する次の記述のうち、適当でないものはどれか。

(1) 施工計画の作成にあたっては、発注者から指示された工期が最適な工期とは限らないので、指示された工期の範囲でさらに経済的な工程を模索することも重要である。
(2) 施工計画の作成にあたっては、いくつかの代替案により、経済的に安全、品質、工程を比較検討して最良の計画を採用することに努める。
(3) 施工計画の作成にあたっては、技術の工夫改善に心がけるが、新工法や新技術は実績が少ないため採用を控え、過去の技術や実績に基づき作成する。

(4) 施工計画の作成にあたっては、事前調査の結果から工事の制約条件や課題を明らかにし、それらをもとに工事の基本方針を策定する。

解説 施工計画の作成にあたっては、技術の工夫改善に心がけ、新工法や新技術の検討を行いながら、過去の技術や実績も考慮して作成する。

解答 (3)

問3 届出及び許可 R2-No.6

➡1 施工計画作成の基本事項

建設工事の施工に伴う関係機関への届出及び許可に関する次の記述のうち、適当なものはどれか。

(1) 道路上に工事用板囲、足場、詰所その他の工事用施設を設置し、継続して道路を使用する場合は、所轄の警察署長に道路占用の許可を受けなければならない。

(2) 型枠支保工の支柱の高さが3.5m以上のコンクリート構造物の工事現場の場合は、所轄の労働基準監督署長に計画を届け出なければならない。

(3) 車両の構造または車両に積載する貨物が特殊である車両を通行させる場合は、地方運輸局長に特殊車両の通行許可を受けなければならない。

(4) 吊り足場、張出し足場以外の足場で、高さが10m以上、組立てから解体までの期間が60日以上の場合は、市町村長に計画を届け出なければならない。

解説 (1) 所轄の警察署長ではなく、道路管理者の許可を受けなければならない。

(3) 地方運輸局長ではなく、道路管理者の許可を受けなければならない。

(4) 市町村長ではなく、労働基準監督署長に届け出なければならない。

解答 (2)

問4 施工体制台帳 R2-No.7

➡ 2 施工体制台帳・施工体系図

公共工事における施工体制台帳に関する次の記述のうち、適当でないものはどれか。

(1) 元請業者は、工事を施工するために下請契約を締結した場合、下請金額にかかわらず施工体制台帳を作成しなければならない。

(2) 元請業者は、施工体制台帳と合わせて施工の分担関係を表示した施工体系図を作成し、工事関係者や公衆が見やすい場所に掲げなければならない。

(3) 施工体制台帳には、建設工事の名称、内容及び工期、許可を受けて営む建設業の種類、健康保険などの加入状況などを記載しなければならない。

(4) 下請業者は、請け負った工事をさらに他の建設業を営む者に請け負わせたときは、施工体制台帳を修正するため再下請通知書を発注者に提出しなければならない。

解説 下請業者は、請け負った工事をさらに他の建設業を営む者に請け負わせたときは、施工体制台帳を修正するため再下請通知書を元請業者に提出しなければならない。(建設業法第24条の8)。

解答 (4)

問5 施工体制台帳の記載事項 H29-No.6

➡ 2 施工体制台帳・施工体系図

施工体制台帳の記載事項に該当しないものは、建設業法上、次のうちどれか。

(1) 作成建設業者が建設業の許可を受けて営む建設業の種類

(2) 作成建設業者が請け負った建設工事の作業手順

(3) 作成建設業者の健康保険などの加入状況

(4) 作成建設業者が請け負った建設工事の名称、内容及び工期

解説 建設業法第24条の8において、施工体制台帳には上記(1)、(3)、(4)の記載事項は定められているが、(2) は請負契約時において作成する書類の記載事項である。

解答 (2)

問6　施工計画立案時の事前調査　R1-No.5　➡3 事前調査検討事項

施工計画立案のための事前調査に関する次の記述のうち、適当でないものはどれか。

(1)　契約関係書類の調査では、工事数量や仕様などのチェックを行い、契約関係書類を正確に理解することが重要である。
(2)　現場条件の調査では、調査項目の落ちがないよう選定し、複数の人で調査をしたり、調査回数を重ねる等により、精度を高めることが重要である。
(3)　資機材の輸送調査では、輸送ルートの道路状況や交通規制などを把握し、不明な点がある場合は、道路管理者や労働基準監督署に相談して解決しておくことが重要である。
(4)　下請負業者の選定にあたっての調査では、技術力、過去の実績、労働力の供給、信用度、安全管理能力などについて調査することが重要である。

解説　資機材の輸送調査では、輸送ルートの道路状況や交通規制などを把握し、不明な点がある場合は、道路管理者や管轄警察署に相談して解決しておくことが重要である。

解答　(3)

問7　施工計画立案時の事前調査　H30-No.5　➡3 事前調査検討事項

施工計画の立案時の事前調査に関する次の記述のうち、適当でないものはどれか。

(1)　工事内容を十分把握するためには、契約書類を正確に理解し、工事数量、仕様（規格）のチェックを行うことが必要である。
(2)　現場条件の調査は、調査項目が多いので、脱落がないようにするためにチェックリストを作成しておくのがよい。
(3)　市街地の工事や既設施設物に近接した工事の事前調査では、施設物の変状防止対策や使用空間の確保などを施工計画に反映する必要がある。
(4)　事前調査は、一般に工事発注時の現場説明において事前説明が行われるため、工事契約後の現地事前調査を省略することができる。

解説　事前調査は、一般に工事発注時の現場説明において事前説明が行われるが、工事契約後においては、契約書の内容を正確に把握するために、現地事前調査をしっかりと行う。　解答 (4)

問8　仮設工事計画立案の留意事項　R1-No.8　➡4 仮設備計画

仮設工事計画立案の留意事項に関する次の記述のうち、適当でないものはどれか。

(1) 仮設工事計画は、本工事の工法・仕様などの変更にできるだけ追随可能な柔軟性のある計画とする。
(2) 仮設工事の材料は、一般の市販品を使用して可能な限り規格を統一し、その主要な部材については他工事にも転用できるような計画にする。
(3) 仮設工事計画では、取扱いが容易でできるだけユニット化を心がけるとともに、作業員不足を考慮し、省力化が図れるものとする。
(4) 仮設工事計画は、仮設構造物に適用される法規制を調査し、施工時に計画変更することを前提に立案する。

解説　仮設工事計画は、仮設構造物に適用される法規制を調査し、施工時の計画変更ができるだけ生じないように立案する。　解答 (4)

問9　土留め工の仮設備構造物の計画　H25-No.7　➡4 仮設備計画

土留め工の仮設構造物を計画する上で考慮すべきことに関する次の記述のうち、適当でないものはどれか。

(1) 地盤条件に関しては、施工地点の土質性状、地形、地層構成及び地下水の分布・性状を考慮する。
(2) 施工条件に関しては、作業空間や作業時間の制約、施工機械に対する制約、地下水位低下の可否、掘削方法、本体構造物の構築方法、工期などを考慮し、施工上支障のないようにする。

(3) 仮設構造物は、設置期間の短い場合であっても一般に地震時を考慮して本体構造物と同一の設計条件で検討する。

(4) 周辺環境に関しては、周辺構造物、地下埋設物、交通量の状況などの周辺環境条件を考慮し、条件に適したものとする。

解説 仮設構造物は、工事規模に対し過大あるいは過小にならないよう十分検討し、使用目的、使用期間に応じて設計するが、通常の仮設構造物では短期の扱いとして、安全率を多少割引いて設計する。 解答 (3)

問10 建設機械の選定 R3-No.24

➡5 建設機械計画

建設機械の選定に関する下記の文章中の［　　　］の（イ）～（ニ）に当てはまる語句の組合せとして、適当なものは次のうちどれか。

・建設機械は、機種・性能により適用範囲が異なり、同じ機能を持つ機械でも現場条件により施工能力が違うので、その機械が［（イ）］を発揮できる施工法を選定する。

・建設機械の選定で重要なことは、施工速度に大きく影響する機械の［（ロ）］、稼働率の決定である。

・組合せ建設機械の選択においては、主要機械の能力を最大限に発揮させるために作業体系を［（ハ）］する。

・組合せ建設機械の選択においては、従作業の施工能力を主作業の施工能力と同等、あるいは幾分［（ニ）］にする。

	（イ）	（ロ）	（ハ）	（ニ）
(1)	最大能率	燃費能率	直列化	高め
(2)	平均能率	作業能率	直列化	低め
(3)	平均能率	燃費能率	並列化	低め
(4)	最大能率	作業能率	並列化	高め

解説 （イ） 同じ機能を持つ機械でも現場条件により施工能力が違うので、その機械が最大能率を発揮できるように選定する。

（ロ） 施工速度に大きく影響するのは、その機械の作業能率である。

（ハ） 組合せ建設機械の選択においては、作業体系を並列化することにより、主要機械能力を発揮させる。

（ニ） 組合せ建設機械の選択においては、従作業能力の方を主作業能力より幾分高めにする。最小の作業能力の建設機械によって決定されるので、各建設機械の作業能力に大きな格差を生じないように規格と台数を決定する。

解答 (4)

問11 建設機械 H29-No.8

⇒5 建設機械計画

施工計画の作成における建設機械に関する次の記述のうち、適当でないものはどれか。

(1) 建設機械の使用計画を立てる場合は、作業量をできるだけ平滑化し、施工期間中の使用機械の必要量が大きく変動しないように計画する。

(2) 建設機械の計画では、工事全体を検討して、台数や機種を調整し、現場存置期間を月ごとに機種と台数を決める。

(3) 建設機械の組合せ作業能力は、組み合わせた各建設機械の中で最大の作業能力の建設機械で決定する。

(4) 建設機械の機械工程表は、直接工事、仮設工事計画から、工種、作業ごとに選定した建設機械により、全体のバランスを考え調整する。

解説 建設機械の組合せ作業能力は、組み合わせた各建設機械の中で最小の作業能力の建設機械を主機械として決定する。

解答 (3)

問12 工事の原価管理 R2-No.8

⇒6 原価管理

工事の原価管理に関する次の記述のうち、適当でないものはどれか。

(1) 原価管理は、天災その他不可抗力による損害について考慮する必要はないが、設計図書と工事現場の不一致、工事の変更・中止、物価・労賃の変動について考慮する必要がある。

(2) 原価管理は、工事受注後、最も経済的な施工計画を立て、これに基づいた実行予算の作成時点から始まって、工事決算時点まで実施される。

(3) 原価管理を実施する体制は、工事の規模・内容によって担当する工事の内容ならびに責任と権限を明確化し、各職場、各部門を有機的、効果的に結合させる必要がある。

(4) 原価管理の目的は、発生原価と実行予算を比較し、これを分析・検討して適時適切な処置をとり、最終予想原価を実行予算まで、さらには実行予算より原価を下げることである。

解説 原価管理は、設計図書と工事現場の不一致、工事の変更・中止、物価・労賃の変動について考慮するとともに、天災その他不可抗力による損害についても実行予算への影響について考慮する。

解答 (1)

工程管理

必須問題

1 工程管理の基本事項

出題頻度 ★★★

工程管理の目的・内容

［目的］ 工期、品質、経済性の3条件を満たす合理的な工程計画を作成することで、進度、日程管理だけが目的ではなく、安全、品質、原価管理を含めた総合的な管理手段である。

工程計画の**直接的目的**は工期の確保であり、作成手順を以下に示す。

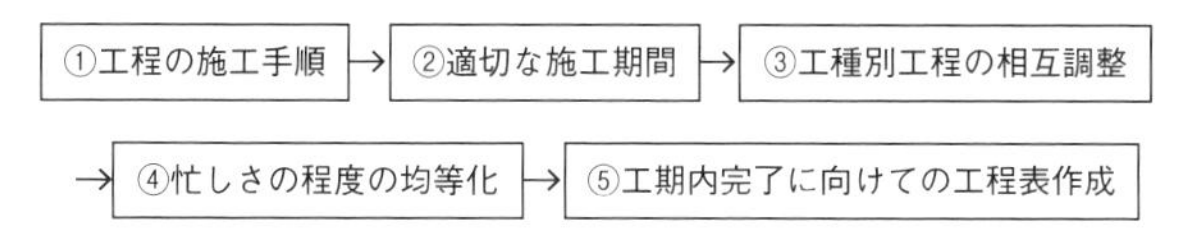

① 各工程の施工手順を決める。

② 各工程の適切な施工期間を決める。

③ 全工程期間を通じて工種別工程の繁閑（はんかん）の度合いを調整する。

④ 各工程がそれぞれ工期内に完了するよう計画する。

⑤ 工程計画は、これらを図表化して各種工程表を作成し、実施と検討の基準として使用する。

［内容］ 施工計画の立案・計画を施工面で実施する**統制機能**と、施工途中で評価などの処置を行う**改善機能**に大別できる。

工程管理手順

工程管理の手順は、以下のようなPDCAサイクルを回して行う。

① Plan（計画）：施工計画、工程計画、配置計画
↓
② Do（実施）：工事の施工
↓

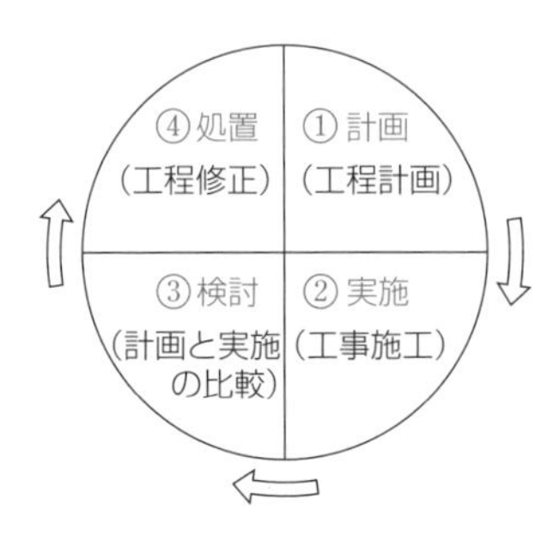

● 工程管理手順

作業日数・能率算定

［作業能率低下の要因］ 以下のような要因がある。

- 悪天候、地質悪化などの不可抗力的要因
- 作業の段取り待ち、材料の供給待ち
- 災害や作業員の病気
- 機械の故障、不具合
- 作業及び賃金不満による休業
- 設計変更その他発注者の指示による待機
- 作業員の未熟練

［管理不良による時間損失の要因］ 以下のような要因がある。

- 建設機械の故障、機械の組合せの不均等
- 段取り不適当による作業中断
- 現場監督者の指示間違い
- 不注意による災害事故、工事手直し
- 材料供給の遅延

［作業可能日数の算定］ 以下のように算定する。

- **作業可能日数＝（暦による日数）－（休日、天候などによる作業不能日数）**
  作業可能日数≧所要作業日数
- **所要作業日数＝（工事量）／（1日平均施工量）**

- **1日平均施工量＝(1時間平均施工量)×(1日平均作業時間)**
  1日平均施工量≧(工事量)／(作業日数)
- 労務者1人あたり実際作業量＝(全実作業量)／(全労務者数)
- 建設機械1日あたり運転時間
  ＝(建設機械運転員の拘束時間)－(機械の休止時間及び日常整備・修理時間)
- 建設機械1日あたりの平均施工量＝(1時間平均施工量)×(1日平均作業時間)
- 建設機械1時間あたりの平均施工量
  ＝(作業効率)×(建設機械の標準作業能力)
- 建設機械運転員の拘束時間
  ＝(運転時間)＋(日常整備時間及び修理時間)＋(休止時間)
- **運転時間＝(実作業運転時間)＋(その他運転時間)**
- 稼働率＝(稼働労務者数)／(全労務者数)
- **運転時間率＝(1日あたり運転時間)／(1日あたり運転員の拘束時間)**
  ※主要機械の運転時間率は、標準で0.7である。

2 各種工程図表

出題頻度 ★★★

工程表の種類

[ガントチャート工程表（横線式）] 縦軸に工種（工事名、作業名）、横軸に作業の達成度を百分率（%）で表示する。

各作業の必要日数はわからず、工期に影響する作業は不明である。

作業＼達成度(%)	10	20	30	40	50	60	70	80	90	100
準備工										
支保工組立										
型枠製作										
鉄筋加工										
型枠組立										
鉄筋組立										
コンクリート打設										
コンクリート養生										
型枠・支保工解体										
後片付け										

予定
実施（50%終了時）

● ガントチャート工程表

［バーチャート工程表（横線式）］ ガントチャートの横軸の達成度を工期あるいは日数に設定して表示する。

漠然とした作業間の関連は把握できるが、工期に影響する作業は不明である。

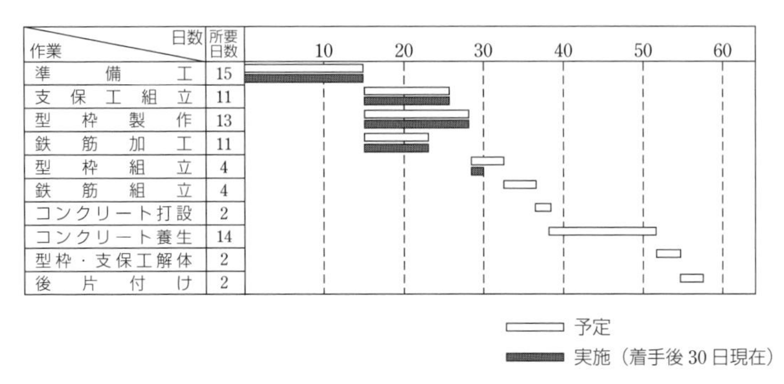

● バーチャート工程表

［斜線式工程表］ 縦軸に工期をとり、横軸に延長をとり、作業ごとに1本の斜線で、作業期間、作業方向、作業速度を示す。

トンネル、道路、地下鉄工事のような線的な工事に適しており、作業進度が一目でわかるが、作業間の関連は不明である。

［グラフ式工程表］ 工期を横軸に、施工量の集計または完成率（出来高）を縦軸にとり、工事の進行をグラフ化して表現する。

作業が順序よく進む工種に適しているが、作業間の関連は不明である。

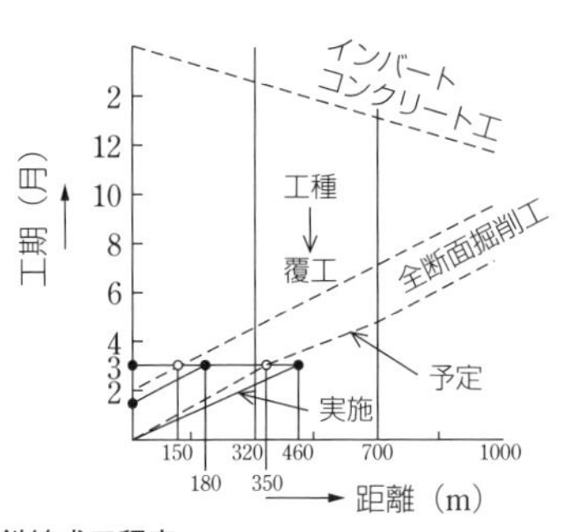

● 斜線式工程表

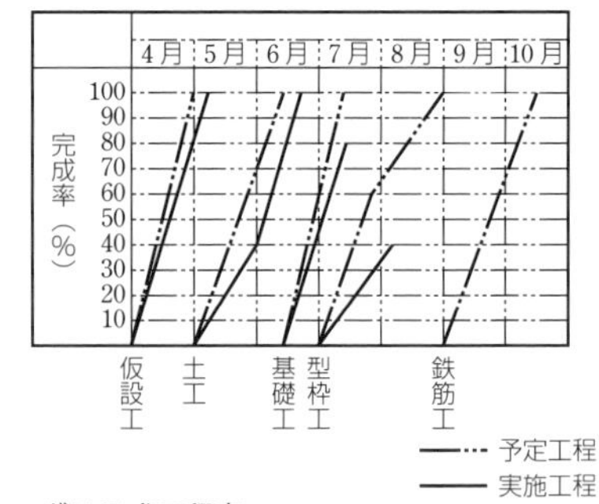

● グラフ式工程表

［累計出来高曲線工程表（S字カーブ）］ 縦軸に工事全体の累計出来高（%）、横軸に工期（%）をとり、出来高を曲線に示す。

- 毎日の出来高と、工期の関係の曲線は山形、予定工程曲線はS字形となるのが理想である。
- 一般に工事の初期には、仮設、段取り、終期には仕上げや後片付けのため、工程速度は中期（最盛期）より1日の出来高が低下するのが普通である。
- 毎日出来高は工事の初期から中期に向かって増加し、中期から終期に向かって減少していくことから、累計出来形曲線は編曲線を持つS型の曲線となる。

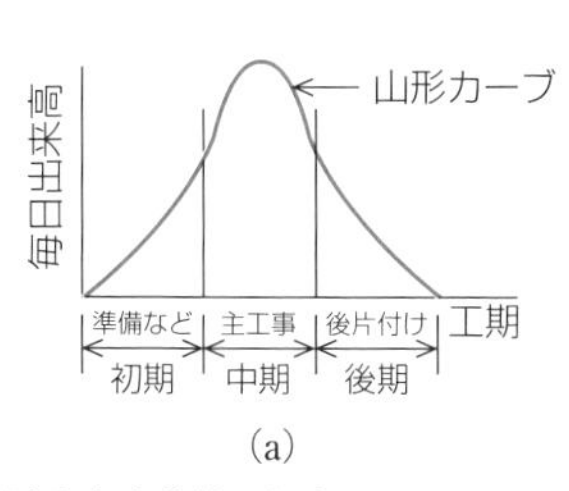

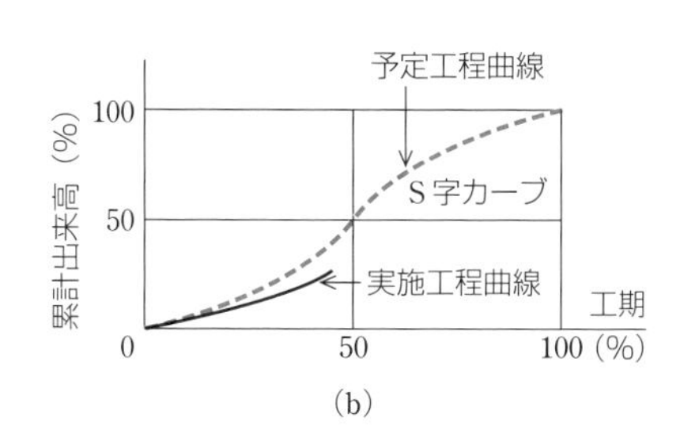

● 累計出来高曲線工程表

［工程管理曲線工程表（バナナ曲線）］ 工程曲線について、許容範囲として**上方許容限界線**と**下方許容限界線**を示したものである。

実施工程曲線が上限を超えると、工程にムリ、ムダが発生しており、下限を超えると、突貫工事を含め工程を見直す必要がある。

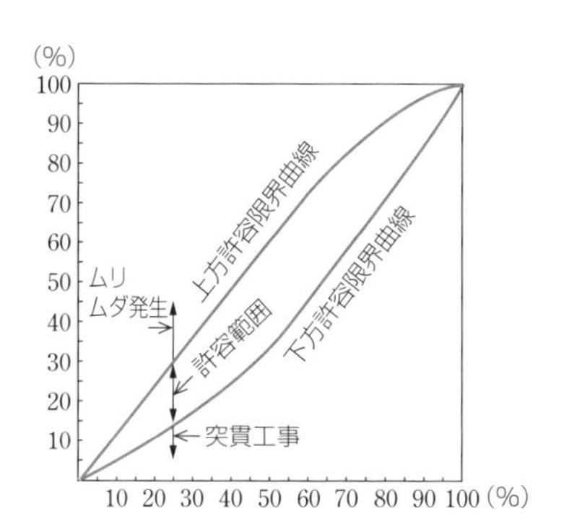

● バナナ曲線

［ネットワーク式工程表］ 各作業の開始点（イベント○）と終点（イベント○）を矢線（→）で結び、矢線の上に作業名、下に作業日数を書き入れたものを**アクティビティ**といい、全作業のアクティビティを連続的にネットワークとして表示したものである。

作業進度と作業間の関連も明確となり，複雑な工事に適する。

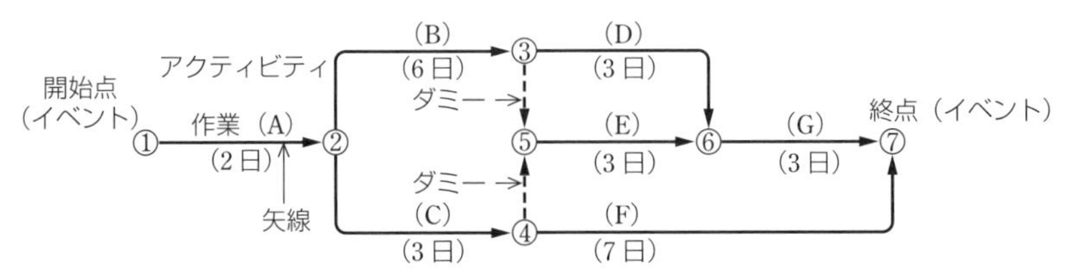

● ネットワーク式工程表

各種工程図表の比較

主な工程表について比較すると下表のようになる。

■ 主な工程表の比較

項目	ガントチャート	バーチャート	曲線・斜線式	ネットワーク式
作業の手順	不明	漠然	不明	判明
作業に必要な日数	不明	判明	不明	判明
作業進行の度合い	判明	漠然	判明	判明
工期に影響する作業	不明	不明	不明	判明
図表の作成	容易	容易	やや複雑	複雑
適する工事	短期、単純工事	短期、単純工事	短期、単純工事	長期、大規模工事

3 ネットワーク式工程表

出題頻度 ★★★

ネットワーク式工程表の作成

[工程表の表示] ネットワーク式工程表は、**イベント（結合点）**、**アロー（矢線）**、**ダミー（点線）** 等で表され、アローの上に作業名、下に作業日数を表示したものを**アクティビティ**という。

名称	表示記号	内容
イベント	①、②、③	作業の結合点を表す
アロー	──→	作業を表す
ダミー	---→	所要時間0の擬似作業で表す

[作成上の注意] 以下の点に注意する。

• 同一イベント番号が2つ以上あってはならない。

- 同一イベントから始まり、同一イベントに終わるアローが2つ以上あってはならない（ダミーにより処理する）。
- 先行作業が全て終了しなければ、後続作業を開始してはならない。
- ネットワーク上で、サイクルができてはならない。

［工程表作成例］ 例として、下図のようなネットワーク工程表を作成する。

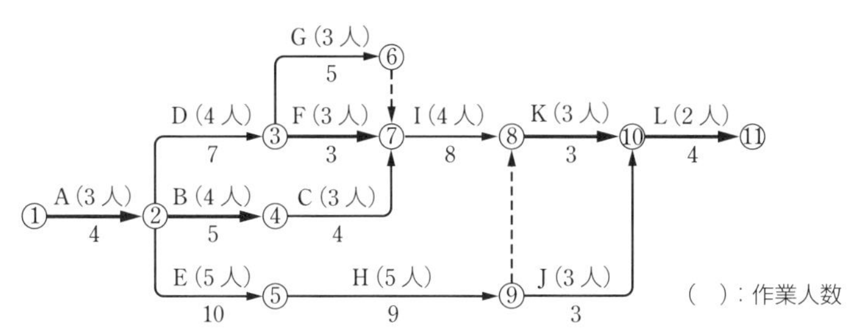

● ネットワーク式工程表の作成

所要日数計算

上記のネットワーク作成例において、各所要日数などの計算を行う。

［ダミー］ 所要時間0の擬似作業を点線で表す。

⑥→⑦及び⑨→⑧の点線（----）

［クリティカルパス］ 作業開始から終了までの経路の中で、所要日数が最も長い経路である（トータルフロートが0となる線を結んだ経路）。

- クリティカルパス上のアクティビティ（作業）の最早開始時刻と最遅完了時刻は等しく、フロート（余裕時間）は0である。
- クリティカルパスは1本とは限らないので、全ての経路について計算を行うことが重要である。
- クリティカルパス以外のアクティビティ（作業）でも、フロート（余裕時間）を消化してしまうとクリティカルパスになる。
- クリティカルパスでなくてもフロート（余裕時間）の非常に小さいものは、クリティカルパスに準じて重点管理する。
- ダミーはクリティカルパスに含まれることがある。
- 全体の工程を短縮するためには、クリティカルパス上の工程を短縮しなければならない。

- クリティカルパスの所要日数が、総所要日数となる。

【例題】 上記のネットワーク作成例において、クリティカルパスを求める。

【解答】 全ての経路の所要日数を計算する。

(1) ①→②→③→⑥→⑦→⑧→⑩→⑪　　4 + 7 + 5 + 8 + 3 + 4 = 31日

(2) ①→②→③→⑦→⑧→⑩→⑪　　4 + 7 + 3 + 8 + 3 + 4 = 29日

(3) ①→②→④→⑦→⑧→⑩→⑪　　4 + 5 + 4 + 8 + 3 + 4 = 28日

(4) ①→②→⑤→⑨→⑧→⑩→⑪　　4 + 10 + 9 + 3 + 4 = 30日

(5) ①→②→⑤→⑨→⑩→⑪　　4 + 10 + 9 + 3 + 4 = 30日

したがって、①→②→③→⑥→⑦→⑧→⑩→⑪の経路がクリティカルパスで、所要日数は、31日となる。

［最早開始時刻］ 各イベントにおいて作業を最も早く開始できる時刻で、計算手順は以下のとおりである。(イベントに到達する最大値)

① 出発点の最早開始時刻は0とする。

② 順次、矢線に従って所要日数を加えていく。

③ 2本以上の矢線が入ってくる結合点では、最大値が最早開始時刻となる。

【例題】 イベント⑦における最早開始時刻を求める。

【解答】 イベント⑦に到達する各ルートの日数を計算する。

(1) ①→②→③→⑥→⑦　　4 + 7 + 5 = 16日

(2) ①→②→③→⑦　　4 + 7 + 3 = 14日

(3) ①→②→④→⑦　　4 + 5 + 4 = 13日

最大値の16日が最早開始時刻となる。

［最遅完了時刻］ イベントを終点とする全ての作業が完了していなければならない時刻で、計算手順は以下のとおりである。(ネットワークの最終点から逆算したイベントまでの最小値)

① 最終結合点から出発点に戻る。

② 最終結合点の最早開始時刻より、順次各作業の所要日数を引いていく。

③ 2本以上の矢線が分岐する結合点では、最小値が最遅完了時刻となる。

【例題】 イベント③における最遅完了時刻を求める。

【解答】 イベント③から分岐するルートの日数を計算する。

(1) ③→⑥→⑦→⑧→⑩→⑪　　31 − 4 − 3 − 8 − 5 = 11日

(2) ③→⑦→⑧→⑩→⑪　　31 − 4 − 3 − 8 − 3 = 13日

最小値の11日が最遅完了時刻となる。

フロート（余裕時間）

フロートとは、各作業についてその作業がとりうる余裕時間のことで、主に、トータルフロート（全余裕）及びフリーフロート（自由余裕）がよく使われる。

［トータルフロート］ 作業を最早開始時刻で始め、最遅完了時刻で完了する場合に生じる余裕時間をトータルフロートといい、以下の性質がある。

- トータルフロートが0ならば、他のフロートも0である。
- トータルフロートはそのアクティビティのみでなく、前後のアクティビティに関係があり、1つの経路上では従属関係となる。

［フリーフロート］ 作業を最早開始時刻で始め、後続作業も最早開始時刻で始める場合に生じる余裕時間をフリーフロートといい、以下の性質がある。

- フリーフロートは必ずトータルフロートより等しいか小さい。
- フリーフロートは、これを使用しても、後続するアクティビティには何らの影響を及ぼすものではなく、後続するアクティビティは最早開始時刻で開始することができる。

【例題】 作業Eにおけるトータルフロート及びフリーフロートを求める。

【解答】

- ⑤における最早開始時刻：4 + 10 = 14日
- ⑤における最遅完了時刻：31 − 4 − 3 − 9 = 15日

トータルフロートは、

（⑤の最遅完了時刻）−（②の最早開始時刻 + 作業Eの所要日数）

= 15 −（4 + 10）= **1日**

フリーフロートは、

（⑤の最早開始時刻）−（②の最早開始時刻 + 作業Eの所要日数）

= 14 −（4 + 10）= **0日**

Ⅳ 第6章 工程管理

過去問チャレンジ（章末問題）

問1　工事の工程管理　R2-No.10

➡1 工程管理の基本事項

工事の工程管理に関する次の記述のうち、適当でないものはどれか。

(1)　工程管理は、品質、原価、安全など工事管理の目的とする要件を総合的に調整し、策定された基本の工程計画をもとにして実施される。
(2)　工程管理は、工事の施工段階を評価測定する基準を品質におき、労働力、機械設備、資材などの生産要素を、最も効果的に活用することを目的とした管理である。
(3)　工程管理は、施工計画の立案、計画を施工の面で実施する統制機能と、施工途中で計画と実績を評価、改善点があれば処置を行う改善機能とに大別できる。
(4)　工程管理は、工事の施工順序と進捗速度を表す工程表を用い、常に工事の進捗状況を把握し計画と実施のズレを早期に発見し、適切な是正措置を講ずることが大切である。

解説　工程管理は、工事の施工段階を評価測定する基準を品質、原価、安全におき、労働力、機械設備、資材などの生産要素を、最も効果的に活用することを手段とした管理である。

解答　(2)

問2　工程管理　H30-No.10

➡1 工程管理の基本事項

工程管理に関する下記の（イ）～（ニ）に示す作業内容について、建設工事における一般的な作業手順として、次のうち適当なものはどれか。

（イ）　工事の進捗に伴い計画と実施の比較及び作業量の資料の整理とチェックを行う。
（ロ）　作業の改善、再計画などの是正措置を行う。
（ハ）　工事の指示、監督を行う。

(ニ) 施工順序、施工法などの方針により工程の手順と日程の作成を行う。

(1) (イ) → (ニ) → (ハ) → (ロ)

(2) (ニ) → (イ) → (ロ) → (ハ)

(3) (ニ) → (ハ) → (イ) → (ロ)

(4) (イ) → (ロ) → (ニ) → (ハ)

解説 工程管理の一般的な手順としては、以下のようなPDCAサイクルにより行う。

Plan(計画):工程の手順と日程の作成を行う

↓

Do(実施):工事の指示、施工監督を行う

↓

Check(検討):計画と実施作業量の比較及び資料の整理とチェックを行う

↓

Act(処置):作業の改善、工程促進、再計画などの是正措置を行う

解答 (3)

問3 工程管理における日程計画 R1-No.11

➡1 工程管理の基本事項

工程管理における日程計画に関する次の記述のうち、適当なものはどれか。

(1) 日程計画では、各種工事に要する実稼働日数を算出し、この日数が作業可能日数より多くなるようにする。

(2) 作業可能日数は、暦日による日数から定休日、天候その他に基づく作業不能日を差し引いて推定する。

(3) 資源の山積みとは、契約工期の範囲内で施工順序や施工時期を変えながら、人員や資機材など資源の投入量が最も効率的な配分となるよう調整し、工事のコストダウンを図るものである。

(4) 「1時間平均施工量」に「1日平均作業時間」を乗じて得られる1日平均施工量は、「工事量」を「作業可能日数」で除して得られる1日の施工量よりも少なくなるようにする。

解説 (1) 日程計画では、各種工事に要する実稼働日数を算出し、この日数が作業可能日数より少なくなるようにする。
(3) 資源の山積みとは、契約工期の範囲内で工程に基づいた施工順序や施工時期は変えずに、人員や資機材など資源の投入量が最も効率的な配分となるよう調整し、工事のコストダウンを図るものである。
(4) 「1時間平均施工量」に「1日平均作業時間」を乗じて得られる1日平均施工量は、「工事量」を「作業可能日数」で除して得られる1日の施工量よりも多くなるようにする。

解答 (2)

問4 工程表の種類と特徴 R2-No.11

➡ 2 各種工程図表

工程管理に使われる工程表の種類と特徴に関する次の記述のうち、適当でないものはどれか。

(1) ガントチャートは、横軸に各作業の進捗度、縦軸に工種や作業名をとり、作業完了時が100%となるように表されており、作業ごとの開始から終了までの所要日数が明確である。
(2) 斜線式工程表は、トンネル工事のように工事区間が線上に長く、しかも工事の進行方向が一定の方向にしか進捗できない工事に用いられる。
(3) ネットワーク式工程表は、コンピューターを用いたシステム的処理により、必要諸資源の最も経済的な利用計画の立案などを行うことができる。
(4) グラフ式工程表は、横軸に工期を、縦軸に各作業の出来高比率を表示したもので、予定と実績との差を直視的に比較するのに便利である。

解説 ガントチャート工程表（横線式）は、縦軸に工種、作業名、横軸に作業の進捗度を百分率（%）で表示する。各作業の必要日数はわからず、工期に影響する作業も不明である。

解答 (1)

問5 バーチャート R3-No.27

➡ 2 各種工程図表

工程管理に用いられる横線式工程表（バーチャート）に関する下記の文章中の［　　］の（イ）～（ニ）に当てはまる語句の組合せとして、適当なものは次のうちどれか。

・バーチャートは、工種を縦軸にとり、工期を横軸にとって各工種の工事期間を横棒で表現しているが、これは［（イ）］の欠点をある程度改良したものである。

・バーチャートの作成は比較的［（ロ）］ものであるが、工事内容を詳しく表現すれば、かなり高度な工程表とすることも可能である。

・バーチャートにおいては、他の工種との相互関係、［（ハ）］、及び各工種が全体の工期に及ぼす影響などが明確ではない。

・バーチャートの作成における、各作業の日程を割り付ける方法としての［（ニ）］は、竣工期日から辿って着手日を決めていく手法である。

	（イ）	（ロ）	（ハ）	（ニ）
(1)	グラフ式工程表	容易な	所要日数	順工法
(2)	ガントチャート	容易な	手順	逆算法
(3)	ガントチャート	難しい	所要日数	逆算法
(4)	グラフ式工程表	難しい	手順	順工法

解説　（イ）　バーチャートは、ガントチャートの所要日数の不明という欠点を補っている。
（ロ）　バーチャートの作成は比較的容易である。
（ハ）　バーチャートは、所要日数、各工種間の関連、手順が明確でない。
（ニ）　バーチャートの作成において、竣工期日から辿って着手日を決めていく手法は逆算法である。

解答　(2)

問6　バナナ曲線　R1-No.13

➡ 2 各種工程図表

工程管理曲線（バナナ曲線）を用いた工程管理に関する次の記述のうち、適当なものはどれか。

(1)　予定工程曲線が許容限界から外れるときには、一般に不合理な工程計画と考えられるので、再検討を要する。

(2)　工程計画は、全工期に対して工程（出来高）を表す工程管理曲線の勾配が、工期の初期→中期→後期において、急→緩→急となるようにする。

(3)　実施工程曲線が予定工程曲線の上方限界を超えたときは、工程遅延により突貫工事となることが避けられないため、突貫工事に対して経済的な実施方策を検討する。

(4)　実施工程曲線が予定工程曲線の下方限界に接近している場合は、一般にできるだけこの状態を維持するように工程を進行させる。

解説　(2)　工程計画は、全工期に対して工程（出来高）を表す工程管理曲線の勾配が、工期の初期→中期→後期において、緩→急→緩のS字カーブとなるようにする。

(3)　実施工程曲線が予定工程曲線の下方限界を超えたときは、工程遅延により突貫工事となることが避けられないため、突貫工事に対して経済的な実施方策を検討する。

(4)　実施工程曲線が予定工程曲線の下方限界に接近している場合は、一般にできるだけ上方に修正し工程を進行させる。

解答　(1)

問7　各工程表の特長　H30-No.11

➡ 2 各種工程図表

工程管理に用いられる各工程表の特長について（イ）～（ハ）の説明内容に該当する工程表名に関する次の組合せのうち、適当なものはどれか。

（イ）　ある1つの手戻り作業の発生に伴う、全体工程に対する影響のチェックができる。

（ロ）　トンネル工事で掘進延長方向における各工種の進捗状況の把握ができる。

(ハ) 各工種の開始日から終了日の所要日数、各工種間の関連が把握できる。

	(イ)	(ロ)	(ハ)
(1)	バーチャート工程表	ネットワーク式工程表	ガントチャート工程表
(2)	ネットワーク式工程表	斜線式工程表	バーチャート工程表
(3)	ネットワーク式工程表	ガントチャート工程表	バーチャート工程表
(4)	斜線式工程表	ガントチャート工程表	ネットワーク式工程表

解説 (イ)はネットワーク式工程表、(ロ)は斜線式工程表、(ハ)はバーチャート工程表の説明内容である。 解答 (2)

問8 ネットワーク式工程表 R2-No.12

➡ 3 ネットワーク式工程表

下図のネットワーク式工程表に関する次の記述のうち、適当なものはどれか。ただし、図中のイベント間のA～Kは作業内容、日数は作業日数を表す。

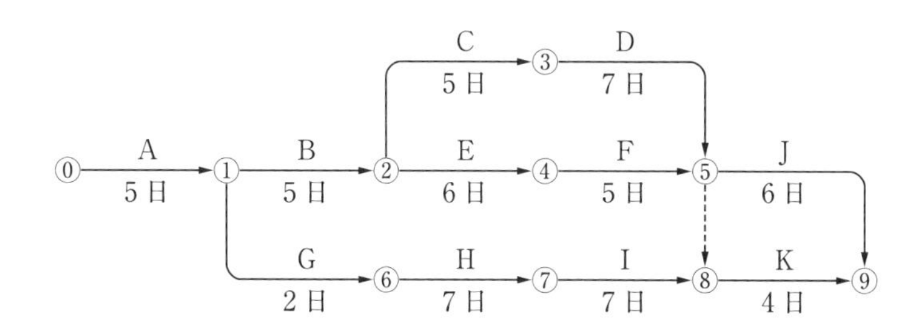

(1) クリティカルパスは、⓪→①→②→④→⑤→⑨である。

(2) ①→⑥→⑦→⑧の作業余裕日数は4日である。

(3) 作業Kの最早開始日は、工事開始後26日である。

(4) 工事開始から工事完了までの必要日数(工期)は28日である。

解説 (1) クリティカルパスは作業時間が最も長くなるルートで、⓪→①→②→③→⑤→⑨である。

(2) クリティカルパスからのルートは、①→②→③→⑤→⑧で(5＋5＋7＝)17日、①→⑥→⑦→⑧のルートは(2＋7＋7＝)16日となり、作業余裕日数は（17－16＝）1日である。

(3) 作業Kの最早開始日は、⓪→①→②→③→⑤→⑧のルートで（5＋5＋5＋7＝）22日である。

解答 (4)

問9 ネットワーク式工程表 H27-No.13

➡3 ネットワーク式工程表

下図のネットワーク式工程表で示される工事で、作業Eに3日間の遅延が発生した場合、次の記述のうち、適当なものはどれか。

ただし、図中のイベント間のA～Jは作業内容、数字は当初の作業日数を表す。

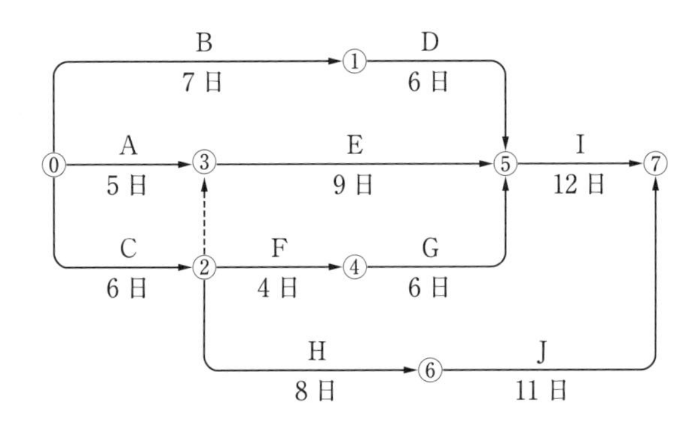

(1) 当初の工期より1日間遅れる。

(2) 当初の工期より2日間遅れる。

(3) 当初の工期どおり完了する。

(4) クリティカルパスの経路は当初と変わらない。

解説 ネットワーク図におけるクリティカルパスは⓪→②→④→⑤→⑦で、日数は（6＋4＋6＋12＝）28日である。作業Eに3日の遅れが出た場合には、Eの作業日数は12日となり、クリティカルパスは⓪→②→③→⑤→⑦で、日数は（6＋12＋12＝）30日である。よって、工期の遅れは、（30－28＝）2日となる。

解答 (2)

問10　ネットワーク式工程表　H26-No.13

➡3ネットワーク式工程表

下図のネットワーク式工程表に関する次の記述のうち、適当でないものはどれか。

ただし、図中のイベント間のA～Kは作業内容と作業日数を示す。

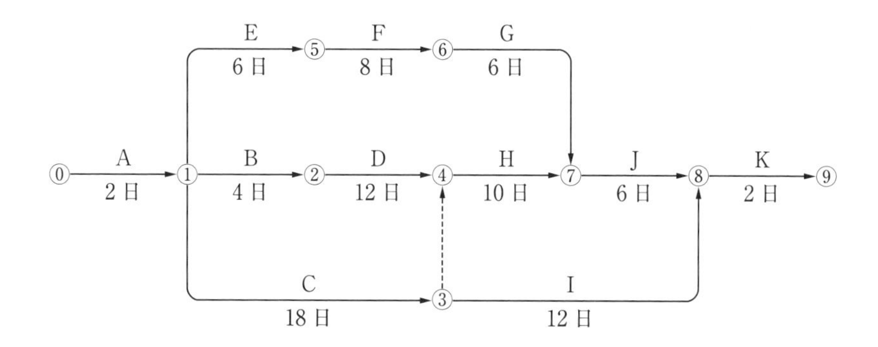

(1)　作業開始から完了までの必要日数は、38日である。

(2)　クリティカルパスは、⓪→①→③→④→⑦→⑧→⑨である。

(3)　作業H（④→⑦）の作業の最早開始日は、作業開始後18日である。

(4)　①→⑦の間で①→⑤→⑥→⑦の作業余裕日数は、8日である。

解説　最早開始日は作業を最も早く開始できる日数で、作業Hの最早開始日は（2＋18＝）20日となる。

解答　(3)

安全管理

必須問題

1 安全衛生管理体制

出題頻度 ★★★

選任管理者

労働安全衛生法に規定する特定の選任者と選任の基準は下表による。

■ 選任者と選任の基準

選任すべき者		報告先	選任基準
統括安全衛生管理者	①	労基監督署長	100人以上
安全管理者	②	労基監督署長	50人以上
衛生管理者	③	労基監督署長	50人以上
安全衛生推進者	④	不要	10人以上50人未満
統括安全衛生責任者	⑤	労基監督署長	50人以上の下請混在事業場（ずい道、圧気、一定の橋梁工事では30人以上）
元方安全衛生管理者	⑥	労基監督署長	⑤の補佐役として元請負人から選任
安全衛生責任者	⑦	特定元方事業者	⑤の補佐役として下請負人から選任
店社安全衛生管理者	⑧	労基監督署長	鉄骨、鉄筋鉄骨工事で20人以上50人未満の混在事業場（ずい道、圧気、一定の橋梁工事では30人未満）
産業医	⑨	労基監督署長	50人以上
作業主任者	⑩	不要	特定作業で選任、労働者への周知

［安全管理体制］ 安全管理体制の例を以下に示す。

■ 安全管理体制の例

（ケース1）	（ケース2）	（ケース3）	（ケース4）
100人以上	50人以上100人未満	10人以上50人未満	50人以上の下請混在
統括安全衛生責任者 安全衛生委員会 産業医 安全管理者 衛生管理者 作業主任者 ― 労働者 作業主任者 ― 労働者 労働者	安全衛生委員会 産業医 安全管理者 衛星管理者 作業主任者 ― 労働者 作業主任者 ― 労働者 労働者	安全衛生推進者 作業主任者 ― 労働者 作業主任者 ― 労働者 労働者	統括安全衛生責任者 協議組織 元方安全衛生管理者 安全衛生責任者（×3） 作業主任者 ― 労働者 作業主任者 ― 労働者 労働者

作業主任者

労働安全衛生法施行令第6条において規定されている、作業主任者を選任すべき主な作業を下表に示す。

■ 作業主任者を選任すべき主な作業

作業内容	作業主任者	資格
高圧室内作業	高圧室内作業主任者	免許を受けた者
アセチレン・ガス溶接	ガス溶接作業主任者	免許を受けた者
コンクリート破砕機作業	コンクリート破砕機作業主任者	技能講習を終了した者
2m以上の地山掘削 及び土止め（土留め）支保工作業	地山の掘削 及び土止め支保工作業主任者	技能講習を終了した者
型枠支保工作業	型枠支保工の組立等作業主任者	技能講習を終了した者
吊り、張出し、5m以上足場組立て	足場の組立等作業主任者	技能講習を終了した者
鋼橋（高さ5m以上、スパン30m以上）架設	鋼橋架設等作業主任者	技能講習を終了した者
コンクリート造の工作物（高さ5m以上）の解体	コンクリート造の工作物の解体等作業主任者	技能講習を終了した者
コンクリート橋（高さ5m以上、スパン30m以上）架設	コンクリート橋架設等作業主任者	技能講習を終了した者

［作業主任者の職務］ 作業主任者の職務は以下の4つが定められている。

- 材料の欠点の有無を点検し、不良品を取り除くこと
- 器具、工具、安全帯及び保護帽の機能を点検し、不良品を取り除くこと
- 作業の方法及び労働者の配置を決定し、作業の進行状況を監視すること
- 安全帯及び保護帽の使用状況を監視すること

計画の届出

労働安全衛生法第88条に規定されている、建設作業の内容による計画の届出先、提出期限は下表のとおりである。

■ 計画の届出先、提出期限

提出期限	届出先	建設作業の内容
30日前まで	厚生労働大臣	・高さ300m以上の塔の建設 ・堤高150m以上のダム ・最大支間500m以上の橋梁 ・長さ3,000m以上のずい道 ・長さ1,000m以上3,000m未満のずい道で50m以上のたて坑掘削 ・ゲージ圧力が0.3MPa以上の圧気工事
30日前まで	労働基準監督署長	・移動式を除くアセチレン溶接装置（6か月未満不要） ・軌道装置の設置、移動、変更（6か月未満不要） ・支柱高さ3.5m以上の型枠支保工 ・高さ及び長さが10m以上の架設通路（60日未満不要） ・吊り、張出し以外は高さ10m以上の足場（60日未満不要） ・吊上げ荷重3t以上のクレーン、2t以上のデリック他の設置
14日前まで	労働基準監督署長	・高さ31mを超える建築物、工作物 ・最大支間50m以上の橋梁 ・労働者が立ち入る、ずい道工事 ・高さ、または深さ10m以上の地山の掘削 ・圧気工事 ・高さ、または深さ10m以上の土石採取のための掘削 ・坑内掘による土石採取のための掘削

労働災害

［労働災害の概要］ 概要を以下に示す。

- **労働災害の定義**：労働者の就業において、建設物、設備、原材料及び作業の行動等業務に起因して労働者が負傷、疾病または死亡することをいい、通勤や業務外については含まれない。
- **労働災害の原因**：作業員に起因するもの、第三者に起因するものといった、人的要因のものが大半を占め、安全管理に起因するものが次に多い。
- **建設業の労働災害**：建設業における死傷者数は全産業の2割以上を占め、第3四半期（10～12月）に集中する。
- **年齢別被災率**：建設労働者の死亡被災率は、19歳以下及び45歳以上に高くなっている。

［労働災害発生率］ 労働災害の発生率は以下の計算式で表す。

- **度数率**：災害発生の頻度を示す指標で、100万労働延べ時間あたりの労働災害による死傷者数で表す。

$$度数率 = \frac{死傷者数}{労働延べ時間数} \times 1{,}000{,}000$$

- **強度率**：災害による労働損失量を示す指標で、1,000労働延べ時間あたりの労働損失日数で表す。

$$強度率 = \frac{一定時間内の延べ労働損失日数}{一定時間内の労働延べ時間数} \times 1{,}000$$

- **年千人率**：労働者1,000人あたりの1年間に発生した死傷者数を表す。

$$年千人率 = \frac{年間労働災害による死傷者数}{在籍労働者数} \times 1{,}000$$

- **月万人率**：労働者1万人あたりの1か月間に発生した死傷者数を表す。

$$月万人率 = \frac{月間労働災害による死傷者数}{在籍労働者数} \times 10{,}000$$

安全教育

[工事現場における安全活動] 現場における安全の確保のために、具体的な安全活動として以下のことを行う。

- 責任と権限の明確化：安全についての各職員、下請現場監督などの責任と権限を定め明確にする。
- 作業環境の整備：安全通路の確保、工事用設備の安全化、工法の安全化、工程の適正化、休憩所の設置などについて検討する。
- 安全朝礼の実施：作業開始前に作業員を集め、その日の仕事の手順や心構え、注意すべき点を話し、服装などの点検、安全体操などを行う。
- 安全点検の実施：工事用設備、機械器具などの点検及び現場の巡回、施設作業方法の点検を行う。
- 安全講習会、研修会、見学会などの実施：建設機械の運転、特殊技能者、現場監督者、作業主任者等の講習会、研修会への出席を図る。
- 安全掲示板、標識類の整備：作業員の見やすい場所に安全掲示板を設けて、ポスターや注意事項の掲示を行う。
- 安全週間などの行事の実施：安全週間、労働災害防止月間を実施し、安全体会その他特別安全行事を計画、実施する。
- **ヒヤリ・ハット活動**：1件の重大なトラブル、災害の裏には、29件の軽微なミス、そして300件のヒヤリ・ハットがあるとされる。

[ツールボックスミーティング] 作業主任者や現場監督者を中心として、その日の工程を念頭におきながら、安全作業を進めるための工夫を作業員と相

談しながら行うもので、議題となる内容は以下の点である。
- その日の作業の内容、進め方と安全との関係
- 作業上特に危険な箇所、気をつける場所の明示とその対策
- 同時作業が行われる場合の注意事項
- 作業の手順と要点
- 現場責任者からの指示、安全目標などの周知
- 作業員の健康状態、服装、保護具などの確認

2 足場工・墜落危険防止 出題頻度 ★★★

墜落危険防止

労働安全衛生規則の第518条以降をもとに、墜落危険防止対策について以下に整理する。

[作業床] 以下のように規定されている。
- 高さ2m以上で作業を行う場合、足場などにより作業床を設ける。
- 高さ2m以上の作業床の端や開口部などには囲い及び覆い等を設ける。
- 吊り足場の場合を除き、床材の幅は40cm以上とし、床材間の隙間は3cm以下とする。
- 吊り足場の場合を除き、床材は転位し、または脱落しないように2以上の指示物に取り付ける。
- 墜落により労働者に危険を及ぼすおそれのある箇所には、下表に示す手すり等の設備を設ける。

■ 足場と手すり等

足場の種類	手すり等の設備
枠組足場	・交さ筋かい及び高さ15cm以上40cm以下のさん、もしくは高さ15cm以上の幅木または、これらと同等以上の機能を有する設備 ・手すり枠
枠組足場以外の足場	・高さ85cm以上の手すり、高さ35cm以上50cm以下のさん、またはこれらと同等以上の機能を有する設備

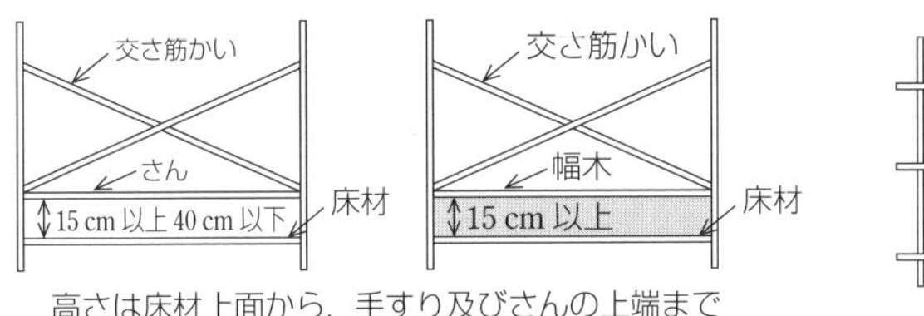

高さは床材上面から，手すり及びさんの上端まで

（a）さんの設置　（b）幅木の設置

● 枠組足場

手すり
85 cm 以上
さん
35 cm 以上
50 cm 以下
床材

高さは床材上面から，
手すり及びさんの上端まで

● 枠組足場以外の足場

［危険防止措置］ 以下のように規定されている。

- 高さ2m以上で作業を行う場合、作業床を設けることが困難なときは、防網（ぼうもう）を張り、労働者に安全帯を使用させる等の措置をして、墜落による労働者の危険を防止しなければならない。
- 作業のため物体が落下することにより、労働者に危険を及ぼすおそれのあるときは、高さ10cm以上の幅木、メッシュシートもしくは防網または、これらと同等以上の機能を有する設備を設ける。
- 強風、大雨、大雪などの悪天候のときは、危険防止のため高さ2m以上での作業をしてはならない。
- 高さ2m以上で作業を行う場合、安全作業確保のため、必要な照度を保持しなければならない。

［移動はしご］ 以下のように規定されている。

- 丈夫な構造で、材料は著しい損傷、腐食がないものとする。
- 幅は30cm以上とする。
- すべり止め及び転位防止の措置を講ずる。

［脚立］ 以下のように規定されている。

- 丈夫な構造で、材料は著しい損傷、腐食がないものとする。
- 脚と水平面との角度を75°以下とし、折りたたみ式の場合は開き止めの金具を備える。
- 踏み面は、作業を安全に行うために必要な面積を有すること。

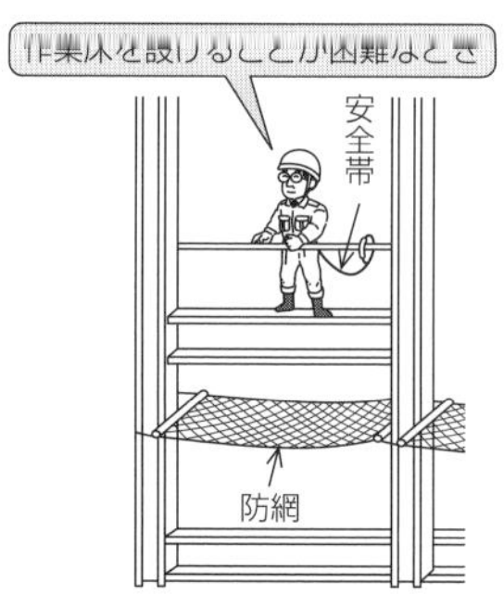

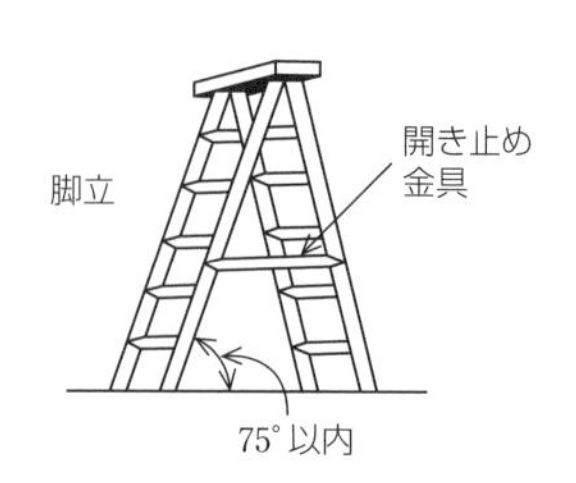

● 防網・安全帯、脚立

［架設通路］ 以下のように規定されている。

- 勾配は30°以下とする。ただし、階段を設けたもの、または高さが2m未満で丈夫な手掛を設けたものはこの限りではない。
- 勾配が15°を超えるものには、踏さんその他のすべり止めを設ける。
- 墜落の危険のある箇所には、高さ85cm以上の手すり、高さ35cm以上50cm以下のさん、または同等以上の機能を有する設備を設ける。
- 建設工事に使用する高さ8m以上の登り桟橋には、7m以内ごとに踊場を設ける。

［投下設備、昇降設備］ 以下のように規定されている。

- 高さ3m以上の高所から物体を投下するときは、適当な投下設備を設け、監視人を置く等の措置を講ずる。
- 高さ1.5m以上で作業を行う場合、昇降設備を設けることが作業の性質上著しく困難である場合以外は、労働者が安全に昇降できる設備を設けなければならない。

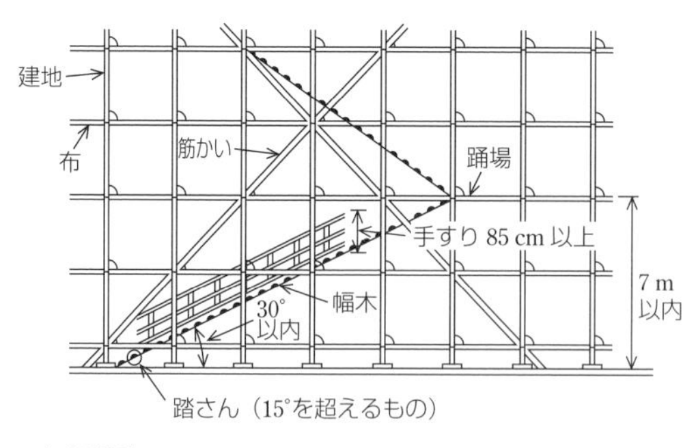

● 架設通路

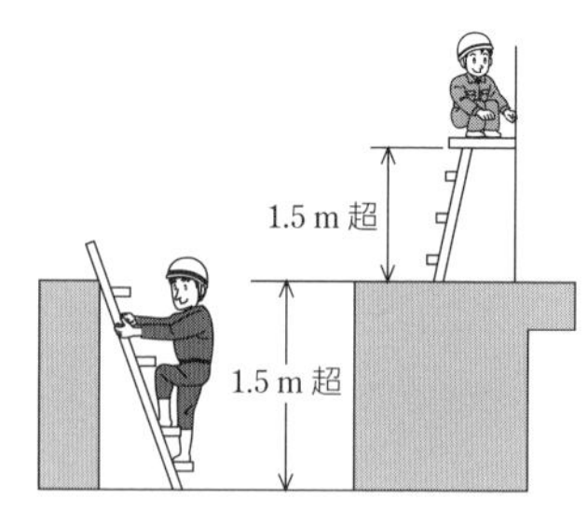

● 昇降設備

足場工

労働安全衛生規則の第570条以降をもとに、墜落危険防止対策について以下に整理する。

［鋼管足場（パイプサポート）］ 以下のように規定されている。

- 滑動または沈下防止のためにベース金具、敷板などを用い、根がらみを設置する。
- 鋼管の接続部または交さ部は付属金具を用いて、確実に緊結する。

［単管足場］ 以下のように規定されている。

- 建地（たてじ）の間隔は、桁行（けたゆき）方向1.85m、梁間（はりま）方向1.5m以下とする。
- 建地間の積載荷重は、400kgを限度とする。
- 地上第一の布は2m以下の位置に設ける。
- 最高部から測って31mを超える部分の建地は2本組とする。

［枠組足場］ 以下のように規定されている。

- 最上層及び5層以内ごとに水平材を設ける。
- 梁枠及び持送り枠は、水平筋かいにより横ぶれを防止する。
- 高さ20m以上のとき、主枠は高さ2.0m以下、間隔は1.85m以下とする。

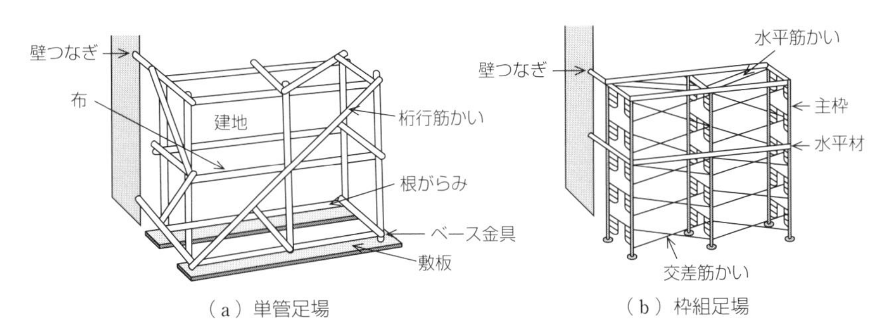

● 短管足場、枠組足場

3 型枠支保工

型枠支保工の安全対策

労働安全衛生規則の第237条以降をもとに、型枠支保工の安全対策について以下に整理する。

［型枠支保工についての措置］ 以下のように規定されている。

- **沈下防止**のため、敷角（しきかく）の使用、コンクリートの打設、杭の打込みなど支柱の沈下を防止するための措置を講ずる。
- **滑動防止**のため、脚部の固定、根がらみの取付け等の措置を講ずる。
- 支柱の継手は、突合せ継手または差込み継手とする。
- 鋼材の接続部または交さ部はボルト、クランプ等の金具を用いて、緊結する。

［鋼管支柱（パイプサポートを除く）］ 以下のように規定されている。

- 高さ2m以内ごとに水平つなぎを2方向に設け、かつ、水平つなぎの変位を防止する。
- 梁または大引きを上端に載せるときは、鋼製の端板を取り付け、梁または大引きに固定する。

［パイプサポート支柱］ 以下のように規定されている。

- パイプサポートを3本以上継いで用いない。
- 4つ以上のボルトまたは専用の金具で継ぐ。
- 高さが3.5mを超えるときは、2m以内ごとに2方向に水平つなぎを設ける。

［型枠支保工の組立て］ 以下のように規定されている。

- 型枠支保工を組み立てるときは、組立図を作成し、組立図には、支柱、梁、つなぎ、筋かい等の部材の配置、接合の方法及び寸法を明示する。
- 型枠支保工の組立てまたは解体作業を行うときは、作業区域には関係労働者以外の立入りを禁止する。
- 強風、大雨、大雪などの悪天候が予想されるときは作業を中止する。
- 材料、器具、工具などを上げる、または下ろすときは、吊り網、吊り袋などを労働者に使用させる。

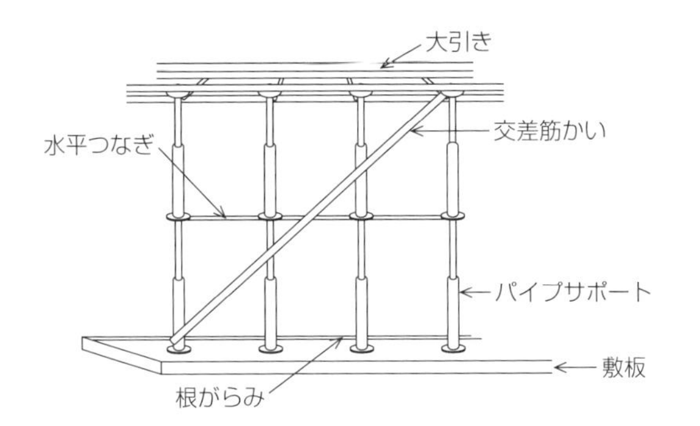

● 型枠支保工

［コンクリート打設作業］ 以下のように規定されている。

- コンクリート打設作業の開始前に型枠支保工の点検を行う。
- 作業中に異常を認めた際には、作業中止のための措置を講じておくこと。

4 掘削作業

出題頻度 ★★★

掘削作業の安全対策

［点検調査］ 地山の崩壊または土砂の落下による労働者の危険を防止するため、点検者を指名して、作業箇所及びその周辺について、その日の作業を開始する前、大雨の後及び中震以上の地震の後には、以下についてあらかじめ調査を行う。

- 形状、地質、地層の状態
- 亀裂、含水、湧水及び凍結の有無
- 埋設物などの有無
- 高温のガス及び上記の有無等

［崩壊防止］ 以下のように規定されている。

- 土砂地盤を垂直に2m以上掘削する場合は、土止め（土留め）支保工を設ける。
- 市街地や掘削幅が狭いときには、深さ1.5m以上掘削する場合にも、土止め支保工を設ける。
- 法面が長くなる場合は、数段に区切って掘削する。

［落石予防措置］ 以下のように規定されている。

- 掘削により土石が落下するおそれがあるときは、その下方で作業をしない。

・土石が落下するおそれがあるときは、その下方に通路を設けない。

［機械掘削作業の資格・講習等］ 以下のように規定されている。

- 高さ2m以上の掘削作業は、技能講習を修了した作業主任者の指揮により作業を行う。
- 掘削機械、トラック等は法定の資格を持ち、指名された運転手のほかは運転しないこと。

［機械掘削作業における留意事項］ 以下のように規定されている。

- 作業員の位置に絶えず注意し、作業範囲内に作業員を入れないこと。
- 後進させるときは、後方を確認し、誘導員の指示により後進する。
- 荷重及びエンジンをかけたまま運転席を離れないこと。また、運転席を離れる場合はバケット等の作業装置を地上に下ろすこと。
- 斜面や崩れやすい地盤上に機械を置かないこと。
- 既設構造物などの近くを掘削する場合は、転倒、崩壊に十分配慮する。
- 作業区域をロープ、柵、赤旗などで表示する。
- 軟弱な路肩、法肩に接近しないように作業を行い、近づく場合は誘導員を配置する。
- 道路上で作業を行う場合は、「道路工事保安施設設置基準」に基づいて、各種標識、バリケード、夜間照明などを設置する。

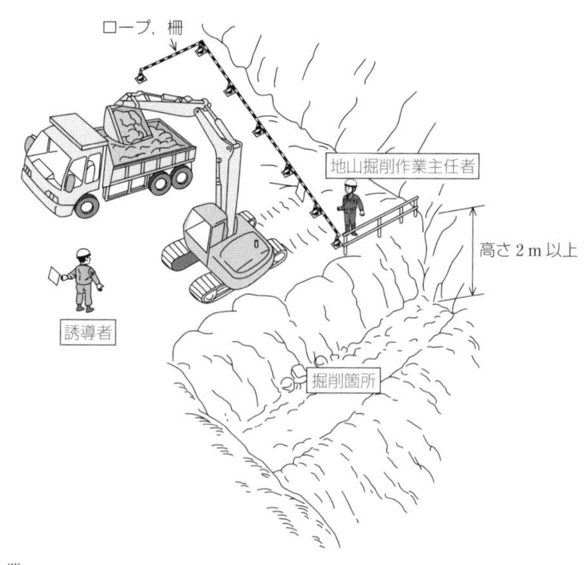

● 機械掘削作業

掘削面の勾配

掘削面の勾配は、地山の種類、高さにより下表に示す値とする。

■ 掘削面の勾配

地山の区分	掘削面の高さ	掘削面の勾配
岩盤または硬い粘土からなる地山	5m未満	90°以下
	5m以上	75°以下
その他の地山	2m未満	90°以下
	2m以上5m未満	75°以下
	5m以上	60°以下
砂からなる地山	勾配35°以下または高さ5m未満	
発破などで崩壊しやすい状態になっている地山	掘削面の勾配45°以下または高さ2m未満	

5 土止め(土留め)支保工

出題頻度 

土止め(土留め)支保工の安全対策

[土止め支保工の設置] 土止め支保工は、掘削深さ1.5mを超える場合に設置するものとし、4mを超える場合は親杭横矢板工法または鋼矢板とする。

- 根入れ深さは、杭の場合は1.5m、鋼矢板の場合は3.0m以上とする。
- 鋼矢板はⅢ型以上とする。
- 親杭横矢板工法における土止め杭は**H-300以上**、横矢板最小厚は3cm以上とする。
- 7日を超えない期間ごと、中震以上の地震の後、大雨などにより地山が急激に軟弱化するおそれのあるときには、部材の損傷、変形、変位及び脱落の有無、部材の接続部、交さ部の状態について点検し、異常を認めたときは直ちに補強または補修をする。
- 材料、器具、工具などを上げる、下ろすときは、吊り綱、吊り袋などを使用する。

[部材の取付け] 以下のように規定されている。

- 切ばり及び腹起しは、脱落を防止するため、矢板、杭などに確実に取り付ける。
- 圧縮材の継手は、突合せ継手とする。

- 切ばりまたは火打ちの接続部及び切ばりと切ばりの交差部は当て板をあて、ボルト締め、または溶接などで堅固なものとする。
- 切ばり等の作業においては、関係者以外の労働者の立入りを禁止する。

［腹起し］ 以下のように規定されている。

- 腹起しにおける部材は、H-300以上、継手間隔は6.0m以上とする。
- 腹起しの垂直間隔は3.0m程度とし、頂部から1m程度以内のところに、第1段の腹起しを設置する。

［切ばり］ 以下のように規定されている。

- 切ばりにおける部材は**H-300以上**とする。
- 切ばりの水平間隔は5m以下、垂直間隔は3.0m程度とする。
- 切ばりの継手は**突合せ継手**とし、座屈に対して水平継材または中間杭で切ばり相互を緊結固定する。
- 中間杭を設ける場合は、中間杭相互にも水平連結材を取り付け、これに切ばりを緊結固定する。
- 一方向切ばりに対して中間杭を設ける場合においては、中間杭の両側に腹起しに準ずる水平連結材を緊結し、この連結材と腹起しの間に切ばりを接続する。
- 二方向切ばりに対して中間杭を設ける場合においては、切ばりの交点に中間杭を設置して、両方の切ばりを中間杭に緊結する。

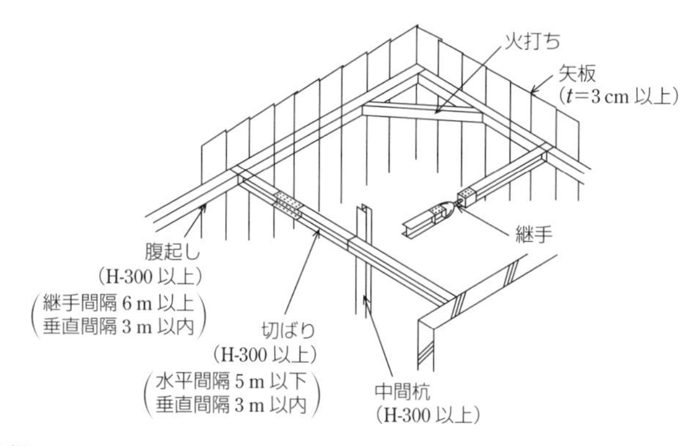

● 土止め支保工

［土止め工の管理］ 土止め工を設置している間は、常時点検を行い、部材の変形、緊結部の緩み等の早期発見に努力し事故防止に努める。

- 必要に応じて測定計器を使用し、土止め工に作用する荷重、変位などを測定し安全を確認する。

- 土止め工を設置している間は、定期的に地下水位、地盤沈下、移動を観測し、異常がある場合は保全上の措置を講ずる。

6 クレーン作業・玉掛け作業

出題頻度 ★★★

移動式クレーン作業安全対策（クレーン等安全規則）

［用語の定義］ 以下のように定義されている。

- 移動式クレーン：原動機を内蔵し、かつ、不特定の場所に移動させることができるクレーンをいう。
- 建設用リフト：荷のみを運搬することを目的とするエレベーターで、土木、建築などの工事の作業に使用されるものをいう。
- 吊上げ荷重：構造及び材料に応じて負荷させることができる最大の荷重をいう。
- **積載荷重**：構造及び材料に応じてこれらの搬器に人または荷を載せて上昇させることができる最大の荷重をいう。
- **定格荷重**：構造及び材料に応じて負荷させることができる最大の荷重から、それぞれフック、グラブバケット等の吊り具の重量に相当する荷重を引いた荷重をいう。

［適用の除外］ 以下のものは除外される。

- クレーン、移動式クレーンまたはデリックで、吊上げ荷重が0.5t未満のものは適用しない。
- エレベーター、建設用リフトまたは簡易リフトで、積載荷重が0.25t未満のものは適用しない。

［配置据付け］ 以下のように規定されている。

- 作業範囲内に障害物がないことを確認し、もし障害物がある場合はあらかじめ作業方法の検討を行う。
- 設置する地盤の状態を確認し、地盤の支持力が不足する場合は、地盤の改良、鉄板などにより、吊り荷重に相当する地盤反力を確保できるまで補強する。
- 機体は水平に設置し、アウトリガーは作業荷重によって、最大限に張り出す。
- 荷重表で吊上げ能力を確認し、吊上げ荷重や旋回範囲の制限を厳守する。

IV 第7章 安全管理

- 作業開始前に、負荷をかけない状態で、巻過防止装置、警報装置、ブレーキ、クラッチ等の機能について点検を行う。

［移動式クレーンの作業］ 以下のように規定されている。

- 運転開始後しばらくして、アウトリガーの状態を確認し、異常があれば調整する。
- 吊上げ荷重が1t未満の移動式クレーンの運転をさせるときは特別教育を行う。
- 移動式クレーンの運転士免許が必要となる（吊上げ荷重が1～5t未満は運転技能講習修了者で可となる）。
- 定格荷重を超えての使用は禁止する。
- 軟弱地盤や地下工作物などにより転倒のおそれのある場所での作業は禁止する。
- アウトリガーまたはクローラは最大限に張り出さなければならない。
- 一定の合図を定め、指名した者に合図を行わせる。
- 労働者を運搬したり、吊り上げての作業は禁止する（ただし、やむを得ない場合は、専用のとう乗設備を設けて乗せることができる）。
- 作業半径内の労働者の立入りを禁止する。
- 強風のために危険が予想されるときは作業を禁止する。
- 荷を吊ったままでの、運転位置からの離脱を禁止する。

1t未満の吊上げ荷重の場合，特別教育が必要

人を吊り上げた状態で運搬や作業するのは禁止

作業半径内への立入りは禁止

荷を吊った状態で，運転者が運転位置から離脱するのは禁止

● 移動式クレーンの作業

玉掛け作業

[玉掛け作業の安全対策] 以下のように規定されている。

- 吊り荷に見合った玉掛け用具をあらかじめ用意・点検する。
- ワイヤロープにうねり、くせ、ねじりが見つかった場合は、取り替えるか、または直してから使用する。
- 移動式クレーンのフックは吊り荷の重心に誘導する。吊り角度と水平面のなす角度は60°以内とする。
- ロープがすべらない吊り角度、あて物、玉掛け位置など荷を吊ったときの安全を事前に確認する。
- 重心の偏った物などに対して特殊な吊り方をする場合、事前にそれぞれのロープにかかる荷重を計算して、安全を確認する。
- 吊上げ荷重が1t以上の移動式クレーンの場合には、技能講習を修了した者が玉掛け作業を行う。また、1t未満の移動式クレーンの場合は、特別講習を修了した者が行う。
- ワイヤロープは、最大荷重の6倍以上の切断荷重のものを使用しない。
- ワイヤロープは、1よりの間の素線の数が10%以上切断しているのは使用しない。

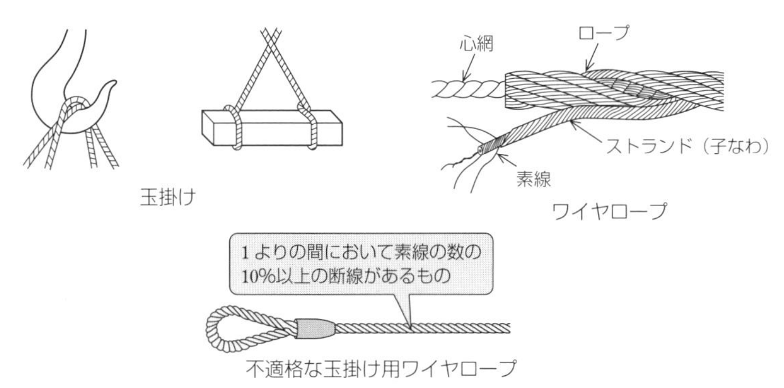

● 玉掛け作業

7 有害・危険作業

公衆災害防止対策（建設工事公衆災害防止対策要綱）

［作業場］ 要綱第10～16に規定されている。

- 作業場は周囲と明確に区分し、公衆が誤って作業場に立ち入ることのないように、固定柵またはこれに類する工作物を設置する。
- 固定柵の高さは1.2m以上、移動柵は高さ0.8～1.0m、長さは1.0～1.5mとする。また、柵の彩色は、黄色と黒色の斜縞（45°）とする。
- 道路上に作業場を設ける場合には、原則として交通流に対する背面から車両を出入りさせ、やむを得ず交通流に平行する部分から車両を出入りさせる場合には、交通誘導員を配置し、一般車両の通行を優先させる。
- 作業場の出入口には、原則として引戸式の扉を設け、作業に必要のない限り閉鎖し、公衆の立入りを禁ずる標示板を掲げる。
- 車両の出入りが頻繁なときは扉を開放しておくことができるが、必ず見張員を配置する。

［交通対策］ 要綱第17～27に規定されている。

- 道路敷地内及びこれに接する作業場で施工する際の道路標識、標示板などの設置、一般交通を迂回させる場合の案内用標示板などの設置、通行制限する場合の車道幅員確保などの安全対策を行うにあたっては、道路管理者及び所轄警察署長の指示に従う。
- 道路上または道路に接して夜間工事を行う場合には、作業場を区分する柵などに沿って高さ1.0m程度で、150m前方から視認できる保安灯を設置する。
- 特に交通量の多い道路上で工事を行う場合は、工事中を示す標示板を設置し、必要に応じて夜間200m前方から視認できる注意などを設置する。

［埋設物］ 要綱第33～40に規定されている。

- 埋設物に近接して工事を施工する場合には、あらかじめ埋設物管理者及び関係機関と協議し、施工の各段階における埋設物の保全上の措置、実施区分、防護方法、立会いの有無、連絡方法などを決定する。
- 埋設物が予想される場所で工事を施工しようとするときは、台帳に基づいて試掘などを行い、埋設物の種類、位置などを原則として目視により確認する。
- 埋設物の予想される位置を高さ2m程度まで試掘を行い、存在が確認されたときは、布掘りまたはつぼ掘りで露出させる。

- 埋設物に近接して掘削を行う場合は、周囲の地盤の緩み、沈下などに注意し、必要に応じて補強、移設などの措置を講ずる。

［土留め工］ 要綱第41～54に規定されている。

- 掘削深さが1.5mを超えるときは、原則として土留め工を設置する。
- 特に4mを超える等の重要な仮設工事には親杭横矢板、鋼矢板などを用いた確実な土留め工を設置する。
- 杭、横矢板などの根入れ長は、安定計算、支持力の計算、ボイリング及びヒービングの計算により決定する。
- 重要な仮設工事における根入れ長は、杭の場合は1.5m、鋼矢板の場合は3.0mを下回ってはならない。

［高所作業］ 要綱第99～103に規定されている。

- 地上4m以上の高さを有する構造物を建設する場合においては、原則として、工事期間中作業場の周辺にその地盤面から高さが1.8m以上の仮囲いを設ける。
- 高所作業において必要な材料などについては、原則として、地面上に集積する。
- 地上4m以上の場所で作業する場合においては、作業する場所から俯角75°以上のところに交通利用されている場所があるときは、板材などで覆う等の落下物による危害防止の施設を設ける。

［架空線作業における感電の防止］ 以下のように規定されている。

- 当該充電電路を移設する。
- 感電の危険を防止するための囲いを設ける。
- 当該充電電路に絶縁用防護具を装着する。
- 監視人を置き、作業を監視させる。
- 架空線上空施設への防護カバーを設置する。
- 工事現場の出入口などにおける高さ制限装置を設置する。
- 架空線など上空施設の位置を明示する看板などを設置する。
- 建設機械ブーム等の旋回・立入禁止区域などを設定する。

車両系建設機械安全対策

［建設機械の選定と運用］ 機械選定に際しては、使用空間、搬入・搬出作業及び転倒などに対する安全性を考慮して選定する。

- 使用場所に応じて、作業員の安全を確保するため、適切な安全通路を設ける。
- 建設機械の運転・操作にあたっては、有資格者及び特別の教育を受けた者が行う。

［建設機械の使用環境］ 以下のように規定されている。

- 危険防止のために、作業箇所での必要な照度を確保する。
- 機械設備には粉じん、騒音、高温低温などから作業員を保護する措置を講ずる。これが困難な場合は保護具を着用させる。
- 運転に伴う加熱、発熱、漏電などで火災のおそれがある機械は、よく整備してから使用し、消火器などを装備する。また、燃料の補給は必ず機械を停止してから行う。
- 接触のおそれがある高圧線には、必ず防護措置を講ずる。防護措置を講じない高圧線の直下付近で作業または移動を行う場合は、誘導員を配置する。
- ブーム等は少なくとも電路から下表に示す離隔距離を確保する。

■ 電路からの離隔距離

電路の電圧（交流）	離隔距離
特電高圧（7,000V以上）	2m以上、ただし、60,000V以上は10,000Vまたはその端数を増すごとに20cm増し
高圧（7,000〜600V）	1.2m以上
低圧（600V以下）	1.0m以上

［車両系建設機械の安全対策］ 労働安全衛生規則の第152条以降をもとに、車両系建設機械の安全対策について以下に整理する。

- 照度が保持されている場所を除いて、前照燈を備える。
- 岩石の落下などの危険が生じる箇所では堅固なヘッドガードを備える。
- 転落などの防止のために、運行経路における路肩の崩壊防止、地盤の不同沈下の防止、必要な幅員の確保を図る。
- 接触の防止のために、接触による危険箇所への労働者の立入禁止及び誘導者の配置を行う。
- 一定の合図を決め、誘導者に合図を行わせる。
- 運転位置から離れる場合には、バケット、ジッパー等の作業装置を地上に下ろし、原動機を止め、走行ブレーキをかける。
- 移送のための積卸しは平坦な場所で行い、道板は十分な長さ、幅、強度、適当な勾配で取り付ける。

- パワーショベルによる荷の吊上げ、クラムシェルによる労働者の昇降などの主たる用途以外の使用を禁止する。
- 斜面や崩れやすい地盤上に機械を置かないこと。
- 軟弱な路肩、法肩に接近しないように作業を行い、近づく場合は、誘導員を配置する。
- 道路上で作業する場合は、各種標識、バリケード、夜間照明などを設置する。

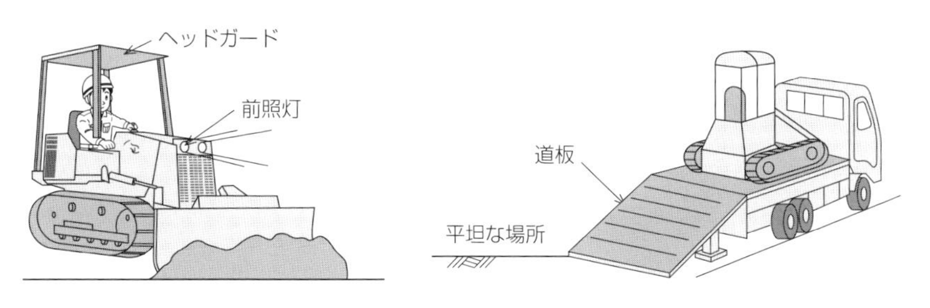

車両系建設作業

特殊土木作業安全対策

［基礎工事（杭打機・ワイヤロープ）安全対策］ 対策を以下に示す。

- 倒壊防止策として、軟弱な地盤上の場合は、沈下防止のため敷板、敷角などを使用する。
- 巻上げ用ワイヤロープは、「安全係数6以上」、「継目、キンク、形くずれ、腐食のないもの」、「ワイヤの素線切断が10％未満」、「直径の減少が公称径の7％以下」のものを使用する。
- 巻胴の軸とみぞ車の軸の距離は、巻胴の幅の15倍以上とする。
- みぞ車の位置は、巻上げ装置の巻胴の中心を通り、かつ軸に垂直な面上にあること。

［ずい道作業安全対策］ 対策を以下に示す。

- 作業を行うときには、毎日、掘削箇所及び周辺地山について、地層、地質、含水、湧水、可燃性ガスの有無及び状態を観察し記録する。
- トンネル内部の地山、支保工、可燃性ガスについて、毎日作業開始前及び中震以上の地震の後及び発破を行った後に点検する。
- 点検時及び可燃性ガスに異常を認めたときには、濃度測定を行う。

- 可燃性ガスによる危険がある場合には、自動警報装置を設置し、毎日作業前に点検する。
- 出入口から切羽までの距離が100mに達したとき、サイレン、非常ベル等の警報設備、同じく500mに達したときは、警報設備及び電話などの通話装置を設置する。
- 可燃性ガス濃度が30%を超えたときは、立入禁止及び退避する。

［酸素欠乏症防止対策］ 酸素欠乏等とは、空気中の酸素濃度が18%未満で、空気中の硫化水素濃度が100万分の10を超える状態のことをいう。

- 作業開始前に酸素濃度を測定し、記録は3年間保存する。
- 酸素欠乏等の状態にならないように、十分換気する。
- 酸素欠乏等のおそれが生じたときには直ちに退避する。
- 酸素欠乏危険作業に従事するとき、転落するおそれのあるときは、安全帯その他の命綱を着用する。
- 酸素欠乏危険作業に従事するとき、作業場所での入退場時の人員を点検する。

［保護具］ 保護具とその規定を以下に示す。

- 安全帯のフックの取付け位置：腰の高さよりも高い位置に取り付ける。
- 安全帯のロープ：なるべく短くする（万一落下して安全帯で体を支える状況になった場合の衝撃を小さくする）。
- 防毒マスク：酸素濃度が18%未満の場所で使用してはならない（酸欠状態で防毒マスクを使用するとさらに酸素の吸入を阻害する。このような場合は、給気式呼吸用保護具を使用する）。
- 手袋、革手：回転する刃物に手が巻き込まれるおそれのある作業時は、使用してはならない。
- 防網（安全ネット・セーフティーネット）：落下物により人体と同等以上の重さの衝撃を受けたものは使用してはならない。
- 安全靴：つま先に大きな衝撃を受けたものは、外観上異常が認められない場合でも変形やひび割れが生じているおそれがあるので使用してはならない。

解体作業安全対策

［圧砕機、鉄骨切断機、大型ブレーカにおける必要な措置］ 以下のような措置を講ずる。

- 重機作業半径内への立入禁止措置を講ずる。
- 重機足元の安定を確認する。
- 騒音、振動、防じんに対する周辺への影響に配慮する。
- 二次破砕、小割は、静的破砕剤を充填後、亀裂・ひび割れが発生した後に行う。

［転倒工法における必要な措置］ 以下のような措置を講ずる。

- 小規模スパン割のもとで施工すること
- 自立安定及び施工制御のため、引ワイヤ等を設置すること
- 計画に合った足元縁切りを行うこと
- 転倒作業は必ず一連の連続作業で実施し、その日中に終了させ、縁切りした状態で放置しないこと

［カッター工法における必要な措置］ 以下のような措置を講ずる。

- 撤去側躯体ブロックへのカッター取付けを禁止とし、切断面付近にシートを設置して冷却水の飛散防止を図る。
- 切断部材が比較的大きくなるため、クレーン等による仮吊り、搬出については、移動式クレーン規則を確実に遵守すること。

［ワイヤソーイング工法における必要な措置］ 以下のような措置を講ずる。

- ワイヤソーに緩みが生じないよう必要な張力を保持すること
- ワイヤソーの損耗に注意を払うこと
- 防護カバーを確実に設置すること

［アブレッシブウォータージェット工法における措置］ 防護カバーを使用し、低騒音化を図ること。また、スラリーを処理すること。

［爆薬などを使用した取壊し作業における措置］ 以下のような措置を講ずる。

- 発破作業に直接従事する者以外の作業区域内への立入禁止措置を講ずること
- 発破終了後は、不発の有無などの安全の確認が行われるまで、発破作業範囲内を立入禁止にすること
- 発破予定時刻、退避方法、退避場所、点火の合図などは、あらかじめ作業員に周知徹底しておくこと
- 穿孔径については、ハンドドリルやクローラドリル等の削岩機などを用いて破砕リフトの計画高さまで穿孔し、適用可能径の上限を超えないように確認する。
- コンクリート破砕工法及び制御発破（ダイナマイト工法）においては、十

分な効果を期待するため、込物は確実に充填を行うこと

［静的破砕剤工法における措置］ 以下のような措置を講ずる。

- 破砕剤充填後は、充填孔からの噴出に留意すること
- 膨張圧発現時間は気温と関連があるため、適切な破砕剤を使用すること
- 水中（海中）で使用する場合は、材料の流出・噴出に対する安定性及び充填方法ならびに水中環境への影響に十分配慮すること

過去問チャレンジ（章末問題）

問1 元方事業者の講ずべき措置等 R2-No.14

➡1 安全衛生管理体制

労働安全衛生法令上、元方事業者の講ずべき措置等として次の記述のうち、誤っているものはどれか。

(1) 元方事業者は、関係請負人及び関係請負人の労働者が、当該仕事に関し、法律またはこれに基づく命令の規定に違反しないよう必要な指導を行わなければならない。

(2) 元方事業者は、関係請負人または関係請負人の労働者が、当該仕事に関し、法律またはこれに基づく命令の規定に違反していると認めるときは、是正の措置すべてを自ら行わなければならない。

(3) 元方事業者は、機械などが転倒するおそれのある場所において、関係請負人の労働者が当該事業の仕事の作業を行うときは、当該場所に係る危険を防止するための措置が適正に講ぜられるように、技術上の指導その他の措置を講じなければならない。

(4) 元方事業者の講ずべき技術上の指導その他の必要な措置には、技術上の指導のほか、危険を防止するために必要な資材などの提供、元方事業者が自らまたは関係請負人と共同して危険を防止するための措置を講じること等が含まれる。

解説　元方事業者は、関係請負人または関係請負人の労働者が、当該仕事に関し、法律またはこれに基づく命令の規定に違反していると認めるときは、是正のための必要な指示を行わなければならない（自ら行うものではない）。（労働安全衛生法第29条第2項）

解答　(2)

問2　安全衛生管理体制　R1-No.15

➡1 安全衛生管理体制

建設業の安全衛生管理体制に関する次の記述のうち、労働安全衛生法令上、誤っているものはどれか。

(1)　総括安全衛生管理者が統括管理する業務には、安全衛生に関する計画の作成、実施、評価及び改善が含まれる。

(2)　安全管理者の職務は、総括安全衛生管理者の業務のうち安全に関する技術的な具体的事項について管理することである。

(3)　統括安全衛生責任者は、当該場所においてその事業の実施を統括管理する者が充たり、元方安全衛生管理者の指揮を行う。

(4)　衛生管理者の職務は、総括安全衛生管理者の業務のうち衛生に関する事務的な具体的事項について管理することである。

解説　衛生管理者の職務は、総括安全衛生管理者の業務のうち衛生に関する技術的な具体的事項について管理することである。（労働安全衛生法第12条）

解答　(4)

問3　労働者の健康管理　R3-No.31

➡1 安全衛生管理体制

労働者の健康管理のために事業者が講じるべき措置に関する下記の文章中の［　　　］の（イ）～（ニ）に当てはまる語句の組合せとして、適当なものは次のうちどれか。

・休憩時間を除き1週間に40時間を超えて労働させた場合、その超えた労働時間が1月あたり80時間を超え、かつ、疲労の蓄積が認められる労働者の申出により、［（イ）］による面接指導を行う。

- 常時に特定粉じん作業に従事する労働者には、粉じんの発散防止・作業場所の換気方法・呼吸用保護具の使用方法などについて［（ロ）］を行わなければならない。
- 一定の危険性・有害性が確認されている化学物質を取り扱う場合には、事業場における［（ハ）］が義務とされている。
- 事業者は、原則として、常時使用する労働者に対して、［（ニ）］以内ごとに、医師による健康診断を行わなければならない。

	（イ）	（ロ）	（ハ）	（ニ）
(1)	医師	技能講習	リスクマネジメント	2年
(2)	医師	特別の教育	リスクアセスメント	2年
(3)	カウンセラー	技能講習	リスクアセスメント	3年
(4)	カウンセラー	特別の教育	リスクマネジメント	3年

解説 （イ）は医師、（ロ）は特別の教育、（ハ）はリスクアセスメント、（ニ）は2年が当てはまる。

解答 (2)

問4 技能講習修了者の就業義務 H30-No.17

➡1 安全衛生管理体制

労働安全衛生法令上、技能講習を修了した者を就業させる必要がある業務は、次のうちどれか。

(1) 作業床の高さが10m未満の能力の高所作業車の運転の業務（道路上を走行させる運転を除く）
(2) 機体重量が3t以上の解体用機械（ブレーカ）の運転の業務（道路上を走行させる運転を除く）
(3) コンクリートポンプ車の作業装置の操作の業務
(4) 締固め機械（ローラ）の運転の業務（道路上を走行させる運転を除く）

解説 労働安全衛生法第61条、労働安全衛生規則第36条において、それぞれの業務の就業制限は下表のとおり規定されている。

	業務内容	就業制限	適否
(1)	作業床の高さが10m未満の能力の高所作業車の運転の業務（道路上を走行させる運転を除く）	特別教育	不適当
(2)	機体重量が3t以上の解体用機械（ブレーカ）の運転の業務（道路上を走行させる運転を除く）	技能講習	適当
(3)	コンクリートポンプ車の作業装置の操作の業務	特別教育	不適当
(4)	締固め機械（ローラ）の運転の業務（道路上を走行させる運転を除く）	特別教育	不適当

解答 (2)

問5 墜落災害の防止 R2-No.18

➡ 2 足場工・墜落危険防止

建設工事における墜落災害の防止に関する次の記述のうち、事業者が講じるべき措置として、適当なものはどれか。

(1) 移動式足場に労働者を乗せて移動する際は、足場上の労働者が手すりに要求性能墜落制止用器具（安全帯）をかけた状況を十分に確認した上で移動する。

(2) 墜落による危険を防止するためのネットは、人体またはこれと同等以上の重さの落下物による衝撃を受けた場合、十分に点検した上で使用する。

(3) 墜落による危険のおそれのある架設通路に設置する手すりは、丈夫な構造で著しい損傷や変形などがなく、高さ75cm以上のものとする。

(4) 墜落による危険のおそれのある高さ2m以上の枠組足場の作業床に設置する幅木は、著しい損傷や変形などがなく、高さ15cm以上のものとする。

解説 建設工事における墜落災害の防止に関しては、「労働安全衛生規則に基づく安全基準に関する技術上の指針等」において定められている。

(1) 移動式足場に労働者を乗せて移動してはならない。（移動式足場の安全基準に関する技術上の指針4-2-3）

(2) 墜落による危険を防止するためのネットは、人体またはこれと同等以上の重さの落下物による衝撃を受けた場合は使用してはならない。（墜落による危険を防止するためのネットの構造等の安全基準に関する技術上の

指針4-6)

(3) 墜落による危険のおそれのある架設通路に設置する手すりは、丈夫な構造で著しい損傷や変形などがなく、高さ85cm以上のものとする。(労働安全衛生規則第552条第四号)

(4) 労働安全衛生規則第563条第1項第三号イより、適当である。

解答 (4)

問6 墜落危険防止用の安全ネット R1-No.18

➡ 2 足場工・墜落危険防止

墜落による危険を防止するための安全ネットに関する次の記述のうち、適当でないものはどれか。

(1) 安全ネットの損耗が著しい場合、安全ネットが有毒ガスに暴露された場合などにおいては、安全ネットの使用後に試験用糸について等速引張試験を行う。

(2) 規定の高さ以上の作業床の開口部などで墜落の危険のおそれがある箇所に、囲い等を設けることが著しく困難なときは、安全ネットを張り、労働者に要求性能墜落制止用器具(安全帯)を使用させる。

(3) 安全ネットの落下高さとは、作業床などと安全ネットの取付け位置の垂直距離に安全ネットの垂れの距離を加えたものである。

(4) 安全ネットには、製造者名、製造年月、仕立寸法、網目、新品時の網糸の強度を見やすい箇所に表示しておく。

解説 安全ネットの落下高さとは、作業床などと安全ネットの取付け位置との垂直距離をいう。(労働安全衛生法に基づく技術上の指針4-1) 解答 (3)

問7　足場、作業床の組立て等　H30-No.18　➡2 足場工・墜落危険防止

足場、作業床の組立て等に関する次の記述のうち、労働安全衛法令上、誤っているものはどれか。

(1)　足場高さ2m以上の作業場所に設ける作業床の床材（吊り足場を除く）は、原則として転位し、または脱落しないように2以上の支持物に取り付けなければならない。

(2)　足場高さ2m以上の作業場所に設ける作業床で、作業のため物体が落下し労働者に危険を及ぼすおそれのあるときは、原則として高さ10cm以上の幅木、メッシュシートもしくは防網を設けなければならない。

(3)　高さ2m以上の足場の組立て等の作業で、足場材の緊結、取外し、受渡し等を行うときは、原則として幅40cm以上の作業床を設け、安全帯を使用させる等の墜落防止措置を講じなければならない。

(4)　足場高さ2m以上の作業場所に設ける作業床（吊り足場を除く）は、原則として床材間の隙間5cm以下、床材と建地との隙間15 cm未満としなければならない。

解説　足場高さ2m以上の作業場所に設ける作業床（吊り足場を除く）は、原則として床材間の隙間3cm以下、床材と建地との隙間12cm未満としなければならない。（労働安全衛生規則第563条第1項第2号）　解答　(4)

問8　型枠支保工　R2-No.17　➡3 型枠支保工

型枠支保工に関する次の記述のうち、事業者が講じるべき措置として、労働安全衛生法令上、誤っているものはどれか。

(1)　型枠支保工の支柱の継手は、重ね継手とし、鋼材と鋼材との接合部及び交さ部は、ボルト、クランプ等の金具を用いて緊結する。

(2)　型枠支保工については、敷角の使用、コンクリートの打設、杭の打込みなど支柱の沈下を防止するための措置を講ずる。

(3)　型枠が曲面のものであるときは、控えの取付けなど当該型枠の浮き上が

りを防止するための措置を講ずる。

(4) コンクリートの打設について、その日の作業を開始する前に、当該作業に係る型枠支保工について点検し、異状を認めたときは補修する。

解説 型枠支保工の支柱の継手は、突合せ継手または差込み継手とし、鋼材と鋼材との接合部及び交さ部は、ボルト、クランプ等の金具を用いて緊結する。(労働安全衛生規則第242条第三、四号) 解答 (1)

問9 型枠支保工 H30-No.19

➡3 型枠支保工

型枠支保工に関する次の記述のうち、事業者が講じなければならない措置として、労働安全衛生法令上、誤っているものはどれか。

(1) 型枠支保工を組み立てるときは、支柱、はり、つなぎ、筋かい等の部材の配置、接合の方法及び寸法が示されている組立図を作成し、かつ、当該組立図により組み立てなければならない。

(2) コンクリートの打設の作業を行うときは、打設を開始した後、速やかに、当該作業箇所に係る型枠支保工について点検し、異状を認めたときは、補修する。

(3) 強風、大雨、大雪などの悪天候のため、作業の実施について危険が予想されるときは、型枠支保工の組立て等の作業に労働者を従事させない。

(4) 型枠支保工の組立ての作業においては、支柱の脚部の固定、根がらみの取付け等の脚部の滑動を防止するための措置を講じる。

解説 コンクリートの打設の作業を行うときは、その日の作業の開始前に、当該作業箇所に係る型枠支保工について点検し、異状を認めたときは、補修する。(労働安全衛生規則第244条) 解答 (2)

問10 明り掘削作業 R2-No.21

➡ 4 掘削作業

土工工事における明り掘削の作業にあたり事業者が遵守しなければならない事項に関する次の記述のうち、労働安全衛生法令上、正しいものはどれか。

(1) 地山の崩壊などによる労働者の危険を防止するため、労働者全員にその日の作業開始前、大雨や中震（震度4）以上の地震の後、浮石及び亀裂や湧水の状態などを点検させなければならない。

(2) 掘削機械、積込機械などの使用によるガス導管、地中電線路などの損壊により労働者に危険を及ぼすおそれのあるときは、これらの機械を十分注意して使用しなければならない。

(3) 地山の崩壊などにより労働者に危険を及ぼすおそれのあるときは、あらかじめ、土止め支保工や防護網を設置し、労働者の立入禁止などの措置を講じなければならない。

(4) 運搬機械が、労働者の作業箇所に後進して接近するとき、または、転落のおそれのあるときは、運転者自ら十分確認を行うようにさせなければならない。

解説 地山の崩壊などによる労働者の危険を防止するため、点検者を指名して、その日の作業開始前、大雨や中震以上の地震の後、浮石及び亀裂や湧水の状態などを点検させなければならない。（労働安全衛生規則第358条）

(2) 掘削機械、積込機械などの使用によるガス導管、地中電線路などの損壊により労働者に危険を及ぼすおそれのあるときは、当該ガス導管、電線路について防護を行うか、移設する等の措置を行う。（労働安全衛生規則第362条）

(3) 労働安全衛生規則第361条より、正しい。

(4) 運搬機械が、労働者の作業箇所に後進して接近するとき、または、転落のおそれのあるときは、誘導者を配置し誘導させる。（労働安全衛生規則第365条）

解答 (3)

問11　明り掘削作業　R1-No.20

➡ 4 掘削作業

土工工事における明り掘削作業にあたり事業者が遵守しなければならない事項に関する次の記述のうち、労働安全衛生法令上、正しいものはどれか。

(1) 土止め支保工を設けるときは、掘削状況などの日々の進捗に合わせて、その都度、その組立図を作成し組み立てなければならない。

(2) ガス導管や地中電線路などの地下工作物の損壊で労働者に危険を及ぼすおそれがある場合は、掘削機械、積込機械及び運搬機械を十分注意して使用しなければならない。

(3) 明り掘削作業を行う場所については、十分な明るさが確保できるので、照度確保のための照明設備などについて特に考慮しなくてもよい。

(4) 地山の崩壊または土石の落下による危険防止のため、点検者を指名し、その日の作業開始前、大雨や中震以上の地震の後、浮石及び亀裂や湧水の状態などを点検させる。

解説 (1) 土止め支保工を設けるときは、あらかじめ、組立図を作成し、かつ、その組立図により組み立てなければならない。(労働安全衛生規則第370条)

(2) ガス導管や地中電線路などの地下工作物の損壊で労働者に危険を及ぼすおそれがある場合は、吊り防護、受け防護などによるガス導管についての防護を行うか、移設する等の措置をして作業を行う。(労働安全衛生規則第362条)

(3) 明り掘削作業を行う場所については、作業を安全に行うため必要な照度を保持しなければならない。(労働安全衛生規則第367条)

(4) 労働安全衛生規則第358条より、正しい。　　解答 (4)

問12　土止め支保工　H30-No.22

➡ 5 土止め支保工

土止め支保工の作業にあたり事業者が遵守しなければならない事項に関する次の記述のうち、労働安全衛生法令上、誤っているものはどれか。

(1) 切ばり及び腹起しは、脱落を防止するため、矢板、杭などに確実に取り付け、中間支持柱を備えた土止め支保工では、切ばりを当該中間支持柱に確実に取り付ける。

(2) 火打ちを除く圧縮材の継手は、重ね継手とし、切ばりまたは火打ちの接続部及び切ばりと切ばりの交さ部は、当て板をあててボルトにより緊結し、溶接により接合する等の方法により堅固なものとする。

(3) 土止め支保工作業主任者には、土止め支保工の作業方法を決定し、作業の直接指揮にあたらせるとともに、使用材料の欠点の有無ならびに器具や工具を点検し、不良品を取り除く職務も担わせる。

(4) 切ばりまたは腹起しの取付けまたは取外しの作業を行う箇所には、関係労働者以外の労働者の立入禁止措置を講じ、材料、器具または工具を上げ、または下ろすときは、吊り綱、吊り袋などを使用させる。

解説 火打ちを除く圧縮材の継手は、突合せ継手とし、切ばりまたは火打ちの接続部及び切ばりと切ばりの交さ部は、当て板をあててボルトにより緊結し、溶接により接合する等の方法により堅固なものとする。(労働安全衛生規則第371条第二、三号)

解答 (2)

問13 土止め支保工 H27-No.20

➡5 土止め支保工

事業者の行う土止め支保工に関する記述のうち、労働安全衛生規則上、誤っているものはどれか。

(1) 土止め支保工を組み立てるときは、あらかじめ、組立図を作成し、かつ、当該組立図により組み立てなければならない。

(2) 切ばり及び腹起しは、脱落を防止するため、矢板、杭などに確実に取り付ける。

(3) 土止め支保工の部材の取付けにおいては、火打ちを除く圧縮材の継手は重ね継手としなければならない。

(4) 中間支持柱を備えた土止め支保工にあっては、切ばりを当該中間支持柱に確実に取り付ける。

解説　土止め支保工の部材の取付けにおいては、火打ちを除く圧縮材の継手は突合せ継手としなければならない。（労働安全衛生規則第371条第二号）

解答　(3)

問14　移動式クレーンの安全確保　R2-No.20　➡6 クレーン作業・玉掛け作業

移動式クレーンの安全確保に関する次の記述のうち、事業者が講じるべき措置として、クレーン等安全規則上、正しいものはどれか。

(1)　クレーン機能付き油圧ショベルを小型移動式クレーンとして使用する場合、車両系建設機械運転技能講習修了者であれば、クレーン作業の運転にも従事させることができる。

(2)　移動式クレーンの定格荷重とは、負荷させることができる最大荷重から、フックの重量・その他吊り具などの重量を差し引いた荷重である。

(3)　移動式クレーンの作業中は、運転者に合図を送りやすいよう、上部旋回体の直近に労働者の中から指名した合図者を配置する。

(4)　強風のため移動式クレーンの作業の危険が予想される場合は、吊り荷や介しゃくロープの振れに特に十分注意しながら作業しなければならない。

解説　(1)　クレーン機能付き油圧ショベルを小型移動式クレーンとして使用する場合、小型移動式クレーン運転技能講習修了者であれば、クレーン作業の運転にも従事させることができる。（クレーン等安全規則第68条）

(2)　クレーン等安全規則第1条第六号より、正しい。

(3)　移動式クレーンの作業中は、一定の合図を定め、合図を行うものを指名して運転者に合図を送る。上部旋回体の直近に労働者の中から指名した合図者を配置するものではない。（クレーン等安全規則第71条）

(4)　強風のため移動式クレーンの作業の危険が予想される場合は、作業を中止しなければならない。（クレーン等安全規則第74条の3）

解答　(2)

問15　移動式クレーンの作業　H30-No.20　⇒6 クレーン作業・玉掛け作業

移動式クレーンの作業を行う場合、事業者が安全対策について講じるべき措置に関する次の記述のうち、クレーン等安全規則上、正しいものはどれか。

(1)　クレーンを用いて作業を行うときは、クレーンの運転者が単独で作業する場合を除き、クレーンの運転について一定の合図を定め、あらかじめ指名した者に合図を行わせなければならない。

(2)　旋回範囲の立入禁止措置や架空支障物の有無などを把握するためには、吊り荷を吊ったままで、運転者自身を運転席から降ろし、直接、確認させるのがよい。

(3)　クレーンの運転者及び玉掛けをする者が当該クレーンの吊り荷重を常時知ることができるよう、表示その他の措置を講じなければならない。

(4)　クレーン機能付き油圧ショベルを小型移動式クレーンとして使用する場合、車両系建設機械運転技能講習を修了している者であれば、クレーン作業の運転者として従事させてよい。

解説 (1)　クレーン等安全規則第71条より、正しい。

(2)　吊り荷を吊ったままで、運転者自身を運転席から降ろしてはならない。（クレーン等安全規則第75条）

(3)　クレーンの運転者及び玉掛けをする者が当該クレーンの定格荷重を常時知ることができるよう、表示その他の措置を講じなければならない。（クレーン等安全規則第70条の2）

(4)　クレーン機能付き油圧ショベルを小型移動式クレーンとして使用する場合、小型移動式クレーン運転技能講習を修了している者であれば、クレーン作業の運転者として従事させることができる。

解答　(1)

問16　移動式クレーンの災害防止　R3-No.29　⇒6 クレーン作業・玉掛け作業

移動式クレーンの災害防止のために事業者が講じるべき措置に関する下記の文章中の［　　　］の（イ）～（ニ）に当てはまる語句の組合せとして、クレーン等安全規則上、正しいものは次のうちどれか。

・クレーン機能付き油圧ショベルを小型移動式クレーンとして使用する場合、車両系建設機械の運転技能講習を修了している者を、クレーン作業の運転者として従事させることが［（イ）］。
・強風のため、移動式クレーンの作業の実施について危険が予想されるときは、当該作業を［（ロ）］しなければならない。
・移動式クレーンの運転者及び玉掛けをする者が当該移動式クレーンの［（ハ）］を常時知ることができるよう、表示その他の措置を講じなければならない。
・移動式クレーンを用いて作業を行うときは、［（ニ）］に、巻過防止装置、過負荷警報装置などの機能について点検を行わなければならない。

	（イ）	（ロ）	（ハ）	（ニ）
(1)	できる	特に注意して実施	定格荷重	その作業の前日まで
(2)	できない	特に注意して実施	最大つり荷重	その日の作業を開始する前
(3)	できる	中止	最大つり荷重	その作業の前日まで
(4)	できない	中止	定格荷重	その日の作業を開始する前

解説　クレーン等安全規則第61条以降より、（イ）は「できない」、（ロ）は中止、（ハ）は定格荷重、（ニ）は「その日の作業を開始する前」が当てはまる。

解答　(4)

問17　異常気象時の安全対策　R2-No.15

➡7 有害・危険作業

施工中の建設工事現場における異常気象時の安全対策に関する次の記述のうち、適当でないものはどれか。

(1)　現場における伝達は、現場条件に応じて、無線機、トランシーバー、拡声器、サイレン等を設け、緊急時に使用できるよう常に点検整備しておく。
(2)　洪水が予想される場合は、各種救命用具（救命浮器、救命胴衣、救命浮輪、ロープ）等を緊急の使用に際して即応できるように準備しておく。
(3)　大雨などにより、大型機械などの設置してある場所への冠水流出、地盤の緩み、転倒のおそれ等がある場合は、早めに適切な場所への退避または転倒防止措置をとる。

(4) 電気発破作業においては、雷光と雷鳴の間隔が短いときは、作業を中止し安全な場所に退避させ、雷雲が直上を通過した直後から作業を再開する。

解説 電気発破作業においては、雷光と雷鳴の間隔が短いときは、作業を中止し安全な場所に退避させ、雷雲が直上を通過した後も、雷光と雷鳴の間隔が長くなるまで作業を再開しない。(土木工事安全施工技術指針、第2章(安全措置一般)第7節(異常気象時の対策)7.雷に対する措置(3)) 解答 (4)

問18 建設工事の労働災害防止対策 R2-No.16

➡7 有害・危険作業

建設工事の労働災害防止対策に関する次の記述のうち、適当でないものはどれか。

(1) 作業床の端、開口部などには、必要な強度の囲い、手すり、覆い等を設置し、床上の開口部の覆い上には、原則として材料などを置かないこととし、その旨を表示する。

(2) 土留め支保工内の掘削において、切ばり、腹起し等の土留め支保工部材を通路として使用する際は、あらかじめ通路であることを示す表示をする。

(3) 上下作業は極力避けることとするが、やむを得ず上下作業を行うときは、事前に両者の作業責任者と場所、内容、時間などをよく調整し、安全確保を図る。

(4) 物体の落下しやすい高所には物を置かないこととするが、やむを得ず足場上に材料などを集積する場合には、集中荷重による足場のたわみ等の影響に留意する。

解説 土留め支保工内の掘削には、適宜通路を設けることとし、切ばり、腹起し等の土留め・支保工部材上の通行を禁止すること。(土木工事安全施工技術指針第2章(安全措置一般)) 解答 (2)

問19　建設機械の災害防止　R2-No.19

➡7 有害・危険作業

建設機械の災害防止に関する次の記述のうち、事業者が講じるべき措置として、労働安全衛生法令上、誤っているものはどれか。

(1) 運転中のローラやパワーショベル等の車両系建設機械と接触するおそれがある箇所に労働者を立ち入らせる場合は、その建設機械の乗車席以外に誘導者を同乗させて監視にあたらせる。

(2) 車両系荷役運搬機械のうち、荷台にあおりのある不整地運搬車に労働者を乗車させるときは、荷の移動防止の歯止め措置や、あおりを確実に閉じる等の措置を講ずる必要がある。

(3) フォークリフトやショベルローダ等の車両系荷役運搬機械には、作業上で必要な照度が確保されている場合を除き、前照燈及び後照燈を備える必要がある。

(4) 車両系建設機械のうち、コンクリートポンプ車における輸送管路の組立てや解体では、作業方法や手順を定めて労働者に周知し、かつ、作業指揮者を指名して直接指揮にあたらせる。

解説　運転中のローラやパワーショベル等の車両系建設機械と接触するおそれがある箇所に労働者を立ち入らせてはならない。（労働安全衛生規則第158条）　また、その建設機械の乗車席以外には労働者を同乗させてはならない。（労働安全衛生規則第162条）

解答　(1)

問20　疾病予防及び健康管理　R2-No.23

➡7 有害・危険作業

労働安全衛生法令上、事業者が行うべき労働者の疾病予防及び健康管理に関する次の記述のうち、誤っているものはどれか。

(1) 酸素欠乏症などのおそれのある業務に労働者を就かせるときは、当該労働者に代わりその者を指揮する職長を対象とした特別の教育を行わなければならない。

(2) 常時使用する労働者の雇い入れ時は、医師による健康診断から3か月を経過しない者で診断結果を証明する書面の提出を受けた場合を除き、所定の項目について健康診断を行う必要がある。

(3) 削岩機などの使用によって身体に著しい振動を与える業務などに常時従事する労働者に対し、当該業務への配置替えの際及び6か月以内ごとに医師による健康診断を行う必要がある。

(4) ずい道などの坑内作業などに常時労働者を従事させる場合は、原則として有効な呼吸用保護具を使用させなければならない。

解説 酸素欠乏症などのおそれのある業務に労働者を就かせるときは、当該労働者を対象とした特別の教育を行わなければならない。(酸素欠乏症等防止規則第12条)

解答 (1)

問21 埋設物、架空線の防護 R1-No.22

➡7 有害・危険作業

建設工事における埋設物ならびに架空線の防護に関する次の記述のうち、適当でないものはどれか。

(1) 埋設物に近接する箇所で明り掘削作業を行う場合は、埋設物の損壊などにより労働者に危険を及ぼすおそれのあるときには、当該作業と同時に埋設物の補強を行わなければならない。

(2) 明り掘削で露出したガス導管の防護の作業については、当該作業を指揮する者を指名して、その者の直接の指揮のもとに作業を行わなければならない。

(3) 工事現場における架空線など上空施設については、施工に先立ち、種類・場所・高さ・管理者などを現地調査により事前確認する。

(4) 架空線など上空施設に近接した工事の施工にあたっては、架空線などと機械、工具、材料などについて安全な離隔を確保する。

解説 埋設物に近接する箇所で明り掘削作業を行う場合は、埋設物の損壊などにより労働者に危険を及ぼすおそれのあるときには、埋設物を補強し、移設などの措置を講じた後でなければ作業を行ってはならない。(労働安全衛生規則第362条第1項)

解答 (1)

問22　高所作業での危険防止措置　R1-No.21

➡7 有害・危険作業

急傾斜地での掘削及び法面防護などのロープ高所作業にあたり、事業者が危険防止のために講じるべき措置に関する次の記述のうち、労働安全衛生法令上、誤っているものはどれか。

(1) 地山の崩壊または土石の落下により労働者に危険を及ぼすおそれがあるときは、地山を安全な勾配とし、落下のおそれのある土石を取り除く等の措置を講ずる。

(2) 作業のため物体が落下することにより労働者に危険を及ぼすおそれがあるときは、手すりを設け、立入区域を設定する。

(3) ロープ高所作業では、身体保持器具を取り付けたメインロープ以外に、要求性能墜落制止用器具（安全帯）を取り付けるためのライフラインを設ける。

(4) 突起物などでメインロープやライフラインが切断のおそれがある箇所では、覆いを設ける等の切断を防止するための措置を講ずる。

解説 作業のため物体が落下することにより労働者に危険を及ぼすおそれがあるときは、防網の設備を設け、立入区域を設定する。（労働安全衛生規則第537条）

解答　(2)

問23　建設工事現場での保護具の使用　R1-No.16

➡7 有害・危険作業

建設工事現場における保護具の使用に関する次の記述のうち、適当なものはどれか。

(1) 保護帽の材質は、PC、PE、ABS等の熱可塑性樹脂製のものは使用できる期間が決められているが、FRP等の熱硬化性樹脂製のものは決められていない。

(2) 保護帽の着装体（ハンモック、ヘッドバンド、環ひも）を交換するときは、同一メーカーの同一形式の部品を使用しなくてもよい。

(3) 安全靴は、作業区分による種類に応じたものを使用し、つま先部に大きな衝撃を受けた場合は外観のいかんにかかわらず、速やかに交換する。

(4) 防毒マスク及び防じんマスクは、酸素濃度不足が予想される酸素欠乏危険作業で用いなければならない。

解説 (1) 保護帽の材質は、PC、PE、ABS等の熱可塑性樹脂製のものは使用できる期間は3年以内、FRP等の熱硬化性樹脂製のものは5年以内と決められている。(日本ヘルメット工業会マニュアル)
(2) 保護帽の着装体(ハンモック、ヘッドバンド、環ひも)は1年で交換するものとし、交換するときは、同一メーカーの同一形式の部品を使用する。(日本ヘルメット工業会マニュアル)
(3) 「安全靴・作業靴技術指針、6.4　廃棄基準」より、適当である。
(4) 防毒マスク及び防じんマスクは、各性能・規格に応じて酸素欠乏危険作業や粉じん作業、有毒作業で用いなければならない。

解答 (3)

問24 コンクリート構造物の解体作業 R2-No.24

➡7 有害・危険作業

コンクリート構造物の解体作業に関する次の記述のうち、適当でないものはどれか。

(1) 圧砕機及び大型ブレーカによる取壊しでは、解体する構造物から飛散するコンクリート片や構造物自体の倒壊範囲を予測し、作業員、建設機械を安全な作業位置に配置しなければならない。
(2) 転倒方式による取壊しでは、縁切り、転倒作業は、必ず一連の連続作業で実施し、その日のうちに終了させ、縁切りした状態で放置してはならない。
(3) カッターによる取壊しでは、撤去側躯体ブロックへのカッター取付けを原則とし、切断面付近にシートを設置して冷却水の飛散防止を図る。
(4) ウォータージェットによる取壊しでは、病院、民家などが隣接している場合にはノズル付近に防音カバーを使用したり、周辺に防音シートによる防音対策を実施する。

解説 カッターによる取壊しでは、撤去側躯体ブロックへのカッター取付けを禁止とし、切断面付近にシートを設置して冷却水の飛散防止を図る。(建設機械施工安全マニュアル・構造物取壊し工(カッターによる取壊し))

解答 (3)

問25　橋梁下部工の解体作業　H30-No.24

➡7 有害・危険作業

静的破砕剤と大型ブレーカを併用する工法で行う橋梁下部工の解体作業に関する次の記述のうち、適当でないものはどれか。

(1) 穿孔径については、削岩機などを用いて破砕リフトの計画高さまで穿孔し、適用可能径の上限を超えていないか確認する。

(2) 静的破砕剤の練混ぜ水は、清浄な水を使用し、適用温度範囲の上限を超えないよう注意する。

(3) 大型ブレーカの作業では、解体ガラの落下、飛散による事故防止のため立入禁止の措置を講じる。

(4) 大型ブレーカを用いる二次破砕、小割は、静的破砕剤を充填後、亀裂が発生する前に行う。

解説 大型ブレーカを用いる二次破砕、小割は、静的破砕剤を充填後、一般的に10時間以降に亀裂が確認されてから行う。　解答 (4)

品質管理

必須問題

1 品質管理一般

出題頻度 ★★☆

品質管理の基本事項

土木工事において、全ての段階における規格を満足するための管理体系であり、計画から実行までを確実に実施することが重要である。

［品質管理の定義］ 目的とする機能を得るために、設計・仕様の規格を満足する構造物を最も経済的につくるための、工事の全ての段階における管理体系のことである。

施工中の管理のみならず、工事の調査、設計、施工、供用すべての段階における内容を包含し、工事担当者全員の認識と協力のもとで、工事の各段階を通じて、一貫した周到な計画、着実な実行があって初めて効果的になる。

［品質管理の条件］ 品質管理においては、以下の2つの条件を同時に満足することが必要である。

- 構造物が規格を満足していること
- 工程（原材料、設備、作業者、作業方法など）が安定していること

［品質管理の効果］ 品質管理を行うことにより得られる効果には、以下のようなものがある。

- 品質が向上し、不良品の発生やクレームが減少する。
- 品質が信頼される。
- 原価が下がる。
- 無駄（ムダ）な作業が減少し、手直しがなくなる。
- 品質の均一化が図れる。
- 検査の手間を大幅に減らせる。

品質管理手順

[PDCAサイクル] 品質管理の手順は、以下のようなPDCAサイクルを回しながら行う。

Plan（計画）	手順1	管理すべき品質特性を選定し、その特性について品質標準を設定する。
	手順2	品質標準を達成するための作業標準（作業の方法）を決める。

⬇

Do（実施）	手順3	作業標準に従って施工を実施し、品質特性に固有の試験を行い、測定データの採取を行う。
	手順4	作業標準（作業の方法）の周知徹底を図る。

⬇

Check（検討）	手順5	ヒストグラムを作成し、データが品質規格値を満足しているかを判定する。
	手順6	同一データにより、管理図を作成し、工程をチェックする。

⬇

Act（処置）	手順7	工程に異常が生じた場合に、原因を追及し、再発防止の処置をとる。
	手順8	期間経過に伴い、最新のデータにより、手順5以下を繰り返す。

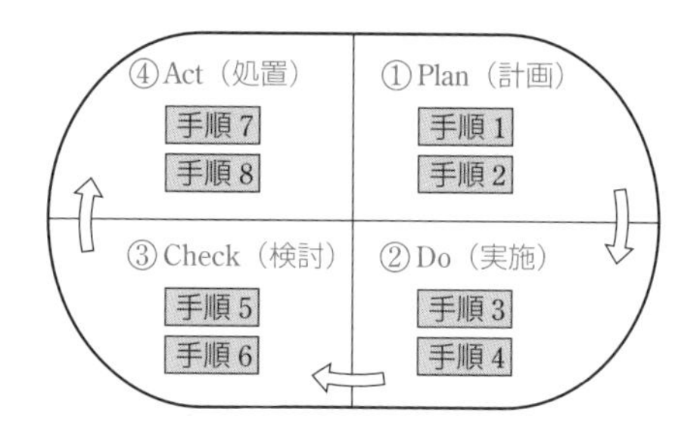

● PDCAサイクル

品質特性

[品質特性の選定条件] 品質特性の選定は、以下の点に留意する。

- 工程の状況が総合的に表れるもの
- 構造物の最終の品質に重要な影響を及ぼすもの
- 選定された品質特性（代用の特性も含む）と最終の品質とは関係が明らかなもの
- 容易に測定が行える特性であること
- 工程に対し容易に処置がとれること

［品質標準の決定］ 品質標準の決定は、以下の点に留意する。

- 施工にあたって実現しようとする品質の目標を選定する。
- 品質のばらつきの程度を考慮して余裕をもった品質を目標とする。
- 事前の実験により、当初に概略の標準をつくり、施工の過程に応じて試行錯誤を行い、標準を改訂していく。

［作業標準の決定］ 作業標準（作業方法）の決定は、以下の点に留意する。

- 過去の実績、経験及び実験結果を踏まえて決定する。
- 最終工程までを見越した管理が行えるように決定する。
- 工程に異常が発生した場合でも、安定した工程を確保できる作業の手順、手法を決める。
- 標準は明文化し、今後のための技術の蓄積を図る。

ISO国際規格

ISO国際規格とは、国際標準化機構において定められた規格で、主に以下のマネジメントシステムがある。

［ISO9000ファミリー］

- ISO9000：品質マネジメントシステムで使用される用語を定義したもの
- **ISO9001**：顧客の満足を目的に、経営者の責任、製品の実現化、分析・改善等を企業への要求事項として、品質マネジメントシステムについて規定したものであり、あらゆる業種、形態、規模の組織に適用される。
- ISO9004：組織の持続的成功のための管理方法について、品質マネジメントアプローチを規定したもの

［要求事項］ 品質は4種類に分けられ、それぞれの要求事項の内容は以下のとおりである。

- 企画の品質：製品で実現しようとしている特性に対する顧客の要求
- 設計の品質：企画の段階で検討された特性の水準や品質仕様
- 製造の品質：図面・仕様書などの設計文書
- サービスの品質：調整、据付け、消耗品の補給、不良品などへの対応に対する顧客の要求

2 工種別品質管理

コンクリート工事・レディーミクストコンクリート

［コンクリート工事］ コンクリートの品質管理を骨材及びコンクリートに区分し、特性と試験方法を下表に整理する。

■ コンクリートの品質管理

区分	品質特性	試験方法
骨　材	粒度（細骨材、粗骨材）	ふるい分け試験
	すりへり減量（粗骨材）	すりへり試験
	表面水量（細骨材）	表面水率試験
	密度・吸水率	密度・吸水率試験
コンクリート	スランプ	スランプ試験
	空気量	空気量試験
	単位容積質量	単位容積質量試験
	混合割合	洗い分析試験
	圧縮強度	圧縮強度試験
	曲げ強度	曲げ強度試験

［レディーミクストコンクリートの品質管理］ レディーミクストコンクリートの品質を下表に整理する。

■ レディーミクストコンクリートの品質

強度	1回の試験結果は、呼び強度の強度値の85%以上で、かつ3回の試験結果の平均値は、呼び強度の強度値以上とする。				
スランプ（cm）	スランプ	2.5	5及び6.5	8～18	21
	スランプの誤差	±1	±1.5	±2.5	±1.5
空気量（%）	普通コンクリート	4.5	空気量の許容差は、全て±1.5とする		
	軽量コンクリート	5.0			
	舗装コンクリート	4.5			
塩化物含有量	塩化物イオン量として0.3kg/m^{3}以下 （承認を受けた場合は0.60kg/m^{3}以下とできる）				

土工・盛土

［土工］ 土工の品質管理を材料、施工現場で区分し、特性と試験方法を下表に整理する。

■ 土工の品質管理

区分	品質特性	試験方法
材　料	粒度	粒度試験
	液性限界	液性限界試験
	塑性限界	塑性限界試験
	自然含水比	含水比試験
	最大乾燥密度・最適含水比	突固めによる土の締固め試験
施工現場	締固め度	土の密度試験
	施工含水比	含水比試験
	CBR	現場CBR試験
	支持力値	平板載荷試験
	貫入指数	貫入試験

道路・舗装

[路盤工] 路盤工の品質管理を材料及び施工で区分し、特性と試験方法を下表に整理する。

区分	品質特性	試験方法
材料	粒度	ふるい分け試験
	塑性指数（PI）	塑性試験
	含水比	含水比試験
	最大乾燥密度・最適含水比	突固めによる土の締固め試験
施工	締固め度	土の密度試験
	支持力	平板載荷試験、CBR試験

[アスファルト舗装] アスファルト舗装の品質管理を、材料、プラント、施工現場に区分し、特性と試験方法を整理する。

■ アスファルト舗装の品質管理

区分	品質特性	試験方法
材料	針入度	針入度試験
	すりへり減量	すりへり試験
	軟石量	軟石量試験
	伸度	伸度試験
	粒度	ふるい分け試験
プラント	混合温度	温度測定
	アスファルト量・合成粒度	アスファルト抽出試験
施工現場	安定度	マーシャル安定度試験
	敷均し温度	温度測定
	厚さ	コア採取による測定
	混合割合	コア採取による試験
	密度（締固め度）	密度試験
	平坦性	平坦性試験

鉄筋加工・組立て

［鉄筋加工］ 鉄筋加工は以下の点に留意する。

- 曲げ加工した鉄筋の曲げ戻しは、原則として行わない。
- 加工は、常温で加工するのを原則とする。
- 鉄筋は、原則として溶接してはならない。やむを得ず溶接し、溶接した鉄筋を曲げ加工する場合には、溶接した部分を避けて曲げ加工しなければならない。(鉄筋径の10倍以上離れた箇所で行う。)
- 鉄筋の交点の要所は、直径0.8mm以上の焼なまし鉄線または適切なクリップで緊結する。

［鉄筋組立て］ 鉄筋組立ては以下の点に留意する。

- 組立用鋼材は、鉄筋の位置を固定するとともに、組立てを容易にする点からも有効である。
- かぶり（被り）とは、鋼材（鉄筋）の表面からコンクリート表面までの最短距離で計測した厚さである。
- 型枠に接するスペーサは、原則としてモルタル製あるいはコンクリート製を使用する。

［継手］ 継手は以下の点に留意する。

- 継手位置はできるだけ応力の大きい断面を避け、同一断面に集めないことを標準とする。
- 重ね合わせの長さは、鉄筋径の20倍以上とする。
- 重ね継手は、直径0.8mm以上の焼なまし鉄線で数箇所緊結する。
- 継手の方法は、重ね継手、ガス圧接継手、溶接継手、機械式継手から適切な方法を選定する。
- ガス圧接継手の場合は、圧接面は面取りし、鉄筋径1.4倍以上のふくらみを要する。

非破壊試験

コンクリート構造物を破壊せずに、健全度、劣化状況を調査し、規格などによる基準に従って調査する方法である。

■ 非破壊試験

検査項目	測定内容	検査方法
外観	劣化状況／異常箇所	目視検査／デジタルカメラ／赤外線
変形	全体変形／局部変形	メジャー／トランシット／レーザ
強度	コンクリート強度／弾性係数	コア試験／テストハンマ
ひび割れ	分布／幅／深さ	デジタルカメラ／赤外線／超音波
背面	コンクリート厚／背面空洞	電磁波レーダー／打音
有害物質	中性化／塩化物イオン／アルカリ骨材反応	コア試験／試料分析
鉄筋	かぶり／鉄筋間隔	電磁波レーダー／X線

3 品質管理図

出題頻度 ★

ヒストグラム・工程能力図

ヒストグラムとは、測定データのばらつき状態をグラフ化したもので、分布状況により規格値に対しての品質の良否を判断する。

［規格値］ 品質特性について、製品の許容できる限界値を設定するため、規格中に与えられている限界の値をいう。上限または下限のみを定めた**片側規格値**と、上下限両方を定めた**両側規格値**がある。建設工事の場合は、共通仕様書などの中で、品質及び出来形の規格値として示されることが多い。

［ヒストグラムの見方］ 安定した工程で正常に発生するばらつきをグラフにして、左右対称の山形の滑らかな曲線を正規分布曲線という。

- ゆとりの状態、平均値の位置、分布形状で品質規格の判断をする。
- 分布状態（品質のばらつき）により、品質規格の判定に用いられるが、時間的順序の情報が把握できない。

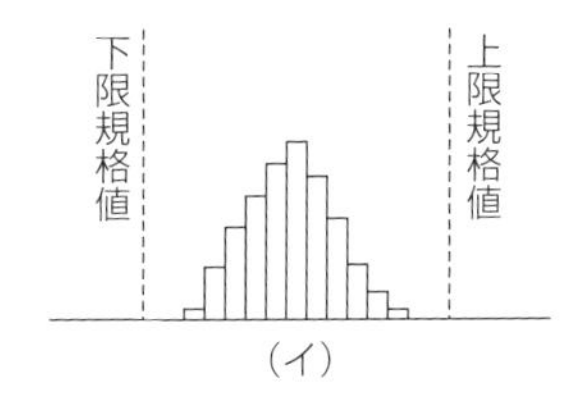

● ヒストグラムの例

［工程能力図の作成］ ヒストグラムは、規格に対する位置とばらつきの関係はわかるが、品質の時間的情報は把握できない。時間的順序による情報を

得る最も簡単なものとして、データを測定した順序に1点ずつ打点し、これに規格値を入れたものが工程能力図である。工程能力図の作成は、調べる対象の集団を工区などの区間割をして、合理的な群として、各郡の中で時間的順序に従ってデータを記入する。工程能力図は、横軸にサンプル番号を、縦軸に特性値を目盛り、上限規格値及び下限規格値を示す線を引く。各データはそのまま打点し、各点を実線で結ぶ。

［工程能力図の判定］ 工程能力図の状態により、それぞれの判定を行う。

- 安定している状態：ばらつきが少なく、平均値は規格値のほぼ中央にあって規格外れもない状態である。
- 突然高くなったり低くなったりする状態
- 次第に上昇するような状態
- ばらつきが次第に増大する状態
- 周期的に変化する状態

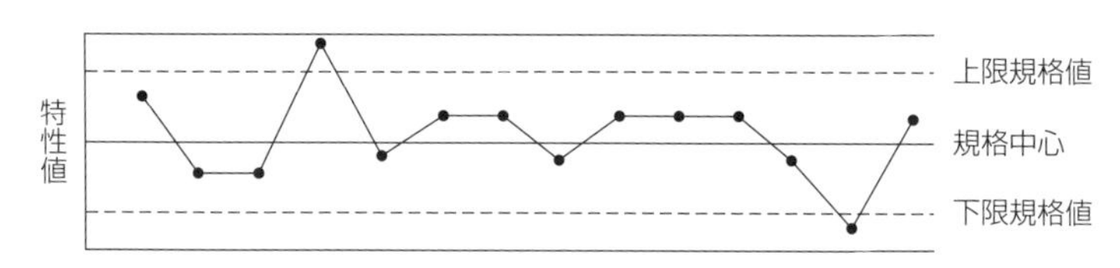

● 工程能力図の例

管理図

［管理図の目的］ 品質の時間的な変動を加味し、工程の安定状態を判定し、工程自体を管理する。ばらつきの限界を示す上下の管理限界線を示し、工程に異常原因によるばらつきが生じたかどうかを判定する。

［管理図の種類］ 厚さ、強度、重量、長さ、時間などの連続的なデータを計量値といい、これらを管理する場合を計量値管理図という。本数や回数のような数値的なデータを計数値といい、これらを管理する場合を計数値管理図という。

- 建設工事においては、主に、計量値管理図のうちの、$\bar{x}-R$ 管理図と $x-R_s-R_m$ 管理図がよく用いられる。
- $\bar{x}$ 及び R が管理限界線内であり、特別な片寄りがなければ工程は安定している。そうでない場合は、原因を調査し、除去し、再発を防ぐ。

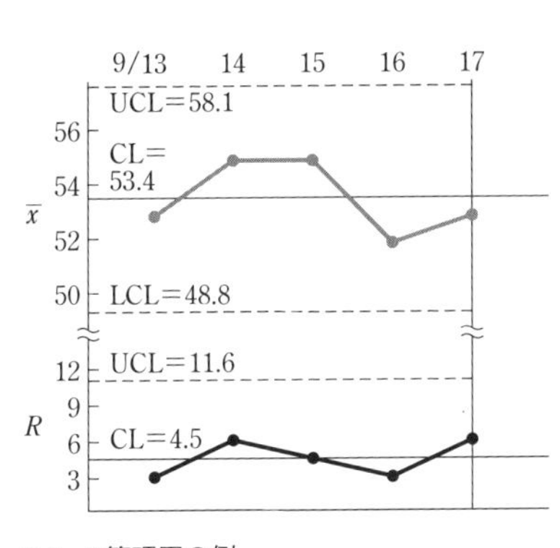

● $\bar{x}$－R 管理図の例

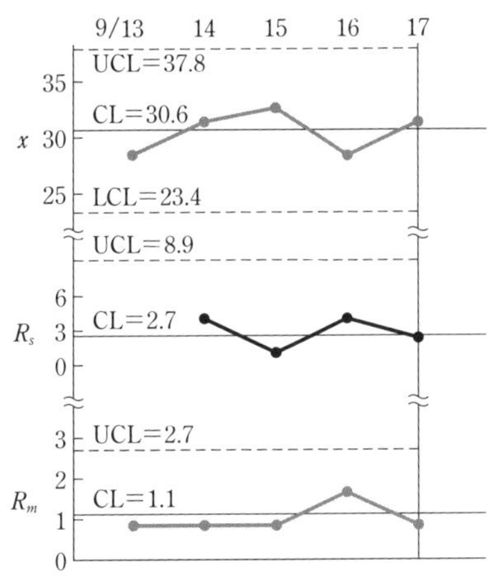

● x－R_s－R_m 管理図の例

測定値

［サンプリング］ 品質管理においては、数多くある製品の一部を取り出し、その一部のデータによって、対象の製品全体の性質を統計的に推測する方法をとる。資料やデータにより調べようとする集団を母集団という。母集団からある目的を持って抜き取ったものをサンプルといい、母集団から試料として抽出することをサンプリングという。

［統計量］ 統計量計算の例題として、測定値が下記の場合の数値を示す。

12　13　14　15　16　17　19　19　19　21　22
測定値数 $n=11$　　合計187

- **平均値（$\bar{x}$）**：測定値の単純平均値

$$\bar{x}=\frac{187}{11}=17.0$$

- **メディアン（M_e）**：測定値を大きさの順に並べたとき、奇数個の場合は中央値、偶数個の場合は中央2個の平均値

$M_e=17$

- **モード（M_o）**：測定値の分布のうち最も多く現れる値

$M_o=19$

- **レンジ（R）**：測定値の最大値と最小値の差

$$R = 22 - 12 = 10$$

- 残差平方和（S）：残差$(x-\bar{x})$を2乗した値の和

$$S = \sum(x-\bar{x})^2 = 108.0$$

- 分散（s^2）：残差平方和を測定値総数（n）で除した値

$$s^2 = \frac{S}{n} = \frac{108.0}{11} \fallingdotseq 9.8$$

- 不偏分散（V）：残差平方和を（$n-1$）自由度で除した値

$$V = \frac{S}{n-1} = \frac{108}{10} = 10.8$$

- 標準偏差（σ）：不偏分散（V）の平方根

$$\sigma = \sqrt{V} = \sqrt{10.8} \fallingdotseq 3.29$$

- 変動係数（C_v）：測定値の標準偏差（σ）と平均値（$\bar{x}$）の百分率

$$C_\mathrm{v} = \frac{3.29}{17.0} \times 100 \fallingdotseq 19.35\ \%$$

過去問チャレンジ（章末問題）

問1　品質管理　H30-No.25

➡1 品質管理一般

品質管理に関する次の記述のうち、適当でないものはどれか。

(1)　品質管理は、品質特性や品質規格を決め、作業標準に従って実施し、できるだけ早期に異常を見つけ品質の安定を図るために行う。

(2)　品質管理は、施工者自らが必要と判断されるものを選択し実施すればよいが、発注者から示された設計図書など事前に確認し、品質管理計画に反映させるとよい。

(3)　品質管理に用いられる $\bar{x}-R$ 管理図は、中心線から等間隔に品質特性に対する上・下限許容値線を引き、得られた試験値を記入することで、品質変動が判定しやすく早期にわかる。

(4)　品質管理に用いられるヒストグラムは、品質の分布を表すのに便利であり、規格値を記入することで、合否の割合や規格値に対する余裕の程度が判定できる。

解説　品質管理に用いられる $\bar{x}-R$ 管理図は、試験値により平均値と範囲を求め、管理限界線として中心線、上方管理限界、下方管理限界を計算することにより、品質変動を判定する。　解答　(3)

問2　品質管理　R2-No.25

➡1 品質管理一般

品質管理に関する次の記述のうち、適当でないものはどれか。

(1)　品質管理は、品質特性や品質標準を定め、作業標準に従って実施し、できるだけ早期に異常を見つけ、品質の安定を図るものである。

(2)　品質特性は、工程の状態を総合的に表し、品質に重要な影響を及ぼすものであり、代用特性を用いてはならない。

(3)　品質標準は、現場施工の際に実施しようとする品質の目標であり、目標の設定にあたっては、ばらつきの度合いを考慮しなければならない。

(4) 作業標準は、品質標準を実現するための各段階での作業の具体的な管理方法や試験方法を決めるものである。

解説 品質特性を決める場合の条件としては、工程の状態を総合的に表すことができ、代用特性を含め、工程に対して処置をとりやすい特性のものを選ぶことが重要である。

解答 (2)

問3 品質管理 R3-No.32

➡1 品質管理一般

品質管理に関する下記の文章中の□の（イ）～（ニ）に当てはまる語句の組合せとして、適当なものは次のうちどれか。

- 品質管理は、ある作業を制御していく品質の統制から、施工計画立案の段階で（イ）を検討し、それを施工段階でつくり込むプロセス管理の考え方である。
- 工事目的物の品質を一定以上の水準に保つ活動を（ロ）活動といい、品質の向上や品質の維持管理を行う品質管理よりも幅広い概念を含んでいる。
- 品質特性を決める場合には、構造物の品質に重要な影響を及ぼすものであること、（ハ）しやすい特性であること等に留意する。
- 設計値を十分満足するような品質を実現するためには、（ニ）を考慮して、余裕を持った品質を目標としなければならない。

	（イ）	（ロ）	（ハ）	（ニ）
(1)	管理特性	品質保証	測定	ばらつきの度合い
(2)	調査特性	維持保全	推定	ばらつきの度合い
(3)	管理特性	品質保証	推定	最大値
(4)	調査特性	維持保全	測定	最大値

解説 （イ）は管理特性、（ロ）は品質保証、（ハ）は測定、（ニ）は「ばらつきの度合い」が当てはまる。

解答 (1)

問4　建設工事の品質管理　H30-No.28

➡ 2 工種別品質管理

建設工事の品質管理における「工種」、「品質特性」及び「試験の名称」に関する次の組合せのうち、適当なものはどれか。

	[工種]	[品質特性]	[試験の名称]
(1)	土工	支持力値	平板載荷試験
(2)	路盤工	締固め度	CBR試験
(3)	アスファルト舗装工	安定度	平坦性試験
(4)	コンクリート工	スランプ	圧縮強度試験

解説　建設工事の品質管理に関する工種、品質特性、試験の名称の組合せを下表に示す。

	工種	品質特性	試験の名称	適否
(1)	土工	支持力値	平板載荷試験	適当である
(2)	路盤工	締固め度	土の密度試験	適当でない
(3)	アスファルト舗装工	安定度	マーシャル安定度試験	適当でない
(4)	コンクリート工	スランプ	スランプ試験	適当でない

解答　(1)

問5　受入れ検査　R2-No.29

➡ 2 工種別品質管理

JIS A 5308に準拠したレディーミクストコンクリートの受入れ検査に関する次の記述のうち、適当でないものはどれか。

(1)　スランプ試験を行ったところ、12.0cmの指定に対して14.0cmであったため合格と判定した。

(2)　スランプ試験を行ったところ、最初の試験では許容される範囲に入っていなかったが、再度試料を採取してスランプ試験を行ったところ許容される範囲に入っていたので、合格と判定した。

(3)　空気量試験を行ったところ、4.5%の指定に対して6.5%であったため合格と判定した。

(4)　塩化物含有量の検査を行ったところ、塩化物イオン(Cl^-)量として0.30kg/m^{3}であったため合格と判定した。

解説 フレッシュコンクリートの空気量は、レディーミクストコンクリートの空気量の設定値によらず、±1.5%の範囲にあれば合格と判定してよい。4.5%の指定の場合、6.0%まで合格となる。6.5%の場合は不合格である。

解答 (3)

問6 盛土の品質管理 H29-No.26

➡2 工種別品質管理

盛土の品質管理に関する次の記述のうち、適当でないものはどれか。

(1) 品質規定方式の締固め度（D値）は、締固めの良否を判定するもので、現場で測定された締固め土の乾燥密度と室内で行う締固め試験から得られた最大乾燥密度から判定する。

(2) 品質規定方式に用いられる砂置換法は、掘出し跡の穴を乾燥砂で置換えすることにより、掘り出した土の体積を知ることによって、湿潤密度を測定する。

(3) 工法規定方式による盛土の締固め管理は、使用する締固め機械の機種、まき出し厚、締固め回数などの工法を事前に現場の試験施工において、品質基準を満足する施工仕様を求めておくことが原則である。

(4) 工法規定方式による盛土の品質管理は、締固め機械にタスクメータ等を取り付けて、1日の盛土施工量から必要となる締固め回数と作業時間を算出し、実際の稼働時間を算定した必要作業時間内に収めるようにする。

解説 工法規定方式による盛土の品質管理は、締固め機械にタスクメータ等を取り付けて、締固め回数や敷均し厚さ等を確認するもので、作業時間などの作業を管理するものではない。

解答 (4)

問7 アスファルト舗装の品質管理 R2-No.26

➡2 工種別品質管理

道路のアスファルト舗装の品質管理に関する次の記述のうち、適当でないものはどれか。

(1) 表層、基層の締固め度の管理は、通常切取りコアの密度を測定して行うが、コア採取の頻度は工程の初期は少なめに、それ以降は多くして、混合物の温度と締固め状況に注意して行う。

(2) 品質管理の結果を工程能力図にプロットし、限界を外れた場合や、一方に片寄っている等の結果が生じた場合には、直ちに試験頻度を増して異常の有無を確認する。

(3) 工事施工途中で作業員や施工機械などの組合せを変更する場合は、品質管理の各項目に関する試験頻度を増し、新たな組合せによる品質の確認を行う。

(4) 下層路盤の締固め度の管理は、試験施工あるいは工程の初期におけるデータから、所定の締固め度を得るのに必要な転圧回数が求められた場合、締固め回数により管理することができる。

解説 表層、基層の締固め度の管理は、通常切取りコアの密度を測定して行うが、コア採取の頻度は工程の初期は適当に増やし、混合物の温度と締固め状況に注意して行い、管理限界を十分満足できることがわかれば、それ以降の頻度は減らしてもよい。

解答 (1)

問8 盛土の締固め管理 R2-No.27

➡2 工種別品質管理

情報化施工におけるTS（トータルステーション）・GNSS（衛星測位システム）を用いた盛土の締固め管理に関する次の記述のうち、適当でないものはどれか。

(1) TS・GNSSを用いた盛土の締固め回数は、締固め機械の走行位置をリアルタイムに計測することにより管理する。

(2) 盛土材料を締め固める際には、モニタに表示される締固め回数分布図において、盛土施工範囲の全面にわたって、規定回数だけ締め固めたことを示す色になるまで締め固める。

(3) 盛土施工に使用する材料は、事前に土質試験で品質を確認し、試験施工でまき出し厚や締固め回数を決定した材料と同じ土質材料であることを確認する。

(4) 盛土施工のまき出し厚や締固め回数は、使用予定材料のうち最も使用量の多い種類の材料により、事前に試験施工で決定する。

解説 盛土施工のまき出し厚や締固め回数は、全ての使用予定材料の種類ごとに、事前に試験施工で決定する。
解答 (4)

問9 鉄筋の継手 R2-No.30

➡ 2 工種別品質管理

鉄筋の継手に関する次の記述のうち、適当でないものはどれか。

(1) 重ね継手は、所定の長さを重ね合わせて、焼なまし鉄線で複数箇所緊結する継手で、継手の信頼度を上げるためには、焼なまし鉄線を長く巻くほど継手の信頼度が向上する。

(2) 手動ガス圧接の技量資格者の資格種別は、圧接作業を行う鉄筋の種類及び鉄筋径によって種別が異なっている。

(3) ガス圧接で圧接しようとする鉄筋両端部は、鉄筋冷間直角切断機で切断し、また圧接作業直前に、両側の圧接端面が直角かつ平滑であることを確認する。

(4) 機械式継手のモルタル充填継手では、継手の施工前に、鉄筋の必要挿入長さを示す挿入マークの位置・長さ等について、目視または必要に応じて計測により全数確認する。

解説 重ね継手は、所定の長さを重ね合わせて、焼なまし鉄線で複数箇所緊結する継手で、継手の信頼度を上げるためには、焼なまし鉄線をできるだけ短く巻いた方がよい。
解答 (1)

問10　鉄筋位置の推定　H30-No.31

➡ 2 工種別品質管理

鉄筋コンクリート構造物におけるコンクリート中の鉄筋位置を推定する次の試験方法のうち、適当でないものはどれか。

(1)　電磁波レーダー法
(2)　分極抵抗法
(3)　X線法
(4)　電磁誘導法

解説　各試験方法と推定項目の組合せは、下表のとおりである。

番号	試験方法	推定項目	適否
(1)	電磁波レーダー法	鉄筋位置、埋設管位置、空洞位置	適当である
(2)	分極抵抗法	鉄筋の腐食速度	適当でない
(3)	X線法	鉄筋位置、版厚	適当である
(4)	電磁誘導法	鉄筋位置、かぶり、鉄筋径など	適当である

解答　(2)

問11　構造物の品質、健全度の推定　R1-No.31

➡ 2 工種別品質管理

コンクリート構造物の品質や健全度を推定するための試験に関する次の記述のうち、適当でないものはどれか。

(1)　コンクリート構造物から採取したコアの圧縮強度試験結果は、コア供試体の高さhと直径dの比の影響を受けるため、高さと直径との比を用いた補正係数を用いている。
(2)　リバウンドハンマによるコンクリート表層の反発度は、コンクリートの含水状態や中性化の影響を受けるので、反発度の測定結果のみでコンクリートの圧縮強度を精度高く推定することは困難である。
(3)　超音波法は、コンクリート中を伝播する超音波の伝播特性を測定し、コンクリートの品質やひび割れ深さ等を把握する方法である。
(4)　電磁誘導を利用する試験方法は、コンクリートの圧縮強度及び鋼材の位置、径、かぶりを非破壊的に調査するのに適している。

解説 電磁誘導を利用する試験方法は、鋼材の位置、径、かぶりを非破壊的に調査するのに適しているが、コンクリートの圧縮強度は調査できない。

解答 (4)

問12 ヒストグラム、$\bar{x}$-R管理図 H29-No.27

➡3 品質管理図

品質管理に使用される下図のようなヒストグラム及び$\bar{x}$-R管理図に関する次の記述のうち、適当でないものはどれか。

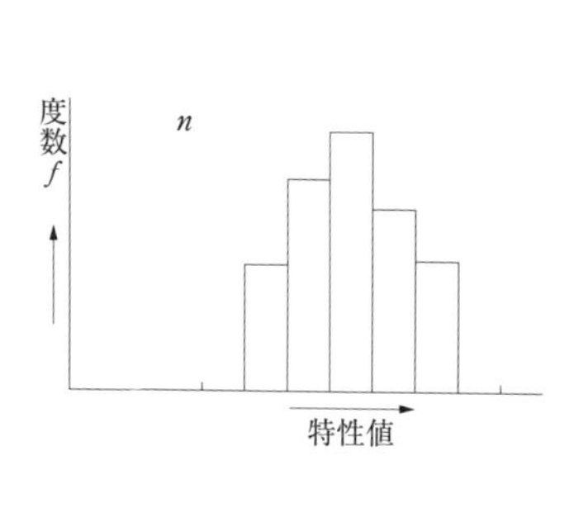

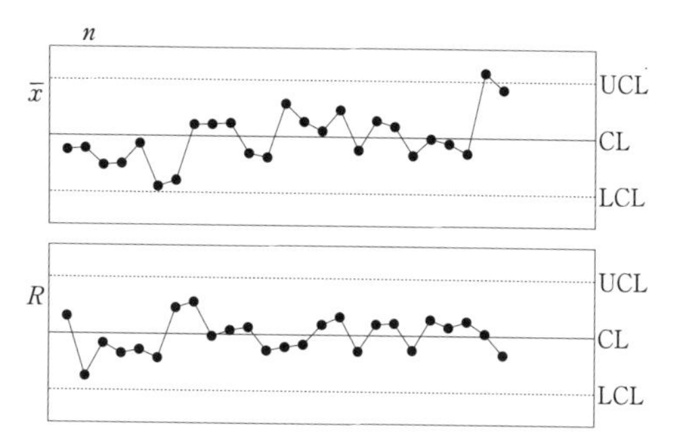

(1) ヒストグラムは、データの存在する範囲をいくつかの区間に分け、それぞれの区間に入るデータの数を度数として高さに表した図である。

(2) ヒストグラムは、規格値に対してどのような割合で規格の中に入っているか、規格値に対してどの程度ゆとりがあるかを判定できる。

(3) $\bar{x}$-R管理図は、中心線（CL）と上方管理限界線（UCL）及び下方管理限界線（LCL）で表した図である。

(4) $\bar{x}$-R管理図では、$\bar{x}$は群の範囲、Rは群の平均を表し、$\bar{x}$管理図では分布を管理し、R管理図では平均値の変化を管理するものである。

解説 $\bar{x}$-R管理図では、$\bar{x}$は群の平均、Rは群の範囲を表し、$\bar{x}$管理図では平均値を管理し、R管理図では分布の変化を管理するものである。

解答 (4)

問13 品質管理図 H28-No.25

➡3 品質管理図

下図(1)〜(4)に示す品質管理の測定値をプロットしたときの管理図の点の並び方に関して、品質が最も安定し改善の必要がないものは、次のうちどれか。図のUCLは上方管理限界、LCLは下方管理限界、CLは中心線をさす。

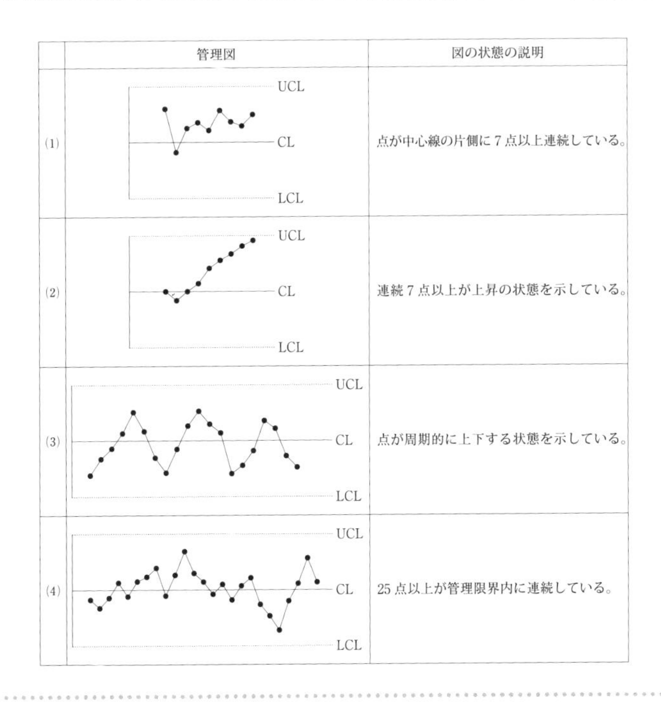

	管理図	図の状態の説明
(1)	UCL CL LCL	点が中心線の片側に7点以上連続している。
(2)	UCL CL LCL	連続7点以上が上昇の状態を示している。
(3)	UCL CL LCL	点が周期的に上下する状態を示している。
(4)	UCL CL LCL	25点以上が管理限界内に連続している。

解説 管理図において、工程が安定している状態は以下の場合である。

- 点が連続25点以上管理原価以内にあるとき（図(4)に相当）
- 連続35点中限界外に出るものが1点以内のとき
- 連続100点中限界外に出るものが2点以内のときで、点の並び方にくせがない場合

一方、工程が安定していない状態は以下の場合である。

- 点が管理限界外にあるとき
- 点が管理限界内にあるが、その並び方にくせがあるとき
  - （イ） 点が中心線の片側に連続して表れる場合（図(1)に相当）
  - （ロ） 点が上昇または下降の状態を示す場合（図(2)に相当）
  - （ハ） 周期的な変動を示す場合（図(3)に相当）

解答 (4)

環境保全対策

必須問題

1 環境保全対策一般

出題頻度 ★★☆

建設工事と環境保全対策

［各種環境保全対策］ 建設工事の施工で、周辺の生活環境の保全対策として各種法令・法規が定められている。

■ 環境保全対策の法令・法規

環境保全対策	法令・法規
騒音・振動対策	騒音規制法、振動規制法
大気汚染	大気汚染防止法
水質汚濁	水質汚濁防止法
地盤沈下	工業用水法、ビル用水法などの法令による地下水採取、揚水規制及び条例による規制
交通障害	各種道路交通関係法令、建設工事公衆災害防止対策
廃棄物処理	廃棄物の処理及び清掃に関する法律（廃棄物処理法）

グリーン購入法（国等による環境物品等の調達の推進等に関する法律）

［目的］ 第1条で以下のように規定されている。

- 国、独立行政法人等、地方公共団体及び地方独立行政法人による環境物品などの調達の推進を図る。
- 環境物品などに関する情報の提供を行う。
- 環境物品などへの需要の転換を促進する。
- 環境への負荷の少ない持続的発展が可能な社会の構築を図る。

［内容］ 以下のように規定されている。

- 事業者及び国民の責務として、物品購入などに際し、できる限り、環境物品などを選択する。（第5条）
- 国等の各機関の責務として、毎年度「調達方針」を作成・公表し、調達方針に基づき、調達を推進する。（第7条）

- 調達実績の取りまとめ、公表をする。（第8条）
- 製品メーカー等は、製造する物品などについて、適切な環境情報を提供する。（第12条）

2 騒音・振動対策

出題頻度 ★★★

騒音規制法・振動規制法

騒音規制法及び振動規制法ともに、ほぼ同様の項目が定められている。

［指定地域］ 住民の生活環境を保全するため、以下の条件の地域を規制地域として指定する。

- 良好な住居環境の区域で静穏の保持を必要とする区域
- 住居専用地域で静穏の保持を必要とする区域
- 住工混住地域で相当数の住居が集合する区域
- 学校、保育所、病院、図書館、特養老人ホームの周囲80mの区域

［特定建設作業］ 建設工事の作業のうち、著しい騒音または振動を発生する作業として、以下の作業が定められている（作業を開始した日に終わるものは除外）。

- 騒音規制法：杭打ち機・杭抜き機、びょう打ち機、削岩機、空気圧縮機、バックホウ、トラクタショベル、ブルドーザをそれぞれ使用する作業
- 振動規制法：杭打ち機・杭抜き機、舗装版破砕機、ブレーカをそれぞれ使用する作業、鋼球を使用して工作物を破壊する作業

［規制基準］ 規制基準としては、下表に示す項目が定められている（音量、振動以外は共通）。

■ 規制基準の各項目

規制項目		指定地域	指定地域外
作業禁止時間		午後7時～翌日の午前7時	午後10時～翌日の午前6時
作業時間		1日10時間まで	1日14時間まで
連続日数		連続して6日を超えない	
休日作業		日曜日その他の休日には発生させない	
規制値	騒音	音量が敷地境界線において85dBを超えない	
	振動	振動が敷地境界線において75dBを超えない	

※災害・非常事態、人命・身体危険防止の緊急作業については上記規制の適用を除外する。

〔届出〕 指定地域内で特定建設作業を行う場合には、7日前までに市町村長へ届け出る。ただし、災害など緊急の場合はできるだけ速やかに届け出る。

施工における騒音・振動防止対策

〔防止対策の基本〕 対策は発生源において実施することが基本である。

- 騒音・振動は発生源から離れるほど低減される。
- 影響の大きさは、発生源そのものの大きさ以外にも、発生時間帯、発生時間及び連続性などに左右される。

〔騒音・振動の測定・調査〕 調査地域を代表する地点、すなわち、影響が最も大きいと思われる地点を選んで実施する。

- 騒音・振動は周辺状況、季節、天候などの影響により変動するので、測定は平均的な状況を示すときに行う。
- 施工前と施工中との比較を行うため、日常発生している、暗騒音、暗振動を事前に調査し把握する必要がある。

〔施工計画〕 施工計画を以下に示す。

- 作業時間は周辺の生活状況を考慮し、できるだけ短時間で、昼間工事が望ましい。
- 騒音・振動の発生量は施工方法や使用機械に左右されるので、できるだけ低騒音・低振動の施工方法、機械を選択する。
- 騒音・振動の発生源は、居住地から遠ざけ、距離による低減を図る。
- 工事による影響を確認するために、施工中や施工後においても周辺の状況を把握し、対策を行う。

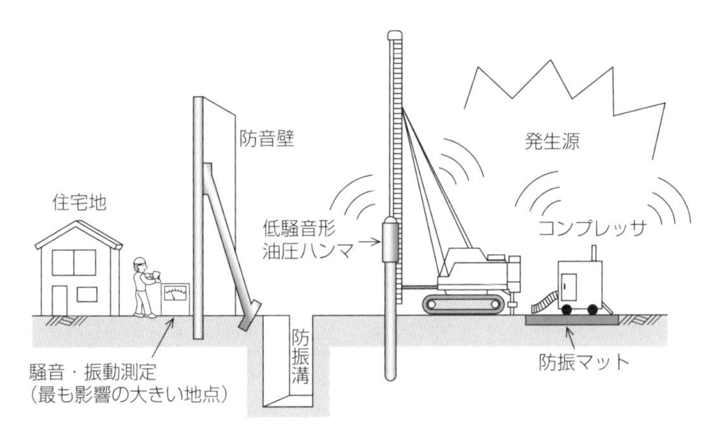

● 施工における騒音・振動防止対策

［低減対策］ 以下のような特徴がある。

- 高力ボルトの締付けは、油圧式・電動式レンチを用いると、インパクトレンチより騒音は低減できる。
- 車両系建設機械は、大型、新式、回転数小のものがより低減できる。
- ポンプは回転式がより低減できる。

［埋込み杭の低公害対策］ 以下のような対策がある。

- プレボーリング工法：低公害工法であるが、最終作業としてハンマによる打込みがあるため、騒音規制法は除外されるが、振動規制法の指定は受ける。
- 中掘り工法：低公害工法であり、大口径・既製杭に多く利用される。
- ジェット工法：砂地盤に多く利用され、送水パイプの取付け方によっては、騒音が発生する。

［打設杭の低公害対策］ 以下のような対策がある。

- バイブロハンマ：騒音・振動ともに発生するが、ディーゼルパイルハンマに比べ影響は小さい。
- ディーゼルパイルハンマ：全付カバー方式とすれば、騒音は低減できる。
- 油圧ハンマ：低公害型として、近年多く用いられる。

過去問チャレンジ（章末問題）

問1　水質汚濁対策　R2-No.33　➡1 環境保全対策一般

建設工事における水質汚濁対策に関する次の記述のうち、適当なものはどれか。

(1) SS等を除去する濁水処理設備は、建設工事の工事目的物ではなく仮設備であり、過剰投資となったとしても、必要能力よりできるだけ高いものを選定する。

(2) 土壌浄化工事においては、投入する土砂の粒度分布によりSS濃度が変動し、洗浄設備の制約からSSは高い値になるので脱水設備が小型になる。

(3) 雨水や湧水に土砂・セメント等が混入することにより発生する濁水の処理は、SSの除去及びセメント粒子の影響によるアルカリ性分の中和が主となる。

(4) 無機凝集剤及び高分子凝集剤の添加量は、濁水及びSS濃度が多くなれば多く必要となるが、SSの成分及び水質には影響されない。

解説 (1) 工事中の濁水処理設備は、恒久的な水処理施設とは異なり、数年間の使用を前提とした仮設備のため、設置、撤去が簡単で経済性、汎用性を重視する。

(2) 土壌浄化工事においては、投入する土砂の粒度分布によりSS濃度が変動し、洗浄設備の制約からSSは高い値になり脱水設備は大型になる。

(3) 濁水処理設備は、濁水中の諸成分を河川、海洋または下水の放流基準値以下まで下げるための設備である。雨水や湧水に土砂・セメント等が混入することにより発生する濁水の処理は、SSの除去及びセメント粒子の影響によるアルカリ性分の中和が主となる。

(4) 無機凝集剤及び高分子凝集剤の添加量は、濁水及びSS濃度が多くなれば多く必要となり、SSの成分及び水質に影響される。　解答 (3)

問2　環境保全対策　H29-No.32

➡1 環境保全対策一般

建設工事に伴う環境保全対策に関する次の記述のうち、適当でないものはどれか。

(1)　建設工事にあたっては、事前に地域住民に対して工事の目的、内容、環境保全対策などについて説明を行い、工事の実施に協力が得られるよう努める。
(2)　工事による騒音・振動問題は、発生することが予見されても事前の対策ができないため、地域住民から苦情が寄せられた場合は臨機な対応を行う。
(3)　土砂を運搬するときは、飛散を防止するために荷台のシートかけを行うとともに、作業場から公道に出る際にはタイヤに付着した土の除去などを行う。
(4)　作業場の内外は、常に整理整頓し建設工事のイメージアップを図るとともに、塵あい等により周辺に迷惑が及ぶことのないように努める。

解説　工事による騒音・振動問題は、事前の現地調査を行い、発生することが予見さる場合は事前の防止・低減対策を行う。

解答　(2)

問3　騒音・振動対策　R2-No.32

➡2 騒音・振動対策

建設工事に伴う騒音・振動対策に関する次の記述のうち、適当でないものはどれか。

(1)　既製杭工法には、動的に貫入させる打込み工法と静的に貫入させる埋込み工法があるが、騒音・振動対策として、埋込み工法を採用することは少ない。
(2)　土工機械での振動は、機械の運転操作や走行速度によって発生量が異なり、不必要な機械操作や走行は避け、その地盤に合った最も振動の発生量が少ない機械操作を行う。
(3)　建設工事に伴う地盤振動は、建設機械の種類によって大きく異なり、出力のパワー、走行速度などの機械の能力でも相違することから、発生振動レベル値の小さい機械を選定する。

(4) 建設工事に伴う騒音の対策方法には、大きく分けて、発生源での対策、伝搬経路での対策、受音点での対策があるが、建設工事では、受音点での対策は一般的でない。

解説 既製杭工法には、動的に貫入させる打込み工法と静的に貫入させる埋込み工法があるが、騒音・振動対策としては、打込み工法より埋込み工法を採用する方が多い。

解答 (1)

問4 騒音・振動の防止対策 H29-No.33

➡ 2 騒音・振動対策

建設工事に伴う騒音及び振動の防止対策に関する次の記述のうち、適当なものはどれか。

(1) ショベルにより硬い地盤を掘削する場合は、バケットを落下させて、その衝撃によって爪の食い込みを図り掘削するのがよい。
(2) ブレーカによりコンクリート構造物を取壊す場合は、騒音対策を考慮し、必要に応じて作業現場の周囲にメッシュシートを設置するのがよい。
(3) ブルドーザにより掘削押土を行う場合は、無理な負荷をかけないようにするとともに、後進時は高速走行で運転するのがよい。
(4) バックホウにより定置して掘削を行う場合は、できるだけ水平に据え付け、片荷重によるきしみ音を出さないようにするのがよい。

解説 (1) ショベルにより硬い地盤を掘削する場合は、バケットを落下させ、その衝撃による爪の食い込みを図り掘削を行うと、騒音及び振動が大きくなる。
(2) ブレーカによりコンクリート構造物を取壊す場合は、騒音対策を考慮し、必要に応じて作業現場の周囲に防音シート、防音パネルを設置する。
(3) ブルドーザにより掘削押土を行う場合は、無理な負荷をかけないために、後進時は高速走行を避けて運転する。
(4) バックホウにより定置して掘削を行う場合は、できるだけ水平に据え付け、不均等な負荷を発生させるような、片荷重によるきしみ音が出ないようにする。

解答 (4)

問5　地盤振動の防止、軽減対策　H28-No.33

➡2 騒音・振動対策

建設工事施工に伴う地盤振動の防止、軽減対策に関する次の記述のうち、適当でないものはどれか。

(1)　建設工事に伴う地盤振動に対する防止対策は、発生源、伝搬経路、受振対象における各対策に分類することができる。

(2)　建設工事に伴う地盤振動に対する防止対策は、振動エネルギーが拡散した状態となる受振対象で実施することが一般に小規模で済むことから効果的である。

(3)　建設工事に伴う地盤振動は、施工方法や建設機械の種類によって大きく異なることから、発生振動レベル値の小さい機械や工法を選定する。

(4)　建設工事に伴う地盤振動は、建設機械の運転操作や走行速度によって振動の発生量が異なるため、不必要な機械操作や走行は避ける。

解説　建設工事に伴う地盤振動に対する防止対策は、振動エネルギーが拡散する前の発生源で実施することが基本である。　解答　(2)

建設副産物・産業廃棄物

必須問題

1 建設副産物・資源有効利用

出題頻度 ★★★

建設リサイクル法（建設工事に係る資材の再資源化等に関する法律）

［特定建設資材］ 特定建設資材とは、建設工事において使用するコンクリート、木材その他建設資材が建設資材廃棄物になった場合に、その再資源化が資源の有効な利用及び廃棄物の減量を図る上で特に必要であり、かつ、その再資源化が経済性の面において制約が著しくないと認められるものとして政令で定められるもので、以下の4資材が定められている。

- **コンクリート**
- **コンクリート及び鉄からなる建設資材**
- **木材**
- **アスファルト・コンクリート**

［分別解体・再資源化］ 分別解体及び再資源化等の義務として、対象建設工事の規模が定められている。

- 建築物の解体：床面積80 m^{2}以上
- 建築物の新築：床面積500 m^{2}以上
- 建築物の修繕・模様替：工事費1億円以上
- その他の工作物（土木工作物等）：工事費500万円以上

［届出等］ 対象建設工事の発注者または自主施工者は、工事着手の7日前までに、建築物などの構造、工事着手時期、分別解体などの計画について、都道府県知事に届け出る。解体工事においては、建設業の許可が不要な小規模解体工事業者も都道府県知事の登録を受け、5年ごとに更新する。

資源利用法（資源の有効な利用の促進に関する法律）

［建設指定副産物］ 建設工事に伴って副次的に発生する物品で、再生資源

として利用可能なものとして、以下の4種が指定されている。

- **建設発生土**：構造物埋戻し・裏込め材料、道路盛土材料、河川築堤材料など
- **コンクリート塊**：再生骨材、道路路盤材料、構造物基礎材
- **アスファルト・コンクリート塊**：再生骨材、道路路盤材料、構造物基礎材
- **建設発生木材**：製紙用及びボードチップ（破砕後）

［再生資源利用計画・再生資源利用促進計画］ 建設工事において、建設資材を搬入する場合あるいは指定副産物を搬出する場合には、それぞれ下表に示す要領により「再生資源利用計画」、「再生資源利用促進計画」を策定することが義務付けられている。

■ 再生資源利用計画、再生資源利用促進計画

	再生資源利用計画	再生資源利用促進計画
計画作成工事	次のどれかに該当する建設資材を**搬入**する建設工事 ①土砂：体積1,000 m^3 以上 ②砕石：重量500t以上 ③加熱アスファルト混合物：重量200t以上	次のどれかに該当する指定副産物を**搬出**する建設工事 ①建設発生土：体積1,000 m^3 以上 ②コンクリート塊、アスファルト・コンクリート塊、建設発生木材：合計重量200t以上
定める内容	①建設資材ごとの利用量 ②利用量のうち再生資源の種類ごとの利用量 ③そのほか再生資源の利用に関する事項	①指定副産物の種類ごとの搬出量 ②指定副産物の種類ごとの再資源化施設または他の建設工事現場などへの搬出量 ③そのほか指定副産物にかかわる再生資源の利用の促進に関する事項
保存	当該工事完成後1年間	当該工事完成後１年間

2 産業廃棄物

出題頻度 ★★★

廃棄物処理法（廃棄物の処理及び清掃に関する法律）

［廃棄物の種類］ 廃棄物の種類と具体的な品目は、以下のように分類される。

- **一般廃棄物**：産業廃棄物以外の廃棄物で、紙類、雑誌、図面、飲料空き缶、生ごみ、ペットボトル、弁当がら等があげられる。
- **産業廃棄物**：事業活動に伴って生じた廃棄物のうち法令で定められた20種類のもので、ガラスくず、陶磁器くず、がれき類、紙くず、繊維くず、木くず、金属くず、汚泥、燃え殻、廃油、廃酸、廃アルカリ、廃プラスチック類などがあげられる。
- 特別管理一般廃棄物及び特別管理産業廃棄物：爆発性、感染性、毒性、有害性があるもの

［産業廃棄物管理票（マニフェスト）］ 廃棄物処理法第12条の3により、**産業廃棄物管理票（マニフェスト）**の規定が示されている。

- 排出事業者（元請人）が、廃棄物の種類ごとに収集運搬及び処理を行う受託者に交付する。
- マニフェストには、種類、数量、処理内容などの必要事項を記載する。
- 収集運搬業者はA票を、処理業者はD票を事業者に返送する。
- 排出事業者は、マニフェストに関する報告を都道府県知事に、年1回提出する。
- マニフェストの写しを送付された事業者、収集運搬業者、処理業者は、この写しを5年間保存する。

  （※マニフェストは1冊が7枚綴りの複写で、A、B1、B2、C1、C2、D、Eの用紙が綴じ込まれている。）

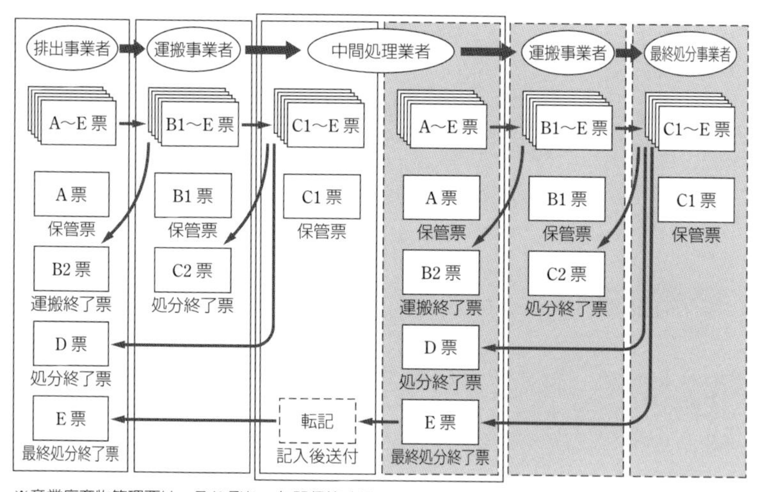

● マニフェスト

［廃棄物処分場］ 処分場の形式と処分できる廃棄物は、下表に定められている。

■ 処分場と廃棄物

処分場の形式	廃棄物の内容	処分できる廃棄物
安定型処分場	地下水を汚染するおそれのないもの	・廃プラスチック類 ・金属くず ・ガラスくず ・陶磁器くず ・がれき類
管理型処分場	地下水を汚染するおそれのあるもの	・廃油（タールピッチ類に限る） ・紙くず ・木くず ・繊維くず ・汚泥
遮断型処分場	有害な廃棄物	・埋立処分基準に適合しない燃え殻、 ・ばいじん ・汚泥 ・鉱さい

過去問チャレンジ（章末問題）

問1　資材の再資源化等　R2-No.34

➡1 建設副産物・資源有効利用

「建設工事に係る資材の再資源化等に関する法律」（建設リサイクル法）に関する次の記述のうち、誤っているものはどれか。

(1)　建設資材廃棄物とは、解体工事によって生じたコンクリート塊、建設発生木材などや新設工事によって生じたコンクリート、木材の端材などである。
(2)　伐採木、伐根材、梱包材などは、建設資材ではないが、建設リサイクル法による分別解体等・再資源化等の義務付けの対象となる。
(3)　解体工事業者は、工事現場における解体工事の施工の技術上の管理をつかさどる、技術管理者を選任しなければならない。
(4)　建設業を営む者は、設計、建設資材の選択及び施工方法等を工夫し、建設資材廃棄物の発生を抑制するとともに、再資源化等に要する費用を低減するよう努めなければならない。

解説　建設リサイクル法第2条第1項において、建設資材は「土木建築に関する工事に使用する資材」と定められている。伐採木、伐根材、梱包材などは建設資材ではないので、建設リサイクル法による分別解体等・再資源化等の義務付けの対象とはならない。

解答　(2)

問2　建設副産物の有効利用　R1-No.34

➡1 建設副産物・資源有効利用

建設工事で発生する建設副産物の有効利用の促進に関する次の記述のうち、適当でないものはどれか。

(1)　元請業者は、分別解体等を適正に実施するとともに、排出事業者として建設廃棄物の再資源化等及び処理を適正に実施するよう努めなければならない。
(2)　元請業者は、建設工事の施工にあたり、適切な工法の選択により、建設発生土の発生の抑制に努め、建設発生土は全て現場外に搬出するよう努めなければならない。

(3) 下請負人は、建設副産物対策に自ら積極的に取り組むよう努め、元請業者の指示及び指導などに従わなければならない。

(4) 元請業者は、対象建設工事において、事前調査の結果に基づき、適切な分別解体等の計画を作成しなければならない。

解説 元請業者は、建設工事の施工にあたり、適切な工法の選択により、建設発生土の発生の抑制と現場内利用あるいは工事間の利用に努めなければならない。(資源の有効な利用の促進に関する法律第12条) 解答 (2)

問3 建設リサイクル法 H30-No.34

➡1 建設副産物・資源有効利用

「建設工事に係る資材の再資源化等に関する法律」(建設リサイクル法)に関する次の記述のうち、誤っているものはどれか。

(1) 対象建設工事の元請業者は、当該工事に係る特定建設資材廃棄物の再資源化等が完了したときは、その旨を当該工事の発注者に口頭で報告しなければならない。

(2) 対象建設工事の発注者または自主施工者は、解体工事では、解体する建築物などの構造、新築工事などでは、使用する特定建設資材の種類などを工事着手前に都道府県知事に届け出なければならない。

(3) 対象建設工事の元請業者は、各下請負人が自ら施工する建設工事の施工に伴って生じる特定建設資材廃棄物の再資源化等を適切に行うよう、各下請負人の指導に努めなければならない。

(4) 対象建設工事受注者または自主施工者は、正当な理由がある場合を除き、分別解体等をしなければならない。

解説 特定建設資材廃棄物の再資源化の完了に伴う発注者への報告は、書面で報告するとともに、当該再資源化等の実施状況に関する記録を作成し、これを保存しなければならない。(建設リサイクル法第18条)

解答 (1)

問4　廃棄物の処理及び清掃に関する法律　R2-No.35

➡2 産業廃棄物

「廃棄物の処理及び清掃に関する法律」に関する次の記述のうち、誤っているものはどれか。

(1) 事業者は、その産業廃棄物が運搬されるまでの間、環境省令で定める技術上の基準に従い、生活環境の保全上支障のないようにこれを保管しなければならない。

(2) 排出事業者は、産業廃棄物の運搬または処分を他人に委託する場合には、その受託者に対し産業廃棄物管理票（マニフェスト）を交付しなければならない。

(3) 国、地方公共団体、事業者その他関係者は、非常災害時における廃棄物の適正な処理が行われるよう適切に役割分担、連携、協力するよう努めなければならない。

(4) 多量排出事業者は、当該事業場に係る産業廃棄物の減量その他その処理に関する計画を作成し、環境大臣に提出しなければならない。

解説　多量排出事業者は、当該事業場に係る産業廃棄物の減量その他その処理に関する計画を作成し、都道府県知事に提出しなければならない。（廃棄物処理法第12条第9項）

解答　(4)

問5　廃棄物の処理及び清掃に関する法律　H30-No.35

➡2 産業廃棄物

「廃棄物の処理及び清掃に関する法律」に関する次の記述のうち、誤っているものはどれか。

(1) 産業廃棄物とは、事業活動に伴って生じた廃棄物のうち、燃え殻、汚泥、廃油、廃酸、廃アルカリ、廃プラスチック類その他政令で定める廃棄物である。

(2) 産業廃棄物の収集または運搬を業として行おうとする者は、専ら再生利用目的となる産業廃棄物のみの収集または運搬を業として行う者を除き、当該業を行おうとする区域を管轄する地方環境事務所長の許可を受けなければならない。

(3) 産業廃棄物の運搬を他人に委託する場合には、他人の産業廃棄物の運搬を業として行うことができる者であって、委託しようとする産業廃棄物の運搬がその事業の範囲に含まれるものに委託することが必要である。

(4) 産業廃棄物の運搬にあたっては、運搬に伴う悪臭・騒音または振動によって生活環境の保全上支障が生じないように必要な措置を講ずることが必要である。

解説 産業廃棄物の収集または運搬を業として行おうとする者は、専ら再生利用目的となる産業廃棄物のみの収集または運搬を業として行う者を除き、当該業を行おうとする区域を管轄する都道府県知事の許可を受けなければならない。(廃棄物処理法第14条)

解答 (2)

〈著者略歴〉
速 水 洋 志 （はやみ　ひろゆき）
1968 年東京農工大学農学部農業生産工学科卒業。株式会社栄設計に入社。以降建設コンサルタント業務に従事。2001 年に株式会社栄設計代表取締役に就任。現在は速水技術プロダクション代表、株式会社三建技術技術顧問、株式会社ウォールナット技術顧問
資格：技術士（総合技術監理部門、農業土木）、環境再生医（上級）
著書：『わかりやすい土木の実務』『わかりやすい土木施工管理の実務』（オーム社）『土木のずかん』（オーム社：共著）他

吉 田 勇 人 （よしだ　はやと）
現在は株式会社栄設計に所属
資格：1 級土木施工管理技士、測量士、RCCM（農業土木）
著書：『土木のずかん』（オーム社、共著）、『基礎からわかるコンクリート』（ナツメ社、共著）他

水 村 俊 幸 （みずむら　としゆき）
1979 年東洋大学工学部土木工学科卒業。株式会社島村工業に入社。以降、土木工事の施工、管理、設計、積算業務に従事。現在は中央テクノ株式会社に所属。NPO 法人彩の国技術士センター理事
資格：技術士（建設部門）、RCCM（農業土木）、コンクリート診断士、コンクリート技士、1 級土木施工管理技士、測量士
著書：『土木のずかん』『すぐに使える！ 工事成績評定 85 点獲得のコツ』（オーム社、共著）、『基礎からわかるコンクリート』（ナツメ社、共著）他

これだけマスター
1 級土木施工管理技士　第一次検定

2022 年 3 月 22 日　　第 1 版第 1 刷発行

著　者　速 水 洋 志 ・ 吉 田 勇 人 ・ 水 村 俊 幸
発行者　村 上 和 夫
発行所　株式会社 オーム社
郵便番号　101-8460
東京都千代田区神田錦町 3-1
電話　03(3233)0641(代表)
URL　https://www.ohmsha.co.jp/

組版　BUCH⁺　　印刷・製本　図書印刷
ISBN978-4-274-22832-2　Printed in Japan